总 序

教育是国之大计、党之大计。习近平总书记指出："'两个一百年'奋斗目标的实现、中华民族伟大复兴中国梦的实现，归根到底靠人才、靠教育。"

改革开放以来，高等统计教育有了很大的发展。作为培养我国统计专门人才的摇篮，中国人民大学统计学院自1952年创建以来，始终坚持理论与应用相结合的办学方向，着力培养能够理论联系实际、解决实际问题的高层次人才。为了更好地服务教学，中国人民大学统计学院组织并与统计学界同仁共同编写，于2000年首次出版了国内较早、成体系的一套丛书——21世纪统计学系列教材。本系列教材，历经20余年的建设，适应统计教育的发展变化，不断修订完善，得到了社会的广泛认可，已成为全国统计学高等教育最有影响力的系列教材之一。系列教材中既有普通高等教育"十一五"国家级规划教材或"十二五"普通高等教育本科国家级规划教材，又有教育部高等学校统计学类专业教学指导委员会推荐用书。在2021年首届全国教材建设奖评选中，《统计学（第7版）》获评全国优秀教材（高等教育类）。

随着时代的发展和高等教育的变化，系列教材也要与时俱进，及时反映新时代的要求，为此，我们对系列教材不断改版更新。一方面，深入学习贯彻习近平新时代中国特色社会主义思想，紧扣立德树人的根本任务，密切结合中国实际，大量融入中国案例和数据，使学生进一步坚定中国特色社会主义道路自信、理论自信、制度自信、文化自信。另一方面，深刻把握统计学科的专业特点，面对大数据时代的新形势，突出统计理论方法与计算机实现技术的结合，强调方法与技术在实际领域中的应用，同时，精心打造配套的新形态和立体化教学资源，助力现代化教学实践。

感谢所有关注我们的同仁，他们本着对统计学科的热情和提高统计教育水平的愿望，帮助我们不断改进这套教材。感谢参与教材编写的同行专家、统计学院的教师。愿大家的辛勤劳动能够结出丰硕的果实。我们期待着与统计学界的同仁共同创造统计学科辉煌的明天。

王晓军
中国人民大学统计学院

"十二五"普通高等教育本科国家级规划教材

21世纪统计学系列教材

多元统计分析

双色印刷

(第6版)

Multivariate Statistical Analysis

何晓群 郭满才 编著

中国人民大学出版社
·北京·

前言

多元统计分析是统计学中一个非常重要的分支。在国外，从20世纪30年代开始多元统计分析便在自然科学、管理科学和社会、经济等领域得到广泛应用。我国自20世纪80年代起在多个领域拉开了多元统计分析应用的帷幕。

本书写作的指导思想是：在不失严谨的前提下，明显不同于纯数理类教材，努力突出实际案例的应用和统计思想的渗透，结合统计软件全面系统地介绍多元分析的实用方法。为了贯彻这一思想，本书参考了国内外大量书籍及文献，在系统介绍多元分析基本理论和方法的同时，尽力结合社会、经济、自然科学等领域的研究实例，把多元分析的方法与实际应用结合起来，注意定性分析与定量分析的紧密结合，努力把同行以及我们在实践中应用多元分析的经验和体会融入其中。几乎每种方法都强调它们各自的优缺点和实际运用中应注意的问题。为使读者掌握本书内容，同时考虑到这门课程的应用性和实践性，每章末都给出了简单的思考与练习题。我们鼓励读者自己利用实际数据去实践这些方法。多元分析的应用离不开计算机，本书的案例主要运用已在我国广泛流行的SPSS 26.0软件实现，部分方法用R软件完成。本书一个显著的特点是，在讲解每种方法后，结合实例概要介绍SPSS或R软件的操作实现过程。需要注意的是，读者不必拘泥于哪一软件，哪种软件使用方便就用哪种。在每章末还注明了参考文献，有兴趣的读者可进一步阅读。

全书共11章。主要内容包括多元正态分布及其抽样分布、均值向量和协方差阵的检验、聚类分析、判别分析、主成分分析、因子分析、对应分析、典型相关分析等常见的主流方法，还参考国内外大量文献系统介绍了近年来在市场研究、顾客满意度研究、金融研究、环境研究等领域应用颇广的较新方法，包括定性数据的建模分析（主要介绍对数线性模型、Logistic回归）、多变量的图表示法、多维标度法等。

本书可作为统计学专业本科生的多元分析课程教材。由于本书的内容较多，教师在选用本书为教材时可以灵活选讲。本书还可作为非统计专业研究生量化分析教材。根据我们多年的教学实践，本书讲授48课时较为合适。

本书自2004年第1版出版以来，承蒙数万读者的厚爱，许多高校都采用其作为教材。许多教师和学生给予我热情的鼓励，并对书中某些地方提出中肯批评和修改意见。这都是读者对我及本书的无私关心和奉献。在此我谨表衷心感谢。

本次再版为弥补本人之不足，特邀请西北农林科技大学理学院郭满才教授参与修订，在不失严谨的前提下依然保持强调应用的风格。我们对本书具体做了如下修订：

（1）调整和更换了大部分例题，为开阔读者的应用视野增加了农林科学实验方面的分析和数据；

（2）对上一版中的一些错误进行了修正，并且斟酌了其中的一些文字；

（3）对于运用SPSS软件不方便的个别方法，采用了R软件。

本书的初版大纲和部分章节得到吴喜之教授的认真审阅，吴教授曾提出不少中肯意见。在此基础上，我们认真采纳了部分意见。若书中仍有不妥之处，责任当由笔者自负。本书的大部分案例是我们多年教学和科研工作的积累，有部分案例为体现其典型性引用他人著作。还要特别感谢长期鼓励我们进行应用研究的几位导师，他们是方开泰、陈希孺、张尧庭先生。在此，谨向对本书出版有过帮助的师长和朋友表示衷心的感谢。

本书的完成可以说是我们师生合作的共同成果。我的博士研究生王作成、付韶军、李因果、耿贵珍、王惠惠、胡小守、马学俊、刘赛可对本书的案例计算及输入做过大量工作。在我们的合作中，我不仅仅是他们的老师，还常常从他们的研究和提问中得到重要启发，教学相长在合作过程中得到真正体现。这次修订，西北工业大学软件学院助理教授郭昊博士参与了一些软件运行工作。由于水平有限，书中难免有不足之处，尤其是在一些应用研究的体会性讨论中恐有偏颇之处，恳切希望读者批评指正，以便再版时修正。联系方式：guomc@nwafu. edu. cn。

本书所提供的附表和案例数据，请读者到中国人民大学出版社网站（www. crup. com. cn）免费下载。

何晓群

中国人民大学统计学院

2025年5月

目 录

第 1 章 多元正态分布及其抽样分布

学习目标

1. 掌握多元分布的有关概念；
2. 掌握统计距离的概念；
3. 理解多元正态分布的定义及其有关性质；
4. 了解常用多元分布及其抽样分布的定义和基本性质。

在基础统计学中，随机变量的正态分布在理论和实际应用中都有着重要的地位。同样，在多元统计学中，多元正态分布也占有相当重要的位置。原因是许多实际问题研究中的随机向量确实遵从或近似遵从多元正态分布；对于多元正态分布，已有一整套统计推断方法，并且可以得到许多完整的结果。

多元正态分布是最常用的一种多元概率分布。此外，还有多元对数正态分布、多项式分布、多元超几何分布、多元 β 分布、多元 χ^2 分布、多元指数分布等。本章从多维变量及多元分布的基本概念开始，着重介绍多元正态分布的定义及一些重要性质，以及常用多元分布及其抽样分布的定义和基本性质。

1.1 多元分布的基本概念

在研究社会、经济现象和许多实际问题时，经常遇到的是多指标的问题。例如研究职工薪酬构成情况时，计时工资、基础工资、职务工资、各种奖金、各种津贴等都是同时需要考察的指标；又如研究公司的运营情况时，要涉及公司的资金周转能力、偿债能力、获利能力及竞争能力等财务指标，这些都是多指标研究的问题。显然，由于这些指标之间往往不独立，仅研究某个指标或者将这些指标割裂开来分别研究，都不能从整体上把握所研究问题的实质。一般，假设所研究的问题涉及 p 个指标，进行了 n 次独立观测，将得到 np 个数据，我们的目的就是对观测对象进行分组、分类，或分析这 p 个变量之间的相互关联程度，或找出内在规律等。下面简要介绍多元分析中涉及的一些基本概念。

1.1.1 随机向量

假定所讨论的是多个变量的总体，所研究的数据是同时观测 p 个指标（即变量），进

行了 n 次观测得到的，我们把这 p 个指标表示为 X_1，X_2，…，X_p，常用向量

$$\boldsymbol{X}=(X_1, X_2, \cdots, X_p)'$$

表示对同一个体观测的 p 个变量。若观测了 n 个个体，则可得到如表 1－1 所示的数据，称每一个体的 p 个变量为一个样品，而全体 n 个样品形成一个样本。

表 1－1

序号	变量			
	X_1	X_2	…	X_p
1	x_{11}	x_{12}	…	x_{1p}
2	x_{21}	x_{22}	…	x_{2p}
⋮	⋮	⋮		⋮
n	x_{n1}	x_{n2}	…	x_{np}

横看表 1－1，记

$$\boldsymbol{X}_{(i)}=(x_{i1}, x_{i2}, \cdots, x_{ip})', \quad i=1, 2, \cdots, n$$

它表示第 i 个样品的观测值。竖看表 1－1，第 j 列的元素

$$\boldsymbol{X}_j=(x_{1j}, x_{2j}, \cdots, x_{nj})', \quad j=1, 2, \cdots, p$$

表示对第 j 个变量 X_j 的 n 次观测数值。

因此，样本资料矩阵可用矩阵语言表示为：

$$\boldsymbol{X}=\begin{bmatrix} x_{11} & x_{12} & \cdots & x_{1p} \\ x_{21} & x_{22} & \cdots & x_{2p} \\ \vdots & \vdots & & \vdots \\ x_{n1} & x_{n2} & \cdots & x_{np} \end{bmatrix}=(\boldsymbol{X}_1, \boldsymbol{X}_2, \cdots, \boldsymbol{X}_p)=\begin{bmatrix} \boldsymbol{X}'_{(1)} \\ \boldsymbol{X}'_{(2)} \\ \vdots \\ \boldsymbol{X}'_{(n)} \end{bmatrix}$$

若无特别说明，本书所称向量均指列向量。

定义 1.1 设 X_1，X_2，…，X_p 为 p 个随机变量，由它们组成的向量 $\boldsymbol{X}=(X_1, X_2, \cdots, X_p)'$ 称为随机向量。

1.1.2 分布函数与密度函数

描述随机变量的最基本工具是分布函数。类似地，描述随机向量的最基本工具还是分布函数。

定义 1.2 设 $\boldsymbol{X}=(X_1, X_2, \cdots, X_p)'$ 是一随机向量，它的多元分布函数是

$$F(\boldsymbol{x})=F(x_1, x_2, \cdots, x_p)=P(X_1\leqslant x_1, X_2\leqslant x_2, \cdots, X_p\leqslant x_p) \tag{1.1}$$

式中，$\boldsymbol{x}=(x_1, x_2, \cdots, x_p)\in R^p$，并记成 $\boldsymbol{X}\sim F$。

多元分布函数的有关性质此处从略。

定义 1.3 设 $\boldsymbol{X}\sim F(\boldsymbol{x})=F(x_1, x_2, \cdots, x_p)$，若存在一个非负的函数 $f(\cdot)$，使得

$$F(\boldsymbol{x})=\int_{-\infty}^{x_1}\int_{-\infty}^{x_2}\cdots\int_{-\infty}^{x_p}f(t_1, t_2, \cdots, t_p)\mathrm{d}t_1\mathrm{d}t_2\cdots\mathrm{d}t_p \tag{1.2}$$

对一切 $\boldsymbol{x}\in R^p$ 成立，则称 $\boldsymbol{X}$（或 $F(\boldsymbol{x})$）有分布密度 $f(\cdot)$，并称 $\boldsymbol{X}$ 为连续型随机向量。

一个 p 维变量的函数 $f(\cdot)$ 能作为 R^p 中某个随机向量的分布密度，当且仅当

(i) $f(\boldsymbol{x})\geqslant 0$，$\forall\,\boldsymbol{x}\in R^p$；

(ii) $\int_{R^p}f(\boldsymbol{x})\mathrm{d}\boldsymbol{x}=1$。

例 1-1

若随机向量 (X_1, X_2, X_3) 有密度函数

$$f(x_1, x_2, x_3)=x_1^2+6x_3^2+\frac{1}{3}x_1x_2$$

$$0<x_1<1,\quad 0<x_2<2,\quad 0<x_3<\frac{1}{2}$$

容易验证它符合分布密度函数的两个条件 (i) 和 (ii)。

最重要的连续型多元分布——多元正态分布将留在 1.3 节讨论。

1.1.3 多元随机向量的独立性

定义 1.4 两个随机向量 $\boldsymbol{X}$ 和 $\boldsymbol{Y}$ 称为相互独立的，若

$$P(\boldsymbol{X}\leqslant\boldsymbol{x}, \boldsymbol{Y}\leqslant\boldsymbol{y})=P(\boldsymbol{X}\leqslant\boldsymbol{x})P(\boldsymbol{Y}\leqslant\boldsymbol{y}) \tag{1.3}$$

对一切 $\boldsymbol{x}$，$\boldsymbol{y}$ 成立。若 $F(\boldsymbol{x}, \boldsymbol{y})$ 为 $(\boldsymbol{X}, \boldsymbol{Y})$ 的联合分布函数，$G(\boldsymbol{x})$ 和 $H(\boldsymbol{y})$ 分别为 $\boldsymbol{X}$ 和 $\boldsymbol{Y}$ 的分布函数，则 $\boldsymbol{X}$ 与 $\boldsymbol{Y}$ 独立当且仅当

$$F(\boldsymbol{x}, \boldsymbol{y})=G(\boldsymbol{x})H(\boldsymbol{y}) \tag{1.4}$$

若 $(\boldsymbol{X}, \boldsymbol{Y})$ 有分布密度 $f(\boldsymbol{x}, \boldsymbol{y})$，用 $g(\boldsymbol{x})$ 和 $h(\boldsymbol{y})$ 分别表示 $\boldsymbol{X}$ 和 $\boldsymbol{Y}$ 的分布密度，则 $\boldsymbol{X}$ 和 $\boldsymbol{Y}$ 独立当且仅当

$$f(\boldsymbol{x}, \boldsymbol{y})=g(\boldsymbol{x})h(\boldsymbol{y}) \tag{1.5}$$

注意在上述定义中，$\boldsymbol{X}$ 和 $\boldsymbol{Y}$ 的维数一般是不同的。

类似地，设 $\boldsymbol{X}_1$，$\boldsymbol{X}_2$，…，$\boldsymbol{X}_k$ $(k\geqslant 3)$ 为 k 个多元随机向量，若它们的联合分布函数等于各自分布函数的乘积，则称 k 个随机向量 $\boldsymbol{X}_1$，$\boldsymbol{X}_2$，…，$\boldsymbol{X}_k$ 相互独立。由 $\boldsymbol{X}_1$，$\boldsymbol{X}_2$，…，$\boldsymbol{X}_k$ 相互独立可以推知任何 $\boldsymbol{X}_i$ 与 $\boldsymbol{X}_j$ $(i\neq j)$ 独立；但是，若已知任何 $\boldsymbol{X}_i$ 与 $\boldsymbol{X}_j$ $(i\neq j)$ 独立，并不能推出 $\boldsymbol{X}_1$，$\boldsymbol{X}_2$，…，$\boldsymbol{X}_k$ 相互独立。

1.1.4 随机向量的数字特征

1. 随机向量 $\boldsymbol{X}$ 的均值

设 $\boldsymbol{X}=(X_1, X_2, \cdots, X_p)'$ 有 p 个分量。若 $E(X_i)=\mu_i$ $(i=1, 2, \cdots, p)$ 存在，定

义随机向量 $\boldsymbol{X}$ 的均值为：

$$E(\boldsymbol{X})=\begin{bmatrix}E(X_1)\\E(X_2)\\\vdots\\E(X_p)\end{bmatrix}=\begin{bmatrix}\mu_1\\\mu_2\\\vdots\\\mu_p\end{bmatrix}=\boldsymbol{\mu} \tag{1.6}$$

$\boldsymbol{\mu}$ 是一个 p 维向量，称为均值向量。

当 $\boldsymbol{A}$，$\boldsymbol{B}$ 为常数矩阵时，由定义可立即推出如下性质：

$$E(\boldsymbol{AX})=\boldsymbol{A}E(\boldsymbol{X}) \tag{1.7}$$

$$E(\boldsymbol{AXB})=\boldsymbol{A}E(\boldsymbol{X})\boldsymbol{B} \tag{1.8}$$

2. 随机向量 $\boldsymbol{X}$ 的协方差阵

$$\begin{aligned}\boldsymbol{\Sigma}&=\mathrm{cov}(\boldsymbol{X},\boldsymbol{X})=E((\boldsymbol{X}-E(\boldsymbol{X}))(\boldsymbol{X}-E(\boldsymbol{X}))')=D(\boldsymbol{X})\\&=\begin{bmatrix}D(X_1)&\mathrm{cov}(X_1,X_2)&\cdots&\mathrm{cov}(X_1,X_p)\\\mathrm{cov}(X_2,X_1)&D(X_2)&\cdots&\mathrm{cov}(X_2,X_p)\\\vdots&\vdots&&\vdots\\\mathrm{cov}(X_p,X_1)&\mathrm{cov}(X_p,X_2)&\cdots&D(X_p)\end{bmatrix}\\&=(\sigma_{ij})_{p\times p}\end{aligned} \tag{1.9}$$

称它为 p 维随机向量 $\boldsymbol{X}$ 的协方差阵，简称为 $\boldsymbol{X}$ 的协方差阵。

称 $|\mathrm{cov}(\boldsymbol{X},\boldsymbol{X})|$ 为 $\boldsymbol{X}$ 的广义方差，它是协方差阵的行列式之值。

3. 随机向量 $\boldsymbol{X}$ 和 $\boldsymbol{Y}$ 的协方差阵

设 $\boldsymbol{X}=(X_1, X_2, \cdots, X_p)'$ 和 $\boldsymbol{Y}=(Y_1, Y_2, \cdots, Y_q)'$ 分别为 p 维和 q 维随机向量，它们之间的协方差阵定义为一个 $p\times q$ 矩阵，其元素是 $\mathrm{cov}(X_i, Y_j)$，即

$$\mathrm{cov}(\boldsymbol{X},\boldsymbol{Y})=(\mathrm{cov}(X_i,Y_j)),\quad i=1,2,\cdots,p;\ j=1,2,\cdots,q \tag{1.10}$$

若 $\mathrm{cov}(\boldsymbol{X},\boldsymbol{Y})=\boldsymbol{0}$，称 $\boldsymbol{X}$ 和 $\boldsymbol{Y}$ 是不相关的。

当 $\boldsymbol{A}$，$\boldsymbol{B}$ 为常数矩阵时，由定义可推出协方差阵有如下性质：

(1) $D(\boldsymbol{AX})=\boldsymbol{A}D(\boldsymbol{X})\boldsymbol{A}'=\boldsymbol{A\Sigma A}'$；

(2) $\mathrm{cov}(\boldsymbol{AX},\boldsymbol{BY})=\boldsymbol{A}\mathrm{cov}(\boldsymbol{X},\boldsymbol{Y})\boldsymbol{B}'$；

(3) 设 $\boldsymbol{X}$ 为 p 维随机向量，期望和协方差存在，记 $\boldsymbol{\mu}=E(\boldsymbol{X})$，$\boldsymbol{\Sigma}=D(\boldsymbol{X})$，$\boldsymbol{A}$ 为 $p\times p$ 常数阵，则

$$E(\boldsymbol{X}'\boldsymbol{AX})=\mathrm{tr}(\boldsymbol{A\Sigma})+\boldsymbol{\mu}'\boldsymbol{A\mu}$$

对于任何随机向量 $\boldsymbol{X}=(X_1, X_2, \cdots, X_p)'$ 来说，其协方差阵 $\boldsymbol{\Sigma}$ 都是对称阵，同时总是非负定（也称半正定）的，大多数情形下是正定的。

4. 随机向量 $\boldsymbol{X}$ 的相关阵

若随机向量 $\boldsymbol{X}=(X_1, X_2, \cdots, X_p)'$的协方差阵存在，且每个分量的方差大于零，则 $\boldsymbol{X}$ 的相关阵定义为：

$$\boldsymbol{R}=(\mathrm{corr}(X_i, X_j))=(r_{ij})_{p\times p}$$

$$r_{ij}=\frac{\mathrm{cov}(X_i, X_j)}{\sqrt{D(X_i)}\sqrt{D(X_j)}}, \quad i, j=1, 2, \cdots, p \tag{1.11}$$

r_{ij}也称为分量 X_i与 X_j之间的（线性）相关系数。

对于两组不同的随机向量 $\boldsymbol{X}$ 及 $\boldsymbol{Y}$，它们之间的相关问题将在典型相关分析的章节中详细讨论。

在数据处理时，为了克服由于指标的量纲不同对统计分析结果的影响，往往在使用某种统计分析方法之前，将每个指标“标准化”，即做如下变换：

$$X_j^*=\frac{X_j-E(X_j)}{\sqrt{D(X_j)}}, \quad j=1, 2, \cdots, p \tag{1.12}$$

$$\boldsymbol{X}^*=(X_1^*, X_2^*, \cdots, X_p^*)'$$

于是

$$E(\boldsymbol{X}^*)=\boldsymbol{0}$$

$$D(\boldsymbol{X}^*)=\mathrm{corr}(\boldsymbol{X})=\boldsymbol{R}$$

即标准化数据的协方差阵正好是原指标的相关阵：

$$\boldsymbol{R}=D(\boldsymbol{X}^*)=E(\boldsymbol{X}^*\boldsymbol{X}^{*\prime}) \tag{1.13}$$

1.2 统计距离

在多指标统计分析中，距离的概念十分重要，样品间的不少特征都可用距离来描述。大部分多元方法是建立在简单的距离概念基础上的，即人们熟悉的欧氏距离，或称直线距离。如几何平面上的点 $P=(x_1, x_2)$ 到原点 $O=(0, 0)$ 的欧氏距离，依勾股定理有

$$d(O, P)=\sqrt{x_1^2+x_2^2} \tag{1.14}$$

一般，若点 P 的坐标 $P=(x_1, x_2, \cdots, x_p)$，则它到原点 $O=(0, 0, \cdots, 0)$ 的欧氏距离，依勾股定理有

$$d(O, P)=\sqrt{x_1^2+x_2^2+\cdots+x_p^2} \tag{1.15}$$

所有与原点距离为 C 的点满足方程

$$d^2(O, P)=x_1^2+x_2^2+\cdots+x_p^2=C^2 \tag{1.16}$$

因为这是一个球面方程（$p=2$ 时是圆），所以，与原点等距离的点构成一个球面。任意两个点 $P=(x_1, x_2, \cdots, x_p)$与 $Q=(y_1, y_2, \cdots, y_p)$ 之间的欧氏距离为：

$$d(P, Q)=\sqrt{(x_1-y_1)^2+(x_2-y_2)^2+\cdots+(x_p-y_p)^2} \tag{1.17}$$

但就大部分统计问题而言，欧氏距离是不能令人满意的。这是因为每个坐标对欧氏距离的贡献是同等的。当坐标轴表示测量值时，它们往往带有大小不等的随机波动，在这种情况下，合理的办法是对坐标加权，使变化大的坐标比变化小的坐标有较小的权重系数，这就产生了各种距离。

欧氏距离还有一个缺点，那就是当各个分量为不同性质的量时，“距离”的大小竟然与指标的单位有关。例如，横轴 x_1 代表重量（以千克为单位），纵轴 x_2 代表长度（以厘米为单位）。有四个点 A，B，C，D，它们的坐标如图 1－1 所示。

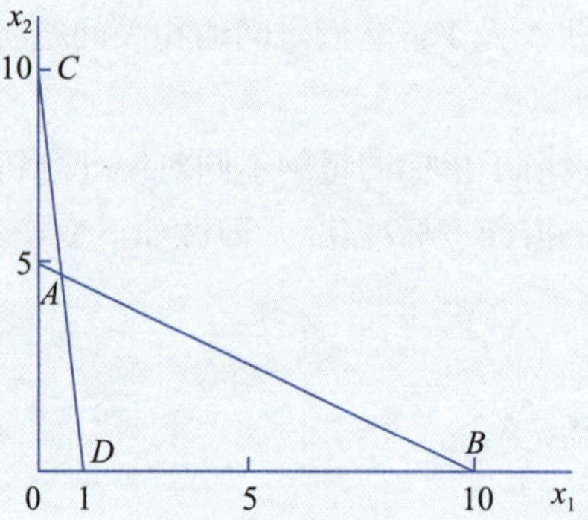

图 1－1

这时

$$AB=\sqrt{5^2+10^2}=\sqrt{125}$$

$$CD=\sqrt{10^2+1^2}=\sqrt{101}$$

显然，AB 要比 CD 长。

现在，如果 x_2 用毫米作单位，x_1 单位保持不变，此时点 A 坐标为（0，50），点 C 坐标为（0，100），则

$$AB=\sqrt{50^2+10^2}=\sqrt{2\ 600}$$

$$CD=\sqrt{100^2+1^2}=\sqrt{10\ 001}$$

结果 CD 反而比 AB 长！这显然是不够合理的。因此，有必要建立一种距离，这种距离应能够体现各个变量在变差大小上的不同，以及有时存在的相关性，还要与各变量所用的单位无关。看来，我们选择的距离要依赖于样本方差和协方差。因此，采用“统计距离”这个术语，以区别通常使用的欧氏距离。

下面先介绍统计距离。

设 $P=(x_1, x_2, \cdots, x_p)$，$Q=(y_1, y_2, \cdots, y_p)$，且 Q 的坐标是固定的，P 的坐标相互独立地变化。用 S_{11}，S_{22}，…，S_{pp} 表示 p 个变量 X_1，X_2，…，X_p 的 n 次观测的样本方差。将坐标的各维度除以相应变量的样本标准差 $\sqrt{S_{ii}}$，得到标准化的坐标，其中各变量的样本标准差的倒数可以看作坐标各维度的权重系数，则 P 到 Q 的统计距离为：

$$d(P,Q)=\sqrt{\frac{(x_1-y_1)^2}{S_{11}}+\frac{(x_2-y_2)^2}{S_{22}}+\cdots+\frac{(x_p-y_p)^2}{S_{pp}}} \tag{1.18}$$

所有与点 Q 的距离平方为常数的点 P 构成一个椭球，其中心在点 Q，其长短轴平行于坐标轴。容易看到：

（1）在式（1.18）中，令 $y_1=y_2=\cdots=y_p=0$，得到点 P 到原点 O 的距离。

（2）如果 $S_{11}=S_{22}=\cdots=S_{pp}$，则用欧氏距离式（1.17）是方便可行的。

还可以利用旋转变换的方法得到合理的距离。考虑点 $P=(x_1, x_2, \cdots, x_p)$ 和点 $Q=(y_1, y_2, \cdots, y_p)$，这里 Q 为固定点，而 P 的坐标是变化的，且彼此相关，$O=(0, 0, \cdots, 0)$ 为坐标原点，则 P 到 O 和 Q 的距离分别为：

$$\begin{aligned}d(O,P)&=(a_{11}x_1^2+a_{22}x_2^2+\cdots+a_{pp}x_p^2+2a_{12}x_1x_2+\cdots+2a_{p-1,p}x_{p-1}x_p)^{1/2}\\&=(\boldsymbol{X}'\boldsymbol{A}\boldsymbol{X})^{1/2}\end{aligned} \tag{1.19}$$

和

$$\begin{aligned}d(P,Q)=&[a_{11}(x_1-y_1)^2+a_{22}(x_2-y_2)^2+\cdots+a_{pp}(x_p-y_p)^2\\&+2a_{12}(x_1-y_1)(x_2-y_2)+\cdots\\&+2a_{p-1,p}(x_{p-1}-y_{p-1})(x_p-y_p)]^{1/2}\\=&[(\boldsymbol{X}-\boldsymbol{Y})'\boldsymbol{A}(\boldsymbol{X}-\boldsymbol{Y})]^{1/2}\end{aligned} \tag{1.20}$$

这里

$$\boldsymbol{A}=\begin{bmatrix}a_{11} & a_{12} & \cdots & a_{1p}\\ a_{21} & a_{22} & \cdots & a_{2p}\\ \vdots & \vdots & & \vdots\\ a_{p1} & a_{p2} & \cdots & a_{pp}\end{bmatrix},\quad \boldsymbol{X}=\begin{bmatrix}x_1\\x_2\\\vdots\\x_p\end{bmatrix},\quad \boldsymbol{Y}=\begin{bmatrix}y_1\\y_2\\\vdots\\y_p\end{bmatrix}$$

且 $\boldsymbol{A}$ 为对称阵，满足条件：对任意的 $\boldsymbol{X}$，恒有 $\boldsymbol{X}'\boldsymbol{A}\boldsymbol{X}\geqslant 0$，且等号成立当且仅当 $\boldsymbol{X}=\boldsymbol{0}$，即 $\boldsymbol{A}$ 为正定方阵。

最常用的一种统计距离是印度统计学家马哈拉诺比斯（Mahalanobis）于 1936 年引入的，称为马氏距离。下面先用一个一维的例子说明欧氏距离与马氏距离在概率上的差异。设有两个一维正态总体 G_1：$N(\mu_1, \sigma_1^2)$ 和 G_2：$N(\mu_2, \sigma_2^2)$。若有一个样品，其值在点 A 处，点 A 距离哪个总体近些呢？如图 1-2 所示。

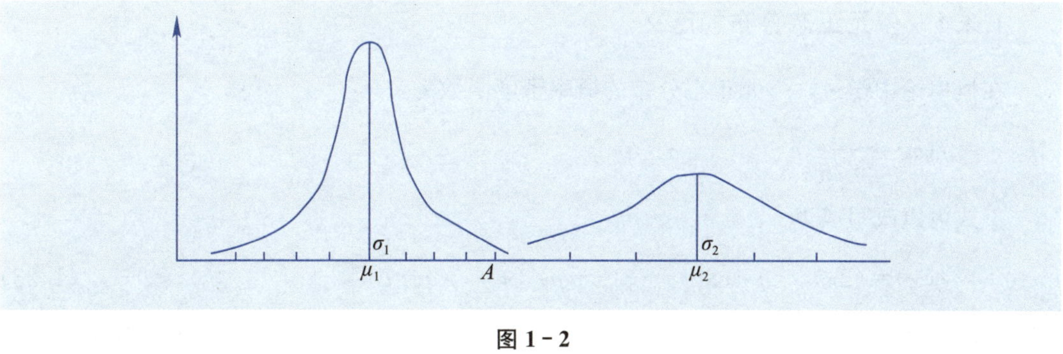

图 1-2

由图1-2可看出，从绝对长度来看，点A距左边的总体G_1近些，即点A到μ_1比点A到μ_2要近一些（这里用的是欧氏距离，比较的是点A坐标与μ_1到μ_2值之差的绝对值），但从概率观点来看，点A在μ_1右侧约$4\sigma_1$处，点A在μ_2的左侧约$3\sigma_2$处，若以标准差来衡量，点A离μ_2比离μ_1要近一些。显然，后者是从概率角度来考虑的，因而更为合理，它是用坐标差平方除以方差（或说乘以方差的倒数），从而转化为无量纲数的，推广到多维就要乘以协方差阵$\boldsymbol{\Sigma}$的逆矩阵$\boldsymbol{\Sigma}^{-1}$，这就是马氏距离的概念。以后将会看到，这一距离在多元分析中起着十分重要的作用。

有了上面的讨论，现在可以定义马氏距离了。

设$\boldsymbol{X}$，$\boldsymbol{Y}$是从均值向量为$\boldsymbol{\mu}$，协方差阵为$\boldsymbol{\Sigma}$的总体G中抽取的两个样品，定义$\boldsymbol{X}$，$\boldsymbol{Y}$两点之间的马氏距离为：

$$d_m^2(\boldsymbol{X},\boldsymbol{Y})=(\boldsymbol{X}-\boldsymbol{Y})'\boldsymbol{\Sigma}^{-1}(\boldsymbol{X}-\boldsymbol{Y}) \tag{1.21}$$

定义$\boldsymbol{X}$与总体G的马氏距离为：

$$d_m^2(\boldsymbol{X},G)=(\boldsymbol{X}-\boldsymbol{\mu})'\boldsymbol{\Sigma}^{-1}(\boldsymbol{X}-\boldsymbol{\mu}) \tag{1.22}$$

设E表示一个点集，d表示距离，它是$E\times E$到$[0,\infty)$的函数，可以证明，马氏距离符合如下距离的四条基本公理：

(1) $d(x,y)\geqslant 0$，$\forall x,y\in E$；

(2) $d(x,y)=0$，当且仅当$x=y$；

(3) $d(x,y)=d(y,x)$，$\forall x,y\in E$；

(4) $d(x,y)\leqslant d(x,z)+d(z,y)$，$\forall x,y,z\in E$。

1.3 多元正态分布

多元正态分布是一元正态分布的推广。迄今为止，多元分析的主要理论都是建立在多元正态总体基础上的，多元正态分布是多元分析的基础。另外，许多实际问题的分布常是多元正态分布或近似正态分布，或虽然本身不是正态分布，但它的样本均值近似于多元正态分布。

本节将介绍多元正态分布的定义，并简要给出它的基本性质。

1.3.1 多元正态分布的定义

在概率论中学过，一元正态分布的概率密度函数为：

$$f(x)=\frac{1}{\sqrt{2\pi}\sigma}\mathrm{e}^{-\frac{(x-\mu)^2}{2\sigma^2}},\quad \sigma>0$$

上式可以改写成

$$f(x)=(2\pi)^{-1/2}\sigma^{-1}\exp\left[-\frac{1}{2}(x-\mu)'(\sigma^2)^{-1}(x-\mu)\right] \tag{1.23}$$

式(1.23)中，用$(x-\mu)'$代表$(x-\mu)$的转置。因为x，μ均为一维的数字，转置与否都相同，所以可以这样写。

当遵从一元正态分布的随机变量 X 的概率密度函数改写为式（1.23）时，我们就可以将其推广，给出多元正态分布的定义。

定义 1.5　若 p 元随机向量 $\boldsymbol{X}=(X_1, X_2, \cdots, X_p)'$ 的概率密度函数为：

$$f(x_1, x_2, \cdots, x_p)=\frac{1}{(2\pi)^{p/2}\left|\boldsymbol{\Sigma}\right|^{1/2}}\exp\left\{-\frac{1}{2}(\boldsymbol{x}-\boldsymbol{\mu})'\boldsymbol{\Sigma}^{-1}(\boldsymbol{x}-\boldsymbol{\mu})\right\},\quad \boldsymbol{\Sigma}>\boldsymbol{0} \tag{1.24}$$

则称 $\boldsymbol{X}=(X_1, X_2, \cdots, X_p)'$ 遵从 p 元正态分布，也称 $\boldsymbol{X}$ 为 p 元正态变量，记为：

$$\boldsymbol{X}\sim N_p(\boldsymbol{\mu}, \boldsymbol{\Sigma})$$

$\left|\boldsymbol{\Sigma}\right|$ 为协方差阵 $\boldsymbol{\Sigma}$ 的行列式。

式（1.24）实际是在 $|\boldsymbol{\Sigma}|\neq 0$ 时定义的。若 $|\boldsymbol{\Sigma}|=0$，则不存在通常意义下的密度，但可以在形式上给出一个表达式，使有些问题可以利用这一形式对 $|\boldsymbol{\Sigma}|\neq 0$ 及 $|\boldsymbol{\Sigma}|=0$ 的情况给出统一的处理。

当 $p=2$ 时，可以得到二元正态分布的概率密度函数。

设 $\boldsymbol{X}=(X_1, X_2)'$ 遵从二元正态分布，则

$$\boldsymbol{\Sigma}=\begin{bmatrix}\sigma_{11} & \sigma_{12}\\ \sigma_{21} & \sigma_{22}\end{bmatrix}=\begin{bmatrix}\sigma_1^2 & \sigma_1\sigma_2 r\\ \sigma_2\sigma_1 r & \sigma_2^2\end{bmatrix},\quad r\neq\pm 1$$

式中，σ_1^2，σ_2^2 分别是 X_1 与 X_2 的方差；r 是 X_1 与 X_2 的相关系数。此时

$$|\boldsymbol{\Sigma}|=\sigma_1^2\sigma_2^2(1-r^2)$$

$$\boldsymbol{\Sigma}^{-1}=\frac{1}{\sigma_1^2\sigma_2^2(1-r^2)}\begin{bmatrix}\sigma_2^2 & -\sigma_1\sigma_2 r\\ -\sigma_2\sigma_1 r & \sigma_1^2\end{bmatrix}$$

故 X_1 与 X_2 的概率密度函数为：

$$f(x_1, x_2)=\frac{1}{2\pi\sigma_1\sigma_2(1-r^2)^{1/2}}\exp\left\{-\frac{1}{2(1-r^2)}\left[\frac{(x_1-\mu_1)^2}{\sigma_1^2}-2r\frac{(x_1-\mu_1)(x_2-\mu_2)}{\sigma_1\sigma_2}+\frac{(x_2-\mu_2)^2}{\sigma_2^2}\right]\right\}$$

这与我们学过的概率统计中的结果是一致的。

若 $r=0$，则 X_1 与 X_2 独立；若 $r>0$，则 X_1 与 X_2 正相关；若 $r<0$，则 X_1 与 X_2 负相关。

定理 1.1　设 $\boldsymbol{X}\sim N_p(\boldsymbol{\mu}, \boldsymbol{\Sigma})$，则

$$E(\boldsymbol{X})=\boldsymbol{\mu},\quad D(\boldsymbol{X})=\boldsymbol{\Sigma}$$

定理 1.1 将正态分布的参数 $\boldsymbol{\mu}$ 和 $\boldsymbol{\Sigma}$ 赋予了明确的统计意义。有关这个定理的证明可参见参考文献 [3]。

多元正态分布不止定义 1.5 一种形式，更广泛地可采用特征函数来定义，也可用一切线性组合均为正态的性质来定义等。有关这些定义的方式参见参考文献 [3]。

1.3.2　多元正态分布的性质

（1）如果正态随机向量 $\boldsymbol{X}=(X_1, X_2, \cdots, X_p)'$ 的协方差阵 $\boldsymbol{\Sigma}$ 是对角阵，则 $\boldsymbol{X}$ 的各分量是相互独立的随机变量。证明参见参考文献 [4]。

（2）多元正态随机向量 $\boldsymbol{X}$ 的任何一个分量子集（多变量 $(X_1, X_2, \cdots, X_p)'$ 中的一部分变量构成的集合）的分布（称为 $\boldsymbol{X}$ 的边缘分布）仍然遵从正态分布。反之，若一个随机向量的任何边缘分布均为正态分布，并不能导出它是多元正态分布。

例如，设 $\boldsymbol{X}=(X_1, X_2)'$ 有分布密度

$$f(x_1, x_2)=\frac{1}{2\pi}\mathrm{e}^{-\frac{1}{2}(x_1^2+x_2^2)}\left[1+x_1x_2\mathrm{e}^{-\frac{1}{2}(x_1^2+x_2^2)}\right]$$

容易验证，$X_1\sim N(0, 1)$，$X_2\sim N(0, 1)$，但 (X_1, X_2) 显然不遵从正态分布。

（3）多元正态向量 $\boldsymbol{X}=(X_1, X_2, \cdots, X_p)'$ 的任意线性变换仍然遵从多元正态分布。

设 $\boldsymbol{X}\sim N_p(\boldsymbol{\mu}, \boldsymbol{\Sigma})$，而 m 维随机向量 $\boldsymbol{Z}_{m\times 1}=\boldsymbol{A}\boldsymbol{X}+\boldsymbol{b}$，其中 $\boldsymbol{A}=(a_{ij})$ 是 $m\times p$ 阶的常数矩阵，$\boldsymbol{b}$ 是 m 维的常向量，则 m 维随机向量 $\boldsymbol{Z}$ 也是正态的，且 $\boldsymbol{Z}\sim N_m(\boldsymbol{A\mu}+\boldsymbol{b}, \boldsymbol{A\Sigma A}')$。即 $\boldsymbol{Z}$ 遵从 m 元正态分布，其均值向量为 $\boldsymbol{A\mu}+\boldsymbol{b}$，协方差阵为 $\boldsymbol{A\Sigma A}'$。

（4）若 $\boldsymbol{X}\sim N_p(\boldsymbol{\mu}, \boldsymbol{\Sigma})$，则

$$d^2=(\boldsymbol{X}-\boldsymbol{\mu})'\boldsymbol{\Sigma}^{-1}(\boldsymbol{X}-\boldsymbol{\mu})\sim \chi^2(p)$$

d^2 若为定值，随着 $\boldsymbol{X}$ 的变化，其轨迹为一椭球面，是 $\boldsymbol{X}$ 的密度函数的等值面。若 $\boldsymbol{X}$ 给定，则 d^2 为 $\boldsymbol{X}$ 到 $\boldsymbol{\mu}$ 的马氏距离。

1.3.3 条件分布和独立性

设 $\boldsymbol{X}\sim N_p(\boldsymbol{\mu}, \boldsymbol{\Sigma})$，$p\geqslant 2$，将 $\boldsymbol{X}$，$\boldsymbol{\mu}$ 和 $\boldsymbol{\Sigma}$ 剖分如下：

$$\boldsymbol{X}=\begin{bmatrix}\boldsymbol{X}^{(1)}\\ \boldsymbol{X}^{(2)}\end{bmatrix},\quad \boldsymbol{\mu}=\begin{bmatrix}\boldsymbol{\mu}^{(1)}\\ \boldsymbol{\mu}^{(2)}\end{bmatrix},\quad \boldsymbol{\Sigma}=\begin{bmatrix}\boldsymbol{\Sigma}_{11} & \boldsymbol{\Sigma}_{12}\\ \boldsymbol{\Sigma}_{21} & \boldsymbol{\Sigma}_{22}\end{bmatrix} \tag{1.25}$$

式中，$\boldsymbol{X}^{(1)}$，$\boldsymbol{\mu}^{(1)}$ 为 $q\times 1$ 维；$\boldsymbol{\Sigma}_{11}$ 为 $q\times q$ 维。我们希望求给定 $\boldsymbol{X}^{(2)}$ 时 $\boldsymbol{X}^{(1)}$ 的条件分布，即 $(\boldsymbol{X}^{(1)}|\boldsymbol{X}^{(2)})$ 的分布。下一个定理指出：正态分布的条件分布仍为正态分布。

定理 1.2 设 $\boldsymbol{X}\sim N_p(\boldsymbol{\mu}, \boldsymbol{\Sigma})$，$\boldsymbol{\Sigma}>0$，则

$$(\boldsymbol{X}^{(1)}|\boldsymbol{X}^{(2)})\sim N_q(\boldsymbol{\mu}_{1\cdot 2}, \boldsymbol{\Sigma}_{11\cdot 2})$$

式中

$$\boldsymbol{\mu}_{1\cdot 2}=\boldsymbol{\mu}^{(1)}+\boldsymbol{\Sigma}_{12}\boldsymbol{\Sigma}_{22}^{-1}(\boldsymbol{X}^{(2)}-\boldsymbol{\mu}^{(2)}) \tag{1.26}$$

$$\boldsymbol{\Sigma}_{11\cdot 2}=\boldsymbol{\Sigma}_{11}-\boldsymbol{\Sigma}_{12}\boldsymbol{\Sigma}_{22}^{-1}\boldsymbol{\Sigma}_{21} \tag{1.27}$$

证明参见参考文献［3］。

该定理告诉我们，$\boldsymbol{X}^{(1)}$ 的分布与 $(\boldsymbol{X}^{(1)}|\boldsymbol{X}^{(2)})$ 的分布均为正态分布，它们的协方差阵分别为 $\boldsymbol{\Sigma}_{11}$ 与 $\boldsymbol{\Sigma}_{11\cdot 2}=\boldsymbol{\Sigma}_{11}-\boldsymbol{\Sigma}_{12}\boldsymbol{\Sigma}_{22}^{-1}\boldsymbol{\Sigma}_{21}$。由于 $\boldsymbol{\Sigma}_{12}\boldsymbol{\Sigma}_{22}^{-1}\boldsymbol{\Sigma}_{21}\geqslant 0$，故 $\boldsymbol{\Sigma}_{11}\geqslant\boldsymbol{\Sigma}_{11\cdot 2}$，等号成立当且仅当 $\boldsymbol{\Sigma}_{12}=\boldsymbol{0}$。协差阵是用来描述指标之间关系及散布程度的，$\boldsymbol{\Sigma}_{11}\geqslant\boldsymbol{\Sigma}_{11\cdot 2}$，说明已知 $\boldsymbol{X}^{(2)}$ 的条件下，$\boldsymbol{X}^{(1)}$ 散布的程度比不知道 $\boldsymbol{X}^{(2)}$ 的情况下减小了，只有当 $\boldsymbol{\Sigma}_{12}=0$ 时，两者相同。还可以证明，$\boldsymbol{\Sigma}_{12}=\boldsymbol{0}$，等价于 $\boldsymbol{X}^{(1)}$ 和 $\boldsymbol{X}^{(2)}$ 独立，这时，即使给出 $\boldsymbol{X}^{(2)}$，对 $\boldsymbol{X}^{(1)}$ 的分布也是没有影响的。

定理 1.3　设 $\boldsymbol{X}\sim N_p(\boldsymbol{\mu},\boldsymbol{\Sigma})$，$\boldsymbol{\Sigma}>\mathbf{0}$，将 $\boldsymbol{X}$，$\boldsymbol{\mu}$，$\boldsymbol{\Sigma}$ 剖分如下：

$$\boldsymbol{X}=\begin{bmatrix}\boldsymbol{X}^{(1)}\\\boldsymbol{X}^{(2)}\\\boldsymbol{X}^{(3)}\end{bmatrix}\begin{matrix}r\\s\\t\end{matrix},\quad \boldsymbol{\mu}=\begin{bmatrix}\boldsymbol{\mu}^{(1)}\\\boldsymbol{\mu}^{(2)}\\\boldsymbol{\mu}^{(3)}\end{bmatrix}\begin{matrix}r\\s\\t\end{matrix},\quad \boldsymbol{\Sigma}=\begin{bmatrix}\boldsymbol{\Sigma}_{11}&\boldsymbol{\Sigma}_{12}&\boldsymbol{\Sigma}_{13}\\\boldsymbol{\Sigma}_{21}&\boldsymbol{\Sigma}_{22}&\boldsymbol{\Sigma}_{23}\\\boldsymbol{\Sigma}_{31}&\boldsymbol{\Sigma}_{32}&\boldsymbol{\Sigma}_{33}\end{bmatrix}\begin{matrix}r\\s\\t\end{matrix}\tag{1.28}$$

则 $\boldsymbol{X}^{(1)}$ 有如下的条件均值和条件协方差阵的递推公式：

$$E(\boldsymbol{X}^{(1)}\mid\boldsymbol{X}^{(2)},\boldsymbol{X}^{(3)})=\boldsymbol{\mu}_{1\cdot3}+\boldsymbol{\Sigma}_{12\cdot3}\boldsymbol{\Sigma}_{22\cdot3}^{-1}(\boldsymbol{X}^{(2)}-\boldsymbol{\mu}_{2\cdot3})\tag{1.29}$$

$$\mathrm{D}(\boldsymbol{X}^{(1)}\mid\boldsymbol{X}^{(2)},\boldsymbol{X}^{(3)})=\boldsymbol{\Sigma}_{11\cdot3}-\boldsymbol{\Sigma}_{12\cdot3}\boldsymbol{\Sigma}_{22\cdot3}^{-1}\boldsymbol{\Sigma}_{21\cdot3}\tag{1.30}$$

式中

$$\boldsymbol{\Sigma}_{ij\cdot k}=\boldsymbol{\Sigma}_{ij}-\boldsymbol{\Sigma}_{ik}\boldsymbol{\Sigma}_{kk}^{-1}\boldsymbol{\Sigma}_{kj},\quad i,j,k=1,2,3$$

$$\boldsymbol{\mu}_{i\cdot3}=E(\boldsymbol{X}^{(i)}\mid\boldsymbol{X}^{(3)}),\quad i=1,2$$

证明参见参考文献［3］。

定理 1.2 和定理 1.3 在 20 世纪 70 年代中期国家标准部门制定服装标准时有成功的应用（参见参考文献［3］）。在制定服装标准时需抽样进行人体测量，现对某年龄段女性测量并取出部分结果：X_1：身高，X_2：胸围，X_3：腰围，X_4：上体长，X_5：臀围。已知它们遵从 $N_5(\boldsymbol{\mu},\boldsymbol{\Sigma})$，其中

$$\boldsymbol{\mu}=\begin{bmatrix}154.98\\83.39\\70.26\\61.32\\91.52\end{bmatrix},\quad \boldsymbol{\Sigma}=\begin{bmatrix}29.66&&&&\\6.51&30.53&&&\\1.85&25.54&39.86&&\\9.36&3.54&2.23&7.03&\\10.34&19.53&20.70&5.21&27.36\end{bmatrix}$$

若取 $\boldsymbol{X}^{(1)}=(X_1,X_2,X_3)'$，$\boldsymbol{X}^{(2)}=(X_4)$，$\boldsymbol{X}^{(3)}=(X_5)$，则由式（1.26）和式（1.27）得

$$\boldsymbol{E}\left(\begin{bmatrix}X_1\\X_2\\X_3\\X_4\end{bmatrix}\middle| X_5\right)=\begin{bmatrix}154.98\\83.39\\70.26\\61.32\end{bmatrix}+\begin{bmatrix}10.34\\19.53\\20.70\\5.21\end{bmatrix}(27.36)^{-1}(X_5-91.52)$$

$$=\begin{bmatrix}154.98+0.38(X_5-91.52)\\83.39+0.71(X_5-91.52)\\70.26+0.76(X_5-91.52)\\61.32+0.19(X_5-91.52)\end{bmatrix}$$

$$D\left(\begin{bmatrix}X_1\\X_2\\X_3\\X_4\end{bmatrix}\middle| X_5\right)=\begin{bmatrix}29.66&6.51&1.85&9.36\\6.51&30.53&25.54&3.54\\1.85&25.54&39.86&2.23\\9.36&3.54&2.23&7.03\end{bmatrix}$$

$$
-\begin{bmatrix}10.34\\19.53\\20.70\\5.21\end{bmatrix}(27.36)^{-1}(10.34,\ 19.53,\ 20.70,\ 5.21)
$$

$$
=\begin{bmatrix}25.76 & -0.86 & -5.97 & 7.39\\-0.86 & 16.59 & 10.76 & -0.18\\-5.97 & 10.76 & 24.19 & -1.72\\7.39 & -0.18 & -1.72 & 6.04\end{bmatrix}
$$

再利用式（1.30）得

$$
D\begin{bmatrix}X_1\\X_2\\X_3\end{bmatrix}\begin{vmatrix}X_4\\X_5\end{vmatrix}=\begin{bmatrix}25.76 & -0.86 & -5.97\\-0.86 & 16.59 & 10.76\\-5.97 & 10.76 & 24.19\end{bmatrix}
$$

$$
-\begin{bmatrix}7.39\\-0.18\\-1.72\end{bmatrix}(6.04)^{-1}(7.39,\ -0.18,\ -1.72)
$$

$$
=\begin{bmatrix}16.72 & -0.64 & -3.87\\-0.64 & 16.58 & 10.71\\-3.87 & 10.71 & 23.71\end{bmatrix}
$$

此时看到

$$D(X_1|X_4,X_5)=16.72<29.66=D(X_1)$$

$$D(X_2|X_4,X_5)=16.58<30.53=D(X_2)$$

$$D(X_3|X_4,X_5)=23.71<39.86=D(X_3)$$

这说明，若已知一个人的上体长和臀围，则身高、胸围和腰围的条件方差比原来的方差大大减小。

在定理 1.2 中，我们给出了对 $\boldsymbol{X}$，$\boldsymbol{\mu}$ 和 $\boldsymbol{\Sigma}$ 做形如式（1.25）的剖分时条件协方差阵 $\boldsymbol{\Sigma}_{11\cdot 2}$的表达式及其与非条件协方差阵的关系。令 $\sigma_{ij\cdot q+1,\cdots,p}$ 表示 $\boldsymbol{\Sigma}_{11\cdot 2}$的元素，则可以定义偏相关系数的概念如下。

定义 1.6 当 $\boldsymbol{X}^{(2)}$给定时，X_i与 X_j的偏相关系数为：

$$
r_{ij\cdot q+1,\cdots,p}=\frac{\sigma_{ij\cdot q+1,\cdots,p}}{\sqrt{\sigma_{ii\cdot q+1,\cdots,p}\sigma_{jj\cdot q+1,\cdots,p}}}
$$

在上面制定服装标准的例子中，给出 X_4和 X_5时，X_1与 X_2，X_1与 X_3，X_2与 X_3的偏相关系数分别为：

$$
r_{12\cdot 45}=\frac{-0.64}{\sqrt{16.72\times 16.58}}=-0.038
$$

$$
r_{13\cdot 45}=\frac{-3.87}{\sqrt{16.72\times 23.71}}=-0.194
$$

$$r_{23\cdot45}=\frac{10.71}{\sqrt{16.58\times23.71}}=0.540$$

定理 1.4　设 $\boldsymbol{X}\sim N_p(\boldsymbol{\mu},\boldsymbol{\Sigma})$，将 $\boldsymbol{X}$，$\boldsymbol{\mu}$，$\boldsymbol{\Sigma}$ 按同样方式剖分为：

$$\boldsymbol{X}=\begin{bmatrix}\boldsymbol{X}^{(1)}\\ \boldsymbol{X}^{(2)}\\ \vdots\\ \boldsymbol{X}^{(k)}\end{bmatrix},\quad \boldsymbol{\mu}=\begin{bmatrix}\boldsymbol{\mu}^{(1)}\\ \boldsymbol{\mu}^{(2)}\\ \vdots\\ \boldsymbol{\mu}^{(k)}\end{bmatrix},\quad \boldsymbol{\Sigma}=\begin{bmatrix}\boldsymbol{\Sigma}_{11} & \boldsymbol{\Sigma}_{12} & \cdots & \boldsymbol{\Sigma}_{1k}\\ \boldsymbol{\Sigma}_{21} & \boldsymbol{\Sigma}_{22} & \cdots & \boldsymbol{\Sigma}_{2k}\\ \vdots & \vdots & & \vdots\\ \boldsymbol{\Sigma}_{k1} & \boldsymbol{\Sigma}_{k2} & \cdots & \boldsymbol{\Sigma}_{kk}\end{bmatrix}$$

式中，$\boldsymbol{X}^{(j)}$：$S_j\times1$，$\boldsymbol{\mu}^{(j)}$：$S_j\times1$，$\boldsymbol{\Sigma}_{jj}$：$S_j\times S_j$（$j=1，2，\cdots，k$），则 $\boldsymbol{X}^{(1)}$，$\boldsymbol{X}^{(2)}$，…，$\boldsymbol{X}^{(k)}$ 相互独立当且仅当 $\boldsymbol{\Sigma}_{ij}=\boldsymbol{0}$，对一切 $i\neq j$。

证明参见参考文献［3］。

因为 $\boldsymbol{\Sigma}_{12}=\text{cov}(\boldsymbol{X}^{(1)},\boldsymbol{X}^{(2)})$，该定理同时指出对多元正态分布而言，“$\boldsymbol{X}^{(1)}$ 和 $\boldsymbol{X}^{(2)}$ 不相关”等价于“$\boldsymbol{X}^{(1)}$ 和 $\boldsymbol{X}^{(2)}$ 独立”。

1.4　均值向量和协方差阵的估计

上节已经给出了多元正态分布的定义和有关的性质，在实际问题中，通常可以假定研究对象是多元正态分布，但分布中的参数 $\boldsymbol{\mu}$ 和 $\boldsymbol{\Sigma}$ 是未知的，一般的做法是通过样本来估计。

在一般情况下，如果样本资料阵为：

$$\boldsymbol{X}=\begin{bmatrix}x_{11} & x_{12} & \cdots & x_{1p}\\ x_{21} & x_{22} & \cdots & x_{2p}\\ \vdots & \vdots & & \vdots\\ x_{n1} & x_{n2} & \cdots & x_{np}\end{bmatrix}=(\boldsymbol{X}_1,\ \boldsymbol{X}_2,\ \cdots,\ \boldsymbol{X}_p)=\begin{bmatrix}\boldsymbol{X}'_{(1)}\\ \boldsymbol{X}'_{(2)}\\ \vdots\\ \boldsymbol{X}'_{(n)}\end{bmatrix}$$

设样品 $\boldsymbol{X}_{(1)}$，$\boldsymbol{X}_{(2)}$，…，$\boldsymbol{X}_{(n)}$ 相互独立，同遵从 p 元正态分布 $N_p(\boldsymbol{\mu},\boldsymbol{\Sigma})$，而且 $n>p$，$\boldsymbol{\Sigma}>\boldsymbol{0}$，则总体参数均值 $\boldsymbol{\mu}$ 的估计量为：

$$\hat{\boldsymbol{\mu}}=\bar{\boldsymbol{X}}=\frac{1}{n}\sum_{i=1}^{n}\boldsymbol{X}_{(i)}=\frac{1}{n}\begin{bmatrix}\sum\limits_{i=1}^{n}x_{i1}\\ \sum\limits_{i=1}^{n}x_{i2}\\ \vdots\\ \sum\limits_{i=1}^{n}x_{ip}\end{bmatrix}=\begin{bmatrix}\bar{X}_1\\ \bar{X}_2\\ \vdots\\ \bar{X}_p\end{bmatrix}\tag{1.31}$$

即均值向量 $\boldsymbol{\mu}$ 的估计量就是样本均值向量。这可由极大似然法推导出来。很显然，当样本资料选取的是 p 个指标的数据时，$\hat{\boldsymbol{\mu}}=\bar{\boldsymbol{X}}$ 也是 p 维向量。

总体参数协方差阵 $\boldsymbol{\Sigma}$ 的极大似然估计为：

$$\hat{\boldsymbol{\Sigma}}_p=\frac{1}{n}\boldsymbol{L}=\frac{1}{n}\sum_{i=1}^{n}(\boldsymbol{X}_{(i)}-\bar{\boldsymbol{X}})(\boldsymbol{X}_{(i)}-\bar{\boldsymbol{X}})'$$

$$
=\frac{1}{n}\begin{bmatrix}
\sum_{i=1}^{n}(x_{i1}-\bar{X}_1)^2 & \cdots & \sum_{i=1}^{n}(x_{i1}-\bar{X}_1)(x_{ip}-\bar{X}_p) \\
 & \sum_{i=1}^{n}(x_{i2}-\bar{X}_2)^2 \quad \cdots & \sum_{i=1}^{n}(x_{i2}-\bar{X}_2)(x_{ip}-\bar{X}_p) \\
 & & \vdots \\
 & & \sum_{i=1}^{n}(x_{ip}-\bar{X}_p)^2
\end{bmatrix}
$$

式中，$\boldsymbol{L}$ 是离差阵，它是每一个样品（向量）与样本均值（向量）的离差积形成的 n 个 $p\times p$ 阶对称阵的和。同一元相似，$\hat{\boldsymbol{\Sigma}}_p$ 不是 $\boldsymbol{\Sigma}$ 的无偏估计。为了得到无偏估计，我们常用样本协方差阵 $\hat{\boldsymbol{\Sigma}}=\frac{1}{n-1}\boldsymbol{L}$ 作为总体协方差阵的估计。

可以证明，$\bar{\boldsymbol{X}}$ 是 $\boldsymbol{\mu}$ 的无偏估计，是极小极大估计，是强相合估计，$\bar{\boldsymbol{X}}$ 还是 $\boldsymbol{\mu}$ 的充分统计量；$\hat{\boldsymbol{\Sigma}}$ 是 $\boldsymbol{\Sigma}$ 的强相合估计，但用 $\hat{\boldsymbol{\Sigma}}$ 估计 $\boldsymbol{\Sigma}$ 是有偏的，$\frac{1}{n-1}\boldsymbol{L}$ 才是 $\boldsymbol{\Sigma}$ 的无偏估计。在实际应用中，当 n 不是很大时，人们常用 $\frac{1}{n-1}\boldsymbol{L}$ 来估计 $\boldsymbol{\Sigma}$，但当 n 比较大时，用 $\hat{\boldsymbol{\Sigma}}$ 或 $\frac{1}{n-1}\boldsymbol{L}$ 差别不大。关于估计量 $\bar{\boldsymbol{X}}$，$\hat{\boldsymbol{\Sigma}}$ 的统计性质的证明，有兴趣的读者可参见参考文献 [3]。

1.5 常用分布及抽样分布

多元统计研究的是多指标问题，为了解总体的特征，通过对总体抽样得到代表总体的样本，但因为信息是分散在每个样本上的，就需要对样本进行加工，把样本的信息浓缩到不包含未知量的样本函数中，这个函数称为统计量，如前面介绍的样本均值向量 $\bar{\boldsymbol{X}}$、样本离差阵 $\boldsymbol{L}$ 等都是统计量。统计量的分布称为抽样分布。

在数理统计中常用的抽样分布有 χ^2 分布、t 分布和 F 分布。在多元统计中，与之对应的分布分别为 Wishart 分布、T^2 分布和 Wilks 分布。

1.5.1 χ^2 分布与 Wishart 分布

在数理统计中，若 $X_i\sim N(0,1)(i=1,2,\cdots,n)$，且相互独立，则 $\sum_{i=1}^{n}X_i^2$ 所遵从的分布为自由度为 n 的 χ^2 分布（chi-squared distribution），记为 $\chi^2(n)$。

$\chi^2(n)$ 分布是刻画正态变量二次型的一个重要分布，在一元统计分析中有着十分重要的地位，在对有关样本均值、样本方差的假设检验或非参数检验中经常用到 χ^2 统计量。

$\chi^2(n)$ 分布的均值和方差分别为：

$E(\chi^2(n))=n$

$D(\chi^2(n))=2n$

$\chi^2(n)$ 分布有两个重要的性质：

(1) 若 $\chi_i^2 \sim \chi^2(n_i)(i=1, 2, \cdots, k)$，且相互独立，则

$$\sum_{i=1}^{k} \chi_i^2 \sim \chi^2\left(\sum_{i=1}^{k} n_i\right)$$

称为相互独立的 χ^2 变量具有可加性。

(2) 设 $X_i \sim N(0, 1)(i=1, 2, \cdots, n)$，且相互独立，$\boldsymbol{A}_j\ (j=1, 2, \cdots, m)$ 为 n 阶对称阵，且 $\sum_{j=1}^{m} \boldsymbol{A}_j = \boldsymbol{I}_n$（$n$ 阶单位阵），记 $\boldsymbol{X}=(X_1, X_2, \cdots, X_n)'$，$Q_j=\boldsymbol{X}'\boldsymbol{A}_j\boldsymbol{X}$，则 Q_1，Q_2，$\cdots$，Q_m 为相互独立的 χ^2 分布变量的充要条件为 $\sum_{j=1}^{m} \operatorname{rank}(\boldsymbol{A}_j) = n$。此时 $Q_j \sim \chi^2(n_j)$，$n_j = \operatorname{rank}(\boldsymbol{A}_j)$。

这个性质称为 Cochran 定理，在方差分析和回归分析中起着重要作用。

从一元正态总体 $N(\mu, \sigma^2)$ 抽取容量为 n 的随机样本 X_1，X_2，$\cdots$，X_n，其样本均值 $\overline{X}$ 和样本方差 $S^2 = \frac{l_{xx}}{n-1} = \frac{1}{n-1}\sum_{i=1}^{n}(X_i-\overline{X})^2$ 的抽样分布有如下结果：

(1) $\overline{X}$ 和 S^2 相互独立。

(2) $\overline{X} \sim N\left(\mu, \frac{\sigma^2}{n}\right)$ 和 $\frac{(n-1)S^2}{\sigma^2} = \frac{l_{xx}}{\sigma^2} \sim \chi^2(n-1)$ 相互独立。

以上两个结论在数理统计中有着重要的应用。

在多元统计中，χ^2 分布发展为 Wishart 分布。Wishart 分布是由统计学家威沙特（Wishart）为研究多元样本离差阵 $\boldsymbol{L}$ 的分布于 1928 年推导出来的，有人就将这个时间作为多元分析诞生的时间。Wishart 分布在多元统计中的作用与 χ^2 分布在一元统计中类似，它可以由遵从多元正态分布的随机向量直接得到，同时它也是构成其他重要分布的基础。

定义 1.7　设 $\boldsymbol{X}_{(i)}(i=1, 2, \cdots, n)$ 相互独立，且 $\boldsymbol{X}_{(i)} \sim N_p(\boldsymbol{0}, \boldsymbol{\Sigma})$，记 $\boldsymbol{X}=(\boldsymbol{X}_{(1)}, \boldsymbol{X}_{(2)}, \cdots, \boldsymbol{X}_{(n)})'$，则随机矩阵

$$\boldsymbol{W} = \boldsymbol{X}'\boldsymbol{X} = \sum_{i=1}^{n} \boldsymbol{X}_{(i)}\boldsymbol{X}'_{(i)} \tag{1.32}$$

所遵从的分布称为自由度为 n 的 p 维中心 Wishart 分布，记为 $\boldsymbol{W} \sim W_p(n, \boldsymbol{\Sigma})$。其中，$n \geqslant p$，$\boldsymbol{\Sigma} > \boldsymbol{0}$。

由 Wishart 分布的定义知，当 $p=1$ 时，$\boldsymbol{\Sigma}$ 退化为 σ^2，此时中心 Wishart 分布就退化为 $\sigma^2\chi^2(n)$，由此可以看出，Wishart 分布实际上是 χ^2 分布在多维正态情形下的推广。

下面不加证明地给出 Wishart 分布的五条重要性质：

(1) 若 $\boldsymbol{X}_{(i)}(i=1, 2, \cdots, n)$ 是从 p 维正态总体 $N_p(\boldsymbol{\mu}, \boldsymbol{\Sigma})$ 中抽取的 n 个随机样本，

$\bar{\boldsymbol{X}}$ 为样本均值，样本离差阵为 $\boldsymbol{L}=\sum_{i=1}^{n}(\boldsymbol{X}_{(i)}-\bar{\boldsymbol{X}})(\boldsymbol{X}_{(i)}-\bar{\boldsymbol{X}})'$，则

1）$\bar{\boldsymbol{X}}$ 和 $\boldsymbol{L}$ 相互独立。

2）$\bar{\boldsymbol{X}}\sim N_p\left(\boldsymbol{\mu},\ \frac{1}{n}\boldsymbol{\Sigma}\right)$，$\boldsymbol{L}\sim \boldsymbol{W}_p(n-1,\ \boldsymbol{\Sigma})$。

（2）若 $\boldsymbol{W}_i\sim \boldsymbol{W}_p(n_i,\ \boldsymbol{\Sigma})(i=1,\ 2,\ \cdots,\ k)$ 且相互独立，则

$$\sum_{i=1}^{k}\boldsymbol{W}_i\sim \boldsymbol{W}_p\left(\sum_{i=1}^{k}n_i,\ \boldsymbol{\Sigma}\right)$$

（3）若 $\boldsymbol{W}\sim\boldsymbol{W}_p(n,\ \boldsymbol{\Sigma})$，$\boldsymbol{C}_{q\times p}$ 为非奇异阵，则

$$\boldsymbol{CWC}'\sim\boldsymbol{W}_q(n,\ \boldsymbol{C\Sigma C}')$$

（4）若 $\boldsymbol{W}\sim\boldsymbol{W}_p(n,\ \boldsymbol{\Sigma})$，$\boldsymbol{a}$ 为任一 p 元常向量，满足 $\boldsymbol{a}'\boldsymbol{\Sigma a}\neq 0$，则 $\frac{\boldsymbol{a}'\boldsymbol{Wa}}{\boldsymbol{a}'\boldsymbol{\Sigma a}}\sim\chi^2(n)$。

（5）若 $\boldsymbol{W}\sim\boldsymbol{W}_p(n,\ \boldsymbol{\Sigma})$，$\boldsymbol{a}$ 为任一 p 元非零常向量，比值

$$\frac{\boldsymbol{a}'\boldsymbol{\Sigma}^{-1}\boldsymbol{a}}{\boldsymbol{a}'\boldsymbol{W}^{-1}\boldsymbol{a}}\sim\chi^2(n-p+1)$$

特别地，设 w_{ii} 和 σ_{ii} 分别为 $\boldsymbol{W}^{-1}$ 和 $\boldsymbol{\Sigma}^{-1}$ 的第 i 个对角元，则

$$\frac{\sigma_{ii}}{w_{ii}}\sim\chi^2(n-p+1)$$

1.5.2　t 分布与 T^2 分布

在数理统计中，若 $X\sim N(0,\ 1)$，$Y\sim\chi^2(n)$，且 X 与 Y 相互独立，则称 $T=\frac{X}{\sqrt{\frac{Y}{n}}}$ 遵从自由度为 n 的 t 分布，又称为学生分布（student distribution），记为 $T\sim t(n)$。如果将 T 平方，即 $T^2=n\frac{X^2}{Y}$，则 $T^2\sim F(1,\ n)$，即 $t(n)$ 分布变量的平方遵从第一自由度为 1、第二自由度为 n 的中心 F 分布。

将上述 F 分布的定义改写成

$$F=nX'Y^{-1}X$$

式中，用 X' 表示 X 的转置。由于 X 为一维数字，转置与否都相同，所以可以这样写。

在多元统计中，仿照上式推广得到 T^2 分布的定义如下。

定义 1.8　设 $\boldsymbol{W}\sim\boldsymbol{W}_p(n,\ \boldsymbol{\Sigma})$，$\boldsymbol{X}\sim N_p(\boldsymbol{0},\ c\boldsymbol{\Sigma})$，$c>0$，$n\geqslant p$，$\boldsymbol{\Sigma}>\boldsymbol{0}$，$\boldsymbol{W}$ 与 $\boldsymbol{X}$ 相互独立，则称随机变量

$$T^2=\frac{n}{c}\boldsymbol{X}'\boldsymbol{W}^{-1}\boldsymbol{X} \tag{1.33}$$

所遵从的分布为第一自由度为 p、第二自由度为 n 的中心 T^2 分布，记为 $T^2\sim T^2(p,\ n)$。

T^2 分布是霍特林（Hotelling）于 1931 年由一元统计推广而来的，故 T^2 分布又称为 Hotelling T^2 分布。其作用相当于数理统计学中的 t 分布。

中心 T^2 分布可化为中心 F 分布，其关系可表示为：

$$\frac{n-p+1}{pn}T^2(p, n)=F(p, n-p+1)$$

显然，当 $p=1$ 时，有 $T^2(1, n)=F(1, n)$。

下面不加证明地给出 T^2 分布的两条重要性质：

（1）设 $\boldsymbol{X}\sim N_p(\boldsymbol{\mu}, \boldsymbol{\Sigma})$，$\boldsymbol{W}\sim W_p(n, \boldsymbol{\Sigma})$，且 $\boldsymbol{X}$ 与 $\boldsymbol{W}$ 相互独立，则

$$n(\boldsymbol{X}-\boldsymbol{\mu})'\boldsymbol{W}^{-1}(\boldsymbol{X}-\boldsymbol{\mu})\sim T^2(p, n)$$

推论　设 $\boldsymbol{X}_{(i)}=(X_{i1}, X_{i2}, \cdots, X_{ip})'$ $(i=1, 2, \cdots, n)$ 是从 p 维正态总体 $N_p(\boldsymbol{\mu}, \boldsymbol{\Sigma})$ 中抽取的 n 个随机样本，$\bar{\boldsymbol{X}}$ 为样本均值，样本离差阵为 $\boldsymbol{L}=\sum_{i=1}^{n}(\boldsymbol{X}_{(i)}-\bar{\boldsymbol{X}})(\boldsymbol{X}_{(i)}-\bar{\boldsymbol{X}})'$，则

$$n(n-1)(\bar{\boldsymbol{X}}-\boldsymbol{\mu})'\boldsymbol{L}^{-1}(\bar{\boldsymbol{X}}-\boldsymbol{\mu})\sim T^2(p, n-1)$$

或

$$n(\bar{\boldsymbol{X}}-\boldsymbol{\mu})'\boldsymbol{S}^{-1}(\bar{\boldsymbol{X}}-\boldsymbol{\mu})\sim T^2(p, n-1)$$

式中，$\boldsymbol{S}=\frac{1}{n-1}\boldsymbol{L}$，为样本的协方差矩阵。

（2）设 $\boldsymbol{X}_i\sim N_p(\boldsymbol{\mu}_i, \boldsymbol{\Sigma})$ $(i=1, 2)$，从总体 $\boldsymbol{X}_1$，$\boldsymbol{X}_2$ 中取得容量分别为 n_1，n_2 的两个随机样本，若 $\boldsymbol{\mu}_1=\boldsymbol{\mu}_2$，则

$$\frac{n_1n_2}{n_1+n_2}(\bar{\boldsymbol{X}}_1-\bar{\boldsymbol{X}}_2)'\boldsymbol{S}_p^{-1}(\bar{\boldsymbol{X}}_1-\bar{\boldsymbol{X}}_2)\sim T^2(p, n_1+n_2-2)$$

或

$$(\bar{\boldsymbol{X}}_1-\bar{\boldsymbol{X}}_2)'\boldsymbol{S}_p^{-1}(\bar{\boldsymbol{X}}_1-\bar{\boldsymbol{X}}_2)\sim\frac{n_1+n_2}{n_1n_2}T^2(p, n_1+n_2-2)$$

式中，$\bar{\boldsymbol{X}}_1$，$\bar{\boldsymbol{X}}_2$ 为两样本的均值向量；$\boldsymbol{S}_p=\frac{(n_1-1)\boldsymbol{S}_1+(n_2-1)\boldsymbol{S}_2}{n_1+n_2-2}$；$\boldsymbol{S}_1$，$\boldsymbol{S}_2$ 分别为两样本的协方差阵。

这个性质在下一章的假设检验中有重要应用。

1.5.3　中心 F 分布与 Wilks 分布

在一元统计中，若 $X\sim\chi^2(m)$，$Y\sim\chi^2(n)$，且 X 与 Y 相互独立，则称 $F=\frac{X/m}{Y/n}$ 所遵从的分布为第一自由度为 m、第二自由度为 n 的中心 F 分布，记为 $F\sim F(m, n)$。F 分布本质上是从正态总体 $N(\mu, \sigma^2)$ 中随机抽取的两个样本方差的比。

F 分布能否推广到多元呢？由于 F 分布由两个方差比构成，而多元总体 $N_p(\boldsymbol{\mu}, \boldsymbol{\Sigma})$ 的变异由协方差阵确定，它不是一个数字，这就产生了如何用一个与协方差阵 $\boldsymbol{\Sigma}$ 有关的量来描述总体 $N_p(\boldsymbol{\mu}, \boldsymbol{\Sigma})$ 的变异的问题，它是将 F 分布推广到多元情形的关键。

描述 $N_p(\boldsymbol{\mu}, \boldsymbol{\Sigma})$ 的变异度的统计参数称为广义方差。围绕这一问题产生了许多方法，有的用行列式，有的用迹，主要的方法有以下几种：

（1）广义方差 $\triangleq|\boldsymbol{\Sigma}|$；

（2）广义方差 $\triangleq \mathrm{tr}(\boldsymbol{\Sigma})=\sum_{i=1}^{p}\sigma_i^2=\sigma_1^2+\sigma_2^2+\cdots+\sigma_p^2$，式中 $\mathrm{tr}(\boldsymbol{\Sigma})$ 为 $\boldsymbol{\Sigma}$ 的迹，等于 $\boldsymbol{\Sigma}$ 主对角线元素之和；

（3）广义方差 $\triangleq \prod_{i=1}^{p}\sigma_i^2=\sigma_1^2\sigma_2^2\cdots\sigma_p^2$；

（4）广义方差 $\triangleq |\boldsymbol{\Sigma}|^{\frac{1}{p}}$；

（5）广义方差 $\triangleq (\mathrm{tr}(\boldsymbol{\Sigma}))^{\frac{1}{2}}=\sqrt{\sigma_1^2+\sigma_2^2+\cdots+\sigma_p^2}$；

（6）广义方差 $\triangleq \max\{\lambda_i\}$，其中 λ_i 为 $\boldsymbol{\Sigma}$ 的特征根；

（7）广义方差 $\triangleq \min\{\lambda_i\}$，其中 λ_i 为 $\boldsymbol{\Sigma}$ 的特征根。

在以上各种广义方差的定义中，目前使用最多的是第一种，它是 T. W. 安德森（T. W. Anderson）于 1958 年提出的。

下面根据第一种广义方差，仿照 F 分布的定义给出多元统计中两个广义方差之比的统计量，称为 Wilks Λ 分布。

定义 1.9 设 $\boldsymbol{W}_1 \sim W_p(n_1, \boldsymbol{\Sigma})$，$\boldsymbol{W}_2 \sim W_p(n_2, \boldsymbol{\Sigma})$，$\boldsymbol{\Sigma}>\boldsymbol{0}$，$n_1>p$，且 $\boldsymbol{W}_1$ 与 $\boldsymbol{W}_2$ 相互独立，则

$$\Lambda=\frac{|\boldsymbol{W}_1|}{|\boldsymbol{W}_1+\boldsymbol{W}_2|} \tag{1.34}$$

所遵从的分布称为维数为 p，第一自由度为 n_1，第二自由度为 n_2 的 Wilks Λ 分布，记为 $\Lambda \sim \Lambda(p, n_1, n_2)$。

由上述定义，Λ 分布为两个广义方差之比。

由于 Λ 分布在多元统计中的重要性，关于它的近似分布和精确分布不断有学者进行研究。当 p 和 n_2 中的一个比较小时，Λ 分布可化为 F 分布，表 1-2 列举了常见的情况。

表 1-2 $\boldsymbol{\Lambda \sim \Lambda(p, n_1, n_2)}$ 与 F 分布的关系，$n_1>p$

p	n_2	统计量 F	F 的自由度
任意	1	$\frac{1-\Lambda}{\Lambda}\frac{n_1-p+1}{p}$	p，n_1-p+1
任意	2	$\frac{1-\sqrt{\Lambda}}{\sqrt{\Lambda}}\frac{n_1-p}{p}$	$2p$，$2(n_1-p)$
1	任意	$\frac{1-\Lambda}{\Lambda}\frac{n_1}{n_2}$	n_2，n_1
2	任意	$\frac{1-\sqrt{\Lambda}}{\sqrt{\Lambda}}\frac{n_1-1}{n_2}$	$2n_2$，$2(n_1-1)$

当 p，n_2 不属于表 1-2 所列举的情况时，巴特莱特（Bartlett）指出可用 χ^2 分布来近

似表示，即

$$V=-\left(n_1+n_2-\frac{p+n_2+1}{2}\right)\ln\Lambda(p, n_1, n_2)$$

近似遵从 $\chi^2(pn_2)$。

拉奥（Rao）后来又研究用 F 分布来近似，即

$$R=\frac{1-\Lambda^{\frac{1}{s}}}{\Lambda^{\frac{1}{s}}}\frac{ts-2\lambda}{pn_2}$$

近似遵从 $F(pn_2, ts-2\lambda)$，式中

$$\begin{cases} t=n_1+n_2-\dfrac{p+n_2+1}{2} \\ s=\sqrt{\dfrac{p^2n_2^2-4}{p^2+n_2^2-5}} \\ \lambda=\dfrac{pn_2-2}{4} \end{cases}$$

$ts-2\lambda$ 不一定是整数，用与它最近的整数来作为 F 分布的第二自由度。

若 $n_2<p$，有 $\Lambda(p, n_1, n_2)=\Lambda(n_2, p, n_1+n_2-p)$。该结论说明，在使用 Λ 统计量时也可考虑 $n_2>p$ 的情形，有关 Λ 统计量的其他性质参见参考文献［1］。

参考文献

［1］张尧庭，方开泰．多元统计分析引论．北京：科学出版社，1982.

［2］Robb J. Muirhead. Aspects of Multivariate Statistical Theory. New York：John Wiley & Sons，Inc.，1982.

［3］方开泰．实用多元统计分析．上海：华东师范大学出版社，1989.

［4］王学仁．地质数据的多变量统计分析．北京：科学出版社，1982.

［5］王国梁，何晓群．多变量经济数据统计分析．西安：陕西科学技术出版社，1993.

［6］G. A. F. Seber. Multivariate Observations. New York：John Wiley & Sons，Inc.，1984.

［7］王静龙．多元统计分析．北京：科学出版社，2008.

思考与练习

1. 在数据处理时，为什么通常要进行标准化处理？

2. 欧氏距离与马氏距离的优缺点是什么？

3. 当变量 X_1 和 X_2 方向上的变差相等，且 X_1 与 X_2 互相独立时，采用欧氏距离与统计距离是否一致？

4. 如果正态随机向量 $\boldsymbol{X}=(x_1, x_2, \cdots, x_p)'$ 的协方差阵 $\boldsymbol{\Sigma}$ 是对角阵，证明 $\boldsymbol{X}$ 的分量是相互独立的随机变量。

5. y_1 与 y_2 是相互独立的随机变量，且 $y_1 \sim N(0, 1)$，$y_2 \sim N(3, 4)$。

(a) 求 y_1^2 的分布。

(b) 如果 $\boldsymbol{y}=\begin{bmatrix} y_1 \\ (y_2-3)/2 \end{bmatrix}$，写出 $\boldsymbol{y}'\boldsymbol{y}$ 关于 y_1 与 y_2 的表达式，并写出 $\boldsymbol{y}'\boldsymbol{y}$ 的分布。

(c) 如果 $\boldsymbol{y}=\begin{bmatrix} y_1 \\ y_2 \end{bmatrix}$ 且 $\boldsymbol{y} \sim N(\boldsymbol{\mu}, \boldsymbol{\Sigma})$，写出 $\boldsymbol{y}'\boldsymbol{\Sigma}^{-1}\boldsymbol{y}$ 关于 y_1 与 y_2 的表达式，并写出 $\boldsymbol{y}'\boldsymbol{\Sigma}^{-1}\boldsymbol{y}$ 的分布。

第2章 均值向量和协方差阵的检验

学习目标

1. 掌握均值向量及协方差阵的检验方法；

2. 能够用 SPSS 软件或 R 语言实现均值向量及协方差阵的检验，并正确理解输出结果。

在一元统计中，关于正态总体 $N(\mu, \sigma^2)$ 的均值 μ 和方差 σ^2，已给出了常用的 z 检验、t 检验、F 检验和 χ^2 检验等。对于包含多个指标的正态总体 $N_p(\boldsymbol{\mu}, \boldsymbol{\Sigma})$，各种实际问题同样要求对 $\boldsymbol{\mu}$ 和 $\boldsymbol{\Sigma}$ 进行统计推断。例如，要考察某工业行业的生产经营状况、今年与去年相比指标的平均水平有无显著差异，以及各生产经营指标间的波动是否有显著差异，需做检验 H_0：$\boldsymbol{\mu}=\boldsymbol{\mu}_0$，$H_1$：$\boldsymbol{\mu}\neq\boldsymbol{\mu}_0$，或 H_0：$\boldsymbol{\Sigma}=\boldsymbol{\Sigma}_0$，$H_1$：$\boldsymbol{\Sigma}\neq\boldsymbol{\Sigma}_0$ 等。关于 $\boldsymbol{\mu}$ 和 $\boldsymbol{\Sigma}$ 的各种形式的假设检验构成了本章的内容。本章的很多内容是一元的直接推广，但由于多指标问题的复杂性，本章将只列出检验用的统计量，主要详细介绍如何使用这些统计量做检验，对有关检验问题的理论推证则全部略去。本章最后还将介绍有关检验的上机实现。

2.1 均值向量的检验

2.1.1 一个指标检验的回顾

设从总体 $N(\mu, \sigma^2)$ 中抽取一个样本 $x_1, x_2, \cdots, x_n$，我们要检验假设

$$H_0: \mu=\mu_0, \quad H_1: \mu\neq\mu_0$$

当 σ^2 已知时，用统计量

$$z=\frac{\bar{x}-\mu_0}{\sigma}\sqrt{n} \tag{2.1}$$

式中，$\bar{x}=\dfrac{1}{n}\sum\limits_{i=1}^{n}x_i$ 为样本均值。当假设成立时，统计量 z 遵从正态分布，$z\sim N(0, 1)$，从而拒绝域为 $|z|>z_{\alpha/2}$，$z_{\alpha/2}$ 为 $N(0, 1)$ 的上 $\alpha/2$ 分位点。

当 σ^2 未知时，将

$$S^2=\sum_{i=1}^{n}\frac{(x_i-\bar{x})^2}{n-1}$$

作为 σ^2 的估计，用统计量

$$t=\frac{\bar{x}-\mu_0}{S}\sqrt{n} \tag{2.2}$$

来做检验。当假设成立时，t 统计量遵从自由度为 $n-1$ 的 t 分布，$t\sim t_{n-1}$，拒绝域为 $|t|>t_{n-1}(\alpha/2)$，$t_{n-1}(\alpha/2)$ 为 t_{n-1} 的上 $\alpha/2$ 分位点。式（2.2）中的统计量也可改写成如下形式：

$$t^2=n(\bar{x}-\mu_0)'(S^2)^{-1}(\bar{x}-\mu_0) \tag{2.3}$$

当假设为真时，统计量 t^2 遵从第一自由度为 1、第二自由度为 $n-1$ 的 F 分布，简写成 $t^2\sim F_{1,n-1}$，其拒绝域为：

$$t^2>F_{1,n-1}(\alpha)$$

$F_{1,n-1}(\alpha)$ 为 $F_{1,n-1}$ 的上 α 分位点。

2.1.2 多元均值检验

某工业行业的管理机构想要掌握所属企业的生产经营活动情况，选取了 p 个指标进行考察。根据历史资料的记载，将 p 个指标的历史平均水平记作 $\boldsymbol{\mu}_0$。今年的 p 个指标平均值与历史资料记载的平均值有无显著差异？若有差异，进一步分析差异主要在哪些指标上。类似这样的问题，就是要对下面的假设

$$H_0: \boldsymbol{\mu}=\boldsymbol{\mu}_0, \quad H_1: \boldsymbol{\mu}\neq\boldsymbol{\mu}_0$$

做检验。检验的思想和步骤与一元相似，可归纳如下：

（1）根据问题的要求提出统计假设 H_0 及 H_1；

（2）选取一个合适的统计量，并求出它的抽样分布；

（3）指定 α 风险值（即显著性水平 α 值），并在零假设 H_0 为真的条件下求出能使风险值控制在 α 的临界值 W；

（4）建立判别准则；

（5）由样本观测值计算统计量值，再由准则做统计判断，最后对统计判断做出具体的解释。

设 $\boldsymbol{X}_{(i)}=(X_{i1}, X_{i2}, \cdots, X_{ip})'(i=1, 2, \cdots, n)$ 是容量为 n 的一个样本，它们来自均值向量为 $\boldsymbol{\mu}$，协方差阵为 $\boldsymbol{\Sigma}$（$\boldsymbol{\Sigma}>\mathbf{0}$ 是正定阵）的 p 元正态总体，对于指定向量 $\boldsymbol{\mu}_0$，要对下面的假设

$$H_0: \boldsymbol{\mu}=\boldsymbol{\mu}_0, \quad H_1: \boldsymbol{\mu}\neq\boldsymbol{\mu}_0 \tag{2.4}$$

做检验。检验的方法与一元相似，将分两种情况讨论。

（1）协方差阵 $\boldsymbol{\Sigma}$ 已知。

类似于式（2.3）的统计量（注意式（2.3）的形式）是

$$\chi_0^2=n(\bar{\boldsymbol{X}}-\boldsymbol{\mu}_0)'\boldsymbol{\Sigma}^{-1}(\bar{\boldsymbol{X}}-\boldsymbol{\mu}_0) \tag{2.5}$$

可以证明，在假设 H_0 为真时，统计量 χ_0^2 遵从自由度为 p 的 χ^2 分布；事实上由 $\bar{\boldsymbol{X}}-$

$\boldsymbol{\mu} \sim N_p\left(\mathbf{0}, \frac{1}{n}\boldsymbol{\Sigma}\right)$ 知，当 H_0：$\boldsymbol{\mu}=\boldsymbol{\mu}_0$ 成立时，由多元正态分布的性质（4），有

$$(\bar{\boldsymbol{X}}-\boldsymbol{\mu}_0)'\left(\frac{1}{n}\boldsymbol{\Sigma}\right)^{-1}(\bar{\boldsymbol{X}}-\boldsymbol{\mu}_0)=n(\bar{\boldsymbol{X}}-\boldsymbol{\mu}_0)'\boldsymbol{\Sigma}^{-1}(\bar{\boldsymbol{X}}-\boldsymbol{\mu}_0)\sim\chi^2(p)$$

统计量 χ_0^2 实质上是样本均值 $\bar{\boldsymbol{X}}$ 与已知平均水平 $\boldsymbol{\mu}_0$ 之间的马氏距离的 n 倍，这个值越大，$\boldsymbol{\mu}$ 与 $\boldsymbol{\mu}_0$ 相等的可能性就越小，因而在备择假设 H_1 成立时，χ_0^2 有变大的趋势，所以拒绝域应取 χ_0^2 值较大的右侧部分。式中，$\bar{\boldsymbol{X}}$ 是样本均值；n 是样本容量。

当给定显著性水平 α 后，由样本值可以计算出 χ_0^2 的值。当

$$\chi_0^2=n(\bar{\boldsymbol{X}}-\boldsymbol{\mu}_0)'\boldsymbol{\Sigma}^{-1}(\bar{\boldsymbol{X}}-\mu_0)\geqslant\chi_p^2(\alpha)$$

时，便拒绝零假设 H_0，说明均值 $\boldsymbol{\mu}$ 不等于 $\boldsymbol{\mu}_0$，其中 $\chi_p^2(\alpha)$ 是自由度为 p 的 χ^2 分布的上 α 分位点。即

$$P\{\chi_0^2>\chi_p^2(\alpha)\}=\alpha$$

（2）协方差阵 $\boldsymbol{\Sigma}$ 未知。

此时 $\boldsymbol{\Sigma}$ 的无偏估计是 $\hat{\boldsymbol{\Sigma}}=\frac{\boldsymbol{L}}{n-1}$，类似于式（2.3）的统计量是

$$\begin{aligned}T^2&=n(\bar{\boldsymbol{X}}-\boldsymbol{\mu}_0)'\hat{\boldsymbol{\Sigma}}^{-1}(\bar{\boldsymbol{X}}-\boldsymbol{\mu}_0)\\&=n(n-1)(\bar{\boldsymbol{X}}-\boldsymbol{\mu}_0)'\boldsymbol{L}^{-1}(\bar{\boldsymbol{X}}-\boldsymbol{\mu}_0)\end{aligned}\tag{2.6}$$

可以证明，统计量 T^2 遵从参数为 p，$n-1$ 的 T^2 分布，即 $T^2\sim T^2_{p,n-1}$。统计量 T^2 实际上也是样本均值 $\bar{\boldsymbol{X}}$ 与已知均值向量 $\boldsymbol{\mu}_0$ 之间的马氏距离，这个值越大，$\boldsymbol{\mu}$ 与 $\boldsymbol{\mu}_0$ 相等的可能性就越小。因而在备择假设成立时，T^2 的值有变大的趋势，所以拒绝域可取 T^2 值较大的右侧部分。因此，在给定显著性水平 α 后，由样本的数值可以计算出 T^2 值。当

$$T^2>T^2_{p,n-1}(\alpha)\tag{2.7}$$

时，便拒绝零假设 H_0。$T^2_{p,n-1}(\alpha)$ 为 $T^2_{p,n-1}$ 的上 α 分位点。

T^2 分布的 5%及 1%的分位点已列成专表，可从网上下载。

由 1.5 节内容可知，将 T^2 统计量乘上一个适当的常数后，便成为 F 统计量，也可用 F 分布表获得零假设的拒绝域，即

$$\left\{\frac{n-p}{(n-1)p}T^2>F_{p,n-p}(\alpha)\right\}\tag{2.8}$$

关于 χ_0^2，T^2 的合理性及推证见参考文献［3］。

在实际工作中，一元检验与多元检验可以联合使用，多元检验具有概括和全面考察的特点，而一元检验容易发现各指标之间的关系和差异，能帮助我们找出存在差异的侧重面，提供更多的统计分析信息。

2.1.3　两总体均值的比较

在许多实际问题中，往往要比较两个总体的平均水平之间有无差异。例如，两所大学新生录取成绩是否有明显差异。再如，研究职工工资总额的构成情况，若按国民经济行业

分组，就是要研究工业与建筑业这两个行业之间是否有明显的不同；同理，可按工业领导关系（中央、省、市、县属工业）分组，也可按工业行业分组。组与组之间的工资总额构成有无显著差异，本质上就是两个总体的均值向量是否相等，这类问题通常也称为两样本问题。两总体均值的比较问题又可分为两总体协方差阵相等且已知、相等但未知以及两总体协方差阵不相等且未知三种情形。

1. 协方差阵相等且已知的情形

设 $\boldsymbol{X}_{(i)}=(X_{i1}, X_{i2}, \cdots, X_{ip})'$ $(i=1, 2, \cdots, n_1)$ 为来自 p 元正态总体 $N_p(\boldsymbol{\mu}_1, \boldsymbol{\Sigma})$ 的容量为 n_1 的样本，$\boldsymbol{Y}_{(j)}=(Y_{j1}, Y_{j2}, \cdots, Y_{jp})'$ $(j=1, 2, \cdots, n_2)$ 为来自 p 元正态总体 $N_p(\boldsymbol{\mu}_2, \boldsymbol{\Sigma})$ 的容量为 n_2 的样本，且两样本相互独立，$n_1>p$，$n_2>p$，假定两总体协方差阵相等且已知，现对假设

$$H_0: \boldsymbol{\mu}_1=\boldsymbol{\mu}_2, \quad H_1: \boldsymbol{\mu}_1\neq\boldsymbol{\mu}_2 \tag{2.9}$$

进行检验。

由于 $\bar{\boldsymbol{X}}-\boldsymbol{\mu}_1 \sim N_p\left(\boldsymbol{0}, \dfrac{1}{n_1}\boldsymbol{\Sigma}\right)$，$\bar{\boldsymbol{Y}}-\boldsymbol{\mu}_2 \sim N_p\left(\boldsymbol{0}, \dfrac{1}{n_2}\boldsymbol{\Sigma}\right)$，且它们相互独立，因此

$$(\bar{\boldsymbol{X}}-\bar{\boldsymbol{Y}})-(\boldsymbol{\mu}_1-\boldsymbol{\mu}_2) \sim N_p\left(\boldsymbol{0}, \left(\frac{1}{n_1}+\frac{1}{n_2}\right)\boldsymbol{\Sigma}\right)$$

故

$$\begin{aligned}\chi^2 &= [(\bar{\boldsymbol{X}}-\bar{\boldsymbol{Y}})-(\boldsymbol{\mu}_1-\boldsymbol{\mu}_2)]'\left[\left(\frac{1}{n_1}+\frac{1}{n_2}\right)\boldsymbol{\Sigma}\right]^{-1}[(\bar{\boldsymbol{X}}-\bar{\boldsymbol{Y}})-(\boldsymbol{\mu}_1-\boldsymbol{\mu}_2)] \\ &= \frac{n_1 n_2}{n_1+n_2}[(\bar{\boldsymbol{X}}-\bar{\boldsymbol{Y}})-(\boldsymbol{\mu}_1-\boldsymbol{\mu}_2)]'\boldsymbol{\Sigma}^{-1}[(\bar{\boldsymbol{X}}-\bar{\boldsymbol{Y}})-(\boldsymbol{\mu}_1-\boldsymbol{\mu}_2)] \sim \chi^2(p)\end{aligned} \tag{2.10}$$

当假设 $H_0: \boldsymbol{\mu}_1=\boldsymbol{\mu}_2$ 成立时，有

$$\chi^2 = \frac{n_1 n_2}{n_1+n_2}(\bar{\boldsymbol{X}}-\bar{\boldsymbol{Y}})'\boldsymbol{\Sigma}^{-1}(\bar{\boldsymbol{X}}-\bar{\boldsymbol{Y}}) \sim \chi^2(p) \tag{2.11}$$

根据式（2.11），由样本均值 $\bar{\boldsymbol{X}}$ 与 $\bar{\boldsymbol{Y}}$ 计算

$$\chi_0^2 = \frac{n_1 n_2}{n_1+n_2}(\bar{\boldsymbol{X}}-\bar{\boldsymbol{Y}})'\boldsymbol{\Sigma}^{-1}(\bar{\boldsymbol{X}}-\bar{\boldsymbol{Y}})$$

再查 $\chi_\alpha^2(p)$，则在显著性水平 α 之下可做出判断如下：

若 $\chi_0^2\leqslant\chi_\alpha^2(p)$，接受 H_0，拒绝 H_1；若 $\chi_0^2>\chi_\alpha^2(p)$，拒绝 H_0，接受 H_1。

2. 协方差阵相等但未知的情形

设 $\boldsymbol{X}_{(i)}=(X_{i1}, X_{i2}, \cdots, X_{ip})'$ $(i=1, 2, \cdots, n_1)$ 为来自 p 元正态总体 $N_p(\boldsymbol{\mu}_1, \boldsymbol{\Sigma})$ 的容量为 n_1 的样本，$\boldsymbol{Y}_{(j)}=(Y_{j1}, Y_{j2}, \cdots, Y_{jp})'$ $(j=1, 2, \cdots, n_2)$ 为来自 p 元正态总体 $N_p(\boldsymbol{\mu}_2, \boldsymbol{\Sigma})$ 的容量为 n_2 的样本，且两样本相互独立，$n_1>p$，$n_2>p$，假定两总体协方差阵相等但未知，现对假设

$$H_0: \boldsymbol{\mu}_1=\boldsymbol{\mu}_2, \quad H_1: \boldsymbol{\mu}_1\neq\boldsymbol{\mu}_2 \tag{2.12}$$

进行检验。与前面类似的统计量的形式为：

$$T^2=\frac{n_1n_2}{n_1+n_2}(\bar{\boldsymbol{X}}-\bar{\boldsymbol{Y}})'\,\hat{\boldsymbol{\Sigma}}^{-1}(\bar{\boldsymbol{X}}-\bar{\boldsymbol{Y}}) \tag{2.13}$$

式中，$\bar{\boldsymbol{X}}=\frac{1}{n_1}\sum_{i=1}^{n_1}\boldsymbol{X}_{(i)}$，$\bar{\boldsymbol{Y}}=\frac{1}{n_2}\sum_{j=1}^{n_2}\boldsymbol{Y}_{(j)}$；$n_1$，$n_2$ 是样本容量；$\hat{\boldsymbol{\Sigma}}=\frac{\boldsymbol{L}_x+\boldsymbol{L}_y}{n_1+n_2-2}$，是协方差阵 $\boldsymbol{\Sigma}$ 的估计量；$\boldsymbol{L}_x=\sum_{i=1}^{n_1}(\boldsymbol{X}_{(i)}-\bar{\boldsymbol{X}})(\boldsymbol{X}_{(i)}-\bar{\boldsymbol{X}})'$，$\boldsymbol{L}_y=\sum_{j=1}^{n_2}(\boldsymbol{Y}_{(j)}-\bar{\boldsymbol{Y}})(\boldsymbol{Y}_{(j)}-\bar{\boldsymbol{Y}})'$。

当假设 $H_0: \boldsymbol{\mu}_1=\boldsymbol{\mu}_2$ 成立时，$T^2\sim T^2_{p,n_1+n_2-2}$，从而

$$\frac{n_1+n_2-p-1}{(n_1+n_2-2)p}T^2\sim F_{p,n_1+n_2-p-1} \tag{2.14}$$

当备择假设 $H_1: \boldsymbol{\mu}_1\neq\boldsymbol{\mu}_2$ 成立时，$\frac{n_1+n_2-p-1}{(n_1+n_2-2)p}T^2=F^*$ 有变大的趋势，因为 T^2 的值与总体均值的马氏距离 $(\bar{\boldsymbol{X}}-\bar{\boldsymbol{Y}})'\,\hat{\boldsymbol{\Sigma}}^{-1}(\bar{\boldsymbol{X}}-\bar{\boldsymbol{Y}})$ 成正比，T^2 的值越大，说明两总体的均值很接近的可能性越小，因而拒绝域可以取 F^* 值较大的右侧区域，即当给定显著性水平 α 的值时，若

$$F^*>F_{p,n_1+n_2-p-1}(\alpha) \tag{2.15}$$

拒绝 H_0，否则没有足够理由拒绝 H_0。

3. 协方差阵不相等且未知的情形

设从两个总体 $N_p(\boldsymbol{\mu}_1, \boldsymbol{\Sigma}_1)$ 和 $N_p(\boldsymbol{\mu}_2, \boldsymbol{\Sigma}_2)$ 中分别抽取容量为 n_1 和 n_2 的两个样本，$\boldsymbol{X}_{(i)}=(X_{i1}, X_{i2}, \cdots, X_{ip})'(i=1, 2, \cdots, n_1)$，$\boldsymbol{Y}_{(j)}=(Y_{j1}, Y_{j2}, \cdots, Y_{jp})'(j=1, 2, \cdots, n_2)$，$n_1>p$，$n_2>p$，假定两总体协方差阵不相等且未知，我们考虑对假设式 (2.9) 做检验。这是著名的 Behrens-Fisher 问题。长期以来，统计学家用许多方法试图解决这个问题。当 $\boldsymbol{\Sigma}_1$ 与 $\boldsymbol{\Sigma}_2$ 相差很大时，T^2 统计量的形式为：

$$\begin{aligned}T^2&=(\bar{\boldsymbol{X}}-\bar{\boldsymbol{Y}})'\left[\frac{\boldsymbol{L}_x}{n_1(n_1-1)}+\frac{\boldsymbol{L}_y}{n_2(n_2-1)}\right]^{-1}(\bar{\boldsymbol{X}}-\bar{\boldsymbol{Y}})\\&=(\bar{\boldsymbol{X}}-\bar{\boldsymbol{Y}})'\boldsymbol{S}_*^{-1}(\bar{\boldsymbol{X}}-\bar{\boldsymbol{Y}})\end{aligned} \tag{2.16}$$

式中，$\bar{\boldsymbol{X}}$，$\bar{\boldsymbol{Y}}$，$\boldsymbol{L}_x$ 和 $\boldsymbol{L}_y$ 的统计含义与前相同，$\boldsymbol{S}_*=\frac{\boldsymbol{L}_x}{n_1(n_1-1)}+\frac{\boldsymbol{L}_y}{n_2(n_2-1)}$。再令

$$\begin{aligned}f^{-1}=&(n_1^3-n_1^2)^{-1}\left[(\bar{\boldsymbol{X}}-\bar{\boldsymbol{Y}})'\boldsymbol{S}_*^{-1}\left(\frac{\boldsymbol{L}_x}{n_1-1}\right)\boldsymbol{S}_*^{-1}(\bar{\boldsymbol{X}}-\bar{\boldsymbol{Y}})\right]^2T^{-4}\\&+(n_2^3-n_2^2)^{-1}\left[(\bar{\boldsymbol{X}}-\bar{\boldsymbol{Y}})'\boldsymbol{S}_*^{-1}\frac{\boldsymbol{L}_y}{(n_2-1)}\boldsymbol{S}_*^{-1}(\bar{\boldsymbol{X}}-\bar{\boldsymbol{Y}})\right]^2T^{-4}\end{aligned}$$

当假设式 (2.9) 的 H_0 成立时，可以证明（见参考文献 [3]）$\left(\frac{f-p+1}{fp}\right)T^2$ 近似遵从第一自由度为 p、第二自由度为 $f-p+1$ 的 F 分布，即

$$\left(\frac{f-p+1}{fp}\right)T^2\sim F_{p,f-p+1} \tag{2.17}$$

当 $\min(n_1, n_2)\to\infty$ 时，T^2 近似于 χ_p^2。

2.1.4 多总体均值的检验

在许多实际问题中，我们要研究的总体往往不止两个。例如，对全国工业行业的生产经营状况做比较时，一个行业可以看成一个总体，此时要研究的总体多达几十甚至几百个，就需要运用多元方差分析的知识。多元方差分析是一元方差分析的直接推广。为了便于理解多元方差分析的方法，我们先回顾一元方差分析。

设有 r 个总体 G_1，G_2，…，G_r，它们的分布分别是一元正态分布 $N(\mu_1, \sigma^2)$，$N(\mu_2, \sigma^2)$，…，$N(\mu_r, \sigma^2)$，从各个总体中抽取的样本如下：

$$X_1^{(1)}, X_2^{(1)}, \cdots, X_{n_1}^{(1)}\sim N(\mu_1, \sigma^2)$$
$$X_1^{(2)}, X_2^{(2)}, \cdots, X_{n_2}^{(2)}\sim N(\mu_2, \sigma^2)$$
$$\vdots$$
$$X_1^{(r)}, X_2^{(r)}, \cdots, X_{n_r}^{(r)}\sim N(\mu_r, \sigma^2)$$

假设 r 个总体的方差相等，要检验的假设就是

$$H_0: \mu_1=\mu_2=\cdots=\mu_r,\quad H_1: \text{至少存在 } i\neq j\text{，使得 } \mu_i\neq\mu_j$$

这个检验的统计量与下列平方和密切相关：

$$\text{组间平方和 } \mathrm{SS(TR)}=\sum_{k=1}^{r}n_k(\overline{X}_k-\overline{X})^2$$

$$\text{组内平方和 } \mathrm{SSE}=\sum_{k=1}^{r}\sum_{j=1}^{n_k}(X_j^{(k)}-\overline{X}_k)^2$$

$$\text{总平方和 } \mathrm{SST}=\sum_{k=1}^{r}\sum_{j=1}^{n_k}(X_j^{(k)}-\overline{X})^2$$

式中，$\overline{X}_k=\dfrac{1}{n_k}\sum\limits_{j=1}^{n_k}X_j^{(k)}$ 是第 k 组的均值；$\overline{X}=\dfrac{1}{n}\sum\limits_{k=1}^{r}\sum\limits_{j=1}^{n_k}X_j^{(k)}$ 是总均值；$n=n_1+n_2+\cdots+n_r$。

一元统计中，构造 F 统计量的方法是

$$\frac{\text{组间平方和/自由度}}{\text{组内平方和/自由度}}$$

即 $$F=\frac{\mathrm{SS(TR)}/(r-1)}{\mathrm{SSE}/(n-r)}$$

当假设为真时，F 统计量遵从自由度为 $(r-1, n-r)$ 的 F 分布，记为 $F\sim F_{r-1,n-r}$，零假设的拒绝域为：

$$F>F_{r-1,n-r}(\alpha)$$

将上述方法推广到多元，就是设有 r 个总体 G_1，G_2，…，G_r，从这 r 个总体中抽取独立样本如下：

$$\boldsymbol{X}_1^{(1)}, \boldsymbol{X}_2^{(1)}, \cdots, \boldsymbol{X}_{n_1}^{(1)}\sim N_p(\boldsymbol{\mu}_1, \boldsymbol{\Sigma})$$

$$\boldsymbol{X}_1^{(2)}, \boldsymbol{X}_2^{(2)}, \cdots, \boldsymbol{X}_{n_2}^{(2)} \sim N_p(\boldsymbol{\mu}_2, \boldsymbol{\Sigma})$$
$$\vdots$$
$$\boldsymbol{X}_1^{(r)}, \boldsymbol{X}_2^{(r)}, \cdots, \boldsymbol{X}_{n_r}^{(r)} \sim N_p(\boldsymbol{\mu}_r, \boldsymbol{\Sigma})$$

样本 $\{\boldsymbol{X}_j^{(k)}\}$($k=1, 2, \cdots, r$；$j=1, 2, \cdots, n_k$) 相互独立，要检验的假设就是

$$H_0: \boldsymbol{\mu}_1=\boldsymbol{\mu}_2=\cdots=\boldsymbol{\mu}_r, \quad H_1: 至少存在\ i\neq j，使得\ \boldsymbol{\mu}_i\neq\boldsymbol{\mu}_j \tag{2.18}$$

用类似于一元方差分析的办法，前面所述的三个平方和就变成了矩阵，形式如下：

$$\begin{aligned}
\boldsymbol{B} &= \mathrm{SS(TR)} = \sum_{k=1}^{r} n_k(\bar{\boldsymbol{X}}_k-\bar{\boldsymbol{X}})(\bar{\boldsymbol{X}}_k-\bar{\boldsymbol{X}})' \\
\boldsymbol{E} &= \mathrm{SSE} = \sum_{k=1}^{r}\sum_{j=1}^{n_k}(\boldsymbol{X}_j^{(k)}-\bar{\boldsymbol{X}}_k)(\boldsymbol{X}_j^{(k)}-\bar{\boldsymbol{X}}_k)' \\
\boldsymbol{W} &= \mathrm{SST} = \sum_{k=1}^{r}\sum_{j=1}^{n_k}(\boldsymbol{X}_j^{(k)}-\bar{\boldsymbol{X}})(\boldsymbol{X}_j^{(k)}-\bar{\boldsymbol{X}})'
\end{aligned} \tag{2.19}$$

很显然，$\boldsymbol{W}=\boldsymbol{B}+\boldsymbol{E}$。

关于 $\boldsymbol{B}$ 的检验可用 Wilks Λ 分布，再转化为 F 分布，具体可参考 1.5 节。

2.2 协方差阵的检验

上面讨论了多元正态分布均值的检验，但这仅研究了问题的一个方面，倘若要深究不同总体的平均水平（均值）的波动幅度，前面介绍的方法就无能为力了。本节所介绍的协方差阵的检验可以解决该类问题。

2.2.1 检验 $\boldsymbol{\Sigma}=\boldsymbol{\Sigma}_0$

设 $\boldsymbol{X}_1, \boldsymbol{X}_2, \cdots, \boldsymbol{X}_n$ 是来自正态总体 $N_p(\boldsymbol{\mu}, \boldsymbol{\Sigma})$ 的一个样本，$\boldsymbol{\Sigma}_0$ 是已知的正定矩阵，要检验

$$H_0: \boldsymbol{\Sigma}=\boldsymbol{\Sigma}_0, \quad H_1: \boldsymbol{\Sigma}\neq\boldsymbol{\Sigma}_0 \tag{2.20}$$

检验假设式 (2.20) 所用的统计量是

$$M=(n-1)[\ln|\boldsymbol{\Sigma}_0|-p-\ln|\hat{\boldsymbol{\Sigma}}|+\mathrm{tr}(\hat{\boldsymbol{\Sigma}}\boldsymbol{\Sigma}_0^{-1})] \tag{2.21}$$

式中，$\hat{\boldsymbol{\Sigma}}=\dfrac{\boldsymbol{L}}{n-1}$，是样本协方差阵。关于统计量 M 的推证过程见参考文献 [1]。柯林 (Korin, 1968) 已导出 M 的极限分布和近似分布，并对小的 n 给出了表，即当 $p\leqslant 10$，$n\leqslant 75$，$\alpha=0.05$ 及 $\alpha=0.01$ 时 M 的 α 分位点表。当 $p>10$ 或 $n>75$ 时，M 近似于 $bF(f_1, f_2)$，记作

$$M\approx bF(f_1, f_2) \tag{2.22}$$

式中，$D_1=\dfrac{2p+1-\dfrac{2}{p+1}}{6(n-1)}$；$D_2=\dfrac{(p-1)(p+2)}{6(n-1)^2}$；$f_1=\dfrac{p(p+1)}{2}$；$f_2=\dfrac{f_1+2}{D_2-D_1^2}$；$b=\dfrac{f_1}{1-D_1-\dfrac{f_1}{f_2}}$。

2.2.2 检验 $\boldsymbol{\Sigma}_1=\boldsymbol{\Sigma}_2=\cdots=\boldsymbol{\Sigma}_r$

上面讨论的检验 $\boldsymbol{\Sigma}=\boldsymbol{\Sigma}_0$ 是帮助我们分析当前的波动幅度与过去的波动情形有无显著差异。但在实际问题中我们往往面临多个总体，需要了解这多个总体之间的波动幅度有无明显的差异。例如在研究职工工资构成时，若按工业行业分组，就有采掘业、制造业、文化教育、金融保险等，不同行业间工资总额的构成存在波动，研究波动是否存在显著的差异，就是做行业间协方差阵相等性的检验。用统计理论来描述就是：

设有 r 个总体，从各个总体中抽取样品如下：

$$\boldsymbol{X}_1^{(1)},\ \boldsymbol{X}_2^{(1)},\ \cdots,\ \boldsymbol{X}_{n_1}^{(1)} \sim N_p(\boldsymbol{\mu}_1,\ \boldsymbol{\Sigma}_1)$$

$$\boldsymbol{X}_1^{(2)},\ \boldsymbol{X}_2^{(2)},\ \cdots,\ \boldsymbol{X}_{n_2}^{(2)} \sim N_p(\boldsymbol{\mu}_2,\ \boldsymbol{\Sigma}_2)$$

$$\vdots$$

$$\boldsymbol{X}_1^{(r)},\ \boldsymbol{X}_2^{(r)},\ \cdots,\ \boldsymbol{X}_{n_r}^{(r)} \sim N_p(\boldsymbol{\mu}_r,\ \boldsymbol{\Sigma}_r)$$

$$n=n_1+n_2+\cdots+n_r$$

此时要检验的假设是

$$\mathrm{H}_0:\ \boldsymbol{\Sigma}_1=\boldsymbol{\Sigma}_2=\cdots=\boldsymbol{\Sigma}_r,\qquad H_1:\ \{\boldsymbol{\Sigma}_i\}\ \text{不全相等} \tag{2.23}$$

检验所用的统计量为：

$$M=(n-r)\ln\left|\frac{\boldsymbol{L}}{(n-r)}\right|-\sum_{i=1}^{r}(n_i-1)\ln\left|\frac{\boldsymbol{L}_i}{(n_i-1)}\right| \tag{2.24}$$

式中

$$\boldsymbol{L}_k=\sum_{i=1}^{n_k}(\boldsymbol{X}_i^{(k)}-\bar{\boldsymbol{X}}_k)(\boldsymbol{X}_i^{(k)}-\bar{\boldsymbol{X}}_k)'$$

$$\bar{\boldsymbol{X}}_k=\frac{1}{n_k}\sum_{i=1}^{n_k}\boldsymbol{X}_i^{(k)},\quad k=1,\ 2,\ \cdots,\ r$$

$$\boldsymbol{L}=\sum_{k=1}^{r}\boldsymbol{L}_i$$

当 r，p，n 不大且 $n_1=n_2=\cdots=n_r=n_0$ 时，本书电子附表 4 中列出了 M 的上 α 分位点；当 r，p，n 较大且 $\{n_i\}$ 互不相等时，该表中未列出对应的临界值，此时可用 F 分布去近似，M 近似于 $bF(f_1,\ f_2)$，记作

$$M\approx bF(f_1,\ f_2) \tag{2.25}$$

式中

$$f_1=\frac{p(p+1)(r-1)}{2},\quad f_2=\frac{f_1+2}{d_2-d_1^2},\quad b=\frac{f_1}{1-d_1-\dfrac{f_1}{f_2}}$$

$$d_1=\begin{cases}\dfrac{2p^2+3p-1}{6(p+1)(r-1)}\left(\displaystyle\sum_{i=1}^{r}\frac{1}{n_i-1}-\frac{1}{n-r}\right), & \text{至少有一对 } n_i\neq n_j\\[2ex] \dfrac{(2p^2+3p-1)(r+1)}{6(p+1)(n-r)}, & n_1=n_2=\cdots=n_r\end{cases}$$

$$d_2=\begin{cases}\dfrac{(p-1)(p+2)}{6(r-1)}\left[\sum\limits_{i=1}^{r}\dfrac{1}{(n_i-1)^2}-\dfrac{1}{(n-r)^2}\right], & \text{至少有一对 } n_i\neq n_j\\ \dfrac{(p-1)(p+2)(r^2+r+1)}{6(n-r)^2}, & n_1=n_2=\cdots=n_r\end{cases}$$

关于协方差阵检验的具体例子可参见参考文献［4］。

2.3 有关检验的上机实现

例 2-1

为了对比分析我国东部、中部、西部地区的经济社会发展水平，分别选取 2022 年这三个地区的 17 个省会城市，并以地区生产总值、一般公共预算收入、住户存款余额、社会消费品零售总额、年末实有公共汽（电）车营运车辆、执业（助理）医师人数这 6 项评价指标来衡量这些地区的经济社会发展水平。6 项指标的具体数据如表 2-1 所示（数据来源于 2023 年《中国统计年鉴》）。

表 2-1

地区	城市	地区生产总值（亿元）	一般公共预算收入（亿元）	住户存款余额（亿元）	社会消费品零售总额（亿元）	年末实有公共汽（电）车营运车辆（辆）	执业（助理）医师人数（人）
东部地区	济南	12 027	1 001	10 226	4 878	7 425	43 984
	南京	16 908	1 558	13 078	7 832	8 314	40 610
	杭州	18 753	2 451	19 599	7 294	10 174	57 455
	福州	12 308	699	9 029	4 680	5 100	27 807
	广州	28 839	1 855	26 480	10 298	15 046	68 687
中部地区	太原	5 571	437	7 762	1 761	2 533	26 282
	郑州	12 935	1 131	11 393	5 223	6 717	53 576
	合肥	12 013	909	7 958	5 022	4 317	32 743
	武汉	18 866	1 505	13 924	6 936	9 943	47 652
	长沙	13 966	1 202	9 703	5 236	9 712	36 782
	南昌	7 204	458	5 750	3 012	3 773	19 597
西部地区	呼和浩特	3 329	231	3 372	1 060	2 750	12 867
	成都	20 818	1 722	22 403	9 036	14 778	80 610
	昆明	7 541	505	7 391	3 385	5 957	35 771
	西安	11 487	834	14 505	4 642	9 272	46 744
	兰州	3 344	221	4 569	1 598	3 078	15 572
	乌鲁木齐	3 893	315	4 648	1 033	4 503	16 733

在 SPSS 软件的数据窗口依次定义变量，并输入以上数据。表 2-1 的数据中，不同的地区可以看作不同的总体，因此数据分别来自 3 个总体，样本容量分别为 5 个、6 个、6 个。下面尝试对 3 个地区的经济社会发展水平进行比较。

在进行比较分析之前，首先要对各数据是否遵从多元正态分布进行检验。然而，遗憾的是，多元正态性检验在常见的统计软件中并不容易实现。在实际工作中，往往借助考察每一个变量的结果来对向量的分布做出判断，并且当数据量较大且没有明显的证据表明所得数据不遵从多元正态分布时，通常认为数据来自多元正态总体。SPSS 软件提供了对单变量进行正态性检验的功能。

对上述数据，在 SPSS 数据窗口依次点选 Analyze→Descriptive Statistics→Explore 进入 Explore 对话框，可以看到所有变量名及变量标签均出现在左边的列表框中，将地区生产总值、一般公共预算收入、住户存款余额、社会消费品零售总额、年末实有公共汽（电）车营运车辆、执业（助理）医师人数 6 个变量选入 Dependent List 框中，点击右侧的 Plots 按钮进入 Plots 对话框，选中 Normality plots with tests 复选项以输出有关正态性检验的图表，点击 Continue 继续，点击 OK 运行，则可得到如下结果（见输出结果 2-1，其他输出结果略）。

输出结果 2-1

Tests of Normality

	Kolmogorov-Smirnov[a]			Shapiro-Wilk		
	Statistic	df	Sig.	Statistic	df	Sig.
地区生产总值	.114	17	.200*	.941	17	.335
一般公共预算收入	.133	17	.200*	.938	17	.292
住户存款余额	.153	17	.200*	.907	17	.091
社会消费品零售总额	.154	17	.200*	.953	17	.501
年末实有公共汽（电）车营运车辆	.123	17	.200*	.918	17	.136
执业（助理）医师人数	.090	17	.200*	.961	17	.646

*. This is a lower bound of the true significance.

a. Lilliefors Significance Correction

此表给出了对每个变量进行正态性检验的结果，因为该例中样本量较小，而 Kolmogorov-Smirnov 检验适用于样本量较大的情形，所以此处选用 Shapiro-Wilk 统计量。由 Sig. 值可以看出，在 0.05 的显著性水平下，所有变量均遵从正态分布。因此，下面分析中认为 6 个变量组成的随机向量服从六元正态分布（尽管事实上也许并非如此）。为了简化输出结果，下面仅对正态性检验最不显著的 3 个变量——地区生产总值、社会消费品零售总额、执业（助理）医师人数进行比较，这 3 个指标是衡量地区经济社会发展水平最重要的指标，可以对地区经济社会发展水平做出近似度量。

SPSS 的 General Linear Model 模块可以完成多元正态分布有关均值与方差的检验。

首先，依次点选 Analyze→General Linear Model→Multivariate，进入 Multivariate 对话框，将地区生产总值、社会消费品零售总额、执业（助理）医师人数 3 个变量选入 Dependent Variables 框，将地区选入 Fixed Factor（s）框，点击 OK 运行，则可得到如下结果（见输出结果 2-2）。

输出结果 2-2

Between-Subjects Factors

		N
地区	东部地区	5
	西部地区	6
	中部地区	6

Multivariate Tests[a]

Effect		Value	F	Hypothesis df	Error df	Sig.
Intercept	Pillai's Trace	.841	21.144[b]	3.000	12.000	.000
	Wilks' Lambda	.159	21.144[b]	3.000	12.000	.000
	Hotelling's Trace	5.286	21.144[b]	3.000	12.000	.000
	Roy's Largest Root	5.286	21.144[b]	3.000	12.000	.000
地区	Pillai's Trace	.529	1.558	6.000	26.000	.199
	Wilks' Lambda	.490	1.712[b]	6.000	24.000	.161
	Hotelling's Trace	1.000	1.834	6.000	22.000	.139
	Roy's Largest Root	.959	4.157[c]	3.000	13.000	.029

a. Design：Intercept ＋地区
b. Exact statistic
c. The statistic is an upper bound on F that yields a lower bound on the significance level.

上面第一张表是分别来自三个地区的样本数据个数。第二张表是多变量检验表，该表给出了几个统计量，由 Sig. 值可以看到，在 Roy's Largest Root 统计量下，三个地区的综合经济社会发展水平有显著差异。实际上，General Linear Model 拟合了下面的模型：

$$\boldsymbol{Y}=\boldsymbol{\beta}_0+\boldsymbol{\beta}_1\boldsymbol{X}+\varepsilon$$

式中，$\boldsymbol{Y}$=(地区生产总值，社会消费品零售总额，执业（助理）医师人数)′；$\boldsymbol{X}$ 为地区。

输出结果 2-2 中的第二张表是多变量检验表，它实际上是对该线性模型显著性的检验结果，此处有常数项 $\boldsymbol{\beta}_0$ 是因为不能肯定模型过原点。模型通过了显著性检验，意味着地区对 $\boldsymbol{Y}$ 有显著影响，即不同地区的经济社会发展水平是不同的。

输出结果 2-3 给出了每个指标的分析结果，同时给出了每个指标的方差来源，包括校正模型、截距、主效应（地区）、误差及总的方差来源，还给出了自由度、均方、F 统计量及 Sig. 值。其中，第三列给出了用 Type Ⅲ方法计算的偏差平方和。SPSS 软件给出了 4 种计算偏差平方和的方法，可以根据方差分析中是否存在交互效应及设计是否平衡等不同情况选择不同的计算方法。此处只有一个因素即地区，使用默认方法即可。由结果中的 Sig. 值可以看出，三个地区在地区生产总值、社会消费品零售总额、执业（助理）医师人数上差异均未达到统计学显著水平，说明随着近年来国家西部大开发以及乡村振兴战略的实施，各地区的差距正在逐步缩小。

输出结果 2-3

Tests of Between-Subjects Effects

Source	Dependent Variable	Type Ⅲ Sum of Squares	df	Mean Square	F	Sig.
Corrected Model	地区生产总值	242332884.696[a]	2	121166442.348	3.147	.074
	社会消费品零售总额	35239139.467[b]	2	17619569.733	2.864	.091
	执业（助理）医师人数	539567403.692[c]	2	269783701.846	.722	.503
Intercept	地区生产总值	2697273425.052	1	2697273425.052	70.062	.000
	社会消费品零售总额	421147813.633	1	421147813.633	68.452	.000
	执业（助理）医师人数	26342596136.269	1	26342596136.269	70.461	.000
地区	地区生产总值	242332884.696	2	121166442.348	3.147	.074
	社会消费品零售总额	35239139.467	2	17619569.733	2.864	.091
	执业（助理）医师人数	539567403.692	2	269783701.846	.722	.503
Error	地区生产总值	538980076.833	14	38498576.917		
	社会消费品零售总额	86133828.533	14	6152416.324		
	执业（助理）医师人数	5234062715.367	14	373861622.526		
Total	地区生产总值	3370541150.000	17			
	社会消费品零售总额	525885996.000	17			
	执业（助理）医师人数	31667459224.000	17			
Corrected Total	地区生产总值	781312961.529	16			
	社会消费品零售总额	121372968.000	16			
	执业（助理）医师人数	5773630119.059	16			

a. R Squared = .310 (Adjusted R Squared = .212)

b. R Squared = .290 (Adjusted RSquared = .189)

c. R Squared = .093 (Adjusted R Squared = −.036)

虽然三个地区所研究的指标在整体层面上未达到统计学显著水平，但在实际工作中，我们往往也希望知道各指标之间是否存在差异，即哪些地区的经济发展水平存在显著差异。对此，可以在 General Linear Model 主对话框中选择 Contrasts，点击进入 Contrasts 对话框，在下方 Change Contrast 框中，打开 Contrast 右侧的下拉框并选择 Simple，此时下侧的 Reference Category 被激活，默认是 Last 被选中，表明第一个和第二个地区均与第三个地区做比较；若选中 First，则分别将第二、三个地区与第一个地区做比较。点击 Change 按钮，Continue 继续，OK 运行即可。或者，也可在 Multivariate 主对话框中点击 EM means 按钮，进入 EM means 对话框，在上方 Estimated Marginal Means 框架中，把地区选入右边 Display Means for

框中，则可输出不同地区各指标的均值，选中下方的 Compare main effects 复选框，则输出不同地区各指标比较的结果。还可在 Multivariate 主对话框中点击 Options 按钮，进入 Options 对话框，在下方的 Display 框架中提供了很多可选的统计量或中间结果，选中 Homogeneity tests 复选项进行各地区数据协方差阵相等的检验，点击 Continue 继续，OK 运行。选择第二、三种操作得到的输出结果如下（见输出结果 2－4）。

输出结果 2－4

Box's Test of quality of Covariance Matrices[a]

Box's M	24.172
F	1.355
df1	12
df2	859.781
Sig.	.182

Tests the null hypothesis that the observed covariance matrices of the dependent variables are equal across groups.

a. Design: Intercept ＋地区

Levene's Test of Equality of Error Variances[a]

		Levene Statistic	df1	df2	Sig.
地区生产总值	Based on Mean	.312	2	14	.737
	Based on Median	.172	2	14	.844
	Based on Median and with adjusted df	.172	2	11.981	.844
	Based on trimmed mean	.244	2	14	.787
社会消费品零售总额	Based on Mean	.519	2	14	.606
	Based on Median	.485	2	14	.626
	Based on Median and with adjusted df	.485	2	11.449	.628
	Based on trimmed mean	.480	2	14	.628
执业（助理）医师人数	Based on Mean	1.370	2	14	.286
	Based on Median	1.041	2	14	.379
	Based on Median and with adjusted df	1.041	2	9.068	.392
	Based on trimmed mean	1.360	2	14	.289

Tests the null hypothesis that the error variance of the dependent variable is equal across groups.

a. Design: Intercept ＋地区

上面第一张表是协方差阵相等的检验结果，检验统计量是 Box's M，由 Sig. 值可以认为三个地区（总体）的协方差阵是相等的。第二张表给出了每个变量对应各地区的误差方差是否相等的检验结果，结果显示：在 0.05 的显著性水平下，地区生产总值、社会消费品零售总额、执业（助理）医师人数方差在地区间均没有显著性差异。

输出结果 2－5 给出了各地区三个指标的描述统计量的估计，此处不再具体说明。输出结果 2－6 给出了不同地区各指标的多重比较与检验及检验的可信性统计量。由第一张表可知，在 0.05 的显著性水平下，东部地区与西部地区在地区生产总值、社会消费品零售总额上存在显著差异，而中部地区与东、西部地区在地区生产总值、社会消费品零售总额上差异均不显著。特别值得一提的是，在执业（助理）医师人数上，三个地区之间差异均不显著，说明我国医疗保障逐步均衡。第二张表是对上面多重比较可信性的度量，由Sig. 值可以看出，比较检验是可信的。

输出结果 2-5

Estimates

Dependent Variable	地区	Mean	Std. Error	95% Confidence Interval	
				Lower Bound	Upper Bound
地区生产总值	东部地区	17767.000	2774.836	11815.568	23718.432
	西部地区	8402.000	2533.067	2969.111	13834.889
	中部地区	11759.167	2533.067	6326.278	17192.055
社会消费品零售总额	东部地区	6996.400	1109.272	4617.249	9375.551
	西部地区	3459.000	1012.622	1287.142	5630.858
	中部地区	4531.667	1012.622	2359.809	6703.524
执业（助理）医师人数	东部地区	47708.600	8647.099	29162.417	66254.783
	西部地区	34716.167	7893.685	17785.895	51646.438
	中部地区	36105.333	7893.685	19175.062	53035.605

输出结果 2-6

Pairwise Comparisons

Dependent Variable	(I) 地区	(J) 地区	Mean Difference (I-J)	Std. Error	Sig.[b]	95% Confidence Interval for Difference[b]	
						Lower Bound	Upper Bound
地区生产总值	东部地区	西部地区	9365.000*	3757.146	.026	1306.724	17423.276
		中部地区	6007.833	3757.146	.132	−2050.443	14066.110
	西部地区	东部地区	−9365.000*	3757.146	.026	−17423.276	−1306.724
		中部地区	−3357.167	3582.298	.365	−11040.432	4326.098
	中部地区	东部地区	−6007.833	3757.146	.132	−14066.110	2050.443
		西部地区	3357.167	3582.298	.365	−4326.098	11040.432
社会消费品零售总额	东部地区	西部地区	3537.400*	1501.961	.034	316.015	6758.785
		中部地区	2464.733	1501.961	.123	−756.652	5686.119
	西部地区	东部地区	−3537.400*	1501.961	.034	−6758.785	−316.015
		中部地区	−1072.667	1432.063	.466	−4144.137	1998.804
	中部地区	东部地区	−2464.733	1501.961	.123	−5686.119	756.652
		西部地区	1072.667	1432.063	.466	−1998.804	4144.137

执业（助理）医师人数	东部地区	西部地区	12992.433	11708.228	.286	−12119.217	38104.084
		中部地区	11603.267	11708.228	.338	−13508.384	36714.917
	西部地区	东部地区	−12992.433	11708.228	.286	−38104.084	12119.217
		中部地区	−1389.167	11163.357	.903	−25332.186	22553.853
	中部地区	东部地区	−11603.267	11708.228	.338	−36714.917	13508.384
		西部地区	1389.167	11163.357	.903	−22553.853	25332.186

Based on estimated marginal means

*. The mean difference is significant at the .05 level.

b. Adjustment for multiple comparisons: Least Significant Difference (equivalent to no adjustments).

Multivariate Tests

	Value	F	Hypothesis df	Error df	Sig.
Pillai's trace	.529	1.558	6.000	26.000	.199
Wilks' lambda	.490	1.712[a]	6.000	24.000	.161
Hotelling's trace	1.000	1.834	6.000	22.000	.139
Roy's largest root	.959	4.157[b]	3.000	13.000	.029

Each F tests the multivariate effect of 地区. These tests are based on the linearly independent pairwise comparisons among the estimated marginal means.

a. Exact statistic

b. The statistic is an upper bound on F that yields a lower bound on the significance level.

综上所述，基于样本数据，我们对三个地区的经济社会发展水平进行了具体的比较分析，发现三个地区在地区生产总值、社会消费品零售总额、执业（助理）医师人数整体上没有显著差异，两两比较发现东、西部在地区生产总值、社会消费品零售总额上差异显著，在执业（助理）医师人数上，三个地区之间均没有显著差异。

最后，读者在分析具体问题时，一定要结合当时的实际背景，只有定性分析与定量分析相结合，才能得出更加令人信服的结果。

参考文献

[1] 张尧庭，方开泰．多元统计分析引论．北京：科学出版社，1982.

[2] 王国梁，何晓群．多变量经济数据统计分析．西安：陕西科学技术出版社，1993.

[3] 方开泰．实用多元统计分析．上海：华东师范大学出版社，1989.

[4] 袁志发，郭满才，等．多元统计分析．3 版．北京：科学出版社，2018.

[5] M. S. Srivastava，E. M. Carter. 应用之多变量统计学．北京：世界图书出版公司，1989.

[6] James H. Bray，Scott E. Maxwell. Multivariate Analysis of Variance. Beverly Hills：Sage Publications，1985.

思考与练习

1. 试举出两个可以运用多元均值检验的实际问题。

2. 试谈谈 Wilks 统计量在多元方差分析中的重要意义。

3. 某小麦良种的4个主要经济性状的理论值为 $\boldsymbol{\mu}_0=(22.75, 32.75, 51.50, 61.50)'$。现在从外地引入一新品种，在21个小区种植，取得如下表所示数据。设新品种的4个性状 $\boldsymbol{X}=(X_1, X_2, X_3, X_4)' \sim N_4(\boldsymbol{\mu}, \boldsymbol{\Sigma})$，试检验假设 H_0：$\boldsymbol{\mu}=\boldsymbol{\mu}_0$ $(\alpha=0.05)$。

某小麦良种的4个主要经济性状

性状	小区号										
	1	2	3	4	5	6	7	8	9	10	11
X_1	22.88	22.74	22.60	22.93	22.74	22.53	22.67	22.74	22.62	22.67	22.82
X_2	32.81	32.56	32.74	32.95	32.74	32.53	32.58	32.67	32.57	32.67	32.80
X_3	51.51	51.49	51.50	51.17	51.45	51.56	51.44	51.44	51.23	51.64	51.32
X_4	61.53	61.39	61.22	60.91	61.56	61.22	61.30	60.30	61.39	61.50	60.97

性状	小区号									
	12	13	14	15	16	17	18	19	20	21
X_1	22.67	22.81	22.67	22.81	23.02	23.02	23.15	22.88	23.16	23.13
X_2	32.67	32.67	32.67	33.02	33.05	32.95	33.15	33.06	32.78	32.95
X_3	51.25	51.43	51.43	51.70	51.48	51.55	51.58	51.45	51.48	31.38
X_4	61.49	61.15	61.15	61.49	61.44	61.62	61.65	61.54	61.41	61.58

4. 现选取内蒙古、广西、贵州、云南、西藏、宁夏、新疆、甘肃和青海等9个内陆边远省区。选取人均GDP、第三产业比重、人均消费支出、人口自然增长率及文盲人口占15岁以上人口的比重等5项能够较好地说明各地区社会经济发展水平的指标，验证边远及少数民族聚居区的社会经济发展水平与全国平均水平有无显著差异。

边远及少数民族聚居区社会经济发展水平的指标数据

地区	人均GDP（元）	第三产业比重（%）	人均消费支出（元）	人口自然增长率（%）	文盲人口占15岁及以上人口的比重（%）
内蒙古	96 474	40.0	22 298.4	−2.25	3.75
广西	52 164	49.8	18 342.8	1.43	2.96
贵州	52 321	50.5	17 938.7	3.71	7.98
云南	61 716	50.0	18 950.8	−0.07	5.56

续表

地区	人均 GDP（元）	第三产业比重（%）	人均消费支出（元）	人口自然增长率（%）	文盲人口占 15 岁及以上人口的比重（%）
西藏	58 438	53.8	15 885.6	8.76	34.55
宁夏	69 781	43.7	19 136.3	4.41	5.96
新疆	68 552	44.9	17 927.1	0.77	3.91
甘肃	44 968	51.3	17 489.4	−0.04	9.05
青海	60 724	45.5	17 260.8	3.37	9.69

资料来源：中华人民共和国国家统计局．中国统计年鉴：2023. 北京：中国统计出版社，2023.

5 项指标的全国平均水平为：

$$\boldsymbol{\mu}_0=(85\ 698,\ 52.8,\ 245\ 38.2,\ -0.60,\ 3.39)'$$

5. 由甲、乙两品种，取得如下表所示两个二元正态样本，试检验 $H_0:\boldsymbol{\Sigma}_1=\boldsymbol{\Sigma}_2$。

甲、乙两的正态样本

	观察值							
甲（$\boldsymbol{X}^{(1)}$）	300	232	217	100	286	320		
	23	5	25	43	10	17		
乙（$\boldsymbol{X}^{(2)}$）	200	150	333	150	283	383	350	300
	50	43	83	41	73	80	86	100

6. 下表为水稻分期播种的部分结果，其中 x_1 为播种至出穗的天数，x_2 为播种至出穗的总积温（单位：日·℃），参试品种为甲、乙、丙，各种植 7 个小区，完全随机排列，试做二元方差分析。

		观察值						
甲	x_1	75	69	66	57	51	48	47
	x_2	1 541	1 474	1 489	1 329	1 254	1 247	1 254
乙	x_1	70	67	55	52	51	52	51
	x_2	1 616	1 611	1 440	1 401	1 423	1 471	1 422
丙	x_1	87	78	74	67	62	55	53
	x_2	1 872	1 721	1 712	1 611	1 555	1 450	1 430

第3章 聚类分析

学习目标

1. 了解适合用聚类分析解决的问题；
2. 理解对象之间的相似性是如何测量的；
3. 区分不同的距离；
4. 掌握不同的聚类方法及其相应的应用；
5. 理解如何选择类的个数；
6. 简述聚类分析的局限。

人们往往会碰到通过划分同种属性的对象很好地解决问题的情形，而不论这些对象是个体、公司、产品还是行为。如果没有一种客观的方法，基于在总体内区分群体的战略选择如市场细分将是不可能的。其他领域如从自然科学领域（比如为多种动物群体——昆虫、哺乳动物和爬行动物的区分建立生物分类学）到社会科学领域（比如分析不同精神病的特征），也会遇到类似的问题。所有情况下，研究者都在基于一个多维剖面的观测中寻找某种“自然”结构。

对此最常用的技巧是聚类分析。聚类分析将个体或对象分类，使得同一类的对象之间的相似性比与其他类的对象的相似性更强。其目的在于使类内对象的同质性最大化和类与类间对象的异质性最大化。本章将介绍聚类分析的性质和目的，并且引导研究者使用各种聚类分析方法。

3.1 聚类分析的基本思想

3.1.1 导言

在古老的分类学中，人们主要靠经验和专业知识，很少利用统计学方法。随着生产技术和科学的发展，分类越来越细，以致有时仅凭经验和专业知识不能进行确切分类，于是统计这个有用的工具逐渐引入分类学，形成了数值分类学。近年来，数理统计的多元分析方法有了迅速的发展，多元分析的技术自然被引入分类学中，于是从数值分类学中逐渐分离出聚类分析这个新的分支。

我们认为，所研究的样品或指标（变量）之间存在程度不同的相似性（亲疏关系）。于是根据一批样品的多个观测指标，具体找出一些能够度量样品或指标之间相似程度的统计量，以这些统计量作为划分类型的依据，把一些相似程度较大的样品（或指标）聚合为一类，把另外一些彼此之间相似程度较大的样品（或指标）聚合为另外一类……关系密切的聚合到一个小的分类单位，关系疏远的聚合到一个大的分类单位，直到把所有的样品（或指标）都聚合完毕，把不同的类型一一划分出来，形成一个由小到大的分类系统。最后把整个分类系统画成一张分群图（又称谱系图），用它把所有的样品（或指标）间的亲疏关系表示出来。

在社会、经济、人口研究中，存在着大量分类研究、构造分类模式的问题。例如在经济研究中，为了研究不同地区城镇居民的收入及消费状况，往往需要划分为不同的类型去研究；在人口研究中，需要构造人口生育分类模式、人口死亡分类函数，以此来研究人口的生育和死亡规律。过去，人们主要靠经验和专业知识做定性分类处理，导致许多分类带有主观性和随机性，不能很好地揭示客观事物内在的本质差别和联系，特别是对于多因素、多指标的分类问题，定性分类更难以实现准确分类。

聚类分析不仅可以用来对样品进行分类，也可以用来对变量进行分类。对样品的分类常称为Q型聚类分析，对变量的分类常称为R型聚类分析。与多元分析的其他方法相比，聚类分析的方法还是比较粗糙的，理论上也不算完善，但由于它能解决许多实际问题，因此很受实际研究者重视，同回归分析、判别分析一起称为多元分析的三大方法。

3.1.2　聚类的目的

在一些社会、经济问题中，我们面临的往往是比较复杂的研究对象，如果能把相似的样品（或指标）归成类，处理起来就会大为方便，所以如前所述，聚类分析就是根据“物以类聚”的原则对样品或指标进行分类的一种多元统计分析方法，目的就是把相似的研究对象归成类。首先来看一个简单的例子。

例3-1

本例收集了2022年北上广和江浙地区批发和零售业，交通运输、仓储和邮政业，住宿和餐饮业，金融业，房地产业，水利、环境和公共设施管理业这6个服务业的就业人员年平均工资数据（数据来源于2023年《中国统计年鉴》），如表3-1所示。依据这6个主要服务行业就业人员的平均工资、单位所属地区和单位类型对其进行分类，以分析我国经济发达地区（北上广、江浙地区）的城镇服务业单位就业人员的平均工资水平。

表 3-1　2022 年城镇服务业单位就业人员的年平均工资

X_1　批发和零售业（元/人）　　X_2　交通运输、仓储和邮政业（元/人）
X_3　住宿和餐饮业（元/人）　　X_4　金融业（元/人）
X_5　房地产业（元/人）　　X_6　水利、环境和公共设施管理业（元/人）
X_7　单位所属地区　　X_8　单位类型

序号	X_1	X_2	X_3	X_4	X_5	X_6	X_7	X_8
1	194 228	146 207	64 967	334 515	125 251	121 021	北京	非私营
2	223 922	169 815	62 826	437 183	132 946	92 591	上海	非私营
3	111 417	118 261	56 336	191 836	95 399	89 487	江苏	非私营
4	132 638	128 083	61 709	198 555	106 122	88 564	浙江	非私营
5	110 346	128 931	55 727	233 820	98 507	84 782	广东	非私营
6	90 280	71 567	61 662	186 401	64 097	66 556	北京	私营
7	102 349	93 449	62 342	219 157	82 520	64 227	上海	私营
8	64 458	69 360	52 441	121 601	61 962	47 051	江苏	私营
9	74 851	83 760	55 340	139 245	67 472	52 937	浙江	私营
10	72 793	81 296	52 904	155 362	67 609	55 706	广东	私营

例 3-1 中的 8 个指标，前 6 个是定量的，后 2 个是定性的。如果分得更细一些，指标的类型有三种尺度。

（1）间隔（比例）尺度。变量用连续的量来表示，如各种奖金、各种津贴等。

（2）有序尺度。指标用有序的等级来表示，如文化程度分为文盲、小学、中学、中学以上等，有次序关系，但没有数量表示。

（3）名义尺度。指标用一些类来表示，这些类之间既没有等级关系，也没有数量关系，如例 3-1 中的单位所属地区和单位类型都是名义尺度指标。

不同类型的指标，在聚类分析中，处理的方式是大不一样的。总的来说，处理间隔尺度指标的方法较多，另两种尺度的变量的处理方法不多。

聚类分析根据实际的需要可能有两个方向：一是对样品（如例 3-1 中不同地区不同类型的服务业单位）聚类；二是对指标聚类。第一个重要的问题是“什么是类”。简单地讲，相似样品（或指标）的集合称为类。由于经济问题的复杂性，欲给类下一个严格的定义是困难的，在 3.3 节中，我们将给出一些待探讨的定义。

将例 3-1 抽象化，就得到如表 3-2 所示的数据矩阵，其中 x_{ij} 表示第 i 个样品的第 j 个指标的值。我们的目的是从这些数据出发，对样品（或指标）进行分类。

表 3-2　数据矩阵

No.	x_1	x_2	$\cdots$	x_p
1	x_{11}	x_{12}	$\cdots$	x_{1p}
2	x_{21}	x_{22}	$\cdots$	x_{2p}
$\vdots$	$\vdots$	$\vdots$		$\vdots$
n	x_{n1}	x_{n2}	$\cdots$	x_{np}

聚类分析提供了丰富多彩的分类方法，这些方法大致可归纳为：

（1）系统聚类法。首先，将 n 个样品看成 n 类（一类包含一个样品），然后将性质最接近的两类合并成一个新类，得到 $n-1$ 类，再从中找出最接近的两类加以合并，变成 $n-2$ 类，如此下去，最后所有的样品均在一类，将上述并类过程画成一张图（称为聚类图）便可决定分多少类，每类各有哪些样品。

（2）模糊聚类法。它是将模糊数学的思想观点用到聚类分析中产生的方法。该方法多用于定性变量的分类。

（3）K-均值法。K-均值法是一种非谱系聚类法，它把样品聚集成 k 个类的集合。类的个数 k 可以预先给定或者在聚类过程中确定。该方法可应用于比系统聚类法适用的大得多的数据组。

（4）有序样品的聚类。n 个样品按某种原因（时间、地层深度等）排成次序，必须是次序相邻的样品才能聚成一类。

（5）分解法。它的程序正好和系统聚类法相反，首先所有的样品均在一类，然后用某种最优准则将它分为两类。再试图用同种准则将这两类各自分为两类，从中选一个使目标函数较好者，这样由两类变成三类。如此下去，一直分到每类只有一个样品为止（或采用其他停止规则），将上述分类过程画成图，由图便可求得各个类。

（6）加入法。将样品依次加入，每次加入后将它放到当前聚类图的应在位置上，全部加入后，即可得到聚类图。

本书将重点介绍系统聚类法和 K-均值法。对其他方法有兴趣的读者可参阅参考文献[1]～[5]。

3.2 相似性度量

从一组复杂数据产生一个相当简单的类结构，必然要求进行相关性或相似性度量。在相似性度量的选择中，常常包含许多主观上的考虑，但最重要的考虑是指标性质（包括离散的、连续的）或观测的尺度（名义的、有序的、间隔的）以及有关的知识。

当对样品进行聚类时，“靠近”往往用某种距离来刻画。当对指标聚类时，根据相关系数或某种关联性度量来聚类。

在表 3-2 中，每个样品有 p 个指标，故每个样品可以看成 p 维空间中的一个点，n 个样品就组成 p 维空间中的 n 个点，此时自然想用距离来度量样品之间的接近程度。

用 x_{ij} 表示第 i 个样品的第 j 个指标，数据矩阵如表 3-2 所示，第 j 个指标的均值和标准差记作 $\bar{x}_j$ 和 S_j。用 d_{ij} 表示第 i 个样品与第 j 个样品之间的距离，作为距离当然满足 1.2 节中的四条公理。

最常见、最直观的距离是：

$$d_{ij}(1)=\sum_{k=1}^{p}|x_{ik}-x_{jk}| \tag{3.1}$$

$$d_{ij}(2)=\left[\sum_{k=1}^{p}(x_{ik}-x_{jk})^2\right]^{1/2} \tag{3.2}$$

前者称为绝对值距离，后者称为欧氏距离，这两个距离统一成

$$d_{ij}(q)=\left[\sum_{k=1}^{p}|x_{ik}-x_{jk}|^q\right]^{1/q} \tag{3.3}$$

称为明考斯基（Minkowski）距离。当 $q=1$ 和 $q=2$ 时就是上述两个距离，当 q 趋于无穷时

$$d_{ij}(\infty)=\max_{1\leqslant k\leqslant p}|x_{ik}-x_{jk}| \tag{3.4}$$

称为切比雪夫距离。

可以验证，$d_{ij}(q)$ 满足距离的四条公理。

$d_{ij}(q)$ 在实际中应用广泛，但是有一些缺点，例如距离的大小与各指标的观测单位有关，具有一定的人为性；另外，它没有考虑指标之间的相关性。通常的改进办法有下面两种：

(1) 当各指标的测量值相差较大时，先将数据标准化，然后用标准化后的数据计算距离。

令 $\overline{X}_j$，R_j 和 S_j 分别表示第 j 个指标的样本均值、样本极差和样本标准差，即

$$\overline{X}_j=\frac{1}{n}\sum_{i=1}^{n}x_{ij}$$

$$R_j=\max_{1\leqslant i\leqslant n}\{x_{ij}\}-\min_{1\leqslant i\leqslant n}\{x_{ij}\}$$

$$S_j=\left[\frac{1}{n-1}\sum_{i=1}^{n}(x_{ij}-\overline{X}_j)^2\right]^{1/2}$$

则标准化后的数据为：

$$x'_{ij}=\frac{x_{ij}-\overline{X}_j}{R_j}$$

或 $$x^*_{ij}=\frac{x_{ij}-\overline{X}_j}{S_j},\quad i=1,2,\cdots,n;\ j=1,2,\cdots,p$$

前者称为极差标准化，后者称为标准差标准化。

当 $x_{ij}>0$ $(i=1,2,\cdots,n;\ j=1,2,\cdots,p)$ 时，有人采用

$$d_{ij}(LW)=\frac{1}{p}\sum_{k=1}^{p}\frac{|x_{ik}-x_{jk}|}{x_{ik}+x_{jk}} \tag{3.5}$$

它最早是由兰斯（Lance）和威廉姆斯（Williams）提出的，称为兰氏距离。这个距离有助于克服 $d_{ij}(q)$ 的第一个缺点，但没有考虑指标间的相关性。

(2) 一种改进的距离就是前面讨论过的马氏距离。

$$d_{ij}^2(M)=(\boldsymbol{X}_{(i)}-\boldsymbol{X}_{(j)})'\boldsymbol{\Sigma}^{-1}(\boldsymbol{X}_{(i)}-\boldsymbol{X}_{(j)}) \tag{3.6}$$

式中，$\boldsymbol{X}_{(i)}$ 表示数据矩阵行向量的转置；$\boldsymbol{\Sigma}$ 是数据矩阵的协方差阵。可以证明，它对一切线性变换是不变的，故不受指标量纲的影响。它对指标的相关性也做了考虑，我们仅用一个例子来说明。

例 3－2

已知一个二维正态总体 G 的分布为：

$$N_2\left(\begin{pmatrix}0\\0\end{pmatrix}, \begin{pmatrix}1 & 0.9\\0.9 & 1\end{pmatrix}\right)$$

求点 $\boldsymbol{A}=\begin{bmatrix}1\\1\end{bmatrix}$ 和点 $\boldsymbol{B}=\begin{bmatrix}1\\-1\end{bmatrix}$ 至均值 $\boldsymbol{\mu}=\begin{bmatrix}0\\0\end{bmatrix}$ 的距离。

由假设可算得

$$\boldsymbol{\Sigma}^{-1}=\frac{1}{0.19}\begin{bmatrix}1 & -0.9\\-0.9 & 1\end{bmatrix}$$

从而

$$d_{A\mu}^2(M)=(1, 1)\boldsymbol{\Sigma}^{-1}\begin{bmatrix}1\\1\end{bmatrix}=0.2/0.19$$

$$d_{B\mu}^2(M)=(1, -1)\boldsymbol{\Sigma}^{-1}\begin{bmatrix}1\\-1\end{bmatrix}=3.8/0.19$$

如果用欧氏距离，则有

$$d_{A\mu}^2(2)=2, \quad d_{B\mu}^2(2)=2$$

两者相等，而按马氏距离两者差 18 倍之多。由第 1 章讨论我们知道，本例的分布密度是

$$f(y_1, y_2)=\frac{1}{2\pi\sqrt{0.19}}\exp\left\{-\frac{1}{0.38}[y_1^2-1.8y_1y_2+y_2^2]\right\}$$

A 和 **B** 两点的密度分别是

$$f(1, 1)=0.215\,7 \text{ 和 } f(1, -1)=0.000\,016\,58$$

说明前者应当离均值近，后者离均值远，马氏距离正确地反映了这一情况，而欧氏距离则不然。这个例子告诉我们，正确地选择距离是非常重要的。

但是，在聚类分析之前，我们事先对研究对象有多少个不同类型的情况一无所知，马氏距离公式中的 $\boldsymbol{\Sigma}$ 如何计算呢？如果用全部数据计算的均值和协方差阵来计算马氏距离，效果也不是很理想。因此，通常人们还是喜欢应用欧氏距离聚类。

以上几种距离均适用于间隔尺度变量，如果指标是有序尺度或名义尺度的，也有一些定义距离的方法。下面通过一个实例来说明定义距离的较灵活的思想方法。

例 3－3

欧洲各国的语言有许多相似之处。为了研究这些语言的历史关系，也许比较它们数字的表达比较恰当。表 3－3 列举了英语、挪威语、丹麦语、荷兰语、德语、法语、西班牙语、意大利语、波兰语、匈牙利语和芬兰语中 1，2，…，10 的拼法，希望计算这 11 种语言之间的距离。

表 3-3　11 种欧洲语言的数词

英语 (English)	挪威语 (Norwegian)	丹麦语 (Danish)	荷兰语 (Dutch)	德语 (German)	法语 (French)
one	en	en	een	eins	un
two	to	to	twee	zwei	deux
three	tre	tre	drie	drei	trois
four	fire	fire	vier	vier	quatre
five	fem	fem	vijf	fünf	cinq
six	seks	seks	zes	sechs	six
seven	sju	syv	zeven	siebcn	sept
eight	åtte	otte	acht	acht	huit
nine	ni	ni	negen	neun	neuf
ten	ti	ti	tien	zehn	dix

西班牙语 (Spanish)	意大利语 (Italian)	波兰语 (Polish)	匈牙利语 (Hungarian)	芬兰语 (Finnish)
uno	uno	jeden	egy	yksi
dos	due	dwa	kettő	kaksi
tres	tre	trzy	három	kolme
cuatro	quattro	cztery	négy	neljä
cinco	cinque	pieć	öt	viisi
seis	sei	sześć	hat	kuusi
siete	sette	siedem	hét	seitsemän
ocho	otto	osiem	nyolc	kahdeksau
nueve	nove	dziewieć	kilenc	yhdeksän
diez	dieci	dziesieć	tíz	kymmenen

显然，此例无法直接用上述公式来计算距离。仔细观察表 3-3，发现前三种语言（英、挪、丹）很相似，尤其每个单词的第一个字母，于是产生一种定义距离的办法：用两种语言的 10 个数词中的第一个字母不相同的个数来定义两种语言之间的距离，例如英语和挪威语中只有 1 和 8 的第一个字母不同，故它们之间的距离为 2。11 种语言两两之间的距离如表 3-4 所示。

表 3-4　11 种欧洲语言之间的距离

	E	N	Da	Du	G	Fr	Sp	I	P	H	Fi
E	0										
N	2	0									

续表

	E	N	Da	Du	G	Fr	Sp	I	P	H	Fi
Da	2	1	0								
Du	7	5	6	0							
G	6	4	5	5	0						
Fr	6	6	6	9	7	0					
Sp	6	6	5	9	7	2	0				
I	6	6	5	9	7	1	1	0			
P	7	7	6	10	8	5	3	4	0		
H	9	8	8	8	9	10	10	10	10	0	
Fi	9	9	9	9	9	9	9	9	9	8	0

当 p 个指标都是名义尺度时，例如 $p=5$，有两个样品的取值为：

$$\mathbf{X}_1=(V,\ Q,\ S,\ T,\ K)'$$

$$\mathbf{X}_2=(V,\ M,\ S,\ F,\ K)'$$

这两个样品的第一个指标都取 V，称为配合的；第二个指标一个取 Q，另一个取 M，称为不配合的。记配合的指标数为 m_1，不配合的指标数为 m_2，定义它们之间的距离为：

$$d_{12}=\frac{m_2}{m_1+m_2} \tag{3.7}$$

在聚类分析中不仅需要将样品分类，也需要将指标分类。在指标之间也可以定义距离，更常用的是相似系数，用 C_{ij} 表示指标 i 和指标 j 之间的相似系数。C_{ij} 的绝对值越接近于 1，表示指标 i 和指标 j 的关系越密切；C_{ij} 的绝对值越接近于 0，表示指标 i 和指标 j 的关系越疏远。对于间隔尺度，常用的相似系数有夹角余弦和相关系数。

(1) 夹角余弦。这是受相似形的启发而来。图 3－1 中的曲线 AB 和 CD 尽管长度不一，但形状相似。当长度不是主要矛盾时，应定义一种相似系数使 AB 和 CD 呈现出比较密切的关系，而夹角余弦适合这一要求。它的定义是：

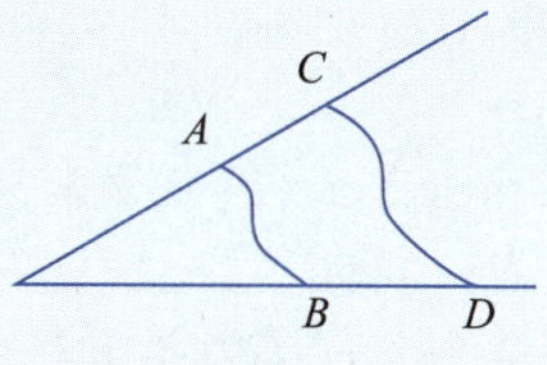

图 3－1

$$C_{ij}(1)=\frac{\sum_{k=1}^{n}x_{ki}x_{kj}}{\left[\left(\sum_{k=1}^{n}x_{ki}^2\right)\left(\sum_{k=1}^{n}x_{kj}^2\right)\right]^{1/2}} \tag{3.8}$$

它是指标向量（x_{1i}，x_{2i}，…，x_{ni}）和（x_{1j}，x_{2j}，…，x_{nj}）之间的夹角余弦。

(2) 相关系数。这是大家最熟悉的统计量，它是将数据标准化后的夹角余弦。相关系数常用 r_{ij} 表示，为了和其他相似系数记号统一，这里记为 $C_{ij}(2)$。它的定义是：

$$C_{ij}(2)=\frac{\sum_{k=1}^{n}(x_{ki}-\bar{X}_i)(x_{kj}-\bar{X}_j)}{\left[\sum_{k=1}^{n}(x_{ki}-\bar{X}_i)^2\sum_{k=1}^{n}(x_{kj}-\bar{X}_j)^2\right]^{1/2}} \tag{3.9}$$

名义尺度指标之间也可以定义相似系数，本书不做介绍，详见参考文献 [6] [7]。

有时也可用距离来描述指标之间的接近程度。实际上，距离和相似系数之间可以互相转化。若 d_{ij} 是一个距离，则 $C_{ij}=1/(1+d_{ij})$ 为相似系数。若 C_{ij} 为相似系数且非负，则 $d_{ij}=1-C_{ij}^2$ 可以看成距离（不一定符合距离的定义），或 $d_{ij}=[2(1-C_{ij})]^{1/2}$ 可以看成距离。

如果指标均为仅有两个取值的名义尺度指标，也可定义相关系数，参见参考文献 [8]。

3.3 类和类的特征

我们的目的是聚类，那么什么叫作类呢？由于客观事物千差万别，在不同的问题中类的含义是不尽相同的。因此企图给类下一个严格的定义，绝非一件容易的事情。下面给出类的几个定义，不同的定义适用于不同的场合。

用 G 表示类，设 G 中有 k 个元素，这些元素用 i，j 等表示。

定义 3.1 T 为一给定的阈值，如果对任意的 i，$j\in G$，有 $d_{ij}\leqslant T$（d_{ij} 为 i 和 j 的距离），则称 G 为一个类。

定义 3.2 对阈值 T，如果对每个 $i\in G$，有

$$\frac{1}{k-1}\sum_{j\in G}d_{ij}\leqslant T \tag{3.10}$$

则称 G 为一个类。

定义 3.3 对阈值 T，V，如果

$$\frac{1}{k(k-1)}\sum_{i\in G}\sum_{j\in G}d_{ij}\leqslant T \tag{3.11}$$

$d_{ij}\leqslant V$，对一切 i，$j\in G$，则称 G 为一个类。

定义 3.4 对阈值 T，若对任意一个 $i\in G$，一定存在 $j\in G$，使得 $d_{ij}\leqslant T$，则称 G 为一个类。

易见，定义 3.1 的要求是最高的，凡符合它的类，一定也是符合后三种定义的类。此外，凡符合定义 3.2 的类，也一定是符合定义 3.3 的类。

现在类 G 的元素用 $\boldsymbol{X}_{(1)}$，$\boldsymbol{X}_{(2)}$，…，$\boldsymbol{X}_{(m)}$ 表示，m 为 G 内的样品数（或指标数），可以从不同的角度来刻画 G 的特征。常用的特征有下面三种：

（1）均值 $\bar{\boldsymbol{X}}_G$（或称为 G 的重心）：

$$\bar{\boldsymbol{X}}_G=\frac{1}{m}\sum_{i=1}^{m}\boldsymbol{X}_{(i)}$$

（2）样本离差阵及协方差阵：

$$\boldsymbol{L}_G=\sum_{i=1}^{m}(\boldsymbol{X}_{(i)}-\bar{\boldsymbol{X}}_G)(\boldsymbol{X}_{(i)}-\bar{\boldsymbol{X}}_G)'$$

$$\boldsymbol{\Sigma}_G=\frac{1}{n-1}\boldsymbol{L}_G$$

（3）G 的直径。它有多种定义，例如：

$$D_G=\sum_{i=1}^{m}(\boldsymbol{X}_{(i)}-\bar{\boldsymbol{X}}_G)'(\boldsymbol{X}_{(i)}-\bar{\boldsymbol{X}}_G)=\mathrm{tr}(\boldsymbol{L}_G)$$

$$D_G=\max_{i,j\in G}d_{ij}$$

在聚类分析中，不仅要考虑各个类的特征，而且要计算类与类之间的距离。由于类的形状是多种多样的，因此类与类之间的距离也有多种计算方法。令 G_p 和 G_q 中分别有 k 个和 m 个样品，它们的重心分别为 $\bar{\boldsymbol{X}}_p$ 和 $\bar{\boldsymbol{X}}_q$，它们之间的距离用 $D(p,q)$ 表示。下面是一些常用的定义。

（1）最短距离法（nearest neighbor 或 single linkage method）。

$$D_k(p,q)=\min\{d_{jl}\mid j\in G_p,\ l\in G_q\} \tag{3.12}$$

它等于类 G_p 与类 G_q 中最邻近的两个样品间的距离。该准则下的类间距离如图 3-2 所示。

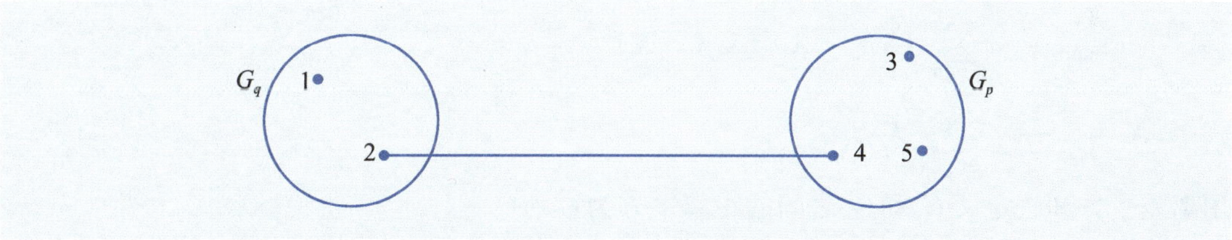

图 3-2　类间距离示意图——类群距离 $D_k(p,q)=d_{24}$

（2）最长距离法（farthest neighbor 或 complete linkage method）。

$$D_s(p,q)=\max\{d_{jl}\mid j\in G_p,\ l\in G_q\} \tag{3.13}$$

它等于类 G_p 与类 G_q 中最远的两个样品间的距离。该准则下的类间距离如图 3-3 所示。

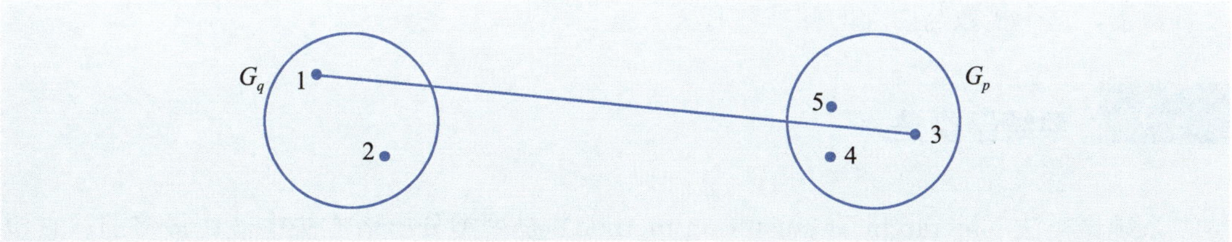

图 3-3　类间距离示意图——类群距离 $D_s(p,q)=d_{13}$

(3) 类平均法（group average method）。

$$D_G(p, q) = \frac{1}{lk}\sum_{i\in G_p}\sum_{j\in G_q} d_{ij} \tag{3.14}$$

它等于类 G_p 和类 G_q 中任两个样品间距离的平均，式中的 l 和 k 分别为类 G_p 和类 G_q 中的样品数。该准则下的类间距离如图 3-4 所示。

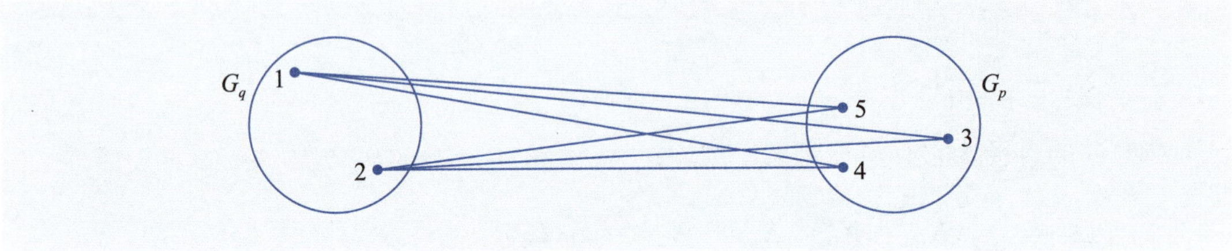

图 3-4　类间距离示意图——类群距离 $D_G(p, q)=\dfrac{d_{13}+d_{14}+d_{15}+d_{23}+d_{24}+d_{25}}{6}$

(4) 重心法（centroid method）。

$$D_c(p, q) = d_{\bar{X}_p\bar{X}_q} \tag{3.15}$$

它等于两个重心 $\bar{\boldsymbol{X}}_p$ 和 $\bar{\boldsymbol{X}}_q$ 间的距离。

(5) 离差平方和法（sum of squares method）。若采用直径的第一种定义方法，用 D_p，D_q 分别表示类 G_p 和类 G_q 的直径，用 D_{p+q} 表示大类 D_{p+q} 的直径，则

$$D_p = \sum_{i\in G_p}(\boldsymbol{X}_{(i)} - \bar{\boldsymbol{X}}_p)'(\boldsymbol{X}_{(i)} - \bar{\boldsymbol{X}}_p)$$

$$D_q = \sum_{j\in G_q}(\boldsymbol{X}_{(j)} - \bar{\boldsymbol{X}}_q)'(\boldsymbol{X}_{(j)} - \bar{\boldsymbol{X}}_q)$$

$$D_{p+q} = \sum_{j\in G_p\cup G_q}(\boldsymbol{X}_{(j)} - \bar{\boldsymbol{X}})'(\boldsymbol{X}_{(j)} - \bar{\boldsymbol{X}})$$

式中，$\bar{\boldsymbol{X}} = \dfrac{1}{k+m}\sum_{i\in G_p\cup G_q}\boldsymbol{X}_{(i)}$。

用离差平方和法定义 G_p 和 G_q 之间的距离平方为：

$$D_w^2(p, q) = D_{p+q} - D_p - D_q \tag{3.16}$$

可以证明这种定义是有意义的。证明参见参考文献［7］。如果样品间的距离采用欧氏距离，同样可以证明下式成立：

$$D_w^2(p, q) = \frac{km}{k+m}D_c^2(p, q) \tag{3.17}$$

这表明，离差平方和法定义的类间距离 $D_w(p, q)$ 与重心法定义的距离 $D_c(p, q)$ 只差一个常数倍，这个倍数与两类的样品数有关。

3.4　系统聚类法

系统聚类法（hierarchical clustering method）是聚类分析诸方法中使用最多的。它包含下列步骤（见图 3-5）。

上节我们曾给出五种类与类之间的距离的定义，每一种定义用到上述系统聚类程序中，就得到一种系统聚类法。我们现在通过一个简单的例子来说明各种系统聚类法。

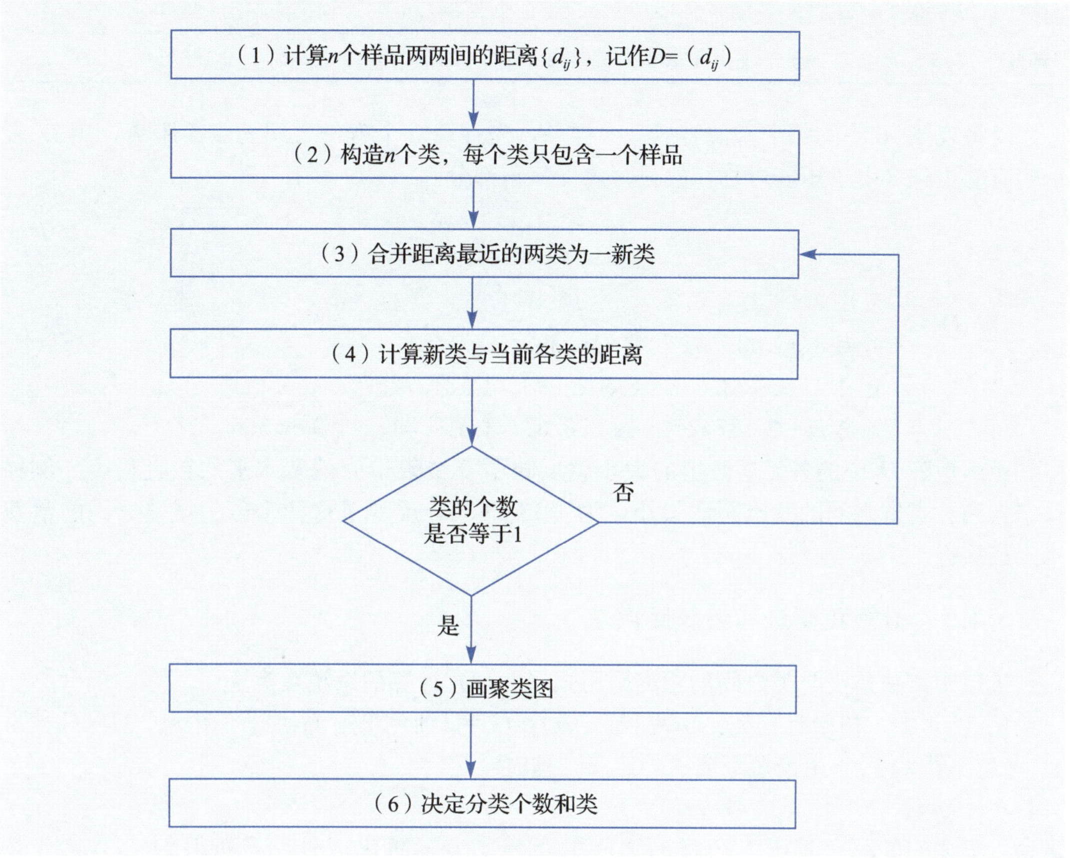

图 3－5　系统聚类法的过程

例 3－4

为了研究辽宁省、浙江省等 5 个省份 2022 年城镇居民消费支出的结构和水平，并根据消费支出的结构和水平对省份进行聚类，现收集这 5 个省份城镇居民在食品、衣着、居住等 8 个方面的人均消费支出数据（数据来源于 2023 年《中国统计年鉴》），具体如表 3－5 所示。

表 3－5　2022 年 5 个省份城镇居民人均消费支出　　单位：元

X_1　食品烟酒支出　X_2　衣着支出　X_3　居住支出　X_4　生活用品及服务支出
X_5　交通通信支出　X_6　教育文化娱乐支出　X_7　医疗保健支出　X_8　其他用品及服务支出

省份	X_1	X_2	X_3	X_4	X_5	X_6	X_7	X_8
辽宁	8 426.5	1 781.2	5 677.4	1 539.0	3 188.5	2 712.3	2 466.4	861.0
浙江	12 105.6	2 465.5	11 890.1	2 685.2	6 791.1	4 237.7	2 864.5	1 471.4
河南	6 681.0	1 637.2	5 357.1	1 509.8	2 916.8	2 597.8	2 220.1	619.6

续表

省份	X_1	X_2	X_3	X_4	X_5	X_6	X_7	X_8
甘肃	7 530.3	1 759.4	6 006.0	1 523.9	3 334.8	2 470.5	2 005.1	577.1
青海	7 187.7	1 532.3	4 457.6	1 253.4	3 028.0	1 527.4	2 156.1	557.8

现将表 3-5 中的每个省份看成一个样品，先计算 5 个省份之间的欧氏距离，用 $\boldsymbol{D}_0$ 表示相应的矩阵（由于矩阵对称，故只写出下三角部分）。

$$\boldsymbol{D}_0=\begin{bmatrix} & 1 & 2 & 3 & 4 & 5 \\ \text{辽宁 } 1 & 0 & & & & \\ \text{浙江 } 2 & 8\,351.772 & 0 & & & \\ \text{河南 } 3 & 1\,837.613 & 9\,644.393 & 0 & & \\ \text{甘肃 } 4 & 1\,133.633 & 8\,602.938 & 1\,181.725 & 0 & \\ \text{青海 } 5 & 2\,187.24 & 10\,256.31 & 1\,519.417 & 1\,909.555 & 0 \end{bmatrix}$$

距离矩阵 $\boldsymbol{D}_0$ 中的各元素数值的大小就反映了 5 个省份间消费水平的接近程度。例如辽宁省和甘肃省之间的欧氏距离最小，为 1 133.633，反映了这两个省份城镇居民的消费水平最接近。

3.4.1 最短距离法和最长距离法

最短距离法是类与类之间的距离采用式（3.12）计算的系统聚类法。

例 3-4 中，初始有 5 类：$G_1=\{$辽宁 1$\}$，$G_2=\{$浙江 2$\}$，$G_3=\{$河南 3$\}$，$G_4=\{$甘肃 4$\}$，$G_5=\{$青海 5$\}$，由最短距离法的定义，这时

$$D_k(i,j)=d_{ij},\quad i,j=1,2,\cdots,5$$

即这 5 类之间的距离等于 5 个样品之间的距离。为了简化记号，下面用 $D(i,j)$ 代替 $D_k(i,j)$。我们发现 $\boldsymbol{D}_0$ 中最小的元素是 $D(1,4)=1\,133.633$，故将类 G_1 和类 G_4 合并成一个新类 $G_6=\{1,4\}$，然后计算 G_6 与 G_2，G_3，G_5 之间的距离。利用

$$D(6,i)=\min\{D(1,i),D(4,i)\},\quad i=2,3,5$$

其最近相邻的距离是：

$$d_{(1,4)2}=\min\{d_{12},d_{42}\}=\min\{8\,351.772,8\,602.938\}=8\,351.772$$

$$d_{(1,4)3}=\min\{d_{13},d_{43}\}=\min\{1\,837.613,1\,181.725\}=1\,181.725$$

$$d_{(1,4)5}=\min\{d_{15},d_{45}\}=\min\{2\,187.24,1\,909.555\}=1\,909.555$$

在距离矩阵 $\boldsymbol{D}_0$ 中消去 1，4 所对应的行和列，并加入 $\{1,4\}$ 这一新类对应的一行一列，得到新的距离矩阵为：

$$\boldsymbol{D}_1=\begin{bmatrix} & G_2 & G_3 & G_5 & G_6 \\ G_2 & 0 & & & \\ G_3 & 9\,644.393 & 0 & & \\ G_5 & 10\,256.31 & 1\,519.417 & 0 & \\ G_6 & 8\,351.772 & 1\,181.725 & 1\,909.555 & 0 \end{bmatrix}$$

然后，在 $\boldsymbol{D}_1$ 中发现类间最小距离是 $d_{63}=d_{(1,4)3}=1\,181.725$，合并类 $\{1,4\}$ 和 G_3 得

到新类 $G_7=\{1, 3, 4\}$。再利用

$$D(7, i)=\min\{D(3, i), D(6, i)\}, \quad i=2, 5$$

计算得

$$d_{(1,4,3)2}=\min\{d_{32}, d_{62}\}=\min\{9\,644.393, 8\,351.772\}=8\,351.772$$

$$d_{(1,4,3)5}=\min\{d_{35}, d_{65}\}=\min\{1\,519.417, 1\,909.555\}=1\,519.417$$

故得下一层次聚类的距离矩阵为：

$$\boldsymbol{D}_2=\begin{bmatrix} & G_2 & G_5 & G_7 \\ G_2 & 0 & & \\ G_5 & 10\,256.31 & 0 & \\ G_7 & 8\,351.772 & 1\,519.417 & 0 \end{bmatrix}$$

类间最小距离是 $d_{57}=1\,519.417$，合并类 G_5 和类 G_7 得到新类 $G_8=\{1, 3, 4, 5\}$。此时，我们有两个不同的类 $G_8=\{1, 3, 4, 5\}$ 和 G_2。最后，合并类 G_8 和 G_2 形成一个大的聚类系统，上述合并类的过程所对应的谱系图见图 3－6。

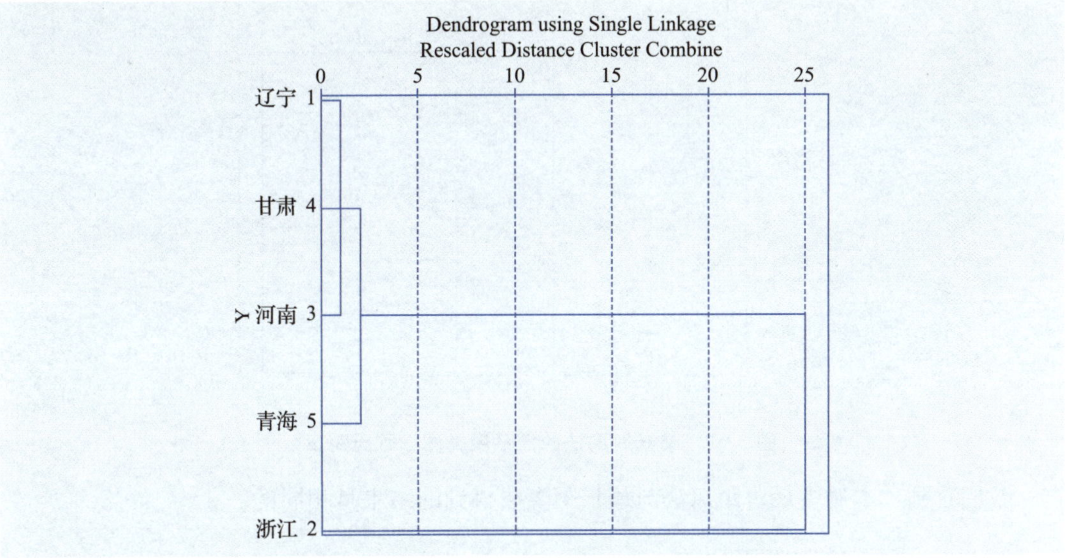

图 3－6　最短距离法的谱系聚类图（欧氏距离）

最后，决定类的个数与类。若用类的定义 3.1，分两类较为合适，这时，阈值 T＝1 519.417，这等价于在图 3－6 上距离为 10 处切一刀，得到两类分别为｛甘肃，青海，河南，辽宁｝与｛浙江｝。

所谓最长距离法，是类与类之间的距离采用式（3.13）计算的系统聚类法。

上述两种方法中，主要的不同是计算新类与其他类间的距离的递推公式不同。设某步将类 G_p 和 G_q 合并为 G_r，则 G_r 与其他类 G_l 间的距离为：

$$D_k(r, l)=\min\{D_k(p, l), D_k(q, l)\} \tag{3.18}$$

$$D_s(r, l)=\max\{D_s(p, l), D_s(q, l)\} \tag{3.19}$$

也就是说，在最长距离法中，选择最大的距离作为新类与其他类之间的距离，然后将类间

距离最小的两类进行合并，一直合并到只有一类为止。

最短距离法也可用于对指标的分类，分类时可以用距离，也可以用相似系数。但用相似系数时应找最大的元素并类，计算新类与其他类间的距离应使用式（3.19）。

最短距离法的主要缺点是它有链接聚合的趋势，因为类与类之间的距离为所有距离中的最短者，两类合并以后，它与其他类的距离缩小了，这样容易形成一个比较大的类，大部分样品都被聚在一类中，在树状聚类图中会看到一个延伸的链状结构，所以最短距离法的聚类效果并不好，实践中不提倡使用。

最长距离法克服了最短距离法链接聚合的缺陷，两类合并以后与其他类的距离是原来两个类中的距离最大者，加大了合并后的类与其他类间的距离（见图3-7）。

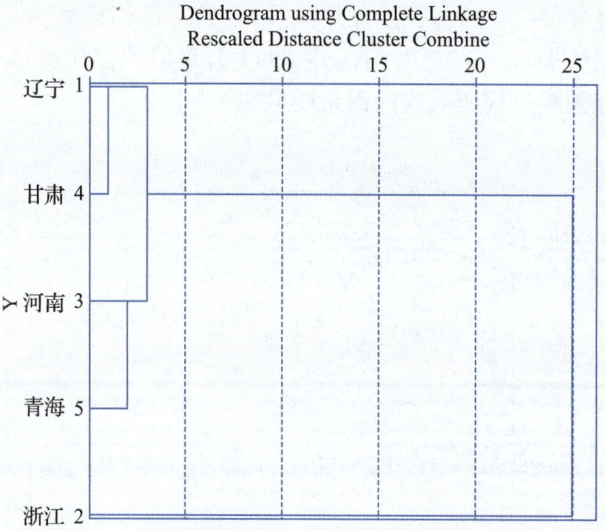

图3-7 最长距离法的谱系聚类图（欧氏距离）

我们看到，本例中最短距离法与最长距离法得到的结果是相同的。

3.4.2 重心法和类平均法

从物理的观点看，一个类用它的重心（该类样品的均值）做代表比较合理，类与类之间的距离就用重心之间的距离来代表。若样品之间采用欧氏距离，设某一步将类 G_p 与 G_q 合并成 G_r，它们各有 n_p，n_q，n_r（$n_r=n_p+n_q$）个样品，它们的重心用 $\bar{\boldsymbol{X}}_p$，$\bar{\boldsymbol{X}}_q$ 和 $\bar{\boldsymbol{X}}_r$ 表示，显然

$$\bar{\boldsymbol{X}}_r=\frac{1}{n_r}(n_p\bar{\boldsymbol{X}}_p+n_q\bar{\boldsymbol{X}}_q) \tag{3.20}$$

某一类 G_k 的重心为 $\bar{\boldsymbol{X}}_k$，它与新类 G_r 的距离是：

$$D_c^2(k,r)=(\bar{\boldsymbol{X}}_k-\bar{\boldsymbol{X}}_r)'(\bar{\boldsymbol{X}}_k-\bar{\boldsymbol{X}}_r) \tag{3.21}$$

可以证明（参见参考文献［6］），$D_c^2(k,r)$ 是如下的形式：

$$D_c^2(k,r)=\frac{n_p}{n_r}D_c^2(k,p)+\frac{n_q}{n_r}D_c^2(k,q)-\frac{n_pn_q}{n_rn_r}D_c^2(p,q) \tag{3.22}$$

这就是重心法的距离递推公式。

重心法虽有很好的代表性，但并未充分利用各样本的信息。有学者将两类之间的距离平方定义为这两类元素两两之间的平均平方距离，即

$$\begin{aligned} D_G^2(k, r) &= \frac{1}{n_k n_r} \sum_{i \in G_k} \sum_{j \in G_r} d_{ij}^2 \\ &= \frac{1}{n_k n_r} \Big[\sum_{i \in G_k} \sum_{j \in G_p} d_{ij}^2 + \sum_{i \in G_k} \sum_{j \in G_q} d_{ij}^2 \Big] \end{aligned} \tag{3.23}$$

上式也可记为：

$$D_G^2(k, r) = \frac{n_p}{n_r} D_G^2(k, p) + \frac{n_q}{n_r} D_G^2(k, q) \tag{3.24}$$

这就是类平均法的递推公式。类平均法是聚类效果较好、应用比较广泛的一种聚类方法。它有两种形式：一种是组间联结法（between-groups linkage）；另一种是组内联结法（within-groups linkage）。组间联结法在计算距离时只考虑两类之间样品距离的平均；组内联结法在计算距离时把两组所有个案之间的距离都考虑在内。

有人认为，类平均法是系统聚类法中比较好的方法之一。

在类平均法的递推公式中没有反映 D_{pq} 的影响，有学者将递推公式改为：

$$D_{kr}^2 = \frac{n_p}{n_r}(1-\beta) D_{kp}^2 + \frac{n_q}{n_r}(1-\beta) D_{kq}^2 + \beta D_{pq}^2 \tag{3.25}$$

式中，$\beta < 1$。对应于式（3.25）的聚类法称为可变类平均法。

可变类平均法的分类效果与 β 的选择关系极大，有一定的人为性，因此在实践中使用尚不多。如果 β 接近 1，分类效果一般不好，故 β 常取负值。

重心法的谱系聚类图如图 3-8 所示。类平均法（组内联结法）的谱系聚类图（欧氏距离）如图 3-9 所示。

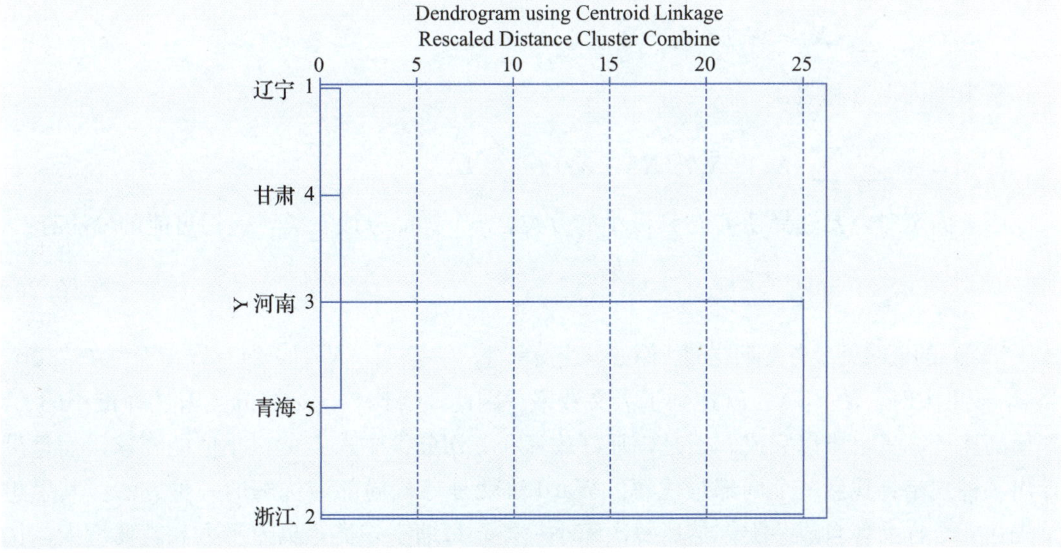

图 3-8 重心法的谱系聚类图（平方欧氏距离）

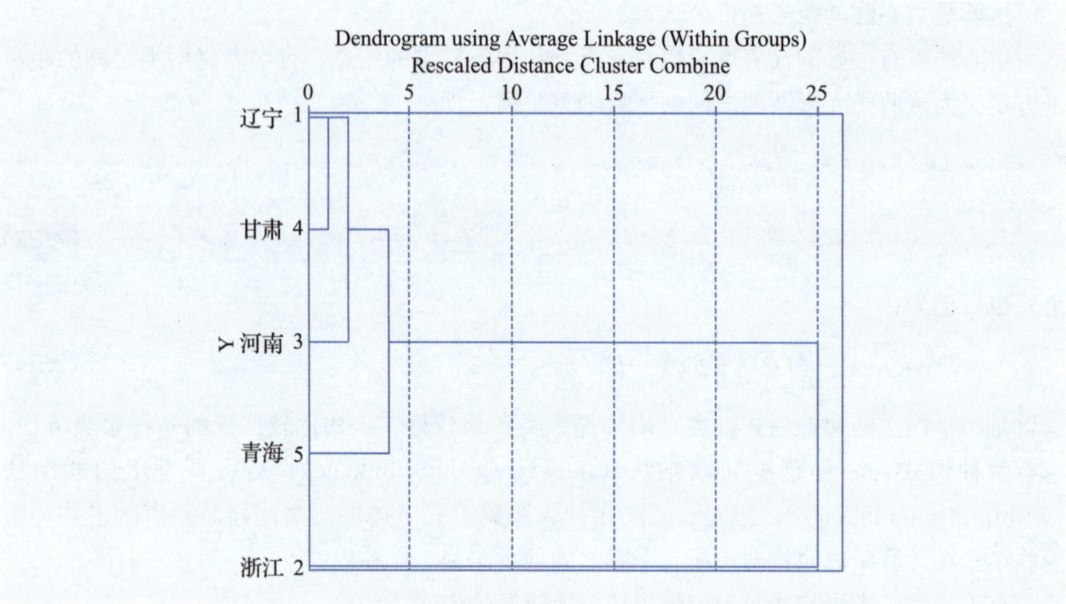

图 3－9　类平均法（组内联结法）的谱系聚类图（欧氏距离）

3.4.3　离差平方和法（或称 Ward 法）

离差平方和法是由沃德（Ward）提出的，许多文献中称为 Ward 法。它的思想源于方差分析，即如果类分得正确，同类样品的离差平方和应当较小，类与类之间的离差平方和应当较大。

设将 n 个样品分成 k 类 G_1，G_2，…，G_k，用 $\boldsymbol{X}_{it}$ 表示类 G_t 中的第 i 个样品（注意 $\boldsymbol{X}_{it}$ 是 p 维向量），n_t 表示类 G_t 中的样品个数，$\bar{\boldsymbol{X}}_t$ 是类 G_t 的重心，则在类 G_t 中的样品的离差平方和为：

$$\boldsymbol{L}_t=\sum_{i=1}^{n_t}(\boldsymbol{X}_{it}-\bar{\boldsymbol{X}}_t)'(\boldsymbol{X}_{it}-\bar{\boldsymbol{X}}_t)$$

整个类内平方和为：

$$\boldsymbol{L}=\sum_{t=1}^{k}\sum_{i=1}^{n_t}(\boldsymbol{X}_{it}-\bar{\boldsymbol{X}}_t)'(\boldsymbol{X}_{it}-\bar{\boldsymbol{X}}_t)=\sum_{t=1}^{k}\boldsymbol{L}_t$$

当 k 固定时，要选择使 $\boldsymbol{L}$ 达到极小的分类，n 个样品分成 k 类，一切可能的分法有：

$$R(n,k)=\frac{1}{k}\sum_{i=0}^{k}(-1)^{k-i}\binom{k}{i}i^n \tag{3.26}$$

式（3.26）的证明见参考文献［6］。例如，当 $n=21$，$k=2$ 时，$R(21,2)=2^{21}-1=2\ 097\ 151$。当 n，k 更大时，$R(n,k)$ 就达到了天文数字。因此，要比较这么多分类来选择最小的 $\boldsymbol{L}$，即使高速计算机也难以完成。于是，只好放弃在一切分类中求 $\boldsymbol{L}$ 的极小值的要求，而是设计出某种规格：找到一个局部最优解。Ward 法就是寻找局部最优解的一种方法。其思想是先让 n 个样品各自成一类，然后每次缩小一类，每缩小一类，离差平方和就要增大，选择使 $\boldsymbol{L}$ 增加最小的两类合并，直到所有的样品归为一类为止。

若将类 G_p 和 G_q 合并为 G_r，则类 G_k 与新类 G_r 的距离递推公式为：

$$D_w^2(k, r)=\frac{n_p+n_k}{n_r+n_k}D_w^2(k, p)+\frac{n_q+n_k}{n_r+n_k}D_w^2(k, q)-\frac{n_k}{n_r+n_k}D_w^2(p, q) \tag{3.27}$$

需要指出的是，离差平方和法只能得到局部最优解（见图 3-10）。至今还没有很好的办法以较少的计算求得精确最优解。

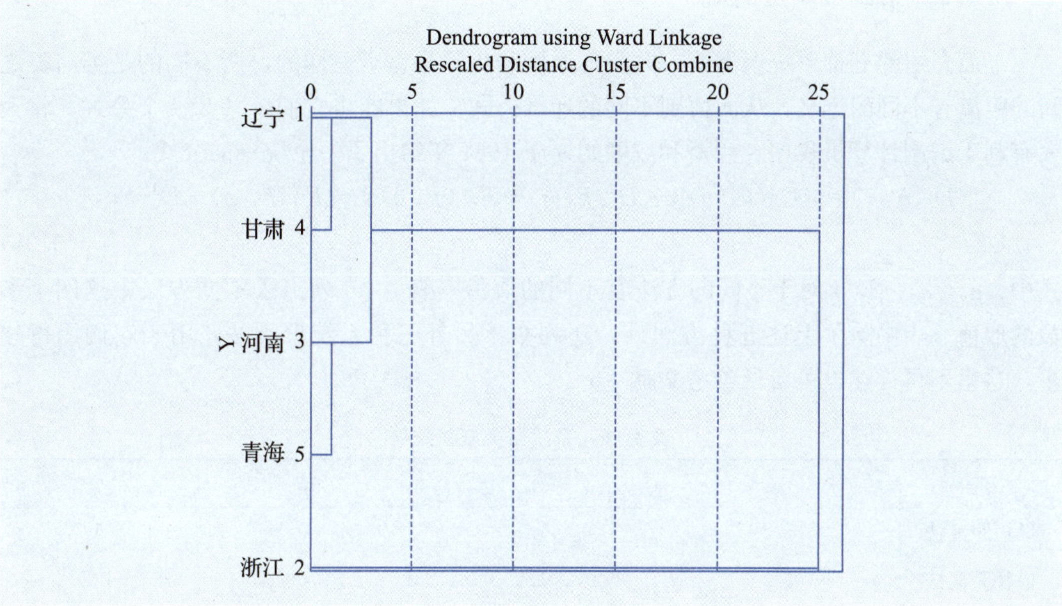

图 3-10　离差平方和法的谱系聚类图（平方欧氏距离）

3.4.4　分类数的确定

到目前为止，我们还没有讨论过如何确定分类数，聚类分析的目的是要对研究对象进行分类，因此，如何选择分类数成为各种聚类方法中的主要问题之一。在 K-均值聚类法中聚类之前需要指定分类数，谱系聚类法（系统聚类法）中我们最终得到的只是一个树状结构图，从图中可以看出存在很多类，但问题是如何确定类的最佳个数。

确定分类数是聚类分析中迄今为止尚未完全解决的问题之一，主要的障碍是对类的结构和内容很难给出一个统一的定义，这样就不能给出在理论上和实践中都可行的虚无假设。实际应用中人们主要根据研究的目的，从实用的角度出发，选择合适的分类数。德穆曼（Demirmen）曾提出根据树状结构图来分类的准则。

准则 1：任何类都必须在邻近各类中是突出的，即各类重心之间的距离必须大。

准则 2：各类所包含的元素都不应过多。

准则 3：分类的数目应该符合使用的目的。

准则 4：若采用几种不同的聚类方法处理，则在各自的聚类图上应发现相同的类。

系统聚类中每次合并的类与类之间的距离也可以作为确定分类数的一个辅助工具。在系统聚类过程中，首先把离得近的类合并，所以在并类过程中聚合系数（agglomeration coefficients）呈增加趋势，聚合系数小，表示合并的两类的相似程度较大，两个差异很大的类合并到一起，会使该系数很大。如果以 y 轴表示聚合系数，x 轴表示分类数，画出聚合系数随分类数的变化曲线，会得到类似于因子分析中的碎石图，可以在曲线开始变得平缓的点选择合适的分类数。

3.4.5 系统聚类法的统一

上面介绍的五种系统聚类法，并类的原则和步骤是完全一样的，所不同的是类与类之间的距离有不同的定义，从而得到不同的递推公式。如果能将它们统一为一个公式，将大大有利于编制计算机程序。兰斯和威廉姆斯于 1967 年给出了一个统一的公式：

$$D^2(k, r)=\alpha_p D^2(k, p)+\alpha_q D^2(k, q)+\beta D^2(p, q)+\gamma|D^2(k, p)-D^2(k, q)| \tag{3.28}$$

式中，α_p，α_q，β，γ 对于不同的方法有不同的取值，表 3-6 列出了不同方法中这四个参数的取值。表中除了上述五种方法外，还列举了另外三种系统聚类法，由于它们用得较少，这里不再详述，可参见参考文献 [6]。

表 3-6 系统聚类法参数表

方法	α_p	α_q	β	γ
最短距离法	1/2	1/2	0	−1/2
最长距离法	1/2	1/2	0	1/2
中间距离法	1/2	1/2	−1/4	0
重心法	n_p/n_r	n_q/n_r	$-\alpha_p\alpha_q$	0
类平均法	n_p/n_r	n_q/n_r	0	0
可变类平均法	$(1-\beta)n_p/n_r$	$(1-\beta)n_q/n_r$	$\beta<1$	0
可变法	$(1-\beta)/2$	$(1-\beta)/2$	$\beta<1$	0
离差平方和法	$(n_k+n_p)/(n_k+n_r)$	$(n_k+n_p)/(n_k+n_r)$	$-n_k/(n_k+n_r)$	0

一般而言，不同聚类方法的结果不完全相同。最短距离法适用于条形的类。最长距离法、重心法、类平均法、离差平方和法适用于椭圆形的类。

现在许多统计软件都包含系统聚类法的程序，只要将数据输入，即可很方便地将上述八种方法定义的距离全部算出，并画出聚类图。本书将介绍采用 SPSS 软件实现聚类分析的过程。

由于上述聚类方法得到的结果不完全相同，于是产生一个问题：选择哪一个结果为好？为了解决这个问题，需要研究系统聚类法的性质，现简要介绍如下。

（1）单调性。令 D_r 为系统聚类法中第 r 次并类时的距离，如例 3-4，用最短距离时，有 $D_1=1\ 133.633$，$D_2=1\ 181.725$，$D_3=1\ 519.417$，$D_4=8\ 351.772$，此时 $D_1<D_2<D_3<\cdots$。一种系统聚类法若能保证 $\{D_r\}$ 是严格单调上升的，则称它具有单调性。由单

调性画出的聚类图符合系统聚类的思想，先结合的类关系较近，后结合的类关系较疏远。显然，最短距离法和最长距离法具有并类距离的单调性。可以证明，类平均法、离差平方和法、可变法和可变类平均法都具有单调性，只有重心法和中间距离法不具有单调性（证明见参考文献［6］）。

（2）空间的浓缩与扩张。对同一问题作聚类图时，横坐标（并类距离）的范围相差很大。最短距离法的范围较小，最长距离法的范围较大，类平均法则介于二者之间。范围小的方法区分类的灵敏度差，而范围太大的方法灵敏度又过高，会使支流淹没主流，这与收音机的灵敏度有相似之处。灵敏度太低的收音机接收的台少，灵敏度太高，台与台之间容易干扰，适中为好。按这一直观的想法引进如下的概念。

定义 3.5　设两个同阶矩阵 $\boldsymbol{A}=(a_{ij})$ 和 $\boldsymbol{B}=(b_{ij})$ 的元素非负，如果 $\boldsymbol{A}$ 的每一个元素不小于 $\boldsymbol{B}$ 相应的元素，即 $a_{ij}\geqslant b_{ij}$（$\forall i, j$），则记作 $\boldsymbol{A}\geqslant\boldsymbol{B}$（请勿与非负定阵 $\boldsymbol{A}\geqslant$ 的意义相混淆，这个记号仅在本节中使用）。由定义推知，$\boldsymbol{A}\geqslant\boldsymbol{0}$，表示 $\boldsymbol{A}$ 的元素非负。

设有 A，B 两种系统聚类法，第 k 步的距离阵记作 $\boldsymbol{A}_k$ 和 $\boldsymbol{B}_k$（$k=0, 1, \cdots, n-1$），若 $\boldsymbol{A}_k\geqslant\boldsymbol{B}_k$（$k=1, 2, \cdots, n-1$），则称 A 比 B 扩张或者 B 比 A 浓缩。对系统聚类法有如下的结论（参见参考文献［6］）：

$$(K)\leqslant(G)\leqslant(S)$$

$$(C)\leqslant(G)\leqslant(W)$$

式中，(K) 是最短距离法；(S) 是最长距离法；(C) 是重心法；(W) 是离差平方和法；(G) 是类平均法。归纳起来说，与类平均法相比，最短距离法、重心法使空间浓缩；最长距离法、离差平方和法使空间扩张。太浓缩的方法不够灵敏，太扩张的方法在样本大时容易失真。类平均法比较适中，相比其他方法，类平均法不太浓缩也不太扩张，故许多书籍推荐这种方法。

有关系统聚类法的性质，学者们还从其他角度提出了比较优劣的原则。欲将 n 个样品分为 k 类，有人定义一个分类函数（或叫损失函数），然后寻找这个函数的最优解，在某些条件下，最短距离法的解是最优的，而系统聚类法的其他方法都不具有这个性质（参见参考文献［6］［7］），故最短距离法在实践中也很受推崇。系统聚类法的各种方法的比较仍是一个值得研究的课题，例如，有学者用随机模拟做了研究，发现最长距离法并不可取。

3.5　K-均值聚类和有序样品的聚类

3.5.1　K-均值法（快速聚类法）

非谱系聚类法是把样品（而不是变量）聚集成 K 个类的集合。类的个数 K 可以预先给定，或者在聚类过程中确定。因为在计算机计算过程中无须确定距离（或相似系数矩阵），也无须存储数据，所以，非谱系方法可应用于比系统聚类法大得多的数据组。

非谱系聚类法或者一开始就对元素分组，或者从一个构成各类核心的“种子”集合开始。选择好的初始构形将能消除系统的偏差。一种方法是从所有项目中随机地选择“种子”点或者随机地把元素分成若干个初始类。

这里讨论一种更特殊的非谱系过程，即 K-均值法，又叫快速聚类法。

麦克奎因（Macqueen）于 1967 年提出了 K-均值法（参见参考文献 [11]）。这种聚类方法的思想是把每个样品聚集到其最近形心（均值）类中。在它的最简单说明中，这个过程由下列三步组成：

（1）把样品粗略分成 K 个初始类。

（2）进行修改，逐个分派样品到其最近均值类中（通常用标准化数据或非标准化数据计算欧氏距离）。重新计算接受新样品的类和失去样品的类的形心（均值）。

（3）重复第（2）步，直到各类无元素进出。

若不在一开始就粗略地把样品分到 K 个预先指定的类（第（1）步），也可以指定 K 个最初形心（“种子”点），然后进行第（2）步。

样品的最终聚类在某种程度上依赖于最初的划分，或“种子”点的选择。

为了检验聚类的稳定性，可用一个新的初始分类重新检验整个聚类算法。如果最终分类与原来一样，则不必再行计算；否则，须另行考虑聚类算法。参见参考文献 [11]。

关于 K-均值法，对其预先不固定类数 K 这一点有很大的争论，其中包括下面几点：

（1）如果有两个或多个“种子”点无意中跑到一个类内，则其聚类结果将很难区分。

（2）局外干扰的存在将至少产生一个样品非常分散的类。

（3）即使已知总体由 K 个类组成，抽样方法也可造成属于最稀疏类的数据不出现在样本中。强行把这些数据分成 K 个类会导致无意义的聚类。

许多聚类算法都要求给定 K，而选择几种算法进行反复检验，对于结果的分析也许是有好处的。其他非谱系聚类过程的讨论可参见参考文献 [11]。

3.5.2 有序样品的聚类

在前几节的讨论中，分类的样品是相互独立的，分类时彼此是平等的。但在有些实际问题中，要研究的现象与时间的顺序密切相关。例如我们想要研究，1949—2018 年，国民收入可以划分为几个阶段。阶段的划分必须以年份顺序为依据，总的想法是要将国民收入接近的年份划分到一个阶段内。要完成类似这样问题的研究，用前几节的分类方法显然是不行的。对于这类有序样品的分类，实质上需要找出一些分点，将它们划分成几个分段，每个分段看作一类，这种分类称为分割。显然，分点在不同位置可以得到不同的分割。这样就存在一个如何决定分点，使其达到所谓最优分割的问题。即要求一个分割能使各段内部样品间的差异最小，而各段之间样品的差异最大。这就是决定分点的依据。

假设用 x_1，x_2，…，x_n 表示 n 个有顺序的样品，有序样品的分类结果要求每一类必须呈：$\{x_i, x_{i+1}, \cdots, x_{i+j}\}$（$i \geqslant 1$，$j \geqslant 0$）。增加了有序这个约束条件，会给分类带来哪些影响呢？

1. 可能的分类数目

n 个样品分成 k 类，如果样品是彼此平等的，则一切可能的分法有：

$$R(n, k)=\sum_{\substack{i_1+\cdots+i_k=n \\ i_j\geqslant 1,\ j=1,\cdots,k}} \frac{n!}{i_1!\cdots i_k!} \tag{3.29}$$

而对于有序样品，n 个样品分成 k 类的一切可能的分法有：

$$R'(n, k)=C_{n-1}^{k-1} \tag{3.30}$$

这是容易证明的。n 个有序样品有 $n-1$ 个间隔，分成两类就是在这 $n-1$ 个间隔中插上一根“棍子”，故有 $n-1=C_{n-1}^{1}$ 种可能；若要分成三类，就是在这 $n-1$ 个间隔中任意插上两根“棍子”，故有 C_{n-1}^{2} 种可能；要分成 k 类，就是插上 $k-1$ 根“棍子”，故有 C_{n-1}^{k-1} 种可能。容易证明，$R(n, k)=o(k^n)$，$R'(n, k)=o(nk)$，当 n 较大时，$R'(n, k)\ll R(n, k)$，故有序样品的聚类问题要简单一些。

2. 最优分割法

这种方法的分类依据是离差平方和，但由于 $R'(n, k)$ 比 $R(n, k)$ 小得多，因此与系统聚类法中的离差平方和法又有所不同，前者可以求得精确最优解，而后者只能求得局部最优解。这种方法首先是由费歇（Fisher）提出的，又称为 Fisher 算法。

设样品依次是 $\boldsymbol{x}_1$，$\boldsymbol{x}_2$，…，$\boldsymbol{x}_n$（每个是 m 维向量），最优分割法的步骤大致如下：

(1) 定义类的直径。设某一类 G_{ij} 是 $\{\boldsymbol{x}_i, \boldsymbol{x}_{i+1}, \cdots, \boldsymbol{x}_j\}$ $(j>i)$，它们的均值记成 $\bar{\boldsymbol{x}}_{ij}$：

$$\bar{\boldsymbol{x}}_{ij}=\frac{1}{j-i+1}\sum_{l=i}^{j}\boldsymbol{x}_l$$

G_{ij} 的直径用 $D(i, j)$ 表示，常用的直径是：

$$D(i, j)=\sum_{l=i}^{j}(\boldsymbol{x}_l-\bar{\boldsymbol{x}}_{ij})'(\boldsymbol{x}_l-\bar{\boldsymbol{x}}_{ij}) \tag{3.31}$$

当 $m=1$ 时，有时用直径

$$D(i, j)=\sum_{l=i}^{j}|(x_l-\tilde{x}_{ij})| \tag{3.32}$$

式中，$\tilde{x}_{ij}$ 是 $(x_i, x_{i+1}, \cdots, x_j)$ 的中位数。

(2) 定义目标函数。将 n 个样品分成 k 类，设某一种分法是 $P(n, k)$：$\{\boldsymbol{x}_{i_1}, \boldsymbol{x}_{i_1+1}, \cdots, \boldsymbol{x}_{i_2-1}\}$，$\{\boldsymbol{x}_{i_2}, \boldsymbol{x}_{i_2+1}, \cdots, \boldsymbol{x}_{i_3-1}\}$，…，$\{\boldsymbol{x}_{i_k}, \boldsymbol{x}_{i_k+1}, \cdots, \boldsymbol{x}_n\}$，或简记成

$$\begin{aligned}P(n, k):&\{i_1, i_1+1, \cdots, i_2-1\}, \{i_2, i_2+1, \cdots, i_3-1\}, \cdots,\\ &\{i_k, i_k+1, \cdots, n\}\end{aligned} \tag{3.33}$$

式中，分点 $1=i_1<i_2<\cdots<i_k\leqslant i_{k+1}=n+1$。定义这种分类的目标函数为：

$$e[P(n, k)]=\sum_{j=1}^{k}D(i_j, i_{j+1}-1) \tag{3.34}$$

当 n，k 固定时，$e[P(n, k)]$ 越小表示各类的离差平方和越小，分类是合理的。因此要寻找一种分法 $P(n, k)$ 使目标函数达到极小，以下 $P(i, j)$ 一般表示使 $e[P(n, k)]$ 达到极小的分类。

(3) 精确最优解的求法。容易验证有如下递推公式：

$$e[P(n, 2)]=\min_{2\leqslant j\leqslant n}\{D(1, j-1)+D(j, n)\} \tag{3.35}$$

$$e[P(n,k)]=\min_{k\leqslant j\leqslant n}\{e[P(j-1,k-1)]+D(j,n)\} \tag{3.36}$$

当我们要分 k 类时，首先找 j_k 使式（3.36）达到最小，即

$$e[P(n,k)]=e[P(j_k-1,k-1)]+D(j_k,n)$$

于是 $G_k=\{j_k, j_k+1, \cdots, n\}$，然后找 j_k-1 使它满足

$$e[P(j_k-1,k-1)]=e[P(j_{k-1}-1,k-2)]+D(j_{k-1},j_k-1)$$

得到类 $G_{k-1}=\{j_{k-1}, \cdots, j_k-1\}$。采用类似的方法得到所有类 G_1，G_2，…，G_k，这就是我们要求的最优解。

3.6 模糊聚类分析

模糊集的理论是由 20 世纪 60 年代中期美国的自动控制专家查德（L. A. Zadeh）教授首先提出的，现该理论已广泛应用于许多领域，而将模糊集概念应用于聚类分析便产生了模糊聚类分析。模糊聚类分析中得到广泛应用的经典方法是模糊 C-均值聚类（Fuzzy C-means clustering，FCM 聚类），也可称作模糊 K-均值聚类。该方法的一种特殊情况首先由邓恩（J. C. Dunn）开创性地提出，同时期贝兹德克（J. C. Bezdek）提出了更一般化的 FCM（参见参考文献［12］［13］）。

3.6.1 模糊聚类的几个基本概念

（1）特征函数。对于一个普通集合 A，空间中任一元素 x，要么 $x\in A$，要么 $x\notin A$，二者必居其一，这一特征用一个函数表示为：

$$A(x)=\begin{cases}1, & x\in A\\ 0, & x\notin A\end{cases}$$

则称 $A(x)$ 为集合 A 的特征函数。

如某工业企业完成年计划利润定义为 1，没有完成年计划利润则定义为 0，用特征函数来描述即为：

$$A(x)=\begin{cases}1, & x\in A \quad \text{完成}\\ 0, & x\notin A \quad \text{没完成}\end{cases}$$

（2）隶属函数。当我们要了解某企业完成年计划利润程度的大小时，仅用特征函数就不够了。模糊数学把它推广到［0，1］闭区间，即用［0，1］区间的一个数去度量它，这个数叫隶属度。当用函数表示隶属度的变化规律时，就叫作隶属函数。即

$$0\leqslant A(x)\leqslant 1$$

如果某企业完成年计划利润的 90%，可以说，这个企业完成年计划利润的隶属度是 0.9。显然，隶属度概念是特征函数概念的拓广。特征函数描述空间的元素之间是否有关联，而隶属度描述了元素之间的关联是多少。

用集合语言来描述隶属函数的概念就是：设 x 为全域，若 A 为 x 上取值［0，1］的一个函数，则称 A 为模糊集。

若一个矩阵元素取值于［0，1］范围内，则称该矩阵为模糊矩阵。

（3）模糊矩阵的运算法则。如果 $\boldsymbol{A}$ 和 $\boldsymbol{B}$ 是 $n\times p$ 和 $p\times m$ 的模糊矩阵，则乘积 $\boldsymbol{C}=\boldsymbol{A}\cdot\boldsymbol{B}$ 为 $n\times m$ 阵，其元素为：

$$C_{ij}=\bigvee_{k=1}^{p}(a_{ik}\wedge b_{kj}),\quad i=1,2,\cdots,n;\ j=1,2,\cdots,m$$

符号“$\vee$”和“$\wedge$”的含义为：

$$a\vee b=\max(a,b)$$

$$a\wedge b=\min(a,b)$$

3.6.2　FCM 聚类方法

假设将 n 个样本 $\{\boldsymbol{x}_1,\boldsymbol{x}_2,\cdots,\boldsymbol{x}_n\}$ 划分为 c 类，其中 $\boldsymbol{x}_i=(x_{i1},x_{i2},\cdots,x_{ip})'(i=1,2,\cdots,n)$。记样本 $\boldsymbol{x}_i$ 属于 g 类的模糊隶属度为 u_{ig}，由隶属度构成的矩阵记作 $\boldsymbol{U}=(u_{ig})_{n\times c}$，将各类的类中心记作 $\boldsymbol{V}=(\boldsymbol{v}_1,\boldsymbol{v}_2,\cdots,\boldsymbol{v}_c)\in R^p$，其中矩阵 $\boldsymbol{U}$ 需要满足条件：$\boldsymbol{U}\in M=\{\boldsymbol{U}\mid 0\leqslant u_{ig}\leqslant 1,\ \sum_{g=1}^{c}u_{ig}=1,\ \forall i\}$。

FCM 聚类方法的核心是求解如下优化问题：

$$\min_{\boldsymbol{U},\boldsymbol{V}}\sum_{i=1}^{n}\sum_{g=1}^{c}(u_{ig})^m\|\boldsymbol{x}_i-\boldsymbol{v}_g\|_A^2$$

$$m\geqslant 1;\ \sum_{g=1}^{c}u_{ig}=1,\ \forall i;\ \|\boldsymbol{x}_i-\boldsymbol{v}_g\|_A^2=(\boldsymbol{x}_i-\boldsymbol{v}_g)'\boldsymbol{A}(\boldsymbol{x}_i-\boldsymbol{v}_g)$$

以求得使目标函数达到最小的 $\boldsymbol{U}$ 和 $\boldsymbol{V}$。当 $m=2$ 时，上式为邓恩提出的模糊聚类方法，而贝兹德克将 m 的取值范围予以扩展并进行理论推导和证明，使其更一般化为 $m\geqslant 1$。

邓恩和贝兹德克均使用交替优化（alternating optimization，AO）方法求解上述优化问题，AO 方法是一种迭代的算法。贝兹德克在 1981 年给出了具体的 FCM 算法（参见参考文献［14］），具体如下所示：

（1）存储样本数据 $\boldsymbol{X}=\{\boldsymbol{x}_1,\boldsymbol{x}_2,\cdots,\boldsymbol{x}_n\}\subset R^p$。

（2）设定类的个数 c，m 的取值，最大迭代次数 T，停止迭代的界限 ε，矩阵 $\boldsymbol{A}$ 的形式，定义 $E_t=\|\boldsymbol{V}_t-\boldsymbol{V}_{t-1}\|$ 的范数形式。

（3）初始化矩阵 $\boldsymbol{V}$，即设定迭代的初始值 $\boldsymbol{V}_0=(\boldsymbol{v}_{1,0},\boldsymbol{v}_{2,0},\cdots,\boldsymbol{v}_{c,0})\in R^{pc}$。

（4）迭代，从 $t=1$ 到 $t=T$：

1）由 $\boldsymbol{V}_{t-1}$ 计算 $\boldsymbol{U}_t=(u_{ig,t})$：

$$u_{ig,t}=\left[\sum_{j=1}^{c}\left(\frac{\|\boldsymbol{x}_i-\boldsymbol{v}_{g,t-1}\|_A}{\|\boldsymbol{x}_i-\boldsymbol{v}_{j,t-1}\|_A}\right)^{\frac{1}{m-1}}\right]^{-1},\quad i=1,2,\cdots,n;\ g=1,2,\cdots,c$$

2）由 $\boldsymbol{U}_t$ 计算 $\boldsymbol{V}_t=(\boldsymbol{v}_{1,t},\boldsymbol{v}_{2,t},\cdots,\boldsymbol{v}_{c,t})$：

$$\boldsymbol{v}_{g,t}=\frac{\sum_{i=1}^{n}(u_{ig,t})^m\boldsymbol{x}_i}{\sum_{i=1}^{n}(u_{ig,t})^m},\quad g=1,2,\cdots,c$$

3）如果 $E_t=\|\boldsymbol{V}_t-\boldsymbol{V}_{t-1}\|\leqslant\varepsilon$，停止迭代；否则继续。

（5）输出最后迭代的计算结果 $\boldsymbol{U}_t$，$\boldsymbol{V}_t$。

当样本量较大时，上述算法的计算代价会显著增大，计算速度也会变慢，因此，后来研究者们对该算法进行改进，或对目标函数进行改进以优化算法，或提出新的模糊聚类分析方法。鲁斯皮尼（Ruspini）、贝兹德克（Bezdek）和凯勒（Keller）对模糊聚类的发展进行了简要综述，感兴趣的读者可以参阅参考文献［15］。

3.7 计算步骤与上机实现

本书以 SPSS 和 R 语言两种软件来说明前面讲述的几种聚类法的实现过程。具体步骤如下：

（1）分析需要研究的问题，确定聚类分析所需要的多元变量；

（2）选择对样品聚类还是对指标聚类；

（3）选择合适的聚类方法；

（4）选择所需的输出结果。

我们将实现过程用逻辑框图表示为图 3－11。

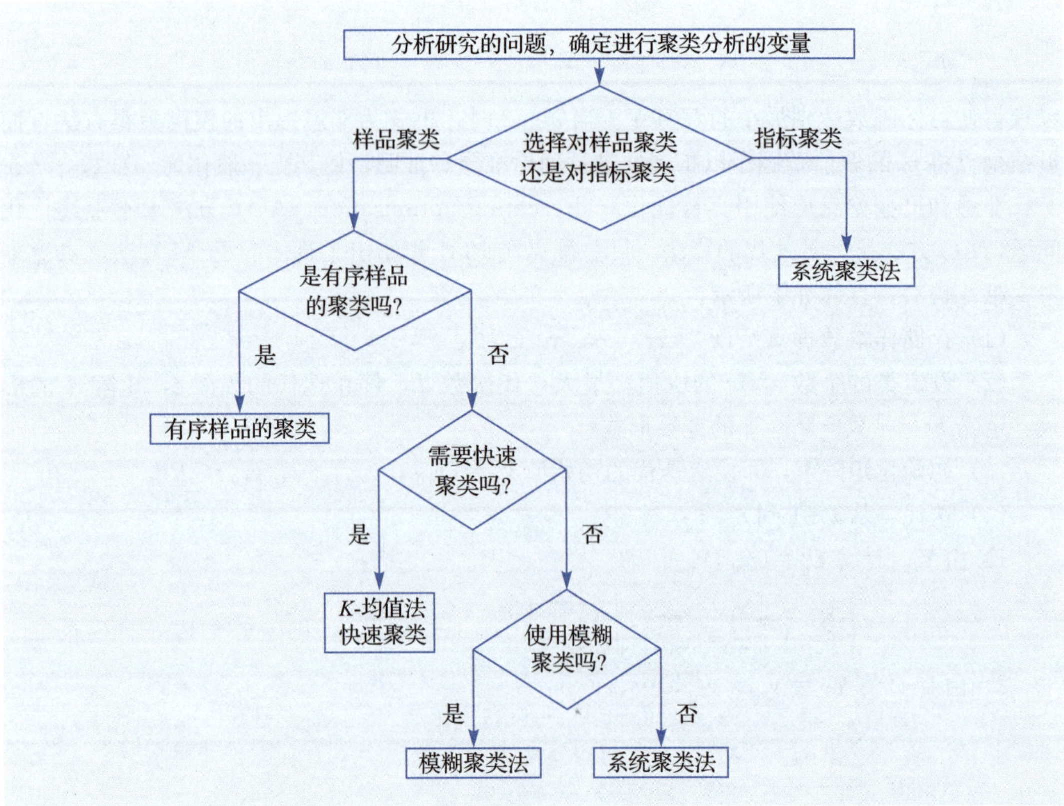

图 3－11　聚类分析流程图

3.7.1　系统聚类法

为了研究亚洲部分国家和地区的经济水平及相应的人口状况，并对亚洲部分国家和地区进行聚类分析，现选取人均国内生产总值、粗死亡率、粗出生率、城镇人口比重、平均预期寿命和 65 岁及以上人口比重作为衡量亚洲部分国家和地区经济水平及人口状况的指标，原始数据如表 3－7 所示（数据来源于世界银行）。

表 3－7　2015 年 15 个亚洲国家和地区经济水平及人口状况

国家和地区	人均国内生产总值（国际元/人）	粗死亡率（‰）	粗出生率（‰）	城镇人口比重（%）	平均预期寿命（岁）	65 岁及以上人口比重（%）
阿富汗	1 925.17	8.03	33.31	26.7	60.72	2.47
中国	14 246.86	7.11	12.07	55.61	75.25	9.68
中国香港	56 923.49	6.30	8.20	100.00	84.28	15.06
印度	6 104.58	7.31	19.66	32.75	68.35	5.62
印度尼西亚	11 057.56	7.17	19.58	53.74	69.07	5.17
以色列	36 575.94	5.30	21.30	92.14	82.05	11.24
日本	40 763.40	10.20	7.90	93.50	83.84	26.34
老挝	5 691.26	6.63	26.27	38.61	66.54	3.81
中国澳门	111 496.60	4.82	11.68	100.00	80.77	8.99
马来西亚	26 950.34	4.98	16.79	74.71	74.88	5.89
菲律宾	7 387.32	6.77	23.32	44.37	68.41	4.58
沙特阿拉伯	53 538.79	3.42	19.69	83.13	74.49	2.86
新加坡	85 382.30	4.80	9.70	100.00	82.60	11.68
韩国	34 647.07	5.40	8.60	82.47	82.16	13.13
泰国	16 340.03	8.03	10.53	50.37	74.60	10.47

在 SPSS 数据窗口中录入上表中的数据，然后选择 Analyze→Classify 命令。Classify 命令下有两个常用的聚类分析命令：一是 K-Means Cluster（*K*-均值聚类）；二是 Hierarchical Cluster（系统聚类法）。此处我们选择系统聚类法，并打开相应的对话框，然后将 6 个指标变量选入 Variable（s）框中，将表示国家和地区的变量选入 Label Cases by 框中。在下面的 Cluster 中有两个选项，分别是 Cases（表示对样品聚类或 Q 型聚类）和 Variables（表示对变量聚类或 R 型聚类）。这里，我们点选 Cases，选择对样品进行聚类。Display 部分也有两个选项，分别是 Statistics（统计量）和 Plots（图），即可以选择输出统计量或图形，或二者均输出，此处选择二者均输出。

在对话框的最右侧有 Statistics，Plots，Method，Save 四个按钮：

（1）Statistics 中有 Agglomeration schedule（每一阶段聚类的结果）、Proximity matrix（样品间相似性矩阵），还有 Cluster Membership。Cluster Membership 框架下可以指

定聚类的个数，None选项为不指定聚类个数，Single solution为指定一个确定的聚类个数（如3），Range of solutions为指定聚类个数的范围（如2～4）。此处，我们选择Agglomeration schedule和Proximity matrix，不指定类的个数，点击Continue继续。

（2）Plots中有Dendrogram（谱系聚类图或树状聚类图）、Icicle（冰柱图）、Orientation（冰柱图的方向，Horizontal为水平方向，Vertical为垂直方向）。此处我们选择Dendrogram，点击Continue继续。

（3）Method中，Cluster Method可以选择聚类的方法（如最短距离法或离差平方和方法等），Measure可以选择距离的计算方法（如欧氏距离或明考斯基距离等），Transform Values可以选择是否对数据进行处理及相应的处理方法。此处我们选择Within-groups linkage（组内联结法）和平方欧氏距离，并选择Z scores（对数据进行标准化处理），点击Continue继续。

（4）Save中可以选择保存样本的聚类结果，此处我们选择保存样本被聚为3类的结果。点击Save，在弹出对话框中点选Single solution，然后在其下方Number of clusters右侧的框中填入3，点击Continue继续，点击OK运行。运行结束后，数据窗口（Data View）中将会多出一个变量名为CLU3_1的新变量，此变量的取值即为将所有样品聚为3类时应得的分类结果。

选定聚类的方法和需要输出的图表后，点击OK运行，则可得到一系列输出结果，见输出结果3-1、图3-13和图3-14。

输出结果3-1

Proximity Matrix

Case	Squared Euclidean Distance														
	1：阿富汗	2：中国	3：中国香港	4：印度	5：印度尼西亚	6：以色列	7：日本	8：老挝	9：中国澳门	10：马来西亚	11：菲律宾	12：沙特阿拉伯	13：新加坡	14：韩国	15：泰国
1：阿富汗	.000	14.748	37.096	4.824	6.138	22.863	45.616	2.437	39.791	15.917	3.975	21.336	38.958	30.019	15.264
2：中国	14.748	.000	7.369	3.141	2.239	5.939	15.059	6.377	14.547	3.033	4.015	9.605	10.869	3.869	.405
3：中国香港	37.096	7.369	.000	18.683	14.504	4.299	8.992	22.833	5.111	7.540	18.438	11.305	1.978	1.395	8.569
4：印度	4.824	3.141	18.683	.000	.674	11.717	27.522	1.116	23.831	5.772	.557	12.028	21.301	12.748	3.517
5：印度尼西亚	6.138	2.239	14.504	.674	.000	8.114	24.551	1.400	18.934	3.328	.454	8.614	16.666	9.760	3.030
6：以色列	22.863	5.939	4.299	11.717	8.114	.000	17.594	11.989	7.471	2.621	9.539	4.590	4.868	3.032	8.554
7：日本	45.616	15.059	8.992	27.522	24.551	17.594	.000	34.738	23.464	24.094	29.664	34.940	17.964	12.923	13.223
8：老挝	2.437	6.377	22.833	1.116	1.400	11.989	34.738	.000	25.710	6.218	.288	10.633	23.983	16.328	7.665
9：中国澳门	39.791	14.547	5.111	23.831	18.934	7.471	23.464	25.710	.000	9.317	22.123	7.237	.993	7.030	16.828
10：马来西亚	15.917	3.033	7.540	5.772	3.328	2.621	24.094	6.218	9.317	.000	4.371	2.039	7.150	3.733	5.442

Case	Squared Euclidean Distance														
	1：阿富汗	2：中国	3：中国香港	4：印度	5：印度尼西亚	6：以色列	7：日本	8：老挝	9：中国澳门	10：马来西亚	11：菲律宾	12：沙特阿拉伯	13：新加坡	14：韩国	15：泰国
11：菲律宾	3.975	4.015	18.438	.557	.454	9.539	29.664	.288	22.123	4.371	.000	9.158	20.047	12.649	5.147
12：沙特阿拉伯	21.336	9.605	11.305	12.028	8.614	4.590	34.940	10.633	7.237	2.039	9.158	.000	7.071	7.726	13.306
13：新加坡	38.958	10.869	1.978	21.301	16.666	4.868	17.964	23.983	.993	7.150	20.047	7.071	.000	3.182	13.097
14：韩国	30.019	3.869	1.395	12.748	9.760	3.032	12.923	16.328	7.030	3.733	12.649	7.726	3.182	.000	5.529
15：泰国	15.264	.405	8.569	3.517	3.030	8.554	13.223	7.665	16.828	5.442	5.147	13.306	13.097	5.529	.000

This is a dissimilarity matrix

Agglomeration Schedule

Stage	Cluster Combined		Coefficients	Stage Cluster First Appears		Next Stage
	Cluster 1	Cluster 2		Cluster 1	Cluster 2	
1	8	11	.288	0	0	3
2	2	15	.405	0	0	11
3	4	8	.654	0	1	4
4	4	5	.748	3	0	8
5	9	13	.993	0	0	10
6	3	14	1.395	0	0	9
7	10	12	2.039	0	0	12
8	1	4	2.186	0	4	11
9	3	6	2.909	6	0	10
10	3	9	3.936	9	5	12
11	1	2	4.162	8	2	14
12	3	10	5.223	10	7	13
13	3	7	8.916	12	0	14
14	1	3	12.000	11	13	0

输出结果 3-1 中第 1 张表表示接近度矩阵，即样品间的距离矩阵，是反映样品之间相似性或者相异性的矩阵。本例中由于计算距离使用的是平方欧氏距离，因此样品间距离越大，样品差异越大。如果我们计算距离的方法选择的是 Pearson 相关系数，则接近度矩阵是相似性矩阵。由表中数据可看出，老挝和菲律宾之间的距离最小，因此它们会最先聚为一类。

输出结果 3-1 中第 2 张表是对每一阶段聚类结果的展示，其中 Coefficients 表示聚合系数，表中第 2 列和第 3 列表示聚合的类。比如第一阶段（Stage=1）时，第 8 个样品和第 11

个样品聚为一类，注意此时有14类（15－1＝14）。因此，某阶段的分类数等于总的样品数减去这个阶段的序号。另外，使用Excel作出表3－9中的聚合系数随分类数变化的曲线，如图3－12所示。由图3－12可知，当分类数大于3时，曲线的变化趋势较为平缓，同时此分类数也较符合分类的目的。

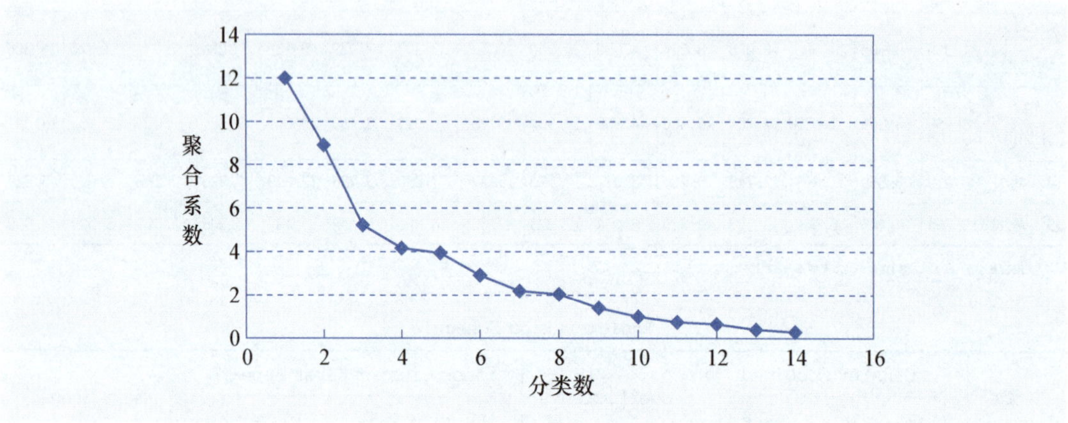

图3－12　聚合系数随分类数变化的曲线

图3－13为冰柱图，是反映样品聚类情况的图形，冰柱图形象地展示了聚类的动态过程。对于纵向的冰柱图，可以自下而上看出聚类的过程。从最下面看，代表老挝和菲律宾的两条冰柱之间的冰柱最长，它对应的类数是14，表示老挝和菲律宾先被聚为一类。其次是泰国与中国之间的冰柱长度，对应的类数是13，则第二步泰国与中国被聚为一类。同理，第三步印度与老挝被聚为一类，即印度、老挝和菲律宾被聚为一类，此时共有12类。依此类推，直至冰柱长度对应的类数为1时，将中国香港所在的类与泰国所在的类聚在一起成为一个类。另外，对于给定的类数，若要从冰柱图中得到每类所包含的样本，只需找到长度小于对应该给定类数的冰柱。然后，以这些冰柱为分隔点，从左起至第一个分隔点之间的样品为一类，第一个与第二个分隔点之间的样品为第二类，依此类推，直至最后一个分隔点至最右边为最后一类。例如，对于图3－13，若设定类数为3，则需要找到冰柱长度对应类数小于3的冰柱，它们是日本与沙特之间的冰柱和中国香港与泰国之间的冰柱，因此样品被分为3类的结果是：日本为第一类；沙特阿拉伯、马来西亚、新加坡、中国澳门、以色列、韩国和中国香港为第二类；泰国、中国、印度尼西亚、菲律宾、老挝、印度和阿富汗为第三类。

图3－14为树状聚类图，从该图可以由分类个数得到分类情况。如果选择类数为3，就从距离大概为13的地方往下切，得到的分类结果如上面冰柱图中举例所述。从经济水平和人口状况来看所做的分类，我们发现日本人口老龄化程度极其严重，因此被单独分为一类，而第二类对应的国家和地区的经济水平较高，人口老龄化程度较严重，第三类经济水平相对较低，人口老龄化程度相对较轻。

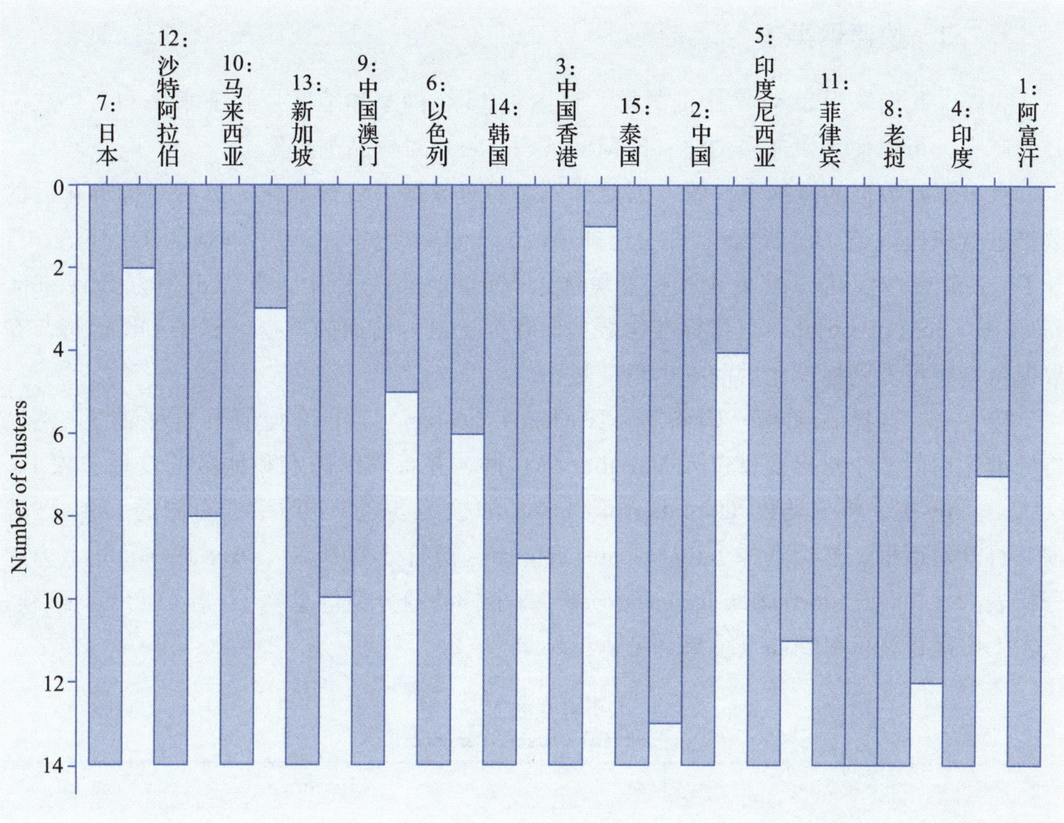

图 3 - 13　冰柱图

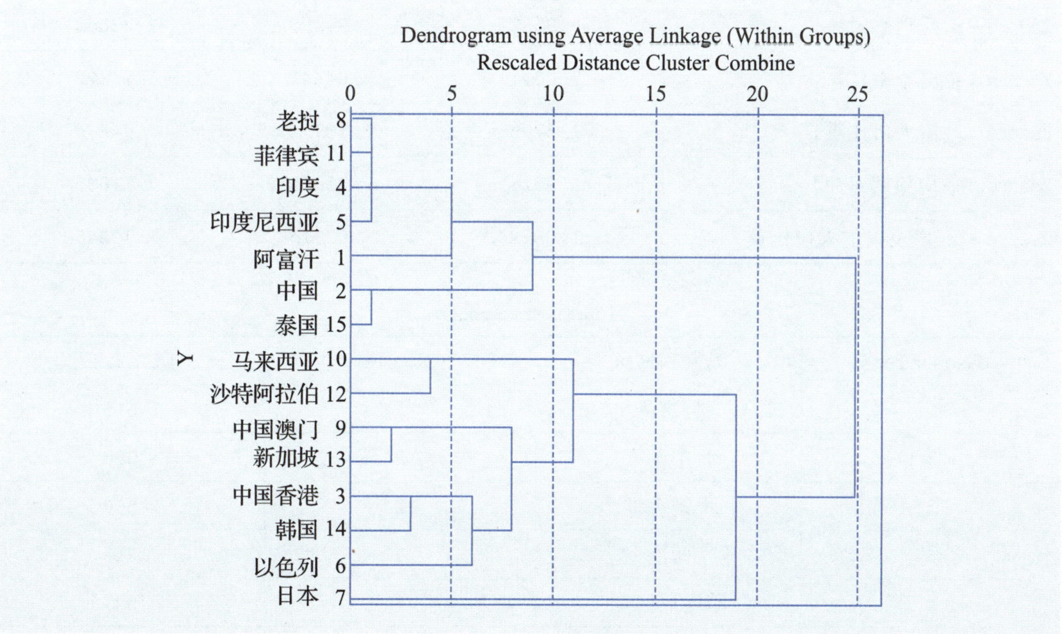

图 3 - 14　树状聚类图

3.7.2 快速聚类法

同样，我们采用表3-7中的数据，试图将15个国家和地区按经济水平和人口状况分为三类，可以使用快速聚类法（K-Means Cluster）对样品进行聚类。

由于原始数据的量纲不一致，因此首先需要对数据进行标准化，然后对标准化后的数据进行快速聚类。在SPSS软件中选择Analyze→Descriptive Statistics→Descriptives，打开Descriptives对话框，将6个指标变量选入Variable（s）框中，并点击下方Save standardized values as variables（将标准化数据保存为变量）前面的方框，点击OK运行，在数据窗口中可看到标准化后的6个新变量。

接下来，选择Analyze→Classify→K-Means Cluster，打开*K*-均值聚类对话框，然后将标准化后的6个指标变量选入Variable（s）框，并将表示国家和地区的变量选入Label Cases by框。将分类数（Number of Clusters）设为3，点击对话框右侧的Options选项并打开对话框，然后选择Initial cluster centers（初始分类中心）、ANOVA table（方差分析表）、Cluster information for each case（每个样品的分类信息），点击Continue继续，点击OK运行，可得到如下结果（见输出结果3-2）。

输出结果3-2

Initial Cluster Centers

	Cluster		
	1	2	3
Zscore（人均国内生产总值）	-1.00508	2.43532	.21439
Zscore（粗死亡率）	.95323	-.94495	2.23643
Zscore（粗出生率）	2.20411	-.64442	-1.14222
Zscore（城镇人口比重）	-1.57963	1.18774	.94234
Zscore（平均预期寿命）	-1.97255	.75865	1.17685
Zscore（65岁及以上人口比重）	-1.08124	-.02315	2.79246

Cluster Membership

Case Number	国家和地区	Cluster	Distance
1	阿富汗	1	1.613
2	中国	2	2.080
3	中国香港	2	1.516
4	印度	1	.748
5	印度尼西亚	1	.927
6	以色列	2	1.235

7	日本	3	1.818
8	老挝	1	.417
9	中国澳门	2	1.971
10	马来西亚	2	1.361
11	菲律宾	1	.425
12	沙特阿拉伯	2	1.903
13	新加坡	2	1.392
14	韩国	2	1.081
15	泰国	3	1.818

Final Cluster Centers

	Cluster		
	1	2	3
Zscore（人均国内生产总值）	-.86353	.58197	-.16904
Zscore（粗死亡率）	.45178	-.68107	1.59483
Zscore（粗出生率）	1.03441	-.40424	-.96905
Zscore（城镇人口比重）	-1.10642	.65947	.12818
Zscore（平均预期寿命）	-1.16913	.59383	.54751
Zscore（65 岁及以上人口比重）	-.77939	.11093	1.50475

ANOVA

	Cluster		Error		F	Sig.
	Mean Square	df	Mean Square	df		
Zscore（人均国内生产总值）	3.248	2	.625	12	5.193	.024
Zscore（粗死亡率）	4.909	2	.348	12	14.088	.001
Zscore（粗出生率）	4.268	2	.455	12	9.372	.004
Zscore（城镇人口比重）	4.816	2	.364	12	13.235	.001
Zscore（平均预期寿命）	5.127	2	.312	12	16.429	.000
Zscore（65 岁及以上人口比重）	3.832	2	.528	12	7.258	.009

The F tests should be used only for descriptive purposes because the clusters have been chosen to maximize the differences among cases in different clusters. The observed significance levels are not corrected for this and thus cannot be interpreted as tests of the hypothesis that the cluster means are equal.

输出结果 3-2 中，第 1 张表列出了初始各类的中心，也就是“种子”点。第 2 张表是样品的分类情况。这里我们看到快速聚类法将 15 个国家和地区分为 3 类，分别是：1：{阿富汗，印度，印度尼西亚，老挝，菲律宾}；2：{中国，中国香港，以色列，中国澳门，马来西亚，沙特阿拉伯，新加坡，韩国}；3：{日本，泰国}。该结果与系统聚类的结果略有不同，但大体一致，其中，第一类国家和地区的经济水平相对较低，人口老龄化程度也相对较轻；第二类国家和地区的经济水平较高，同时人口老龄化程度较重；第三类国家和地区的经济水平居中，人口老龄化程度严重。第4张表是方差分析表，但是应该注意 F 值只能作为描述使用，不能根据该值判断各类均值是否有显著差异。另外，从方差分析表可以看出，这6个变量对分类的贡献均显著。

3.7.3 模糊聚类法

我们继续使用上述数据，将亚洲这15个国家和地区分成3类，此处使用R语言进行模糊聚类。R语言中可以直接调用的进行模糊聚类分析的函数有 cmeans() 和 fanny()。若使用 cmeans() 函数，需要先加载包 e1071，而使用 fanny() 函数需要先加载包 cluster。

cmeans() 函数的调用格式为：

```
cmeans(x,centers,iter.max=100,verbose=FALSE,dist="euclidean",method
    ="cmeans",m=2,rate.par=NULL,weights=1,control=list())
```

其中，centers 为类的个数；dist 为计算偏差的方法，可以选择 euclidean 和 manhattan，前者为计算均方偏差，后者为计算平均绝对偏差；method 中提供了两种模糊聚类的方法，分别是 cmeans 和 ufcl，前者即 FCM 方法，后者是无监督模糊竞争学习方法，该方法的原理为每次输入新的观测信息后直接对类进行更新。

fanny() 函数采用的是 FANNY 方法，该方法对应的优化问题的目标函数为：

$$\sum_{g=1}^{k}\frac{\sum_{i=1}^{n}\sum_{j=1}^{n}(u_{ig}u_{jg})^{r}d(i,j)}{2\sum_{j=1}^{n}(u_{jg})^{r}}$$

式中，k 为类的个数；u_{ig} 为样本 i 属于 g 类的隶属度；r 为隶属指数；$d(i,j)$ 为样本 i 和样本 j 之间的差异，可以用样本之间的距离来衡量。该方法也可以直接使用差异矩阵进行计算，而且具有对异常值稳健的优点（参见参考文献[16]）。

fanny() 函数的调用格式为：

```
fanny(x,k,memb.exp=2,metric=c("euclidean","manhattan","SqEuclidean"),
    stand=FALSE,maxit=500,tol=1e-15,trace.lev=0,…)
```

其中，k 为类的个数；memb.exp 为隶属指数；metric 提供了3种计算样本间差异的方法；stand 为逻辑值，它等于 TRUE 时，将会在计算样本间差异前对数据进行标准化，其标准化方法为各样本值减去样本均值并除以对应变量的平均绝对偏差。

由于 fanny() 函数能够提供较好的图形输出，我们使用它做模糊聚类分析，计算代码

（见表 3－8）及运行程序后得到的结果（见输出结果 3－3、图 3－15 和图 3－16）如下。

表 3－8　计算代码

```
library(foreign)  #加载 foreign 包以便于下面调用 read.spss()
mydata<-read.spss("E:/3.7.1Asia.sav")  #读取保存在 E 盘下文件名为 3.7.1Asia.sav 的 SPSS 原始数据
X<-as.data.frame(mydata)  #转换数据格式
Z<-data.frame(scale(X[,2:7]),row.names=X[,1])  #对数据进行常规的标准化(减去均值除以标准差),并将各行命名为相应的国家
library(cluster)  #加载 cluster 包
fresult<-fanny(Z,3)  #对标准化后的数据 Z,使用 fanny 函数进行模糊聚类,把数据分为 3 类,并将结果保存在 fresult 中
summary(fresult)  #输出聚类结果
plot(fresult)  #输出分类图和侧影图
```

输出结果 3－3

```
Membership coefficients (in %, rounded):
              [,1]  [,2]  [,3]
    阿富汗      57    26    18
    中国        25    56    20
    中国香港    11    28    60
    中国澳门    14    27    59
    印度        71    19    10
    印度尼西亚  66    23    11
    马来西亚    23    50    27
    以色列      18    42    40
    日本        23    38    38
    老挝        76    15     9
    菲律宾      82    12     6
    沙特阿拉伯  25    40    36
    新加坡      10    21    69
    韩国        13    39    48
    泰国        28    51    22
Closest hard clustering:
阿富汗  中国  中国香港  中国澳门  印度  印度尼西亚  马来西亚  以色列  日本  老挝
  1      2       3         3        1       1           2         2       2     1
菲律宾  沙特阿拉伯  新加坡  韩国  泰国
  1        2          3      3     2
```

输出结果 3－3 中的 Membership coefficients 为各样品的分类系数，是百分数（由于舍入误差，某些样品的分类系数和不等于 100）。由于我们指定分为 3 类，若某个样品在这 3

类中的某类上系数最大，则将该样品聚为该类。比如阿富汗在第一类上的系数最大，说明它会归入第一类中。Closest hard clustering 为按照分类系数在各类上取值的大小得到的聚类结果。

图 3－15 是样品的分类图，展示了使用 15 个样品在两个主成分（详见第 5 章“主成分分析”）上的得分在平面直角坐标系中所描的点，并且 3 个类所包含的样品分别用不同的标记，由图可以直观看到 3 类是否被明显地分开。

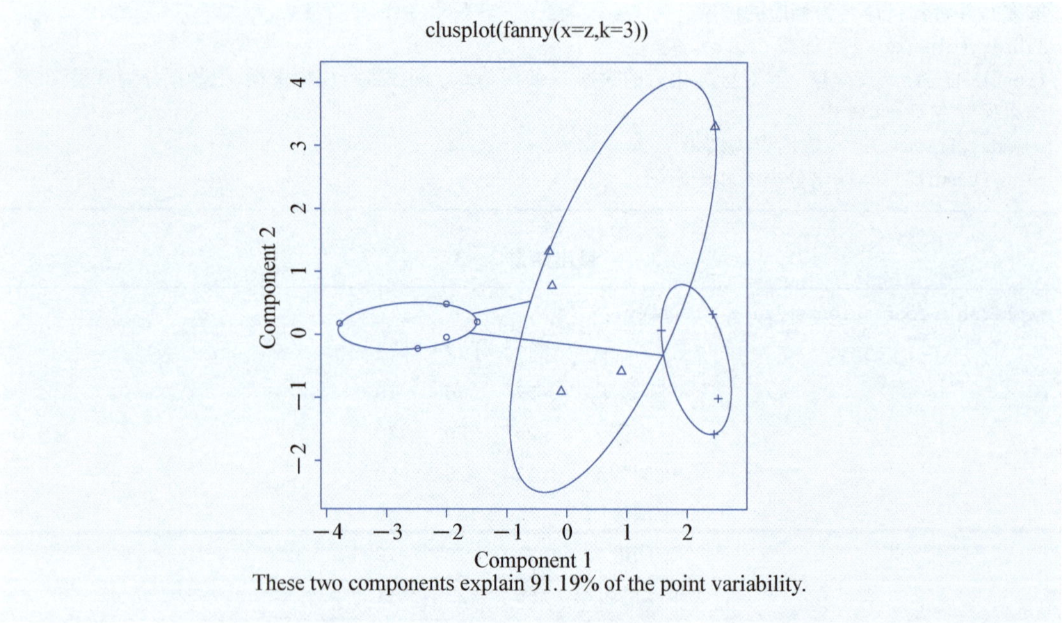

图 3－15　样品的分类图

图 3－16 是样品的侧影图，它类似于水平的冰柱图或树形图，可以直观地看出各类分别包含哪些样品。图形上右侧展示的数字 1：5|0.60 表示的是第一类包含 5 个样品，并且这 5 个样品的平均轮廓宽度（silhouette width）为 0.60。

由输出结果及侧影图可以知道样品的聚类结果为：第一类是｛阿富汗，印度，印度尼西亚，老挝，菲律宾｝；第二类是｛中国，马来西亚，以色列，日本，沙特阿拉伯，泰国｝；第三类是｛中国香港，中国澳门，新加坡，韩国｝。其中，第一类与 *K*-均值聚类的结果相同，其他两类的聚类结果相差较大。同时，从样品的分类图中可以看出，第二类和第三类并不能完全地分开。但该聚类结果也可解释，尤其在前面所述的不同聚类方法中第一类的 5 个国家和地区总是被聚为一类，它们的经济水平较低且人口老龄化程度较轻，而第三类的 4 个国家和地区亦总是被聚为一类，它们的经济水平较高且人口老龄化程度较重。第二类中的国家和地区如日本的人口老龄化程度也比较严重，从社会经济的总体发展水平来看它与中国、沙特阿拉伯等几个国家聚在一起比较合适。显然，不同的聚类方法分类的结果不见得相同。同时，我们应该看到，模糊聚类带有较强的主观性，而且分类结果比较粗糙，一般仅适合对大量数据的快速聚类。

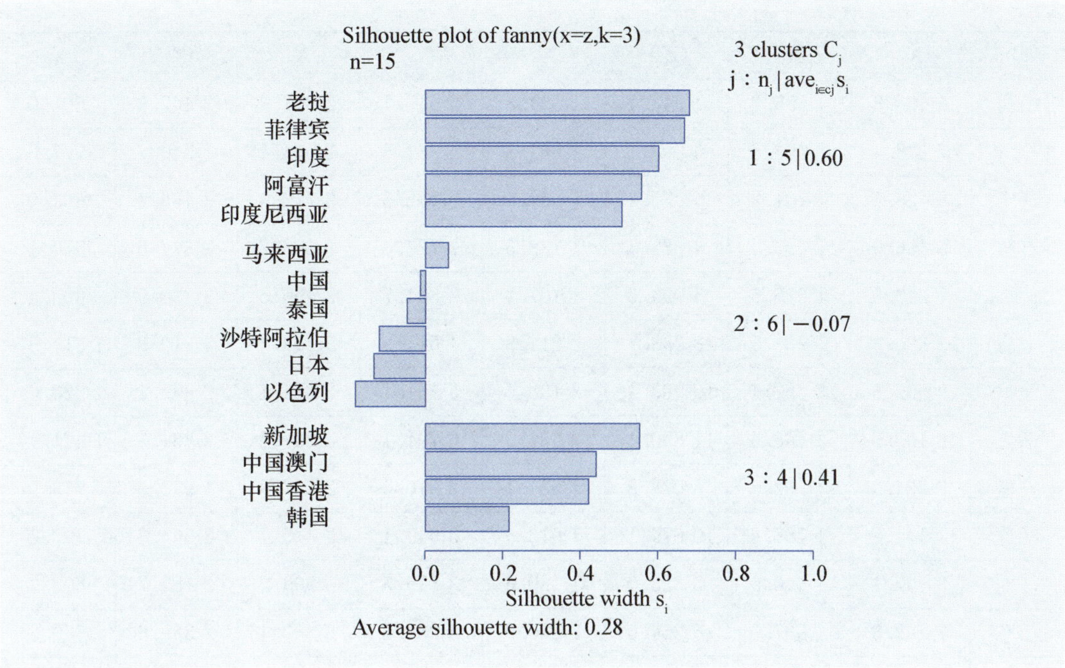

图 3－16　样品的侧影图

读者自己尝试用 Cmeans() 函数做聚类分析，并将结果与之比较。

3.8 社会经济案例研究

例 3－5

城镇居民消费水平通常用食品烟酒、衣着、居住、生活用品及服务、交通通信、教育文化娱乐、医疗保健和其他用品及服务支出这 8 个指标来描述，8 个指标间可能存在一定的线性关系。为研究城镇居民的消费结构，需将相关性强的指标归并到一起，这实际上就是对指标聚类。表 3－9 中列出了 2022 年我国分地区（不含港、澳、台地区）城镇居民人均消费支出的原始数据，数据来源于 2023 年《中国统计年鉴》。

表 3－9　2022 年分地区城镇居民人均消费支出　　单位：元

X_1　食品烟酒支出　X_2　衣着支出　X_3　居住支出　X_4　生活用品及服务支出
X_5　交通通信支出　X_6　教育文化娱乐支出　X_7　医疗保健支出　X_8　其他用品及服务支出

地区	X_1	X_2	X_3	X_4	X_5	X_6	X_7	X_8
北京	9 644.5	1 977.4	18 604.8	2 322.5	4 260.5	3 271.5	4 304.0	1 231.7
天津	9 873.9	1 759.8	8 175.4	1 926.8	4 164.4	2 839.9	3 811.6	1 271.7
河北	7 104.4	1 641.0	6 374.3	1 625.1	3 139.2	2 211.9	2 338.8	636.6

续表

地区	X_1	X_2	X_3	X_4	X_5	X_6	X_7	X_8
山西	6 006.8	1 555.2	4 943.1	1 354.8	2 647.1	2 371.3	2 442.2	602.0
内蒙古	7 208.4	2 003.6	6 008.1	1 561.3	4 233.5	2 534.4	2 340.7	777.0
辽宁	8 426.5	1 781.2	5 677.4	1 539.0	3 188.5	2 712.3	2 466.4	861.0
吉林	6 406.0	1 497.5	4 829.3	1 139.5	2 776.8	2 238.2	2 377.5	570.1
黑龙江	7 240.6	1 636.1	5 099.6	1 167.2	2 884.7	2 490.5	2 798.9	693.4
上海	12 880.3	1 763.5	18 298.7	2 211.8	4 611.9	3 313.7	3 719.3	1 311.5
江苏	9 967.6	2 022.4	10 983.4	2 198.0	5 281.1	3 284.1	2 839.1	1 220.0
浙江	12 105.6	2 465.5	11 890.1	2 685.2	6 791.1	4 237.7	2 864.5	1 471.4
安徽	8 924.9	1 762.3	6 078.8	1 631.1	2 910.0	2 877.8	1 933.6	713.9
福建	11 144.8	1 768.6	10 679.1	1 913.5	3 949.1	3 375.7	2 064.3	797.0
江西	8 102.1	1 440.9	5 828.0	1 580.6	3 319.3	2 909.2	2 185.7	609.7
山东	7 702.8	1 987.6	6 354.6	2 220.9	3 966.8	3 332.4	2 339.6	650.3
河南	6 681.0	1 637.2	5 357.1	1 509.8	2 916.8	2 597.8	2 220.1	619.6
湖北	8 783.6	1 771.1	6 586.0	1 628.2	3 834.7	3 265.3	2 538.4	713.6
湖南	8 443.5	1 894.6	6 031.6	1 924.5	4 069.3	4 006.0	2 562.0	648.6
广东	12 129.8	1 381.4	9 925.7	1 905.8	4 888.5	3 747.8	2 019.2	937.8
广西	7 172.3	905.3	4 760.4	1 250.4	3 032.7	2 791.1	2 097.0	428.8
海南	9 656.8	914.4	6 663.7	1 145.8	3 375.1	2 564.0	1 615.0	482.8
重庆	10 100.9	2 190.6	5 841.8	2 030.3	3 745.2	3 139.9	2 697.9	827.2
四川	9 358.5	1 764.5	5 557.5	1 806.4	3 467.2	2 638.5	2 343.1	701.6
贵州	7 572.5	1 673.4	4 352.1	1 513.8	3 786.1	2 906.1	1 876.2	549.8
云南	8 090.5	1 469.2	6 029.0	1 478.3	3 258.3	2 699.7	2 610.2	604.7
西藏	9 109.2	2 663.5	6 171.5	2 164.2	4 614.0	1 411.8	1 342.0	789.2
陕西	6 796.5	1 554.5	5 701.0	1 638.4	3 031.0	2 566.0	2 832.4	646.1
甘肃	7 530.3	1 759.4	6 006.0	1 523.9	3 334.8	2 470.5	2 005.1	577.1
青海	7 187.7	1 532.3	4 457.6	1 253.4	3 028.0	1 527.4	2 156.1	557.8
宁夏	6 943.8	1 720.3	4 734.4	1 600.4	3 330.4	2 833.3	2 481.2	569.5
新疆	7 811.4	1 615.3	4 438.0	1 407.9	3 137.0	1 947.6	2 773.6	1 011.5

将表3-9中的数据录入SPSS，并依次点击Analyze→Correlate→Bivariate，打开Bivariate Correlations对话框，将8个指标变量选入Variable（s）框中，点击OK，得到8个变量对应的相关系数矩阵。下面仅列出运行结果中的相关系数，如表3-10所示。

表 3-10　相关系数矩阵（Correlations）

	X_1	X_2	X_3	X_4	X_5	X_6	X_7	X8
X_1	1	0.296	0.732	0.693	0.748	0.592	0.275	0.719
X_2	0.296	1	0.269	0.739	0.595	0.156	0.173	0.525
X_3	0.732	0.269	1	0.682	0.612	0.505	0.641	0.758
X_4	0.693	0.739	0.682	1	0.837	0.594	0.403	0.748
X_5	0.748	0.595	0.612	0.837	1	0.602	0.245	0.754
X_6	0.592	0.156	0.505	0.594	0.602	1	0.330	0.436
X_7	0.275	0.173	0.641	0.403	0.245	0.330	1	0.685
X_8	0.719	0.525	0.758	0.748	0.754	0.436	0.685	1

表 3-10 中最大的相关系数为 $r_{4,5}=0.837$，若将各变量分别视为一类，则首先将 G_4 和 G_5 并成一个新类 G_9，然后再计算 G_9 与其余各类的相关系数，并找到相关系数最大的两类，将两类合并，如此逐次缩小一类，最后可得到如图 3-17 所示的聚类结果。

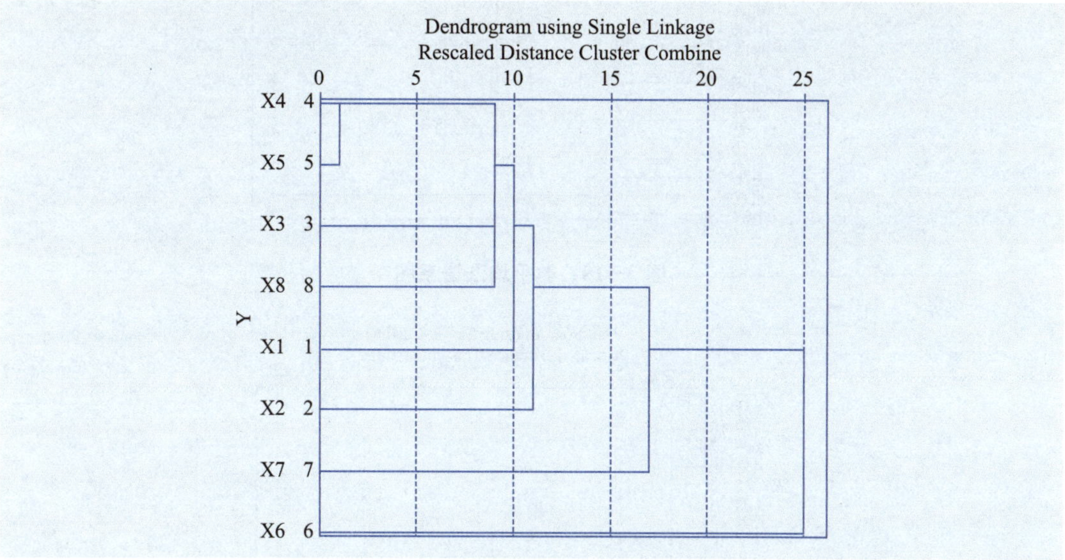

图 3-17　城镇居民消费指标聚类图

由图 3-17 可看出全国城镇居民的消费结构大致可以分为四个方面：一是居住、生活用品及服务、交通通信、食品烟酒和其他用品及服务支出类消费，这是在消费结构中占主导作用的方面；二是衣着支出类消费；三是医疗保健支出类消费，在消费支出中也占较大比重；四是教育文化娱乐支出类消费。

前面介绍的几种系统聚类方法，并类的原则和步骤基本一致，不同的是类与类之间距离的定义不同。其实可以把这几种方法统一起来，有利于在计算机上灵活选择更有意义的谱系图。

对例 3-5 我们采用欧氏距离，分别运用类平均法（组间联结）、最短距离法、最长距离法，对 31 个地区分类。3.7.1 节已详细介绍使用 SPSS 进行系统聚类的步骤，此处不再详述，直接给出三种方法的聚类结果，分别如图3－18至图3－20和表3－11所示。其中，图3－18、图3－19和图3－20分别是使用类平均法、最短距离法和最长距离法进行聚类得到的谱系图，表3－11中列出了采用以上三种系统聚类法将样品聚为3类的结果，以便于对比分析。

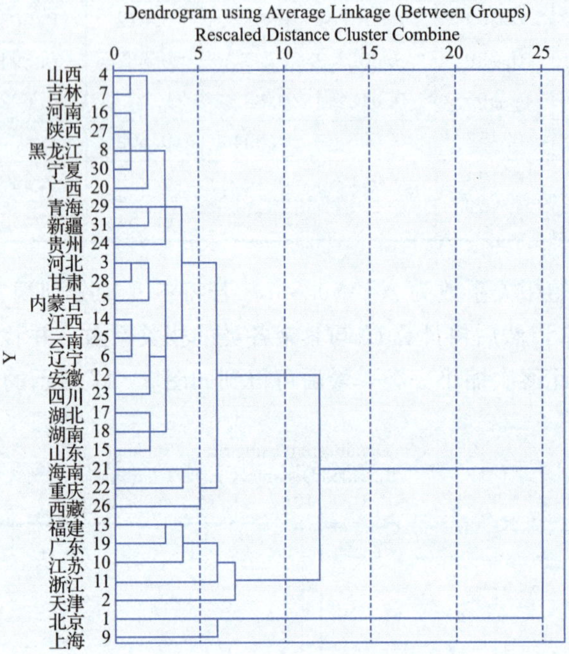

图3－18　类平均法谱系图

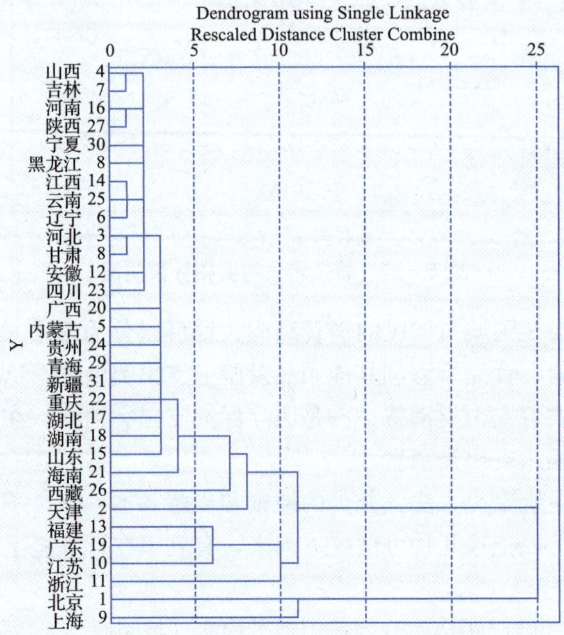

图3－19　最短距离法谱系图

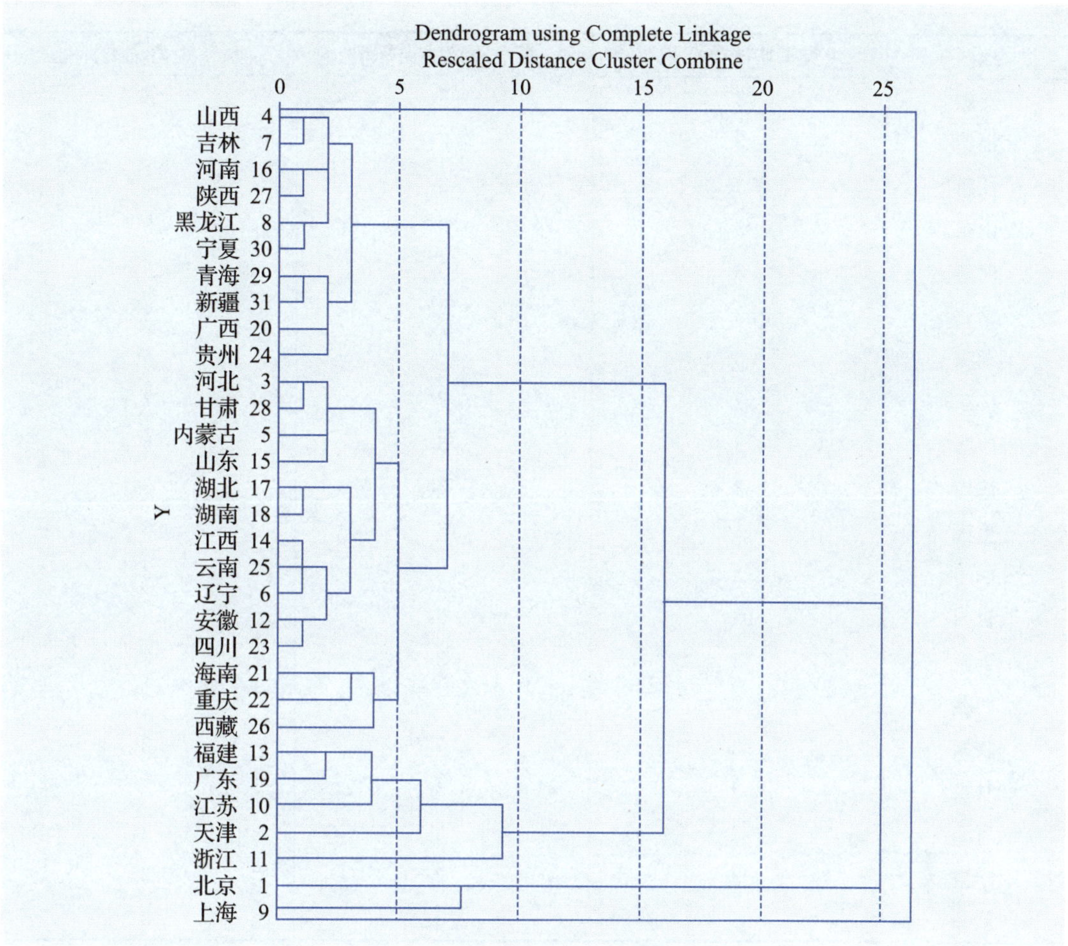

图 3－20　最长距离法谱系图

表 3－11　不同聚类方法的聚类结果对比表

地区	类平均法类标记	最短距离法类标记	最长距离法类标记
北京	1	1	1
天津	2	3	2
河北	3	3	3
山西	3	3	3
内蒙古	3	3	3
辽宁	3	3	3
吉林	3	3	3
黑龙江	3	3	3
上海	1	1	1
江苏	2	2	2
浙江	2	2	2

续表

地区	类平均法类标记	最短距离法类标记	最长距离法类标记
安徽	3	3	3
福建	2	2	2
江西	3	3	3
山东	3	3	3
河南	3	3	3
湖北	3	3	3
湖南	3	3	3
广东	2	2	2
广西	3	3	3
海南	3	3	3
重庆	3	3	3
四川	3	3	3
贵州	3	3	3
云南	3	3	3
西藏	3	3	3
陕西	3	3	3
甘肃	3	3	3
青海	3	3	3
宁夏	3	3	3
新疆	3	3	3

由表3-11可知，当把所有样品分为3类时，类平均法和最长距离法所得到的结果一致，{北京，上海}为一类，这两个地区的城镇居民平均消费水平最高；{天津，江苏，浙江，福建，广东}为一类，这些地区的城镇居民平均消费水平居中；其余的地区为一类，城镇居民的平均消费水平较低。最短距离法将北京和上海聚为一类，{江苏，浙江，福建，广东}为一类，其余为一类，相对不如类平均法和最长距离法得到的分类结果合理。

例3-6

仍以2022年31个省、自治区、直辖市的城镇居民的年平均消费支出数据为例，在SPSS中利用*K*-均值法对31个地区的城镇居民消费水平进行聚类分析。

在SPSS中依次选择Analyze→Classify→K-Means Cluster，打开*K*-均值聚类对话框，将8个指标变量选入Variable (s) 框中，并将表示地区的变量选入Label Cases by框。然后，将分类数设为3，点击对话框右侧的Options选项并打开对话框，读者可以根据实际情况选择输出初始类中心、方差分析表和每个样品的分类信息。点击Save按钮可以选择保存样本的聚类结果（Cluster membership）和各样本与各自中心点的距离（Distance from cluster center），点击 Continue 继续，点击 OK 运行，可得到如下输出结果（见输出结果 3－4）。

输出结果 3－4

Initial Cluster Centers

	Cluster		
	1	2	3
X1	12880.3	12129.8	6006.8
X2	1763.5	1381.4	1555.2
X3	18298.7	9925.7	4943.1
X4	2211.8	1905.8	1354.8
X5	4611.9	4888.5	2647.1
X6	3313.7	3747.8	2371.3
X7	3719.3	2019.2	2442.2
X8	1311.5	937.8	602.0

Iteration History[a]

Iteration	Change in Cluster Centers		
	1	2	3
1	1665.504	1499.721	2115.649
2	.000	.000	.000

a. Convergence achieved due to no or small change in cluster centers. The maximum absolute coordinate change for any center is .000. The current iteration is 2. The minimum distance between initial centers is 8358.323.

Final Cluster Centers

	Cluster		
	1	2	3
X1	11262.4	11044.3	7848.4
X2	1870.5	1879.5	1682.1
X3	18451.8	10330.7	5578.4
X4	2267.2	2125.9	1570.6
X5	4436.2	5014.8	3376.1
X6	3292.6	3497.0	2626.8
X7	4011.7	2719.7	2307.2
X8	1271.6	1139.6	660.1

Number of Cases in each Cluster

Cluster	1	2.000
	2	5.000
	3	24.000
Valid		31.000
Missing		.000

输出结果 3－4 中的第一张表展示了 3 个类的初始类中心的情况，可以看出，第一类的各指标值总体上是最优的，其次是第二类。第二张表展示了 3 个类中心点每次迭代的偏移情况，由此可知第一次迭代 3 个类中心点的偏移量分别为 1 665.505，1 499.721，2 115.649，第二次迭代 3 个类中心点的偏移量均为 0，达到指定的停止迭代标准。第三张表展示了 3 个类的最终类中心情况，第一类的各指标值仍是最优的。最后一张表给出了各类所包含的样品数，其中第一类包含 2 个地区，第二类包含 5 个地区，第三类包含 24 个地区。如果在操作过程中选择了保存样本的聚类结果，如表 3－12 中名为 Cluster 的变量，其各值表示对应地区所属的类别。其中，北京和上海为第一类；天津、江苏、浙江、福建和广东为第二类；其余地区为第三类。

表 3－12　样本聚类结果

Cluster Membership

Case Number	地区	Cluster	Distance
1	北京	1	1 665.504
2	天津	2	2 904.148
3	河北	3	1 192.253
4	山西	3	2 115.649
5	内蒙古	3	1 206.699
6	辽宁	3	680.486
7	吉林	3	1 839.760
8	黑龙江	3	1 125.337
9	上海	1	1 665.504
10	江苏	2	1 322.081
11	浙江	2	2 837.045
12	安徽	3	1 357.269
13	福建	2	1 373.441
14	江西	3	534.107
15	山东	3	1 409.905
16	河南	3	1 280.030
17	湖北	3	1 604.835
18	湖南	3	1 782.619
19	广东	2	1 499.721
20	广西	3	1 440.407
21	海南	3	2 394.325
22	重庆	3	2 488.607
23	四川	3	1 534.513
24	贵州	3	1 423.804

续表

Case Number	地区	Cluster	Distance
25	云南	3	655.439
26	西藏	3	2 685.861
27	陕西	3	1 241.428
28	甘肃	3	645.368
29	青海	3	1 782.932
30	宁夏	3	1 271.255
31	新疆	3	1 480.616

参考文献

[1] 王国梁，何晓群．多变量经济数据统计分析．西安：陕西科学技术出版社，1993.

[2] 方开泰，潘恩沛．聚类分析．北京：地质出版社，1982.

[3] A. D. Gordon. Classification. London：Chapman and Hall，1975.

[4] J. A. Hartigan. Clustering Algorithms. New York：John Wiley & Sons，Inc.，1975.

[5] J. Van Ryzin. Classification and Clustering. New York：Academic Press，1977.

[6] T. S. Arthanavi，Dr. Yadolah Dodge. Mathematical Programming in Statistics. New York：John Wiley & Sons，Inc.，1981.

[7] 张尧庭，方开泰．多元统计分析引论．北京：科学出版社，1982.

[8] 方开泰．实用多元统计分析．上海：华东师范大学出版社，1989.

[9] 王学仁，王松桂．实用多元统计分析．上海：上海科学技术出版社，1990.

[10] 袁志发，郭满才，等．多元统计分析．3 版．北京：科学出版社，2018.

[11] J. MacQueen. Some Methods for Classification and Analysis of Multivariate Observations，the 5th Berkley Symposium on Mathematics. Statistics and Probability，1967，1（1）.

[12] J. C. Dunn. A Fuzzy Relative of the ISODATA Process and Its Use in Detecting Compact Well-Separated Clusters. Journal of Cybernetics，1973，3（3）：32－57.

[13] J. C. Bezdek. Cluster Validity with Fuzzy Sets. Journal of Cybernetics，1973（3）：58－72.

[14] J. C. Bezdek. Pattern Recognition with Fuzzy Objective Function Algorithms. New York：Plenum，1981.

[15] E. H. Ruspini，J. C. Bezdek，J. M. Keller. Fuzzy Clustering：A Historical Perspective. IEEE Computational Intelligence Magazine，2019，14（1）：45－55.

[16] L. Kaufman，P. J. Rousseeuw. Finding Groups in Data：An Introduction to Clus-

ter Analysis. New York：Wiley，1990.

思考与练习

1. 聚类分析的基本思想和功能是什么？

2. 试述系统聚类法的原理和具体步骤。

3. 试述 K-均值聚类的方法原理。

4. 试述模糊聚类的思想方法。

5. 利用最短距离法对我国7个黄牛品种进行聚类。选定的7个黄牛品种为：秦川牛、晋南牛、南阳牛、延边牛、复州牛、鲁西牛、郏县红牛。指标选为血红蛋白（H_b）多态型（有4个等位基因，用淀粉凝胶电泳法测定）、后白蛋白（P_a）、运铁蛋白（T_f）及碱性磷酸酶（ALP）的多态型（后面三个指标分别有4个、5个、2个等位基因，借用聚丙烯酰胺凝胶垂直平板电泳法测定），数据如下表所示。

我国7个黄牛品种血液蛋白质位点基因频率

	秦川牛	晋南牛	南阳牛	延边牛	复州牛	鲁西牛	郏县红牛
H_b^A	0.835 7	0.793 1	0.662 5	0.911 4	0.701 5	0.812 5	0.850 0
H_b^B	0.100 0	0.137 9	0.050 0	0.086 6	0.246 3	0.083 3	0.050 0
H_b^C	0.062 5	0.069 0	0.287 8	0	0.052 2	0.093 8	0.100 0
H_b^Y	0	0	0	0	0	0.010 4	0
P_a^A	0.550 0	0.566 7	0.525 0	0.594 2	0.789 1	0.712 8	0.666 7
P_a^B	0.450 0	0.433 3	0.475 0	0.384 1	0.211 0	0.244 7	0.320 5
P_a^C	0	0	0	0.021 7	0	0	0
P_a^X	0	0	0	0	0	0.042 6	0.012 3
T_f^A	0.139 6	0.138 0	0.073 2	0.322 3	0.179 7	0.102 3	0.076 9
T_f^{D1}	0.546 6	0.724 1	0.719 5	0.407 9	0.617 2	0.375 0	0.358 9
T_f^{D2}	0	0	0	0.086 6	0.007 8	0.352 5	0.282 1
T_f^r	0.023 3	0.034 5	0.012 2	0	0	0	0
T_f^E	0.290 7	0.103 5	0.195 1	0.184 2	0.195 3	0.170 5	0.282 1
ALP^A	0.193 8	0.198 2	0.173 6	0.678 4	0.015 7	0.077 4	0.051 3
ALP^b	0.806 2	0.806 2	0.826 4	0.921 6	0.984 3	0.922 6	0.948 7

第4章 判别分析

学习目标

1. 掌握应该使用线性判别函数而不使用多元回归的情形；
2. 理解判别分析用于实际问题时的基本假定；
3. 掌握判别分析应用时的要点；
4. 描述判别分析的计算方法及其应用场合；
5. 掌握如何解释线性判别函数的性质，即用显著的判别力去判定被解释变量；
6. 掌握如何通过 SPSS 软件实现判别分析。

回归模型普及性的基础在于用它去预测和解释度量（metric）变量。但是，对于非度量（nonmetric）变量，一般的多元回归不适用。本章介绍的判别分析适用于被解释变量是非度量变量的情形。在这种情况下，人们对于预测和解释影响一个对象所属类别的关系感兴趣，比如为什么某人是或者不是消费者，一家公司成功还是破产等。本章的目的主要有两个：(1) 介绍判别分析的内在性质、基本原理和应用条件；(2) 举例说明这些方法的应用和结果的解释。

判别分析在主要目的是识别一个个体所属类别的情况下有着广泛的应用。其潜在的应用包括预测新产品的成败，决定一个学生是否被录取，按职业兴趣对学生分组，确定某人信用风险的种类，或者预测一个公司能否成功。

4.1 判别分析的基本思想

有时会遇到被解释变量是属性变量而解释变量是度量变量的问题，就需要选择一种合适的分析方法。比如，我们希望区分好和差的信用风险。如果有信用风险的度量指标，就可以使用多元回归。但若需要判断某人是在好的还是差的一类，这就不是多元回归分析所要求的度量类型。

当被解释变量是属性变量而解释变量是度量变量时，判别分析是合适的统计分析方法。在很多情况下，被解释变量包含两组或者两类，比如，雄性与雌性、高与低。另外，还有多于两组的情况，比如低、中、高的分类。判别分析能够解决两组或者更多组的情况。当包含两组时，称作两组判别分析。当包含三组或者三组以上时，称作多组判别分析（multiple discriminant analysis）。

判别分析最基本的要求是：分组类型在两组以上；每组案例的规模必须至少在一个以上；解释变量必须是可测量的，这样才能够计算其均值和方差，使其能合理地应用于统计函数。

与其他多元线性统计模型类似，判别分析的假设之一是，每一个判别变量（解释变量）不能是其他判别变量的线性组合。这是因为作为其他变量线性组合的判别变量不能提供新的信息，更重要的是在这种情况下无法估计判别函数。不仅如此，有时一个判别变量与另外的判别变量高度相关，或与另外的判别变量的线性组合高度相关，虽然能求解，但参数估计的标准误将很大，以至于参数估计统计上不显著。这就是通常所说的多重共线性问题。

判别分析的假设之二是，各组变量的协方差矩阵相等。判别分析最简单和最常用的形式是采用线性判别函数，它们是判别变量的简单线性组合。在各组协方差矩阵相等的假设条件下，可以使用很简单的公式来计算判别函数和进行显著性检验。

判别分析的假设之三是，各判别变量遵从多元正态分布，即每个变量对于所有其他变量的固定值有正态分布。在这种条件下可以精确计算显著性检验值和分组归属的概率。当违背该假设时，计算的概率将非常不准确。

4.2 距离判别

在距离判别中，由样品估计出各个总体（类）的均值和协方差阵，以待判样品到各总体（类）的距离大小作为待判样品的归属依据，故这种判别方法不要求上述假设二和假设三成立。

4.2.1 两总体情况

设有两个总体 G_1 和 G_2，$\boldsymbol{x}$ 是一个 p 维样品，若能定义样品到总体 G_1 和 G_2 的距离 $d(\boldsymbol{x}, G_1)$ 和 $d(\boldsymbol{x}, G_2)$，则可用如下的规则进行判别：若样品 $\boldsymbol{x}$ 到总体 G_1 的距离小于到总体 G_2 的距离，则认为样品 $\boldsymbol{x}$ 属于总体 G_1，反之，则认为样品 $\boldsymbol{x}$ 属于总体 G_2；若样品 $\boldsymbol{x}$ 到总体 G_1 和 G_2 的距离相等，则让它待判。这个准则的数学模型可描述如下：

$$\begin{cases} \boldsymbol{x}\in G_1, & d(\boldsymbol{x}, G_1)<d(\boldsymbol{x}, G_2) \\ \boldsymbol{x}\in G_2, & d(\boldsymbol{x}, G_1)>d(\boldsymbol{x}, G_2) \\ \text{待判}, & d(\boldsymbol{x}, G_1)=d(\boldsymbol{x}, G_2) \end{cases} \tag{4.1}$$

当总体 G_1 和 G_2 为正态总体且协方差阵相等时，选用马氏距离，即

$$d^2(\boldsymbol{x}, G_1) = (\boldsymbol{x}-\boldsymbol{\mu}_1)'\boldsymbol{\Sigma}_1^{-1}(\boldsymbol{x}-\boldsymbol{\mu}_1) \tag{4.2}$$

$$d^2(\boldsymbol{x}, G_2) = (\boldsymbol{x}-\boldsymbol{\mu}_2)'\boldsymbol{\Sigma}_2^{-1}(\boldsymbol{x}-\boldsymbol{\mu}_2) \tag{4.3}$$

这里，$\boldsymbol{\mu}_1$，$\boldsymbol{\mu}_2$，$\boldsymbol{\Sigma}_1$，$\boldsymbol{\Sigma}_2$分别为总体 G_1 和 G_2 的均值和协方差阵。当总体不是正态总体时，有时也可以用马氏距离来描述 $\boldsymbol{x}$ 到总体的远近。

若 $\boldsymbol{\Sigma}_1=\boldsymbol{\Sigma}_2=\boldsymbol{\Sigma}$，则

$$d^2(\boldsymbol{x}, G_2)-d^2(\boldsymbol{x}, G_1)=2\left(\boldsymbol{x}-\frac{\boldsymbol{\mu}_1+\boldsymbol{\mu}_2}{2}\right)'\boldsymbol{\Sigma}^{-1}(\boldsymbol{\mu}_1-\boldsymbol{\mu}_2)$$

令

$$\bar{\boldsymbol{\mu}}=\frac{\boldsymbol{\mu}_1+\boldsymbol{\mu}_2}{2}$$

$$\boldsymbol{\alpha}=\boldsymbol{\Sigma}^{-1}(\boldsymbol{\mu}_1-\boldsymbol{\mu}_2)$$

$$W(\boldsymbol{x})=(\boldsymbol{\mu}_1-\boldsymbol{\mu}_2)'\boldsymbol{\Sigma}^{-1}(\boldsymbol{x}-\bar{\boldsymbol{\mu}})=\boldsymbol{\alpha}'(\boldsymbol{x}-\bar{\boldsymbol{\mu}}) \tag{4.4}$$

于是判别规则可表示为：

$$\begin{cases}\boldsymbol{x}\in G_1, & W(\boldsymbol{x})>0\\ \boldsymbol{x}\in G_2, & W(\boldsymbol{x})<0\\ \text{待判}, & W(\boldsymbol{x})=0\end{cases} \tag{4.5}$$

这个规则取决于 $W(\boldsymbol{x})$ 的值，$W(\boldsymbol{x})$ 通常称为判别函数，由于它是线性函数，又称为线性判别函数，$\boldsymbol{\alpha}$ 称为判别系数（类似于回归系数）。线性判别函数使用最方便，在实际中应用也最广泛。

当 $\boldsymbol{\mu}_1$，$\boldsymbol{\mu}_2$，$\boldsymbol{\Sigma}$ 未知时，可通过样本来估计。设 $\boldsymbol{x}_1^{(1)}$，$\boldsymbol{x}_2^{(1)}$，…，$\boldsymbol{x}_{n_1}^{(1)}$ 是来自 G_1 的样本，$\boldsymbol{x}_1^{(2)}$，$\boldsymbol{x}_2^{(2)}$，…，$\boldsymbol{x}_{n_2}^{(2)}$ 是来自 G_2 的样本，可以得到以下估计：

$$\hat{\boldsymbol{\mu}}_1=\frac{1}{n_1}\sum_{i=1}^{n_1}\boldsymbol{x}_i^{(1)}=\bar{\boldsymbol{x}}^{(1)}$$

$$\hat{\boldsymbol{\mu}}_2=\frac{1}{n_2}\sum_{i=1}^{n_2}\boldsymbol{x}_i^{(2)}=\bar{\boldsymbol{x}}^{(2)}$$

$$\hat{\boldsymbol{\Sigma}}=\frac{1}{n_1+n_2-2}(\boldsymbol{A}_1+\boldsymbol{A}_2)$$

式中，$\boldsymbol{A}_a=\sum_{j=1}^{n_a}(\boldsymbol{x}_j^{(a)}-\bar{\boldsymbol{x}}^{(a)})(\boldsymbol{x}_j^{(a)}-\bar{\boldsymbol{x}}^{(a)})'$，$a=1, 2$。

当两个总体协方差阵 $\boldsymbol{\Sigma}_1$ 与 $\boldsymbol{\Sigma}_2$ 不等时，可用

$$W(\boldsymbol{x})=d^2(\boldsymbol{x}, G_2)-d^2(\boldsymbol{x}, G_1)=(\boldsymbol{x}-\boldsymbol{\mu}_2)'\boldsymbol{\Sigma}_2^{-1}(\boldsymbol{x}-\boldsymbol{\mu}_2)-(\boldsymbol{x}-\boldsymbol{\mu}_1)'\boldsymbol{\Sigma}_1^{-1}(\boldsymbol{x}-\boldsymbol{\mu}_1)$$

作为判别函数，这时它是 $\boldsymbol{x}$ 的二次函数。

4.2.2　多总体情况

1. 协方差阵相等

设有 k 个总体 G_1，G_2，…，G_k，它们的均值分别是 $\boldsymbol{\mu}_1$，$\boldsymbol{\mu}_2$，…，$\boldsymbol{\mu}_k$，协方差阵均为 $\boldsymbol{\Sigma}$。待判样品 $\boldsymbol{x}$ 到总体 G_i 的马氏距离为：

$$d_i^2 = (\boldsymbol{x}-\boldsymbol{\mu}_i)'\boldsymbol{\Sigma}^{-1}(\boldsymbol{x}-\boldsymbol{\mu}_i) \quad i=1,2,\cdots,k$$

相应的判别规则是

$$\begin{cases} \boldsymbol{x}\in G_r, & 若 d_r^2=\min\{d_i^2, 1\leqslant i\leqslant k\} \\ 待判, & 若 r 不唯一 \end{cases}$$

即待判样品距离哪个总体近就属于哪个总体。

当 $\boldsymbol{\mu}_1$，$\boldsymbol{\mu}_2$，…，$\boldsymbol{\mu}_k$，$\boldsymbol{\Sigma}$ 未知时，设从 G_a 中抽取的样本为 $\boldsymbol{x}_1^{(a)}$，$\boldsymbol{x}_2^{(a)}$，…，$\boldsymbol{x}_{n_a}^{(a)}$（$a=1$，2，…，$k$），则它们的估计为：

$$\hat{\boldsymbol{\mu}}_a = \bar{\boldsymbol{x}}^{(a)} = \frac{1}{n_a}\sum_{j=1}^{n_a}\boldsymbol{x}_j^{(a)}$$

$$\hat{\boldsymbol{\Sigma}} = \frac{1}{n-k}\sum_{a=1}^{k}\boldsymbol{A}_a$$

式中

$$n=n_1+n_2+\cdots+n_k$$

$$\boldsymbol{A}_a = \sum_{j=1}^{n_a}(\boldsymbol{x}_j^{(a)}-\bar{\boldsymbol{x}}^{(a)})(\boldsymbol{x}_j^{(a)}-\bar{\boldsymbol{x}}^{(a)})'$$

2. 协方差阵不相等

这时判别函数依然为待判样品 $\boldsymbol{x}$ 到总体 G_i 的马氏距离：

$$d_i^2 = (\boldsymbol{x}-\boldsymbol{\mu}_i)'\boldsymbol{\Sigma}_i^{-1}(\boldsymbol{x}-\boldsymbol{\mu}_i)$$

判别规则为：

$$\begin{cases} \boldsymbol{x}\in G_r, & 若 d_r^2=\min\{d_i^2, 1\leqslant i\leqslant k\} \\ 待判, & 若 r 不唯一 \end{cases}$$

当 $\boldsymbol{\mu}_1$，$\boldsymbol{\mu}_2$，…，$\boldsymbol{\mu}_k$，$\boldsymbol{\Sigma}_1$，$\boldsymbol{\Sigma}_2$，…，$\boldsymbol{\Sigma}_k$ 未知时，$\hat{\boldsymbol{\mu}}_a$ 的估计与协方差阵相等时的估计一致，而

$$\hat{\boldsymbol{\Sigma}}_a = \frac{1}{n_a-1}\boldsymbol{A}_a, \quad a=1,2,\cdots,k$$

式中，$\boldsymbol{A}_a$ 与协方差阵相等时的估计一致。

线性判别函数容易计算，二次判别函数计算比较复杂，为此需要一些计算方法。因 $\boldsymbol{\Sigma}_i>\boldsymbol{0}$，存在唯一的下三角阵 $\boldsymbol{V}_i$，其对角线元素均为正，使得

$$\boldsymbol{\Sigma}_i = \boldsymbol{V}_i\boldsymbol{V}_i'$$

从而

$$\boldsymbol{\Sigma}_i^{-1} = (\boldsymbol{V}_i')^{-1}\boldsymbol{V}_i^{-1} = \boldsymbol{L}_i'\boldsymbol{L}_i$$

$\boldsymbol{L}_i$ 仍为下三角阵。我们可事先将 $\boldsymbol{L}_1$，$\boldsymbol{L}_2$，…，$\boldsymbol{L}_k$ 算出。令 $\boldsymbol{Z}_i=\boldsymbol{L}_i(\boldsymbol{x}-\boldsymbol{\mu}_i)$，则

$$d^2(\boldsymbol{x}, G_i)=(\boldsymbol{x}-\boldsymbol{\mu}_i)'\boldsymbol{L}_i'\boldsymbol{L}_i(\boldsymbol{x}-\boldsymbol{\mu}_i)=\boldsymbol{Z}_i'\boldsymbol{Z}_i$$

用这样的方法计算就比较方便。

4.3 贝叶斯判别

贝叶斯（Bayes）统计的思想是：假定对研究对象已有一定的认识，常用先验概率分布来描述这种认识，然后我们取得一个样本，用样本来修正已有的认识（先验概率分布），得到后验概率分布，各种统计推断都通过后验概率分布来进行。将贝叶斯思想用于判别分析，就得到贝叶斯判别。

设有 k 个总体 G_1，G_2，…，G_k，分别具有 p 维密度函数 $p_1(\boldsymbol{x})$，$p_2(\boldsymbol{x})$，…，$p_k(\boldsymbol{x})$，已知出现这 k 个总体的先验分布为 q_1，q_2，…，q_k，我们希望建立判别函数和判别规则。

用 D_1，D_2，…，D_k 表示 R^p 的一个划分，即 D_1，D_2，…，D_k 互不相交，且 $D_1 \cup D_2 \cup \cdots \cup D_k = R^p$。如果这个划分取得适当，正好对应于 k 个总体，这时判别规则可以表示为：

$$\boldsymbol{x} \in G_i，\boldsymbol{x} \text{ 落入 } D_i，i=1，2，\cdots，k$$

问题是如何获得这个划分。用 $c(j|i)$ 表示样品来自 G_i 而误判为 G_j 的损失，这一误判的概率为：

$$p(j|i) = \int_{D_j} p_i(\boldsymbol{x})\mathrm{d}\boldsymbol{x}$$

于是有以上判别规则，所带来的平均损失 ECM（expected cost of misclassification）为：

$$\mathrm{ECM}(D_1, D_2, \cdots, D_k) = \sum_{i=1}^{k} q_i \sum_{j=1}^{k} c(j|i)p(j|i)$$

我们总是定义 $c(i|i)=0$，目的是求 D_1，D_2，…，D_k，使 ECM 达到最小。

关于贝叶斯判别具体的性质、详细的数学证明及推导可参见参考文献 [2]。

4.4 费歇判别

费歇判别的思想是投影，将 k 组 p 维数据投影到某一个方向，使得组与组之间的投影尽可能地分开。如何衡量组与组之间尽可能地分开呢？费歇判别借用了一元方差分析的思想。

设从 k 个总体分别取得 k 组 p 维观察值如下：

$$\begin{array}{l} G_1：\boldsymbol{x}_1^{(1)}，\boldsymbol{x}_2^{(1)}，\cdots，\boldsymbol{x}_{n_1}^{(1)} \\ G_2：\boldsymbol{x}_1^{(2)}，\boldsymbol{x}_2^{(2)}，\cdots，\boldsymbol{x}_{n_2}^{(2)} \\ \qquad\qquad \vdots \\ G_k：\boldsymbol{x}_1^{(k)}，\boldsymbol{x}_2^{(k)}，\cdots，\boldsymbol{x}_{n_k}^{(k)} \end{array} \qquad n = n_1 + n_2 + \cdots + n_k$$

令 $\boldsymbol{a}$ 为 R^p 中的任一向量，$u(\boldsymbol{x}) = \boldsymbol{a}'\boldsymbol{x}$ 为 $\boldsymbol{x}$ 向以 $\boldsymbol{a}$ 为法线方向的投影，这时，上述数据的投影为：

$$G_1：\boldsymbol{a}'\boldsymbol{x}_1^{(1)}，\boldsymbol{a}'\boldsymbol{x}_2^{(1)}，\cdots，\boldsymbol{a}'\boldsymbol{x}_{n_1}^{(1)}$$

$$G_2: \boldsymbol{a}'\boldsymbol{x}_1^{(2)}, \boldsymbol{a}'\boldsymbol{x}_2^{(2)}, \cdots, \boldsymbol{a}'\boldsymbol{x}_{n_2}^{(2)}$$
$$\vdots$$
$$G_k: \boldsymbol{a}'\boldsymbol{x}_1^{(k)}, \boldsymbol{a}'\boldsymbol{x}_2^{(k)}, \cdots, \boldsymbol{a}'\boldsymbol{x}_{n_k}^{(k)}$$

它正好组成一元方差分析的数据，其组间平方和为：

$$\text{SSG} = \sum_{i=1}^{k} n_i(\boldsymbol{a}'\bar{\boldsymbol{x}}^{(i)} - \boldsymbol{a}'\bar{\boldsymbol{x}})^2 = \boldsymbol{a}'\Big[\sum_{i=1}^{k} n_i(\bar{\boldsymbol{x}}^{(i)} - \bar{\boldsymbol{x}})(\bar{\boldsymbol{x}}^{(i)} - \bar{\boldsymbol{x}})'\Big]\boldsymbol{a} = \boldsymbol{a}'\boldsymbol{B}\boldsymbol{a}$$

式中，$\boldsymbol{B} = \sum_{i=1}^{k} n_i(\bar{\boldsymbol{x}}^{(i)} - \bar{\boldsymbol{x}})(\bar{\boldsymbol{x}}^{(i)} - \bar{\boldsymbol{x}})'$，$\bar{\boldsymbol{x}}^{(i)}$ 和 $\bar{\boldsymbol{x}}$ 分别为第 i 组均值和总均值向量。

组内平方和为：

$$\begin{aligned}\text{SSE} &= \sum_{i=1}^{k}\sum_{j=1}^{n_i}(\boldsymbol{a}'\boldsymbol{x}_j^{(i)} - \boldsymbol{a}'\bar{\boldsymbol{x}}^{(i)})^2 \\ &= \boldsymbol{a}'\Big[\sum_{i=1}^{k}\sum_{j=1}^{n_i}(\boldsymbol{x}_j^{(i)} - \bar{\boldsymbol{x}}^{(i)})(\boldsymbol{x}_j^{(i)} - \bar{\boldsymbol{x}}^{(i)})'\Big]\boldsymbol{a} = \boldsymbol{a}'\boldsymbol{E}\boldsymbol{a}\end{aligned}$$

式中，$\boldsymbol{E} = \sum_{i=1}^{k}\sum_{j=1}^{n_i}(\boldsymbol{x}_j^{(i)} - \bar{\boldsymbol{x}}^{(i)})(\boldsymbol{x}_j^{(i)} - \bar{x}^{(i)})'$。如果 k 组均值有显著差异，则

$$F=\frac{\text{SSG}/(k-1)}{\text{SSE}/(n-k)}=\frac{n-k}{k-1}\frac{\boldsymbol{a}'\boldsymbol{B}\boldsymbol{a}}{\boldsymbol{a}'\boldsymbol{E}\boldsymbol{a}}$$

应充分地大，或者

$$\Delta(\boldsymbol{a})=\frac{\boldsymbol{a}'\boldsymbol{B}\boldsymbol{a}}{\boldsymbol{a}'\boldsymbol{E}\boldsymbol{a}}$$

应充分地大。所以我们可以求 $\boldsymbol{a}$，使得 $\Delta(\boldsymbol{a})$ 达到最大。显然，这个 $\boldsymbol{a}$ 并不唯一，因为如果 $\boldsymbol{a}$ 使 $\Delta(\cdot)$ 达到极大，则 $c\boldsymbol{a}$ 也使 $\Delta(\cdot)$ 达到极大，c 为任意不等于零的实数。由矩阵知识，我们知道 $\Delta(\cdot)$ 的极大值为 λ_1，它是 $|\boldsymbol{B}-\lambda\boldsymbol{E}|=0$ 的最大特征根，$\boldsymbol{l}_1$，$\boldsymbol{l}_2$，…，$\boldsymbol{l}_r$ 为相应的特征向量，当 $\boldsymbol{a}=\boldsymbol{l}_1$ 时，可使 $\Delta(\cdot)$ 达到最大。由于 $\Delta(\boldsymbol{a})$ 的大小可衡量判别函数 $u(\boldsymbol{x})=\boldsymbol{a}'\boldsymbol{x}$ 的效果，故称 $\Delta(\boldsymbol{a})$ 为判别效率。综上所述，得到如下定理。

定理 4.1 费歇准则下的线性判别函数 $u(\boldsymbol{x})=\boldsymbol{a}'\boldsymbol{x}$ 的解 $\boldsymbol{a}$ 为方程 $|\boldsymbol{B}-\lambda\boldsymbol{E}|=0$ 的最大特征根 λ_1 所对应的特征向量 $\boldsymbol{l}_1$，且相应的判别效率为 $\Delta(\boldsymbol{l}_1)=\lambda_1$。

在有些问题中，仅用一个线性判别函数不能很好地区分各个总体，可取 λ_2 对应的特征向量 $\boldsymbol{l}_2$，建立第二个判别函数 $\boldsymbol{l}_2'\boldsymbol{x}$。如还不够，可建立第三个线性判别函数 $\boldsymbol{l}_3'\boldsymbol{x}$，依此类推。

迄今为止，我们仅仅给出了费歇准则下的判别函数，没有给出判别规则。前面曾讲过，在费歇准则下的判别函数并不唯一，若 $u(\boldsymbol{x})=\boldsymbol{l}'\boldsymbol{x}$ 为判别函数，则 $au(\boldsymbol{x})+\beta$ 为与 $u(\boldsymbol{x})$ 具有相同判别效率的判别函数。不唯一性对于制定判别规则并没有妨碍，我们可从中任取一个。一旦选定了判别函数，根据它就可以确定判别规则。

关于费歇判别具体的性质、详细的数学证明及推导可参见参考文献 [2]。

4.5 逐步判别

在多元回归中，变量选择的好坏直接影响回归的效果，而在判别分析中也有类似的问题。如果在某个判别问题中，忽略了最主要的指标，由此建立的判别函数效果一定不好。但是，在许多问题中，事先并不十分清楚哪些指标是主要的。这时，是否将有关的指标尽量收集加入计算才好呢？理论和实践证明，指标太多，不仅带来大量的计算，而且许多对判别无作用的指标反而会产生干扰而影响判别效果，有时还会增加错判次数。因此，适当筛选变量就成为一件很重要的事情。凡具有筛选变量能力的判别方法统称为逐步判别法。和通常的判别分析一样，逐步判别也有许多不同的原则，从而产生各种方法。有关逐步判别法的理论基础详见参考文献［1］［2］所讨论指标的附加信息检验。

逐步判别的原则为：

（1）在 x_1，x_2，…，x_m（即 m 个自变量）中先选出一个自变量，它使 Wilks 统计量 $\Lambda_i(i=1, 2, \cdots, m)$ 达到最小。为了叙述方便，又不失一般性，假定挑选的变量次序是按自然的次序，即第 r 步正好选中 x_r，第一步选中 x_1，则有 $\Lambda_1=\min\limits_{1\leqslant i\leqslant m}\{\Lambda_i\}$，并考察 Λ_1 是否落入接受域，如果不显著，则表明一个变量也选不中，不能用判别分析；如果显著，则进入下一步。

（2）在未选中的变量中，计算它们与已选中的变量 x_1 配合的 Λ 值。选择使 $\Lambda_{1\cdot i}$（$2\leqslant i\leqslant m$）达到最小的变量作为第二个变量。这样，如已选中了 r 个变量，不妨设为 x_1，x_2，…，x_r，则在未选中的变量中逐次选一个与它们配合，计算 $\Lambda_{1,2,\cdots,r\cdot l}$（$r<l\leqslant m$），选择使其达到极小的变量作为第 $r+1$ 个变量，并检验新选的第 $r+1$ 个变量能否提供附加信息，如果不能则转入（4），否则转入（3）。

（3）在已选中的 r 个变量中，要考虑较早选的变量其重要性有没有较大的变化，应及时剔除不能提供附加信息的变量。剔除的原则等同于引进的原则。例如在已进入的 r 个变量中要考察 x_l（$1\leqslant l\leqslant r$）是否应剔除，就是计算 $\Lambda_{l\cdot 1,\cdots,l-1,l+1,\cdots,r}$，选择达到极小（大）的 l，看是否显著，如不显著则将该变量剔除，继续考察余下的变量是否需要剔除，如显著则回到（2）。

（4）这时既不能选入新变量，又不能剔除已选中的变量，利用已选中的变量建立判别函数。

有关逐步判别的计算方法和案例可参见参考文献［1］［2］。

4.6 判别分析应用的几个例子

判别分析的逻辑步骤框图如图 4－1 所示。有关判别分析逻辑步骤框图的具体解释参见参考文献［12］。

下面用 SPSS 软件中的 Discriminant 模块来实现判别分析。

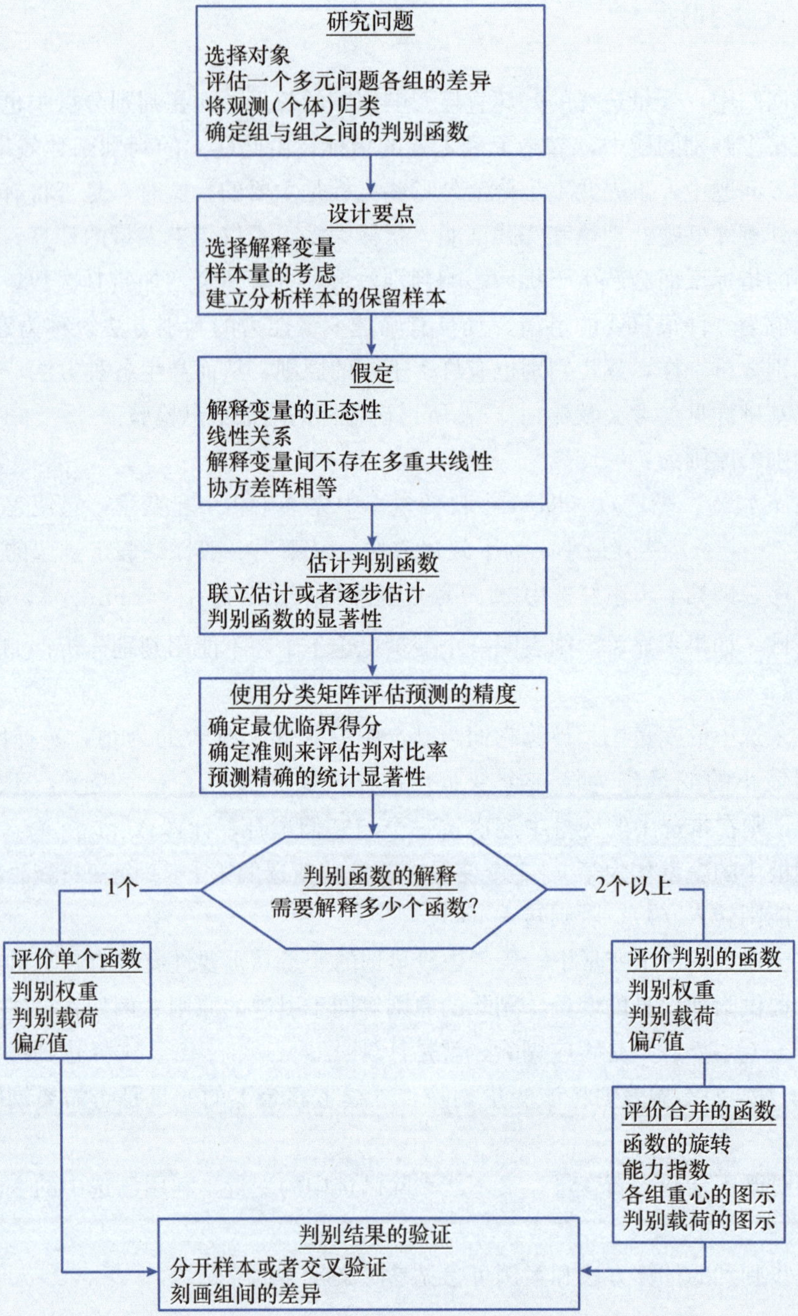

图 4-1 判别分析的逻辑步骤框图

例 4-1

判别分析的一个重要应用是动植物的分类，最著名的一个例子是 1936 年费歇的鸢尾花数据（Iris Data）（参见参考文献［13］）。鸢尾花为法国的国花，Setosa，Versicolor，Virginica 是三种有名的鸢尾花，其萼片是绚丽多彩的，和向上的花瓣不同，花萼是下垂的。这三种鸢尾花很像，人们试图建立模型，根据萼片和花瓣的四个度量来对鸢尾花分类。该数据给出 150 朵鸢尾花的萼片长（sepal. length）、萼片宽（sepal. width）、花瓣长（petal. length）、花瓣宽（petal. width）以及这些花分别属于的种类（Species）共五个变量。萼片和花瓣的长宽为四个定量变量，而种类为分类变量（取三个值：Setosa，Versicolor，Virginica）。这里三种鸢尾花各有 50 个观测值。

定义新的变量 y 为被解释变量，用“1”代表 Setosa 鸢尾花，用“2”代表 Versicolor 鸢尾花，用“3”代表 Virginica 鸢尾花，将萼片长（sepal. length）、萼片宽（sepal. width）、花瓣长（petal. length）和花瓣宽（petal. width）四个变量作为解释变量。

使用 SPSS 软件，点击 Analyze→Classify→Discriminant，就进入了判别分析的对话框。分组变量（Grouping Variable）选择 y，然后定义其区域，最小值是 1，最大值是 3。解释变量（Independents）选择 sepal. length，sepal. width，petal. length 和 petal. width。

统计量（Statistics）选项中选择描述统计量 Means，Univariate ANOVAs 和 Box's M，函数选择 Fisher's 和非标准化函数，矩阵选择 Within-groups correlation。分类（Classify）选项中选择先验概率（所有组相等或根据组的大小计算概率），因为三个品种都是 50 朵，因此两种选择的效果一样，子选项显示（Display）中选择每个个体的结果（Casewise results）、综合表（Summary table）和留一个在外（Leave-one-out classification）的验证原则，协方差矩阵选择 Within-groups，作图选择 Combined-groups。

保存（Save）选项中可以选择预测的分类、判别得分以及所属类别的概率。如果采用逐步判别法，我们还可以选择判别的方法（Method）。得到分析结果如下（见输出结果 4－1）。

输出结果 4－1

Discriminant Analysis Case Processing Summary

Unweighted Cases		N	Percent
Valid		150	100. 0
Excluded	Missing or out-of-range group codes	0	. 0
	At least one missing discriminating variable	0	. 0
	Both missing or out-of-range group codes and at least one missing discriminating variable	0	. 0
	Total	0	. 0
Total		150	100. 0

Group Statistics

y		Mean	Std. Deviation	Valid N (listwise) Unweighted	Weighted
setosa	sepal. length	5. 0060	. 35249	50	50. 000
	sepal. width	3. 4280	. 37906	50	50. 000
	petal. length	1. 4620	. 17366	50	50. 000
	petal. width	. 2460	. 10539	50	50. 000

versicolor	sepal. length	5. 9360	. 51617	50	50. 000
	sepal. width	2. 7700	. 31380	50	50. 000
	petal. length	4. 2600	. 46991	50	50. 000
	petal. width	1. 3260	. 19775	50	50. 000
virginica	sepal. length	6. 5880	. 63588	50	50. 000
	sepal. width	2. 9740	. 32250	50	50. 000
	petal. length	5. 5520	. 55189	50	50. 000
	petal. width	2. 0260	. 27465	50	50. 000
Total	sepal. length	5. 8433	. 82807	150	150. 000
	sepal. width	3. 0573	. 43587	150	150. 000
	petal. length	3. 7580	1. 76530	150	150. 000
	petal. width	1. 1993	. 76224	150	150. 000

Tests of Equality of Group Means

	Wilks Lambda	F	df1	df2	Sig.
sepal. length	. 381	119. 265	2	147	. 000
sepal. width	. 599	49. 160	2	147	. 000
petal. length	. 059	1180. 161	2	147	. 000
petal. width	. 071	960. 007	2	147	. 000

输出结果 4－1 分析的是各组的描述统计量和对各组均值是否相等的检验。第 1 张表反映的是有效样本量及变量缺失的情况。第 2 张表是各组变量的描述性统计分析。第 3 张表是对各组均值是否相等的检验。由第 3 张表可以看出，在 0. 01 的显著性水平下我们拒绝变量萼片长（sepal. length）、萼片宽（sepal. width）、花瓣长（petal. length）和花瓣宽（petal. width）在三组的均值相等的假设，即认为变量萼片长（sepal. length）、萼片宽（sepal. width）、花瓣长（petal. length）和花瓣宽（petal. width）在三组的均值是有显著差异的。

输出结果 4－2 是对各组协方差矩阵是否相等的 Box's M 检验。第 1 张表反映协方差矩阵的秩和行列式的对数值。它显示各协方差阵的秩均为 4，为满秩矩阵。由行列式的对数值可以看出，协方差矩阵不是病态矩阵。第 2 张表是对各总体协方差阵是否相等的统计检验。由 F 值及其显著性水平，我们在 0. 05 的显著性水平下拒绝原假设（原假设假定各总体协方差阵相等）。因此，在分类（Classify）选项中的协方差矩阵选择可以考虑采用 Separate-groups，以检验采用 Within-groups 和 Separate-groups 两种协方差所得出的结果是否存在显著差异。如果存在显著差异，就应该采用 Separate-groups 协方差矩阵；反之，则采用 Within-groups 协方差矩阵。

输出结果 4-2

Box's Test of Equality of Covariance Matrices

Log Determinants

y	Rank	Log Determinant
setosa	4	-13.067
versicolor	4	-10.874
virginica	4	-8.927
Pooled within-groups	4	-9.959

The ranks and natural logarithms of determinants printed are those of the group covariance matrices.

Test Results

Box's M		146.663
F	Approx.	7.045
	df1	20
	df2	77566.751
	Sig.	.000

Tests null hypothesis of equal population covariance matrices.

下面是费歇判别分析结果。输出结果 4-3 分析的是典型判别函数。第 1 张表反映判别函数的特征根、解释方差的比例和典型相关系数。第一判别函数解释了 99.1%的方差，第二判别函数解释了 0.9%的方差，两个判别函数解释了全部方差。第 2 张表是对两个判别函数的显著性检验。由 Wilks' Lambda 检验，认为两个判别函数在 0.05 的显著性水平下是显著的。

输出结果 4-3

Summary of Canonical Discriminant Functions

Eigenvalues

Function	Eigenvalue	% of Variance	Cumulative %	Canonical Correlation
1	32.192[a]	99.1	99.1	.985
2	.285[a]	.9	100.0	.471

a. First 2 canonical discriminant functions were used in the analysis.

Wilks' Lambda

Test of Function (s)	Wilks' Lambda	Chi-square	df	Sig.
1 through 2	.023	546.115	8	.000
2	.778	36.530	3	.000

输出结果 4-4 显示的是判别函数、判别载荷和各组的重心。第 1 张表是标准化的判别函数，表示为：

$$y_1 = -0.427\text{sepal. length}^* - 0.521\text{sepal. width}^* + 0.947\text{petal. length}^* + 0.575\text{petal. width}^*$$

$$y_2 = 0.012\text{sepal. length}^* + 0.735\text{sepal. width}^* - 0.401\text{petal. length}^* + 0.581\text{petal. width}^*$$

这里*表示标准化变量，标准化变量的系数也就是前面所讲的判别权重。第2张表是结构矩阵，即判别载荷。由判别权重和判别载荷可以看出，哪些解释变量对判别函数的贡献较大。第3张表是非标准化的判别函数，表示为：

$$y_1 = -2.105 - 0.829\text{sepal. length} - 1.534\text{sepal. width} + 2.201\text{petal. length} + 2.810\text{petal. width}$$

$$y_2 = -6.661 + 0.024\text{sepal. length} + 2.165\text{sepal. width} - 0.932\text{petal. length} + 2.839\text{petal. width}$$

我们可以根据这个判别函数计算每个观测的判别 Z 得分。第4张表是反映判别函数在各组的重心。根据结果，判别函数在 $y=1$ 这一组的重心为（−7.608，0.215），在 $y=2$ 这一组的重心为（1.825，−0.728），在 $y=3$ 这一组的重心为（5.783，0.513）。这样，我们就可以根据每个观测的判别 Z 得分对观测进行分类。

输出结果 4-4

Standardized Canonical Discriminant Function Coefficients

	Function	
	1	2
sepal. length	-.427	.012
sepal. width	-.521	.735
petal. length	.947	-.401
petal. width	.575	.581

Structure Matrix

	Function	
	1	2
petal. length	.706*	.168
sepal. width	-.119	.864*
petal. width	.633	.737*
sepal. length	.223	.311*

Pooled within-groups correlations between discriminating variables and standardized canonical discriminant functions.

Variables ordered by absolute size of correlation within function.

*. Largest absolute correlation between each variable and any discriminant function.

Canonical Discriminant Function Coefficients

	Function	
	1	2
sepal. length	-.829	.024
sepal. width	-1.534	2.165
petal. length	2.201	-.932
petal. width	2.810	2.839
(Constant)	-2.105	-6.661

Unstandardized coefficients.

Functions at Group Centroids

y	Function	
	1	2
setosa	-7.608	.215
versicolor	1.825	-.728
virginica	5.783	.513

Unstandardized canonical discriminant functions evaluated at group means.

下面是基于先验概率的贝叶斯判别结果。

输出结果 4-5 是分类的统计结果。第 1 张表概括了分类过程，说明 150 个观测都参与分类。第 2 张表说明各组的先验概率，我们在 Classify 选项中选择的是所有组的先验概率相等。第 3 张表是每组的分类函数（区别于典型判别函数），也称费歇线性判别函数，由表中的结果可以说明：$y=1$ 这组的分类函数是

$$f_1=-86.308+23.544\text{sepal. length}+23.588\text{sepal. width}-16.431\text{petal. length}-17.398\text{petal. width}$$

$y=2$ 这组的分类函数是

$$f_2=-72.853+15.698\text{sepal. length}+7.073\text{sepal. width}+5.211\text{petal. length}+6.434\text{petal. width}$$

$y=3$ 这组的分类函数是

$$f_3=-104.368+12.446\text{sepal. length}+3.685\text{sepal. width}+12.767\text{petal. length}+21.079\text{petal. width}$$

我们可以计算出每个观测在各组的分类函数值，然后将观测分类到较大的分类函数值中。第 4 张表是分类矩阵表。Predicted Group Membership 表示预测的所属组关系，Original 表示原始数据的所属组关系，Cross-validated 表示交叉验证的所属组关系，这里交叉验证是采用“留一个在外”的原则，即每个观测是通过除了这个观测以外的其他观测推导出的判别函数来分类的。由第 4 张表可以看出，通过判别函数预测，有 147 个观测是分类正确的，其中，$y=1$ 组 50 个观测全部被判对，$y=2$ 组 50 个观测中有 48 个观测被判对，$y=3$ 组 50 个观测中有 49 个观测被判对，从而有 147/150=98%的原始观测被判对。在交叉验证中，$y=1$ 组 50 个观测全部被判对，$y=2$ 组 50 个观测中有 48 个观测被判对，$y=3$ 组 50 个观测中有 49 个观测被判对，从而交叉验证有 147/150=98%的原始观测被判对。还可以通过分类结果分析判对和判错的百分比。最后为分类结果图（见图 4-2），可以看到，Setosa 鸢尾花与 Versicolor 鸢尾花和 Virginica 鸢尾花可以很清晰地区分开，而 Versicolor 鸢尾花和 Virginica 鸢尾花这两种之间存在重合区域，即存在误判。

输出结果 4-5

Classification Statistics Classification Processing Summary

Processed		150
Excluded	Missing or out-of-range group codes	0
	At least one missing discriminating variable	0
Used in Output		150

Prior Probabilities for Groups

y	Prior	Cases Used in Analysis	
		Unweighted	Weighted
setosa	.333	50	50.000
versicolor	.333	50	50.000
virginica	.333	50	50.000
Total	1.000	150	150.000

Classification Function Coefficients

	y		
	setosa	versicolor	virginica
sepal.length	23.544	15.698	12.446
sepal.width	23.588	7.073	3.685
petal.length	−16.431	5.211	12.767
petal.width	−17.398	6.434	21.079
(Constant)	−86.308	−72.853	−104.368

Fisher's linear discriminant functions

Classification Results[a,c]

		y	Predicted Group Membership			Total
			setosa	versicolor	virginica	
Original	Count	setosa	50	0	0	50
		versicolor	0	48	2	50
		virginica	0	1	49	50
	%	setosa	100.0	.0	.0	100.0
		versicolor	.0	96.0	4.0	100.0
		virginica	.0	2.0	98.0	100.0
Cross-validated[b]	Count	setosa	50	0	0	50
		versicolor	0	48	2	50
		virginica	0	1	49	50
	%	setosa	100.0	.0	.0	100.0
		versicolor	.0	96.0	4.0	100.0
		virginica	.0	2.0	98.0	100.0

a. 98.0% of original grouped cases correctly classified.

b. Cross validation is done only for those cases in the analysis. In cross validation, each case is classified by the functions derived from all cases other than that case.

c. 98.0% of cross-validated grouped cases correctly classified.

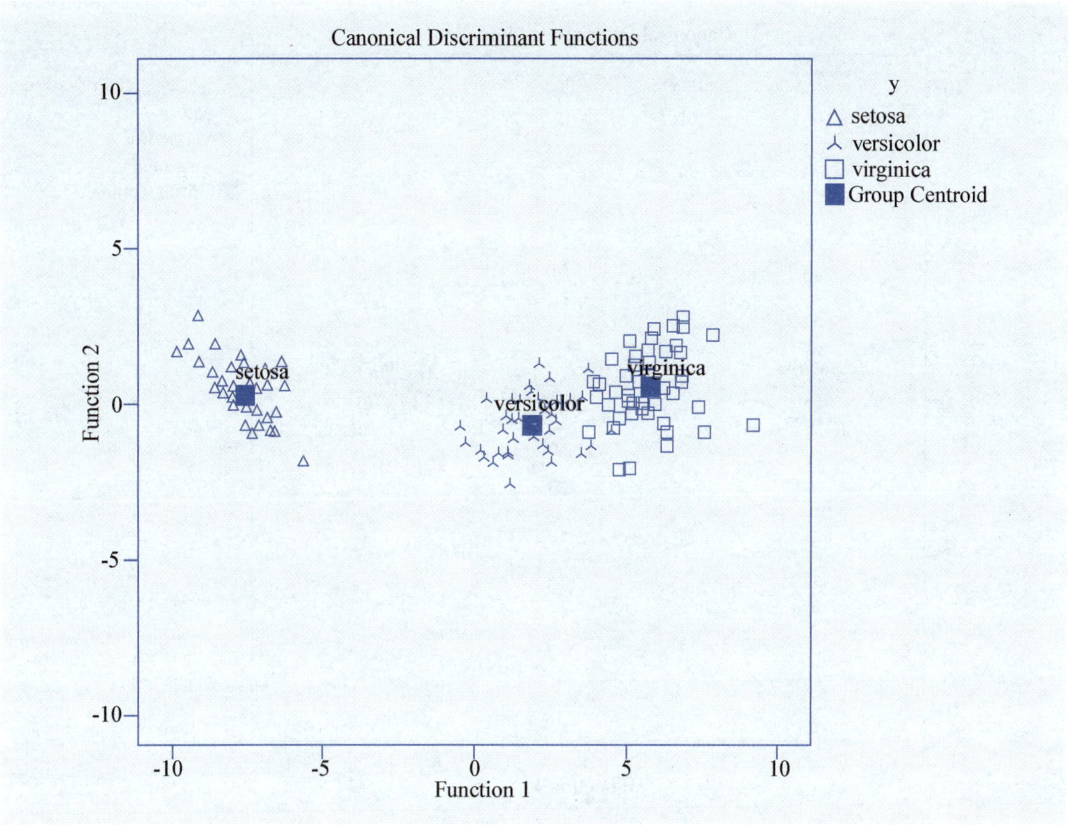

图 4－2　分类结果图

我们还可以通过保存（Save）选项选择预测的类别关系和判别得分等，对观测进行诊断。

由前面分析发现，协方差矩阵不等，可以考虑采用 Separate-groups 协方差矩阵。选择 Separate-groups 协方差矩阵，其他选择同上，得到分类结果如下（见输出结果 4－6 和图 4－3）。

输出结果 4－6

Classification Results[a]

		y	Predicted Group Membership			Total
			setosa	versicolor	virginica	
Original	Count	setosa	50	0	0	50
		versicolor	0	47	3	50
		virginica	0	1	49	50
	%	setosa	100.0	.0	.0	100.0
		versicolor	.0	94.0	6.0	100.0
		virginica	.0	2.0	98.0	100.0

a. 97.3% of original grouped cases correctly classified.

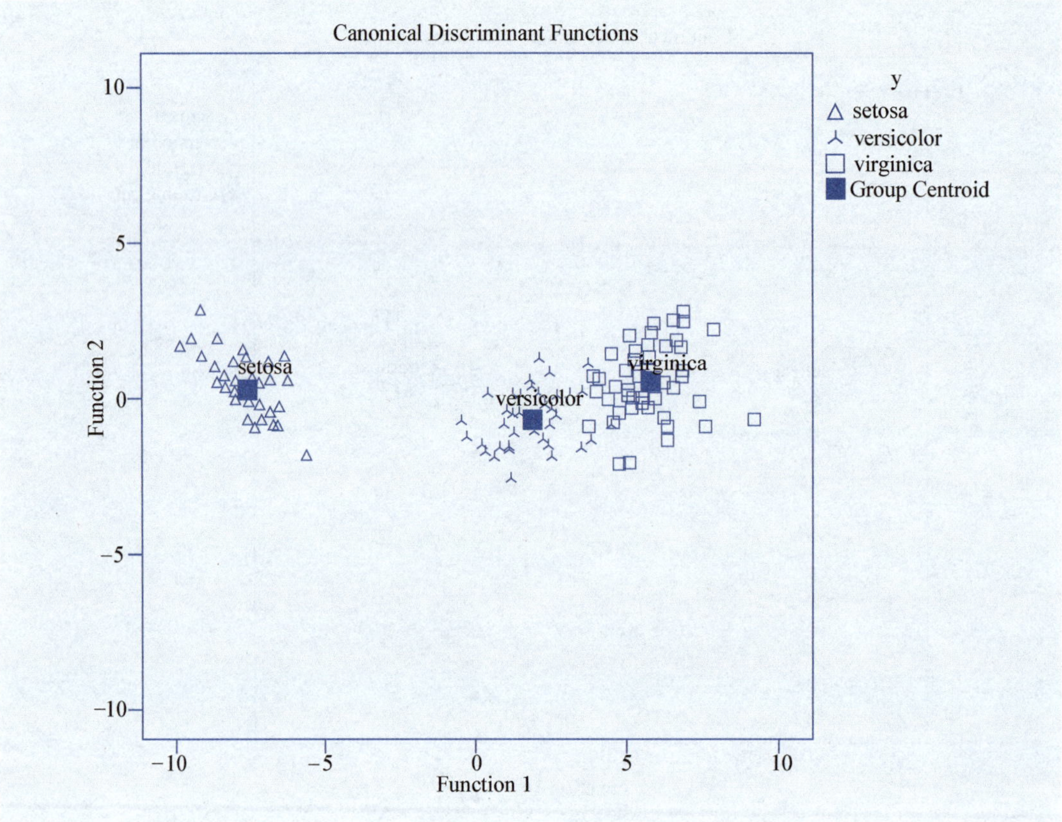

图 4-3　分类结果图

由输出结果 4-6 中的表可以看出，通过判别函数预测，有 146 个观测是分类正确的，其中，$y=1$ 组 50 个观测全部被判对，$y=2$ 组 50 个观测中有 47 个观测被判对，$y=3$ 组 50 个观测中有 49 个观测被判对，从而有 146/150=97.3%的原始观测被判对。图 4-3 为分类结果图，可以看到，Setosa 鸢尾花与 Versicolor 鸢尾花和 Virginica 鸢尾花可以很清晰地区分开，而 Versicolor 鸢尾花和 Virginica 鸢尾花这两种之间存在重合区域，即存在误判。

由输出结果 4-6 可以看出，采用 Separate-groups 协方差矩阵与采用 Within-groups 协方差矩阵的预测效果没有明显的差别，因此，可以采用 Within-groups 协方差矩阵来进行判别。

例 4-2

联合国开发计划署发表的 2016 年人类发展报告中公布了世界大部分国家和地区的人类发展指数，并将人类发展水平划分为极高、高、中等和低四个等级，本例分别用 1，2，3，4 来表示这四个等级。人类发展指数是基于出生时预期寿命（岁）、预期受教育年限（年）、平均受教育年限（年）和人均国民总收入（国际元/人）指标计算得到的。现采用这四个指标作为判别指标，并选取报告中公布了人类发展水平等级的 20 个国家和地区

（未选择人类发展水平低的国家），试图建立判别函数，然后判定中国内地和中国香港分别属于哪个等级。判别指标的原始数据及已有的相应分类如表 4－1 所示。

表 4－1　2015 年人类发展水平数据

序号	国家和地区	出生时预期寿命（X_1）	预期受教育年限（X_2）	平均受教育年限（X_3）	人均国民总收入（X_4）	等级
1	挪威	81.7	17.7	12.7	67 614	1
2	瑞士	83.1	16.0	13.4	56 364	1
3	美国	79.2	16.5	13.2	53 245	1
4	英国	80.8	16.3	13.3	37 931	1
5	韩国	82.1	16.6	12.2	34 541	1
6	意大利	83.3	16.3	10.9	33 573	1
7	乌拉圭	77.4	15.5	8.6	19 148	2
8	马来西亚	74.9	13.1	10.1	24 620	2
9	巴拿马	77.8	13.0	9.9	19 470	2
10	土耳其	75.5	14.6	7.9	18 705	2
11	墨西哥	77.0	13.3	8.6	16 383	2
12	巴西	74.7	15.2	7.8	14 145	2
13	秘鲁	74.8	13.4	9.0	11 295	2
14	泰国	74.6	13.6	7.9	14 519	2
15	印度尼西亚	69.1	12.9	7.9	10 053	3
16	巴勒斯坦	73.1	12.8	8.9	5 256	3
17	菲律宾	68.3	11.7	9.3	8 395	3
18	南非	57.7	13.0	10.3	12 087	3
19	印度	68.3	11.7	6.3	5 663	3
20	巴基斯坦	66.4	8.1	5.1	5 031	3
1	中国香港	84.2	15.7	11.6	54 265	
2	中国内地	76.0	13.5	7.6	13 345	

本例中组数 $k=3$，判别指标 $p=4$，各类中样本量分别为 $n_1=6$，$n_2=8$，$n_3=6$，待判样品个数为 2。

计算总体协方差阵的估计矩阵的逆为

$$\hat{\boldsymbol{\Sigma}}^{-1}=\begin{bmatrix}11\,651.307 & -2\,255.729 & 6\,484.284 & -0.288\\ -2\,255.729 & 76\,953.030 & -25\,966.378 & -0.914\\ 6\,484.284 & -25\,966.378 & 79\,663.921 & -3.745\\ -0.288 & -0.914 & -3.745 & 0.002\end{bmatrix}\times 10^{-5}$$

由于 SPSS 中的判别分析没有距离判别这一方法，因此距离判别法无法在 SPSS 中直接实现，我们使用 R 语言编程，分别计算每个样品到 G_1，G_2，G_3 类的马氏距离，然后比较 3 个距离的大小并将其归入距离最小的类。20 个国家和地区的回判结果以及中国内地和中国香港两个待判样品的判别结果如表 4－2 所示。由表 4－2 可知，中国内地被判为第 2 类，属于高人类发展水平，中国香港被判为第 1 类，属于极高人类发展水平，与人类发展报告公布的结果一致，而且回判的误判率为 0，说明本例使用距离判别法建立的判别函数是有效的。

表 4－2　所有样品的判别结果

国家和地区	原类别	最小距离及归类		正误判标志（正＝0；误＝1）
挪威	1	7.797	1	0
瑞士	1	2.494	1	0
美国	1	1.131	1	0
英国	1	2.534	1	0
韩国	1	2.581	1	0
意大利	1	3.488	1	0
乌拉圭	2	2.126	2	0
马来西亚	2	2.871	2	0
巴拿马	2	3.189	2	0
土耳其	2	1.291	2	0
墨西哥	2	0.470	2	0
巴西	2	2.855	2	0
秘鲁	2	1.182	2	0
泰国	2	0.745	2	0
印度尼西亚	3	1.555	3	0
巴勒斯坦	3	5.891	3	0
菲律宾	3	1.716	3	0
南非	3	11.399	3	0
印度	3	1.922	3	0
巴基斯坦	3	10.764	3	0
中国香港	待判	3.075 309	1	
中国内地	待判	0.792 518	2	

这里顺便指出，回判的误判率并不是“误判概率”，而且前者通常要小些，回判情况仅供使用时参考。

例 4－3

从系统聚类法的谱系图图 3－18、图 3－19 和图 3－20 可知，若将 2022 年全国 31 个省、自治区、直辖市城镇居民的人均消费支出水平划分为 2 类，则北京和上海为一类，其余地区为一类。现将广东和西藏作为待判样品，具体分类数据如表 4－3 所示。试建立费歇线性判别函数，并将广东和西藏两个待判省区归类。

表 4－3　2022 年 31 个地区城镇居民人均消费水平划分数据　　单位：元

X_1 食品烟酒支出　X_2 衣着支出　X_3 居住支出　X_4 生活用品及服务支出
X_5 交通通信支出　X_6 教育文化娱乐支出　X_7 医疗保健支出　X_8 其他用品及服务支出

地区	X_1	X_2	X_3	X_4	X_5	X_6	X_7	X_8	Group
北京	9 644.5	1 977.4	18 604.8	2 322.5	4 260.5	3 271.5	4 304.0	1 231.7	1
天津	9 873.9	1 759.8	8 175.4	1 926.8	4 164.4	2 839.9	3 811.6	1 271.7	2
河北	7 104.4	1 641.0	6 374.3	1 625.1	3 139.2	2 211.9	2 338.8	636.6	2
山西	6 006.8	1 555.2	4 943.1	1 354.8	2 647.1	2 371.3	2 442.2	602.0	2
内蒙古	7 208.4	2 003.6	6 008.1	1 561.3	4 233.5	2 534.4	2 340.7	777.0	2
辽宁	8 426.5	1 781.2	5 677.4	1 539.0	3 188.5	2 712.3	2 466.4	861.0	2
吉林	6 406.0	1 497.5	4 829.3	1 139.5	2 776.8	2 238.2	2 377.5	570.1	2
黑龙江	7 240.6	1 636.1	5 099.6	1 167.2	2 884.7	2 490.5	2 798.9	693.4	2
上海	12 880.3	1 763.5	18 298.7	2 211.8	4 611.9	3 313.7	3 719.3	1 311.5	1
江苏	9 967.6	2 022.4	10 983.4	2 198.0	5 281.1	3 284.1	2 839.1	1 220.0	2
浙江	12 105.6	2 465.5	11 890.1	2 685.2	6 791.1	4 237.7	2 864.5	1 471.4	2
安徽	8 924.9	1 762.3	6 078.8	1 631.1	2 910.0	2 877.8	1 933.6	713.9	2
福建	11 144.8	1 768.6	10 679.1	1 913.5	3 949.1	3 375.7	2 064.3	797.0	2
江西	8 102.1	1 440.9	5 828.0	1 580.6	3 319.3	2 909.2	2 185.7	609.7	2
山东	7 702.8	1 987.6	6 354.6	2 220.9	3 966.8	3 332.4	2 339.6	650.3	2
河南	6 681.0	1 637.2	5 357.1	1 509.8	2 916.8	2 597.8	2 220.1	619.6	2
湖北	8 783.6	1 771.1	6 586.0	1 628.2	3 834.7	3 265.3	2 538.4	713.6	2
湖南	8 443.5	1 894.6	6 031.6	1 924.5	4 069.3	4 006.0	2 562.0	648.6	2
广西	7 172.3	905.3	4 760.4	1 250.4	3 032.7	2 791.1	2 097.0	428.8	2
海南	9 656.8	914.4	6 663.7	1 145.8	3 375.1	2 564.0	1 615.0	482.8	2
重庆	10 100.9	2 190.6	5 841.8	2 030.3	3 745.2	3 139.9	2 697.9	827.2	2
四川	9 358.5	1 764.5	5 557.5	1 806.4	3 467.2	2 638.5	2 343.1	701.6	2
贵州	7 572.5	1 673.4	4 352.1	1 513.8	3 786.1	2 906.1	1 876.2	549.8	2
云南	8 090.5	1 469.2	6 029.0	1 478.3	3 258.3	2 699.7	2 610.2	604.7	2
陕西	6 796.5	1 554.5	5 701.0	1 638.4	3 031.0	2 566.0	2 832.4	646.1	2

续表

地区	X_1	X_2	X_3	X_4	X_5	X_6	X_7	X_8	Group
甘肃	7 530.3	1 759.4	6 006.0	1 523.9	3 334.8	2 470.5	2 005.1	577.1	2
青海	7 187.7	1 532.3	4 457.6	1 253.4	3 028.0	1 527.4	2 156.1	557.8	2
宁夏	6 943.8	1 720.3	4 734.4	1 600.4	3 330.4	2 833.3	2 481.2	569.5	2
新疆	7 811.4	1 615.3	4 438.0	1 407.9	3 137.0	1 947.6	2 773.6	1 011.5	2
广东	12 129.8	1 381.4	9 925.7	1 905.8	4 888.5	3 747.8	2 019.2	937.8	
西藏	9 109.2	2 663.5	6 171.5	2 164.2	4 614.0	1 411.8	1 342.0	789.2	

在 SPSS 中进行费歇判别分析是十分快捷的。首先按照表 4－3 把数据输入 SPSS 数据表中，然后依次点击 Analyze→Classify→Discriminant，打开 Discriminant Analysis 对话框，将对话框左侧变量列表中的 Group 选入 Grouping Variable 框，并点击 Define Range，在弹出的 Discriminant Analysis：Define Range 对话框中，定义判别原始数据的类别区间，本例为两类，故在 Minimum 处输入 1，在 Maximum 处输入 2，点击 Continue 返回 Discriminant Analysis 对话框。再从对话框左侧的变量列表中将 8 个变量选入 Independents 框，作为判别分析的基础数据变量。点击 Statistics，弹出 Discriminant Analysis：Statistics 对话框，在 Descriptives 栏中选 Means 项，要求对各组的各变量做均值与标准差的描述；在 Function Coefficients 栏中选 Unstandardized 项（注意，不是 Fisher's 项），要求显示费歇判别法建立的非标准化系数。之后，点击 Continue 返回 Discriminant Analysis 对话框。点击 Save，弹出 Discriminant Analysis：Save 对话框，选 Predicted group membership 项要求将回判的结果存入原始数据库中。点击 Continue 返回 Discriminant Analysis 对话框，其他项目不变，点击 OK 即完成分析。分析结果如输出结果 4－7 所示，可以看到各组均值、标准差、协方差阵等描述统计结果以及判别函数。回判结果如表 4－4 所示，可以看到判别结果已经作为一个新的变量被保存，广东和西藏均被划分为第二类；另外，根据原 29 个地区的回判结果可知，没有出现误判，回判准确率很高。

输出结果 4－7

Group Statistics

Group		Mean	Std. Deviation	Valid N (listwise)	
				Unweighted	Weighted
1	X1	9042.600	1374.8984	2	2.000
	X2	2238.900	571.4837	2	2.000
	X3	12672.000	769.3322	2	2.000
	X4	2189.600	454.5282	2	2.000
	X5	4762.700	445.7601	2	2.000
	X6	4294.100	338.5627	2	2.000
	X7	2734.850	148.5631	2	2.000
	X8	1121.350	27.2236	2	2.000

2	X1	6219.337	1161.9261	27	27.000
	X2	1705.056	367.5429	27	27.000
	X3	4265.485	1035.9950	27	27.000
	X4	1308.322	212.2977	27	27.000
	X5	2920.152	669.6801	27	27.000
	X6	2419.000	414.3912	27	27.000
	X7	1624.448	351.9821	27	27.000
	X8	519.670	139.2162	27	27.000
Total	X1	6414.045	1360.5990	29	29.000
	X2	1741.872	395.0383	29	29.000
	X3	4845.245	2391.1202	29	29.000
	X4	1369.100	317.6139	29	29.000
	X5	3047.224	805.7972	29	29.000
	X6	2548.317	630.3735	29	29.000
	X7	1701.028	444.7778	29	29.000
	X8	561.166	205.1789	29	29.000

Covariance Matrices[a]

Group		X1	X2	X3	X4	X5	X6	X7	X8
1	X1	1890345.680	-785732.040	1057753.600	-624930.160	-612874.880	465489.360	204259.220	-37429.700
	X2	-785732.040	326593.620	-439660.800	259755.480	254744.640	-193483.080	-84901.410	15557.850
	X3	1057753.600	-439660.800	591872.000	-349683.200	-342937.600	260467.200	114294.400	-20944.000
	X4	-624930.160	259755.480	-349683.200	206595.920	202610.560	-153886.320	-67526.140	12373.900
	X5	-612874.880	254744.640	-342937.600	202610.560	198702.080	-150917.760	-66223.520	12135.200
	X6	465489.360	-193483.080	260467.200	-153886.320	-150917.760	114624.720	50297.940	-9216.900
	X7	204259.220	-84901.410	114294.400	-67526.140	-66223.520	50297.940	22071.005	-4044.425
	X8	-37429.700	15557.850	-20944.000	12373.900	12135.200	-9216.900	-4044.425	741.125
2	X1	1350072.167	57475.636	882691.851	118834.795	465123.658	203424.077	-6737.919	74307.576
	X2	57475.636	135087.780	78701.832	55496.809	98760.672	66431.368	82062.522	40168.093
	X3	882691.851	78701.832	1073285.663	108681.785	542771.720	256115.865	18761.123	78143.489
	X4	118834.795	55496.809	108681.785	45070.296	72511.113	47391.943	29208.024	20927.284
	X5	465123.658	98760.672	542771.720	72511.113	448471.480	198259.050	77587.628	63622.064
	X6	203424.077	66431.368	256115.865	47391.943	198259.050	171720.105	39397.233	30159.471
	X7	-6737.919	82062.522	18761.123	29208.024	77587.628	39397.233	123891.400	29826.198
	X8	74307.576	40168.093	78143.489	20927.284	63622.064	30159.471	29826.198	19381.161
Total	X1	1851229.534	125539.773	2435775.633	253491.037	755957.827	557575.820	209520.657	180630.839
	X2	125539.773	156055.241	355825.942	92096.830	166218.451	121345.905	112590.174	59215.394
	X3	2435775.633	355825.942	5717455.923	581111.929	1521838.344	1295406.319	642277.517	408185.179
	X4	253491.037	92096.830	581111.929	100878.587	182554.321	148405.118	89787.569	55137.127
	X5	755957.827	166218.451	1521838.344	182554.321	649309.083	408471.254	205742.499	133237.237
	X6	557575.820	121345.905	1295406.319	148405.118	408471.254	397370.784	176845.244	102704.757
	X7	209520.657	112590.174	642277.517	89787.569	205742.499	176845.244	197827.288	71982.018
	X8	180630.839	59215.394	408185.179	55137.127	133237.237	102704.757	71982.018	42098.375

a. The total covariance matrix has 28 degrees of freedom.

Canonical Discriminant Function Coefficients

	Function
	1
X1	-.000639
X2	-.001325
X3	.001545
X4	.001959
X5	-.001496
X6	.000341
X7	.001173
X8	.002039
(Constant)	-3.212915

Unstandardized coefficients

表 4-4　回判结果

地区	X_1	X_2	X_3	X_4	X_5	X_6	X_7	X_8	Group	Dis_1
北京	9 644.5	1 977.4	18 604.8	2 322.5	4 260.5	3 271.5	4 304	1 231.7	1	1
天津	9 873.9	1 759.8	8 175.4	1 926.8	4 164.4	2 839.9	3 811.6	1 271.7	2	2
河北	7 104.4	1 641	6 374.3	1 625.1	3 139.2	2 211.9	2 338.8	636.6	2	2
山西	6 006.8	1 555.2	4 943.1	1 354.8	2 647.1	2 371.3	2 442.2	602	2	2
内蒙古	7 208.4	2 003.6	6 008.1	1 561.3	4 233.5	2 534.4	2 340.7	777	2	2
辽宁	8 426.5	1 781.2	5 677.4	1 539	3 188.5	2 712.3	2 466.4	861	2	2
吉林	6 406	1 497.5	4 829.3	1 139.5	2 776.8	2 238.2	2 377.5	570.1	2	2
黑龙江	7 240.6	1 636.1	5 099.6	1 167.2	2 884.7	2 490.5	2 798.9	693.4	2	2
上海	12 880.3	1 763.5	18 298.7	2 211.8	4 611.9	3 313.7	3 719.3	1 311.5	1	1
江苏	9 967.6	2 022.4	10 983.4	2 198	5 281.1	3 284.1	2 839.1	1 220	2	2
浙江	12 105.6	2 465.5	11 890.1	2 685.2	6 791.1	4 237.7	2 864.5	1 471.4	2	2
安徽	8 924.9	1 762.3	6 078.8	1 631.1	2 910	2 877.8	1 933.6	713.9	2	2
福建	11 144.8	1 768.6	10 679.1	1 913.5	3 949.1	3 375.7	2 064.3	797	2	2
江西	8 102.1	1 440.9	5 828	1 580.6	3 319.3	2 909.2	2 185.7	609.7	2	2
山东	7 702.8	1 987.6	6 354.6	2 220.9	3 966.8	3 332.4	2 339.6	650.3	2	2
河南	6 681	1 637.2	5 357.1	1 509.8	2 916.8	2 597.8	2 220.1	619.6	2	2
湖北	8 783.6	1 771.1	6 586	1 628.2	3 834.7	3 265.3	2 538.4	713.6	2	2
湖南	8 443.5	1 894.6	6 031.6	1 924.5	4 069.3	4 006	2 562	648.6	2	2
广西	7 172.3	905.3	4 760.4	1 250.4	3 032.7	2 791.1	2 097	428.8	2	2

续表

地区	X_1	X_2	X_3	X_4	X_5	X_6	X_7	X_8	Group	Dis_1
海南	9 656.8	914.4	6 663.7	1 145.8	3 375.1	2 564	1 615	482.8	2	2
重庆	10 100.9	2 190.6	5 841.8	2 030.3	3 745.2	3 139.9	2 697.9	827.2	2	2
四川	9 358.5	1 764.5	5 557.5	1 806.4	3 467.2	2 638.5	2 343.1	701.6	2	2
贵州	7 572.5	1 673.4	4 352.1	1 513.8	3 786.1	2 906.1	1 876.2	549.8	2	2
云南	8 090.5	1 469.2	6 029	1 478.3	3 258.3	2 699.7	2 610.2	604.7	2	2
陕西	6 796.5	1 554.5	5 701	1 638.4	3 031	2 566	2 832.4	646.1	2	2
甘肃	7 530.3	1 759.4	6 006	1 523.9	3 334.8	2 470.5	2 005.1	577.1	2	2
青海	7 187.7	1 532.3	4 457.6	1 253.4	3 028	1 527.4	2 156.1	557.8	2	2
宁夏	6 943.8	1 720.3	4 734.4	1 600.4	3 330.4	2 833.3	2 481.2	569.5	2	2
新疆	7 811.4	1 615.3	4 438	1 407.9	3 137	1 947.6	2 773.6	1 011.5	2	2
广东	12 129.8	1 381.4	9 925.7	1 905.8	4 888.5	3 747.8	2 019.2	937.8		2
西藏	9 109.2	2 663.5	6 171.5	2 164.2	4 614	1 411.8	1 342	789.2		2

在 SPSS 中进行贝叶斯判别分析时，操作步骤与例 4－3 中的费歇判别相同，但是在 Discriminant Analysis：Statistics 对话框的 Function Coefficients 栏中要选 Fisher's 项而不是 Unstandardized 项（因为贝叶斯判别思想是由费歇提出来的，故 SPSS 以此命名）。Save 部分增加 Probabilities of group membership 项，点击 OK 后得到分析结果。

逐步判别法也可以在 SPSS 中实现。操作步骤仍与例 4－3 类似，不同之处在于点击 Analyze→Classify→Discriminant，打开 Discriminant Analysis 对话框后，将 Independents 栏中的 Enter independents together 项改选为 Use stepwise method，此时窗口右侧的 Method 按钮被激活，点击后进入 Discriminant Analysis：Stepwise Method 对话框，在 Method 栏中选中 Mahalanobis distance 项，即采用马氏距离，其他选项保持不变，返回主对话框后，其他操作仍与前面的例子类似。

参考文献

［1］王国梁，何晓群．多变量经济数据统计分析．西安：陕西科学技术出版社，1993.

［2］张尧庭，方开泰．多元统计分析引论．北京：科学出版社，1982.

［3］R. E. Frank，W. E. Massey，D. G. Morrison. Bias in Multiple Discriminant Analysis. Journal of Marketing Research，1965，2（3）.

［4］P. E. Green，J. D. Carroll. Mathematical Tools for Applied Multivariate Analysis. New York：Academic Press，1978.

［5］W. D. Perreault，D. N. Behrman，G. M. Armstrong. Alternative Approaches for Interpreting of Multiple Discriminant Analysis in Marketing Research. Journal of Business

Research，1979（7）.

[6] Guy Gessner，N. K. Maholtra，W. A. Kamakura，et al. Estimating Models with Binary Dependent Variables：Some Theoretical and Empirical Observations. Journal of Business Research，1988（16）.

[7] C. J. Huberty. Issues in the Use and Interpretation of Discriminant Analysis. Psychological Bulletin，1984.

[8] N. Johnson，D. Wichren. Applied Multivariate Statistical Analysis. Upper Saddle River，N. J.：Prentice-Hall，1982.

[9] 王学仁，王松桂．实用多元统计分析．上海：上海科学技术出版社，1990.

[10] 何晓群，黄旭安，陈少杰．中国上市公司财务危机的个案诊断．中国经济评论，2003（4）.

[11] 何晓群．应用多元统计分析．北京：中国统计出版社，2010.

[12] 何晓群．多元统计分析．2版．北京：中国人民大学出版社，2008.

[13] R. A. Fisher. The Use of Multiple Measurements in Taxonomic Problems. Annals of Eugenics，1936，7（2）.

思考与练习

1. 应用判别分析应该具备什么样的条件？
2. 试述贝叶斯判别方法的思路。
3. 试述费歇判别方法的思想。
4. 什么是逐步判别分析？
5. 简要叙述判别分析的步骤及流程。
6. 为研究某地区人口死亡状况，已按某种方法将15个已知样品分为3类，指标及原始数据如下表所示，试建立判别函数并判定另外4个待判样品属于哪类。表中，x_1为0岁组死亡概率；x_2为1岁组死亡概率；x_3为10岁组死亡概率；x_4为55岁组死亡概率；x_5为80岁组死亡概率；x_6为平均预期寿命。

组别	序号	x_1	x_2	x_3	x_4	x_5	x_6
第一组	1	34.16	7.44	1.12	7.87	95.19	69.30
	2	33.06	6.34	1.08	6.77	94.08	69.70
	3	36.26	9.24	1.04	8.97	97.30	68.80
	4	40.17	13.45	1.43	13.88	101.20	66.20
	5	50.06	23.03	2.83	23.74	112.52	63.30
第二组	1	33.24	6.24	1.18	22.90	160.01	65.40
	2	32.22	4.22	1.06	20.70	124.70	68.70

续表

组别	序号	x_1	x_2	x_3	x_4	x_5	x_6
第二组	3	41.15	10.08	2.32	32.84	172.06	65.85
	4	53.04	25.74	4.06	34.87	152.03	63.50
	5	38.03	11.20	6.07	27.84	146.32	66.80
第三组	1	34.03	5.41	0.07	5.20	90.10	69.50
	2	32.11	3.02	0.09	3.14	85.15	70.80
	3	44.12	15.12	1.08	15.15	103.12	64.80
	4	54.17	25.03	2.11	25.15	110.14	63.70
	5	28.07	2.01	0.07	3.02	81.22	68.30
待判样品	1	50.22	6.66	1.08	22.54	170.60	65.20
	2	34.64	7.33	1.11	7.78	95.16	69.30
	3	33.42	6.22	1.12	22.95	160.31	68.30
	4	44.02	15.36	1.07	16.45	105.30	64.20

7. 从经验得知，可以用患者心电图中的两个指标 x_1 与 x_2 来区分健康人(G_1)、主动脉硬化症患者(G_2)及冠心病患者(G_3)三类人，其经验数据如下表所示。试找出判别函数。一位患者的心电图中，$x_1=267.88$，$x_2=10.66$，该患者应归于哪一类？

经验分类	样本号	x_1	x_2
G_1	1	261.01	7.36
	2	185.39	5.99
	3	249.58	6.11
	4	137.13	4.35
	5	213.34	8.79
	6	231.38	8.53
	7	260.25	10.02
	8	259.51	9.79
	9	273.84	8.79
	10	303.59	8.53
	11	231.03	6.15
G_2	1	308.90	8.49
	2	258.69	7.16
	3	355.54	9.43
	4	476.69	11.32

续表

经验分类	样本号	x_1	x_2
G_2	5	316.12	8.17
	6	274.57	9.67
	7	409.42	10.49
G_3	1	330.34	9.61
	2	331.47	13.72
	3	352.50	11.00
	4	347.31	11.19
	5	189.56	6.94

第 5 章 主成分分析

学习目标

1. 理解主成分分析的基本理论与方法；
2. 了解主成分的性质；
3. 理解主成分的求解方法；
4. 掌握用 SPSS 软件求解主成分的方法；
5. 正确理解软件输出结果并对结果进行分析。

主成分分析（principal components analysis）也称主分量分析，是由霍特林于 1933 年首先提出的。主成分分析是利用降维的思想，在损失很少信息的前提下，把多个指标转化为几个综合指标的多元统计方法。通常把转化生成的综合指标称为主成分，其中每个主成分都是原始变量的线性组合，且各个主成分之间互不相关，使得主成分比原始变量具有某些更优越的性能。这样在研究复杂问题时就可以只考虑少数几个主成分而不至于损失太多信息，从而更容易抓住主要矛盾，揭示事物内部变量之间的规律性，同时使问题得到简化，提高分析效率。本章主要介绍主成分分析的基本理论和方法、主成分分析的计算步骤及主成分分析的上机实现。

5.1 主成分分析的基本原理

5.1.1 主成分分析的基本思想

在对某一事物进行实证研究时，为了更全面、准确地反映事物的特征及其发展规律，人们往往要考虑与其有关系的多个指标，这些指标在多元统计中也称为变量。这样就产生了如下问题：一方面人们为了避免遗漏重要的信息而考虑尽可能多的指标，另一方面考虑指标的增多增加了问题的复杂性，同时由于各指标均是对同一事物的反映，不可避免地造成信息的大量重叠，这种信息的重叠有时甚至会掩盖事物的真正特征与内在规律。基于上述问题，人们就希望在定量研究中涉及的变量较少，而得到的信息又较多。主成分分析正是研究如何通过原来变量的少数几个线性组合来解释原来变量绝大多数信息的一种多元统计方法。

既然研究某一问题涉及的众多变量之间有一定的相关性，就必然存在着起支配作用的共同因素。根据这一点，通过对原始变量相关矩阵或协方差矩阵内部结构关系的研究，利用原始变量的线性组合形成几个综合指标（主成分），可以在保留原始变量主要信息的前提下起到降维与简化问题的作用，使得在研究复杂问题时更容易抓住主要矛盾。一般来说，利用主成分分析得到的主成分与原始变量之间有如下基本关系：

（1）每一个主成分都是各原始变量的线性组合。

（2）主成分的数量大大少于原始变量的数量。

（3）主成分保留了原始变量的绝大多数信息。

（4）各主成分之间互不相关。

通过主成分分析，可以从事物之间错综复杂的关系中找出一些主要成分，从而有效利用大量统计数据进行定量分析，揭示变量之间的内在关系，得到对事物特征及其发展规律的一些深层次的启发，把研究工作引向深入。

5.1.2　主成分分析的基本理论

设对某一事物的研究涉及 p 个指标，分别用 X_1，X_2，…，X_p表示，这 p 个指标构成的 p 维随机向量为 $\boldsymbol{X}=(X_1, X_2, \cdots, X_p)'$。设随机向量 $\boldsymbol{X}$ 的均值为 $\boldsymbol{\mu}$，协方差矩阵为 $\boldsymbol{\Sigma}$。

对 $\boldsymbol{X}$ 进行线性变换，可以形成新的综合变量，用 $\boldsymbol{Y}$ 表示，也就是说，新的综合变量可以由原来的变量线性表示，即满足下式：

$$\begin{cases} Y_1=u_{11}X_1+u_{21}X_2+\cdots+u_{p1}X_p \\ Y_2=u_{12}X_1+u_{22}X_2+\cdots+u_{p2}X_p \\ \quad\vdots \\ Y_p=u_{1p}X_1+u_{2p}X_2+\cdots+u_{pp}X_p \end{cases} \tag{5.1}$$

式（5.1）的矩阵表示为：

$$\boldsymbol{Y}=\boldsymbol{AX} \tag{5.2}$$

式中　$\boldsymbol{Y}=(Y_1, Y_2, \cdots, Y_p)'$

$\boldsymbol{X}=(X_1, X_2, \cdots, X_p)'$

$$\boldsymbol{A}=\begin{bmatrix} u_{11} & u_{21} & \cdots & u_{p1} \\ u_{12} & u_{22} & \cdots & u_{p2} \\ \vdots & \vdots & & \vdots \\ u_{1p} & u_{2p} & \cdots & u_{pp} \end{bmatrix}$$

由于可以任意地对原始变量进行上述线性变换，由不同的线性变换得到的综合变量 $\boldsymbol{Y}$ 的统计特性也不尽相同。为了取得较好的效果，我们总是希望 $Y_i=\boldsymbol{u}_i'\boldsymbol{X}$ 的方差尽可能大且各 Y_i之间互相独立。由于

$$\text{var}(Y_i)=\text{var}(\boldsymbol{u}_i'\boldsymbol{X})=\boldsymbol{u}_i'\boldsymbol{\Sigma}\boldsymbol{u}_i$$

而对任意的常数 c，有

$$\text{var}(c\boldsymbol{u}_i'\boldsymbol{X})=c^2\boldsymbol{u}_i'\boldsymbol{\Sigma}\boldsymbol{u}_i$$

因此对 $\boldsymbol{u}_i$ 不加限制时，可使 var(Y_i) 任意增大，问题将变得没有意义。我们将线性变换约束在下面的原则之下：

(1) $\boldsymbol{u}_i'\boldsymbol{u}_i=1$ ($i=1$，2，…，p)。

(2) Y_i 与 Y_j 相互无关（$i\neq j$；i，$j=1$，2，…，p）。

(3) Y_1 是 X_1，X_2，…，X_p 的一切满足原则（1）的线性组合中方差最大者；Y_2 是与 Y_1 不相关的 X_1，X_2，…，X_p 的所有线性组合中方差最大者……Y_p 是与 Y_1，Y_2，…，Y_{p-1} 都不相关的 X_1，X_2，…，X_p 的所有线性组合中方差最大者。

基于以上三条原则确定的综合变量 Y_1，Y_2，…，Y_p 分别称为原始变量的第一、第二……第 p 个主成分。其中，各综合变量在总方差中所占的比重依次递减。在实际研究工作中，通常只挑选前几个方差最大的主成分，从而达到简化系统结构、抓住问题实质的目的。

5.1.3　主成分分析的几何意义

由 5.1.1 节的介绍我们知道，在处理涉及多个指标的问题时，为了提高分析的效率，可以不直接对 p 个指标构成的 p 维随机向量 $\boldsymbol{X}=(X_1，X_2，\cdots，X_p)'$ 进行分析，而是先对向量 $\boldsymbol{X}$ 进行线性变换，形成少数几个新的综合变量 Y_1，Y_2，…，Y_m（$m<p$），使得各综合变量之间相互独立且能解释原始变量尽可能多的信息，这样，在以损失很少部分信息为代价的前提下，达到简化数据结构、提高分析效率的目的。这一节，我们着重讨论主成分分析的几何意义。为了方便，我们仅在二维空间中讨论主成分的几何意义，所得结论可以很容易地扩展到多维的情况。

设有 N 个样品，每个样品有两个观测变量 X_1，X_2，这样，在由变量 X_1，X_2 组成的坐标空间中，N 个样品散布的情况如带状（见图 5－1）。

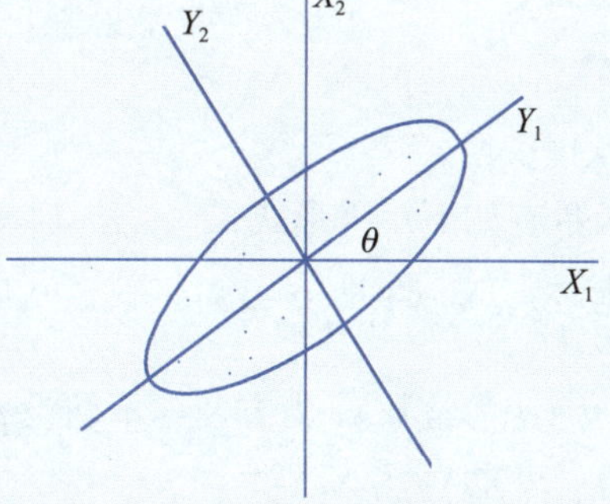

图 5－1

由图可以看出，这 N 个样品无论沿 X_1 轴方向还是沿 X_2 轴方向，均有较大的离散性，其离散程度可以分别用观测变量 X_1 的方差和 X_2 的方差定量地表示。显然，若只考虑 X_1 和 X_2 中的任何一个，原始数据中的信息均会有较大的损失。我们的目的是考虑 X_1 和 X_2 的线性组合，使原始样品数据可以用新的变量 Y_1 和 Y_2 来刻画。在几何上表示就是将坐标轴按逆时针方向旋转 θ 角度，得到新坐标轴 Y_1 和 Y_2，坐标旋转公式如下：

$$\begin{cases} Y_1 = X_1\cos\theta + X_2\sin\theta \\ Y_2 = -X_1\sin\theta + X_2\cos\theta \end{cases}$$

其矩阵形式为：

$$\begin{bmatrix} Y_1 \\ Y_2 \end{bmatrix} = \begin{bmatrix} \cos\theta & \sin\theta \\ -\sin\theta & \cos\theta \end{bmatrix} \begin{bmatrix} X_1 \\ X_2 \end{bmatrix} = \boldsymbol{UX}$$

式中，$\boldsymbol{U}$ 为旋转变换矩阵，由上式可知它是正交阵，即满足

$$\boldsymbol{U}' = \boldsymbol{U}^{-1}, \quad \boldsymbol{U}'\boldsymbol{U} = \boldsymbol{I}$$

经过这样的旋转之后，N 个样品点在 Y_1 轴上的离散程度最大，变量 Y_1 代表了原始数据的绝大部分信息，这样，有时在研究实际问题时，即使不考虑变量 Y_2 也无损大局。因此，经过上述旋转变换就可以把原始数据的信息集中到 Y_1 轴上，对数据中包含的信息起到浓缩的作用。主成分分析的目的就是找出变换矩阵 $\boldsymbol{U}$，而主成分分析的作用与几何意义也就很明了了。下面我们用服从正态分布的变量进行分析，以使主成分分析的几何意义更为明显。为方便起见，我们以二元正态分布为例。对于多元正态总体的情况，有类似的结论。

设变量 X_1，X_2 服从二元正态分布，分布密度函数为：

$$f(X_1, X_2) = \frac{1}{2\pi\sigma_1\sigma_2\sqrt{1-\rho^2}} \exp\left\{ -\frac{1}{2\sigma_1^2\sigma_2^2(1-\rho^2)} \left[(X_1-\mu_1)^2\sigma_2^2 \right.\right.$$
$$\left.\left. -2\sigma_1\sigma_2\rho(X_1-\mu_1)(X_2-\mu_2) + (X_2-\mu_2)^2\sigma_1^2 \right] \right\}$$

令 $\boldsymbol{\Sigma}$ 为变量 X_1，X_2 的协方差矩阵，其形式如下：

$$\boldsymbol{\Sigma} = \begin{bmatrix} \sigma_1^2 & \rho\sigma_1\sigma_2 \\ \rho\sigma_1\sigma_2 & \sigma_2^2 \end{bmatrix}$$

令

$$\boldsymbol{X} = \begin{bmatrix} X_1 \\ X_2 \end{bmatrix}, \quad \boldsymbol{\mu} = \begin{bmatrix} \mu_1 \\ \mu_2 \end{bmatrix}$$

则上述二元正态分布的密度函数有如下矩阵形式：

$$f(X_1, X_2) = \frac{1}{2\pi|\boldsymbol{\Sigma}|^{1/2}} \mathrm{e}^{-1/2(\boldsymbol{X}-\boldsymbol{\mu})'\boldsymbol{\Sigma}^{-1}(\boldsymbol{X}-\boldsymbol{\mu})}$$

考虑 $(\boldsymbol{X}-\boldsymbol{\mu})'\boldsymbol{\Sigma}^{-1}(\boldsymbol{X}-\boldsymbol{\mu}) = d^2$（$d$ 为常数），为方便，不妨设 $\boldsymbol{\mu}=\boldsymbol{0}$，上式有如下展开形式：

$$\frac{1}{1-\rho^2}\left[\left(\frac{X_1}{\sigma_1}\right)^2 - 2\rho\left(\frac{X_1}{\sigma_1}\right)\left(\frac{X_2}{\sigma_2}\right) + \left(\frac{X_2}{\sigma_2}\right)^2 \right] = d^2$$

令 $Z_1 = X_1/\sigma_1$，$Z_2 = X_2/\sigma_2$，则上面的方程变为：

$$Z_1^2 - 2\rho Z_1 Z_2 + Z_2^2 = d^2(1-\rho^2)$$

这是一个椭圆的方程，长短轴分别为 $2d\sqrt{1\pm\rho}$。

又令 $\lambda_1 \geqslant \lambda_2 > 0$ 为 $\boldsymbol{\Sigma}$ 的特征根，$\boldsymbol{\gamma}_1$，$\boldsymbol{\gamma}_2$ 为相应的标准正交特征向量。

$\boldsymbol{P}=(\boldsymbol{\gamma}_1, \boldsymbol{\gamma}_2)$，则 $\boldsymbol{P}$ 为正交阵，$\boldsymbol{\Lambda}=\begin{bmatrix}\lambda_1 & 0\\ 0 & \lambda_2\end{bmatrix}$，有

$$\boldsymbol{\Sigma}=\boldsymbol{P\Lambda P}', \quad \boldsymbol{\Sigma}^{-1}=\boldsymbol{P\Lambda}^{-1}\boldsymbol{P}'$$

因此有

$$\begin{aligned}
d^2 &= (\boldsymbol{X}-\boldsymbol{\mu})'\boldsymbol{\Sigma}^{-1}(\boldsymbol{X}-\boldsymbol{\mu}) = \boldsymbol{X}'\boldsymbol{\Sigma}^{-1}\boldsymbol{X}\\
&= \boldsymbol{X}'(\boldsymbol{P\Lambda}^{-1}\boldsymbol{P}')\boldsymbol{X} = \boldsymbol{X}'\left(\frac{1}{\lambda_1}\boldsymbol{\gamma}_1\boldsymbol{\gamma}_1'+\frac{1}{\lambda_2}\boldsymbol{\gamma}_2\boldsymbol{\gamma}_2'\right)\boldsymbol{X}\\
&= \frac{1}{\lambda_1}(\boldsymbol{\gamma}_1'\boldsymbol{X})^2+\frac{1}{\lambda_2}(\boldsymbol{\gamma}_2'\boldsymbol{X})^2\\
&= \frac{Y_1^2}{\lambda_1}+\frac{Y_2^2}{\lambda_2}
\end{aligned}$$

式中，设 $\boldsymbol{\mu}=\boldsymbol{0}$。与上面一样，这也是一个椭圆的方程，且在 Y_1，Y_2 构成的坐标系中，其主轴的方向恰恰是 Y_1，Y_2 坐标轴的方向。因为 $Y_1=\boldsymbol{\gamma}_1'\boldsymbol{X}$，$Y_2=\boldsymbol{\gamma}_2'\boldsymbol{X}$，所以，$Y_1$，$Y_2$ 就是原始变量 X_1，X_2 的两个主成分，它们的方差分别为 λ_1，λ_2，经常有 λ_1 远大于 λ_2，因此，在 Y_1 方向上集中的 X_1 和 X_2 的变差远大于在 Y_2 方向上集中的变差。这样，我们就可以只研究原始数据在 Y_1 方向上的变化而不至于损失过多信息，而 γ_1，γ_2 就是椭圆在原始坐标系中的主轴方向，也是坐标轴转换的系数向量。对于多维的情况，上面的结论依然成立。

这样，我们就对主成分分析的几何意义有了充分的了解。主成分分析的过程无非就是坐标系旋转的过程，各主成分表达式就是新坐标系与原坐标系的转换关系，在新坐标系中，各坐标轴的方向就是原始数据变差最大的方向。

5.2 总体主成分及其性质

由上面的讨论可知，求解主成分的过程就是求满足三个原则的原始变量 X_1，X_2，…，X_p 的线性组合的过程。本节从总体出发，介绍求解主成分的一般方法及主成分的性质，下节介绍样本主成分的导出。

主成分分析的基本思想就是在保留原始变量尽可能多的信息的前提下达到降维的目的，从而降低问题的复杂性并抓住问题的主要矛盾。对于随机变量 X_1，X_2，…，X_p 而言，其协方差矩阵或相关矩阵正是对各变量离散程度与变量之间的相关程度的信息的反映，而相关矩阵不过是将原始变量标准化后的协方差矩阵。我们所说的保留原始变量尽可能多的信息，也就是指生成的较少的综合变量（主成分）的方差和尽可能接近原始变量方差的总和。因此在实际求解主成分的时候，总是从原始变量的协方差矩阵或相关矩阵的结构分析入手。一般来说，从原始变量的协方差矩阵出发求得的主成分与从原始变量的相关矩阵出发求得的主成分是不同的。下面分别就协方差矩阵与相关矩阵进行讨论。

5.2.1 从协方差矩阵出发求解主成分

引论：设矩阵 $\boldsymbol{A}'=\boldsymbol{A}$，将 $\boldsymbol{A}$ 的特征根 λ_1，λ_2，…，λ_n 依大小顺序排列，不妨设 $\lambda_1\geqslant$

$\lambda_2\geqslant\cdots\geqslant\lambda_n$，$\boldsymbol{\gamma}_1$，$\boldsymbol{\gamma}_2$，…，$\boldsymbol{\gamma}_n$为矩阵$\boldsymbol{\Sigma}$各特征根对应的标准正交特征向量，则对任意向量$\boldsymbol{x}$，有

$$\max_{\boldsymbol{x}\neq\boldsymbol{0}}\frac{\boldsymbol{x}'\boldsymbol{A}\boldsymbol{x}}{\boldsymbol{x}'\boldsymbol{x}}=\lambda_1,\quad \min_{\boldsymbol{x}\neq\boldsymbol{0}}\frac{\boldsymbol{x}'\boldsymbol{A}\boldsymbol{x}}{\boldsymbol{x}'\boldsymbol{x}}=\lambda_n \tag{5.3}$$

结论：设随机向量$\boldsymbol{X}=(X_1,X_2,\cdots,X_p)'$的协方差矩阵为$\boldsymbol{\Sigma}$，$\lambda_1$，$\lambda_2$，…，$\lambda_p$（$\lambda_1\geqslant\lambda_2\geqslant\cdots\geqslant\lambda_p$）为$\boldsymbol{\Sigma}$的特征根，$\boldsymbol{\gamma}_1$，$\boldsymbol{\gamma}_2$，…，$\boldsymbol{\gamma}_p$为矩阵$\boldsymbol{\Sigma}$各特征根对应的标准正交特征向量，则第$i$个主成分为：

$$Y_i=\gamma_{1i}X_1+\gamma_{2i}X_2+\cdots+\gamma_{pi}X_p,\quad i=1,2,\cdots,p$$

此时

$$\begin{aligned}&\operatorname{var}(Y_i)=\boldsymbol{\gamma}_i'\boldsymbol{\Sigma}\gamma_i=\lambda_i\\&\operatorname{cov}(Y_i,Y_j)=\boldsymbol{\gamma}_i'\boldsymbol{\Sigma}\boldsymbol{\gamma}_j=0,\quad i\neq j\end{aligned} \tag{5.4}$$

令$\boldsymbol{P}=(\boldsymbol{\gamma}_1,\boldsymbol{\gamma}_2,\cdots,\boldsymbol{\gamma}_p)$，$\boldsymbol{\Lambda}=\operatorname{diag}(\lambda_1,\lambda_2,\cdots,\lambda_p)$。

由以上结论，我们把X_1，X_2，…，X_p的协方差矩阵$\boldsymbol{\Sigma}$的非零特征根λ_1，λ_2，…，λ_p（$\lambda_1\geqslant\lambda_2\geqslant\cdots\geqslant\lambda_p>0$）对应的标准化特征向量$\boldsymbol{\gamma}_1$，$\boldsymbol{\gamma}_2$，…，$\boldsymbol{\gamma}_p$分别作为系数向量，$Y_1=\boldsymbol{\gamma}_1'\boldsymbol{X}$，$Y_2=\boldsymbol{\gamma}_2'\boldsymbol{X}$，…，$Y_p=\boldsymbol{\gamma}_p'\boldsymbol{X}$分别称为随机向量$\boldsymbol{X}$的第一主成分、第二主成分……第$p$主成分。$\boldsymbol{Y}$的分量$Y_1$，$Y_2$，…，$Y_p$依次是$\boldsymbol{X}$的第一主成分、第二主成分……第$p$主成分的充分必要条件是：

(1) $\boldsymbol{Y}=\boldsymbol{P}'\boldsymbol{X}$，即$\boldsymbol{P}$为$p$阶正交阵；

(2) $\boldsymbol{Y}$的分量之间互不相关，即$D(\boldsymbol{Y})=\operatorname{diag}(\lambda_1,\lambda_2,\cdots,\lambda_p)$；

(3) $\boldsymbol{Y}$的p个分量按方差由大到小排列，即$\lambda_1\geqslant\lambda_2\geqslant\cdots\geqslant\lambda_p$。

注：无论$\boldsymbol{\Sigma}$的各特征根是否存在相等的情况，对应的标准化特征向量$\boldsymbol{\gamma}_1$，$\boldsymbol{\gamma}_2$，…，$\boldsymbol{\gamma}_p$总是存在的，我们总可以找到对应各特征根的彼此正交的特征向量。这样，求主成分的问题应变成求特征根与特征向量的问题（参见参考文献［2］和［3］）。

5.2.2 主成分的性质

性质1 $\boldsymbol{Y}$的协方差阵为对角阵$\boldsymbol{\Lambda}$。

这一性质可由上述结论得到，证明略。

性质2 记$\boldsymbol{\Sigma}=(\sigma_{ij})_{p\times p}$，有$\sum_{i=1}^{p}\lambda_i=\sum_{i=1}^{p}\sigma_{ii}$。

证明：由$\boldsymbol{P}=(\boldsymbol{\gamma}_1,\boldsymbol{\gamma}_2,\cdots,\boldsymbol{\gamma}_p)$，有

$$\boldsymbol{\Sigma}=\boldsymbol{P\Lambda P}'$$

于是

$$\sum_{i=1}^{p}\sigma_{ii}=\operatorname{tr}(\boldsymbol{\Sigma})=\operatorname{tr}(\boldsymbol{P\Lambda P}')=\operatorname{tr}(\boldsymbol{\Lambda P}'\boldsymbol{P})=\operatorname{tr}(\boldsymbol{\Lambda})=\sum_{i=1}^{p}\lambda_i$$

定义5.1 称$\alpha_k=\dfrac{\lambda_k}{\lambda_1+\lambda_2+\cdots+\lambda_p}$（$k=1,2,\cdots,p$）为第$k$个主成分$Y_k$的方差贡献

率，称 $\frac{\sum_{i=1}^{m}\lambda_i}{\sum_{i=1}^{p}\lambda_i}$ 为主成分 Y_1，Y_2，…，Y_m的累积贡献率。

由此进一步可知，主成分分析是把 p 个随机变量的总方差 $\sum_{i=1}^{p}\sigma_{ii}$ 分解为 p 个不相关的随机变量的方差之和，使第一主成分的方差达到最大。第一主成分是以变化最大的方向向量的各分量为系数的原始变量的线性函数，最大方差为 λ_1。$\alpha_1=\frac{\lambda_1}{\sum\lambda_i}$ 表明了最大方差占总方差的比值，称 α_1为第一主成分的贡献率。这个值越大，表明 Y_1这个新变量综合 X_1，X_2，…，X_p信息的能力越强，即由 Y_1的差异来解释随机向量 $\boldsymbol{X}$ 的差异的能力越强。正因如此，才把 Y_1称为 $\boldsymbol{X}$ 的主成分，进而我们就更清楚为什么主成分是按特征根 λ_1，λ_2，…，λ_p取值的大小排序的。

进行主成分分析的目的之一是减少变量的个数，所以一般不会取 p 个主成分，而是取 m（$m<p$）个主成分。m 取多少比较合适，是一个很实际的问题，通常以所取 m 使得累积贡献率达到 85%以上为宜，即

$$\frac{\sum_{i=1}^{m}\lambda_i}{\sum_{i=1}^{p}\lambda_i}\geqslant 85\% \tag{5.5}$$

这样，既能使信息损失不太多，又能达到减少变量、简化问题的目的。另外，选取主成分还可根据特征根的变化来确定。图 5－2 为 SPSS 统计软件生成的碎石图。

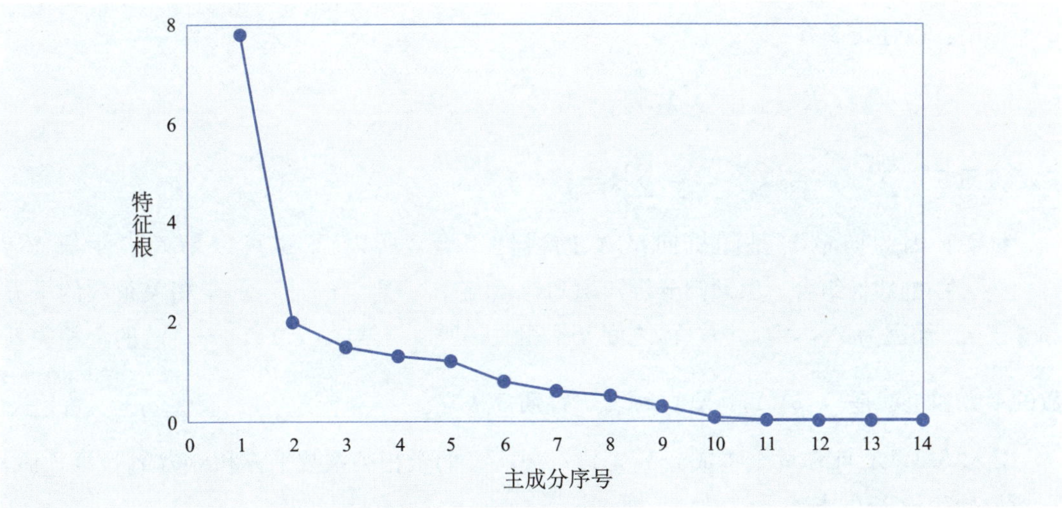

图 5－2　碎石图

由图 5－2 可知，第二个及第三个特征根变化的趋势已经开始趋于平稳，所以，取前两个或前三个主成分是比较合适的。采用这种方法确定的主成分个数与按累积贡献率确定的主成分个数往往是一致的。在实际应用中，有些研究者习惯于保留那些特征根大于 1 的

主成分，但这种方法缺乏完善的理论支持。在大多数情况下，$m=3$ 即可使所选主成分保持信息总量的比重达到 85%以上。

定义 5.2 第 k 个主成分 Y_k 与原始变量 X_i 的相关系数 $\rho(Y_k, X_i)$ 称为因子负荷量。

因子负荷量是主成分解释中非常重要的依据，因子负荷量的绝对值大小刻画了该主成分的主要意义及其成因。在下一章中还将对因子负荷量的统计意义给出更详细的解释。由下面的性质我们可以看到，因子负荷量与系数向量成正比。

性质 3 $\rho(Y_k, X_i)=\gamma_{ik}\sqrt{\lambda_k}/\sqrt{\sigma_{ii}}$， $k, i=1, 2, \cdots, p$　　(5.6)

证明：$\sqrt{\mathrm{var}(Y_k)}=\sqrt{\lambda_k}$，$\sqrt{\mathrm{var}(X_i)}=\sqrt{\sigma_{ii}}$

令 $\boldsymbol{e}_i=(0, \cdots, 0, 1, 0, \cdots, 0)'$为单位向量，则

$$X_i=\boldsymbol{e}_i'\boldsymbol{X}$$

又

$$Y_k=\gamma_k'\boldsymbol{X}$$

于是

$$\mathrm{cov}(Y_k, X_i)=\mathrm{cov}(\boldsymbol{\gamma}_k'\boldsymbol{X}, \boldsymbol{e}_i'\boldsymbol{X})=\boldsymbol{e}_i'D(\boldsymbol{X})\boldsymbol{\gamma}_k=\boldsymbol{e}_i'\boldsymbol{\Sigma}\boldsymbol{\gamma}_k=\lambda_k\boldsymbol{e}_i'\boldsymbol{\gamma}_k=\lambda_k\gamma_{ik}$$

$$\rho(Y_k, X_i)=\frac{\mathrm{cov}(Y_k, X_i)}{\sqrt{\mathrm{var}(Y_k)}\sqrt{\mathrm{var}(X_i)}}=\frac{\gamma_{ik}\sqrt{\lambda_k}}{\sqrt{\sigma_{ii}}}$$

由性质 3 知，因子负荷量 $\rho(Y_k, X_i)$ 与系数 γ_{ik} 成正比，与 X_i 的标准差成反比关系，因此，绝不能将因子负荷量与系数向量混为一谈。在解释主成分的成因或第 i 个变量对第 k 个主成分的重要性时，应当根据因子负荷量而不能仅仅根据 Y_k 与 X_i 的变换系数 γ_{ik}。

性质 4 $\sum_{i=1}^{p}\rho^2(Y_k, X_i)\sigma_{ii}=\lambda_k$　　(5.7)

证明：由性质 3 有

$$\sum_{i=1}^{p}\rho^2(Y_k, X_i)\sigma_{ii}=\sum_{i=1}^{p}\lambda_k\gamma_{ik}^2=\lambda_k\sum_{i=1}^{p}\gamma_{ik}^2=\lambda_k \tag{5.8}$$

性质 5 $\sum_{k=1}^{p}\rho^2(Y_k, X_i)=\frac{1}{\sigma_{ii}}\sum_{k=1}^{p}\lambda_k\gamma_{ik}^2=1$

证明：因为向量 $\boldsymbol{Y}$ 是随机向量 $\boldsymbol{X}$ 的线性组合，所以 X_i 也可以精确表示成 Y_1，Y_2，…，Y_p的线性组合。由回归分析知识知，X_i与 Y_1，Y_2，…，Y_p的全相关系数的平方和等于 1，而因为 Y_1，Y_2，…，Y_p之间互不相关，所以 X_i与 Y_1，Y_2，…，Y_p的全相关系数的平方和也就是 $\sum_{k=1}^{p}\rho^2(Y_k, X_i)$，因此，性质 5 成立。

定义 5.3 X_i与前 m 个主成分 Y_1，Y_2，…，Y_m的全相关系数平方和称为 Y_1，Y_2，…，Y_m对原始变量 X_i的方差贡献率 v_i，即

$$v_i=\frac{1}{\sigma_{ii}}\sum_{k=1}^{m}\lambda_k\gamma_{ik}^2,\quad i=1, 2, \cdots, p \tag{5.9}$$

这一定义说明了前 m 个主成分提取了原始变量 X_i 中 v_i的信息，由此可以判断我们提取的主成分说明原始变量的能力。

5.2.3 从相关矩阵出发求解主成分

考虑如下的数学变换。令

$$Z_i=\frac{X_i-\mu_i}{\sqrt{\sigma_{ii}}},\quad i=1,2,\cdots,p$$

式中，μ_i 与 σ_{ii} 分别表示变量 X_i 的期望与方差。于是有

$$E(Z_i)=0,\quad \operatorname{var}(Z_i)=1$$

令

$$\boldsymbol{\Sigma}^{1/2}=\begin{bmatrix}\sqrt{\sigma_{11}} & 0 & \cdots & 0\\ 0 & \sqrt{\sigma_{22}} & \cdots & 0\\ \vdots & \vdots & & \vdots\\ 0 & 0 & \cdots & \sqrt{\sigma_{pp}}\end{bmatrix}$$

对原始变量 $\boldsymbol{X}$ 进行如下标准化：

$$\boldsymbol{Z}=(\boldsymbol{\Sigma}^{1/2})^{-1}(\boldsymbol{X}-\boldsymbol{\mu})$$

经过上述标准化后，显然有

$$E(\boldsymbol{Z})=\boldsymbol{0}$$

$$\operatorname{cov}(\boldsymbol{Z},\boldsymbol{Z})=(\boldsymbol{\Sigma}^{1/2})^{-1}\boldsymbol{\Sigma}(\boldsymbol{\Sigma}^{1/2})^{-1}=\begin{bmatrix}1 & \rho_{12} & \cdots & \rho_{1p}\\ \rho_{12} & 1 & \cdots & \rho_{2p}\\ \vdots & \vdots & & \vdots\\ \rho_{1p} & \rho_{2p} & \cdots & 1\end{bmatrix}=\boldsymbol{R}$$

由于上面的变换过程，原始变量 X_1，X_2，…，X_p 的相关阵实际上就是对原始变量标准化后的协方差矩阵，因此，由相关矩阵求主成分的过程与主成分个数的确定准则实际上是与由协方差矩阵出发求主成分的过程与主成分个数的确定准则相一致的，在此不再赘述。仍用 λ_i，$\boldsymbol{\gamma}_i$ 分别表示相关阵 $\boldsymbol{R}$ 的特征根与对应的标准正交特征向量，此时，求得的主成分与原始变量的关系式为：

$$Y_i=\boldsymbol{\gamma}_i'\boldsymbol{Z}=\boldsymbol{\gamma}_i'(\boldsymbol{\Sigma}^{1/2})^{-1}(\boldsymbol{X}-\boldsymbol{\mu}),\quad i=1,2,\cdots,p \tag{5.10}$$

5.2.4 由相关阵求主成分时主成分性质的简单形式

由相关阵出发所求得的主成分依然具有上述各种性质，不同的是在形式上要简单，这是由相关阵 $\boldsymbol{R}$ 的特性决定的。我们将由相关阵得到的主成分的性质总结如下：

（1）$\boldsymbol{Y}$ 的协方差矩阵为对角阵 $\boldsymbol{\Lambda}$；

（2）$\sum\limits_{i=1}^{p}\operatorname{var}(Y_i)=\operatorname{tr}(\boldsymbol{\Lambda})=\operatorname{tr}(\boldsymbol{R})=p=\sum\limits_{i=1}^{p}\operatorname{var}(Z_i)$；

（3）第 k 个主成分的方差占总方差的比例，即第 k 个主成分的方差贡献率为 $\alpha_k=\lambda_k/p$，前 m 个主成分的累积方差贡献率为 $\sum\limits_{i=1}^{m}\lambda_i/p$；

(4) $\rho(Y_k, Z_i)=\gamma_{\gamma i}\sqrt{\lambda_k}$。

注意到 $\mathrm{var}(Z_i)=1$，且 $\mathrm{tr}(\boldsymbol{R})=p$，结合前面从协方差矩阵出发求主成分部分对主成分性质的说明，可以很容易地得出上述性质。虽然主成分的性质在这里有更简单的形式，但应注意其实质与前面的结论并没有区别。需要注意的一点是，判断主成分的成因或原始变量（这里，原始变量指的是标准化以后的随机向量 $\boldsymbol{Z}$）对主成分的重要性有更简单的方法，因为由上面第（4）条性质知，这里因子负荷量仅依赖于由 Z_i 到 Y_k 的转换向量系数 $\gamma_{\gamma i}$（因为对不同的 Z_i，因子负荷量表达式的后半部分 $\sqrt{\lambda_k}$ 是固定的）。

5.3 样本主成分的导出

在实际研究工作中，总体协方差阵 $\boldsymbol{\Sigma}$ 与相关阵 $\boldsymbol{R}$ 通常是未知的，因此需要通过样本数据来估计。设有 n 个样品，每个样品有 p 个指标，这样共得到 np 个数据。原始资料矩阵如下：

$$\boldsymbol{X}=\begin{bmatrix} x_{11} & x_{12} & \cdots & x_{1p} \\ x_{21} & x_{22} & \cdots & x_{2p} \\ \vdots & \vdots & & \vdots \\ x_{n1} & x_{n2} & \cdots & x_{np} \end{bmatrix}$$

记

$$\boldsymbol{S}=\frac{1}{n-1}\sum_{i=1}^{n}(\boldsymbol{X}_{(i)}-\bar{\boldsymbol{X}})(\boldsymbol{X}_{(i)}-\bar{\boldsymbol{X}})'$$

$$\boldsymbol{X}_{(i)}=(x_{i1}, x_{i2}, \cdots, x_{ip})', \quad i=1, 2, \cdots, n$$

$$\bar{\boldsymbol{X}}=\frac{1}{n}\sum_{i=1}^{n}\boldsymbol{X}_{(i)}=(\bar{x}_1, \bar{x}_2, \cdots, \bar{x}_p)'$$

$\boldsymbol{S}$ 为样本协方差矩阵，作为总体协方差阵 $\boldsymbol{\Sigma}$ 的无偏估计；$\boldsymbol{R}$ 是样本相关矩阵，为总体相关矩阵的估计。由前面的讨论知，若原始资料阵 $\boldsymbol{X}$ 是经过标准化处理的，则由矩阵 $\boldsymbol{X}$ 求得的协方差阵就是相关矩阵，即 $\boldsymbol{S}$ 与 $\boldsymbol{R}$ 完全相同。因为由协方差矩阵求解主成分的过程与由相关矩阵出发求解主成分的过程是一致的，所以下面仅介绍由相关阵 $\boldsymbol{R}$ 出发求解主成分。

根据总体主成分的定义，主成分 $\boldsymbol{Y}$ 的协方差是：

$$\mathrm{cov}(\boldsymbol{Y}, \boldsymbol{Y})=\boldsymbol{\Lambda}$$

式中，$\boldsymbol{\Lambda}$ 为对角阵。

$$\boldsymbol{\Lambda}=\begin{bmatrix} \lambda_1 & 0 & 0 & \cdots & 0 \\ 0 & \lambda_2 & 0 & \cdots & 0 \\ 0 & 0 & \lambda_3 & \cdots & 0 \\ \vdots & \vdots & \vdots & & \vdots \\ 0 & 0 & 0 & \cdots & \lambda_p \end{bmatrix}$$

假定资料矩阵 $\boldsymbol{X}$ 为标准化后的数据矩阵，则可由相关矩阵代替协方差矩阵，于是上式可表示为：

$$\boldsymbol{P}'\boldsymbol{R}\boldsymbol{P}=\boldsymbol{\Lambda}$$

于是，所求的新的综合变量（主成分）的方差 λ_i（$i=1, 2, \cdots, p$）是

$$|\boldsymbol{R}-\lambda\boldsymbol{I}|=0$$

的 p 个根，λ 为相关矩阵的特征根，相应的各个 γ_{ij} 是其特征向量的分量。

因为 $\boldsymbol{R}$ 为正定矩阵，所以其特征根都是非负实数，将它们依大小顺序排列 $\lambda_1\geqslant\lambda_2\geqslant\cdots\geqslant\lambda_p\geqslant 0$，其相应的特征向量记为 $\boldsymbol{\gamma}_1, \boldsymbol{\gamma}_2, \cdots, \boldsymbol{\gamma}_p$，则 Y_1 的方差为：

$$\text{var}(Y_1)=\text{var}(\boldsymbol{\gamma}_1'\boldsymbol{X})=\lambda_1$$

同理有

$$\text{var}(Y_i)=\text{var}(\boldsymbol{\gamma}_i'\boldsymbol{X})=\lambda_i$$

即对于 Y_1 有最大方差，Y_2 有次大方差……并且协方差为：

$$\begin{aligned}\text{cov}(Y_i, Y_j) &= \text{cov}(\boldsymbol{\gamma}_i'\boldsymbol{X}, \boldsymbol{\gamma}_j'\boldsymbol{X}) = \boldsymbol{\gamma}_i'\boldsymbol{R}\boldsymbol{\gamma}_j \\ &= \boldsymbol{\gamma}_i'\Big(\sum_{\alpha=1}^{p}\lambda_\alpha\boldsymbol{\gamma}_\alpha\boldsymbol{\gamma}_\alpha'\Big)\boldsymbol{\gamma}_j \\ &= \sum_{\alpha=1}^{p}\lambda_\alpha(\boldsymbol{\gamma}_i'\boldsymbol{\gamma}_\alpha)(\boldsymbol{\gamma}_\alpha'\boldsymbol{\gamma}_j) = 0, \quad i\neq j\end{aligned}$$

由此可有新的综合变量（主成分）$Y_1, Y_2, \cdots, Y_p$ 彼此不相关，并且 Y_i 的方差为 λ_i，则 $Y_1=\boldsymbol{\gamma}_1'\boldsymbol{X}$，$Y_2=\boldsymbol{\gamma}_2'\boldsymbol{X}$，…，$Y_p=\boldsymbol{\gamma}_p'\boldsymbol{X}$ 分别称为第一、第二……第 p 个主成分。由上述求主成分的过程可知，主成分在几何图形中的方向实际上就是 $\boldsymbol{R}$ 的特征向量的方向；主成分的方差贡献就等于 $\boldsymbol{R}$ 的相应特征根。这样，我们利用样本数据求解主成分的过程实际上就转化为求相关阵或协方差阵的特征根和特征向量的过程。

5.4 有关问题的讨论

5.4.1 关于由协方差矩阵或相关矩阵出发求解主成分

由前面的讨论可知，求解主成分的过程实际就是对矩阵结构进行分析的过程，也就是求解特征根的过程。在实际分析过程中，我们可以从原始数据的协方差矩阵出发，也可以从原始数据的相关矩阵出发，其求主成分的过程是一致的。但是，从协方差阵出发和从相关阵出发所求得的主成分一般来说是有差别的，而且这种差别有时还很大。这方面的例子可参见参考文献 [7]。

一般而言，对于度量单位不同的指标或取值范围彼此差异非常大的指标，不直接由其协方差矩阵出发进行主成分分析，而应该考虑将数据标准化。比如，在对上市公司的财务状况进行分析时，常常会涉及利润总额、市盈率、每股净利率等指标，其中利润总额取值常常从几十万元到上百万元，市盈率取值一般在个位数到六七十之间，而每股净利率在 1

以下，不同指标取值范围相差很大，若是直接从协方差矩阵入手进行主成分分析，利润总额将明显起到重要支配作用，而其他两个指标的作用很难在主成分中体现出来，此时应该考虑对数据进行标准化处理。

但是，对原始数据进行标准化处理后倾向于各个指标的作用在主成分的构成中相同。对取值范围相差不大或度量相同的指标进行标准化处理后，其主成分分析的结果仍与由协方差阵出发求得的结果有较大区别。这是由于对数据进行标准化的过程实际上也就是抹杀原始变量离散程度差异的过程，标准化后的各变量方差相等，均为 1，而实际上方差也是对数据信息的重要概括，也就是说，对原始数据进行标准化后抹杀了一部分重要信息，因此才使得标准化后各变量在主成分构成中的作用趋于相同。由此看来，对同度量或取值范围在同量级的数据，还是直接从协方差矩阵求解主成分为宜。

对于从什么出发求解主成分，现在还没有一个定论，但是我们应该看到，不考虑实际情况就对数据进行标准化处理或者直接从原始变量的相关矩阵出发求解主成分是有其不足之处的，这一点需要注意。建议在实际工作中分别从不同角度出发求解主成分并研究其结果的差别，看看是否存在明显差异且这种差异产生的原因在何处，以确定哪种结果更为可信。

5.4.2 主成分分析不要求数据来自正态总体

由上面的讨论可知，无论是从原始变量协方差矩阵出发求解主成分，还是从相关矩阵出发求解主成分，均不涉及总体分布的问题。也就是说，与很多多元统计方法不同，主成分分析不要求数据来自正态总体。实际上，主成分分析就是对矩阵结构的分析，其中用到的主要是矩阵运算的技术及矩阵对角化和矩阵的谱分解技术。我们知道，对多元随机变量而言，其协方差矩阵或相关矩阵均是非负定的，这样，就可以按照求解主成分的步骤求出其特征根、标准正交特征向量，进而求出主成分，达到缩减数据维数的目的。同时，由主成分分析的几何意义可以看到，对来自多元总体的数据，我们得到了合理的几何解释，即主成分就是按数据离散程度最大的方向进行坐标轴旋转。

主成分分析的这一特性大大扩展了其应用范围，对多维数据，只要是涉及降维的处理，我们都可以尝试用主成分分析，而不用花太多精力考虑其分布情况。

5.4.3 主成分分析与重叠信息

首先应当认识到，主成分分析方法适用于变量之间存在较强相关性的数据，如果原始数据相关性较弱，运用主成分分析将不能起到很好的降维作用，即所得的各个主成分浓缩原始变量信息的能力差别不大。一般认为，当原始数据大部分变量的相关系数都小于 0.3 时，运用主成分分析不会取得很好的效果。

很多研究者在运用主成分分析方法时，都或多或少地存在对主成分分析消除原始变量重叠信息的期望，这样，在实际工作之初就可以把与某一研究问题相关而可能得到的变量（指标）都纳入分析过程，再用少数几个主成分浓缩这些有用信息（假定已剔除了重叠信息），然后对主成分进行深入分析。在对待重叠信息方面，生成的新的综合变量（主成分）

是有效剔除了原始变量中的重叠信息，还是仅按原来的模式将原始信息中的绝大部分用几个不相关的新变量表示出来，这一点还有待讨论。

为说明这个问题，有必要再回顾一下主成分的求解过程。我们仅就从协方差矩阵出发求主成分的过程予以说明，从相关阵出发有类似的情况。

对于 p 维指标的情况，得到其协方差矩阵如下：

$$\boldsymbol{\Sigma}=\begin{bmatrix}\sigma_{11} & \sigma_{12} & \cdots & \sigma_{1p}\\ \sigma_{21} & \sigma_{22} & \cdots & \sigma_{2p}\\ \vdots & \vdots & & \vdots\\ \sigma_{p1} & \sigma_{p2} & \cdots & \sigma_{pp}\end{bmatrix}$$

现在考虑一种极端情况，即有两个指标完全相关，不妨设第一个指标在进行主成分分析时考虑了两次，则协方差矩阵变为：

$$\boldsymbol{\Sigma}_1=\begin{bmatrix}\sigma_{11} & \sigma_{11} & \sigma_{12} & \cdots & \sigma_{1p}\\ \sigma_{11} & \sigma_{11} & \sigma_{12} & \cdots & \sigma_{1p}\\ \sigma_{21} & \sigma_{21} & \sigma_{22} & \cdots & \sigma_{2p}\\ \vdots & \vdots & \vdots & & \vdots\\ \sigma_{p1} & \sigma_{p1} & \sigma_{p2} & \cdots & \sigma_{pp}\end{bmatrix}$$

此时主成分分析实际上是由 $(p+1)\times(p+1)$ 维矩阵 $\boldsymbol{\Sigma}_1$ 进行。$\boldsymbol{\Sigma}_1$ 的行列式的值为零但仍满足非负定，只不过其最小的特征根为零，由 $\boldsymbol{\Sigma}_1$ 出发求解主成分，其方差总和不再是 $\sigma_{11}+\sigma_{22}+\cdots+\sigma_{pp}$，而是 $\sigma_{11}+\sigma_{22}+\cdots+\sigma_{pp}+\sigma_{11}$。也就是说，第一个指标在分析过程中起到了加倍的作用，其重叠信息完全像其他指标提供的信息一样在起作用。这样求得的主成分已经与没有第一个指标重叠信息时不一样了，因为主成分方差的总和已经变为 $\sigma_{11}+\sigma_{22}+\cdots+\sigma_{pp}+\sigma_{11}$ 而不是 $\sigma_{11}+\sigma_{22}+\cdots+\sigma_{pp}$，每个主成分解释方差的比例也相应发生变化，而整个分析过程没有对重叠信息做任何特殊处理。也就是说，由于对第一个指标罗列了两次，其在生成的主成分构成中也起到了加倍的作用。这一点尤其应该引起注意，这意味着主成分分析对重叠信息的剔除是无能为力的，同时主成分分析还损失了一部分信息。对此，参考文献［4］举例进行了说明。

这就告诉我们，在实际工作中，在选取初始变量进入分析时应该小心，对原始变量存在多重共线性的问题，在应用主成分分析方法时一定要慎重。应该考虑所选取的初始变量是否合适，是否真实地反映了事物的本来面目，如果是出于避免遗漏某些信息的原因而特意选取了过多的存在重叠信息的变量，就要特别注意应用主成分分析所得到的结果。

如果所得到的样本协方差矩阵（或相关阵）最小的特征根接近于零，那么就有

$$\hat{\boldsymbol{\Sigma}}\boldsymbol{\gamma}_p=\frac{1}{n-1}(\boldsymbol{X}-\mathbf{1}\bar{\boldsymbol{X}}')'(\boldsymbol{X}-\mathbf{1}\bar{\boldsymbol{X}}')\boldsymbol{\gamma}_p=\lambda_p\boldsymbol{\gamma}_p\approx\mathbf{0} \tag{5.11}$$

式中，$\mathbf{1}$ 是元素均为 1 的 n 元列向量。上式左乘 $\boldsymbol{\gamma}_p'$ 可得

$$\gamma_p'(\boldsymbol{X}-\mathbf{1}\bar{\boldsymbol{X}}')'(\boldsymbol{X}-\mathbf{1}\bar{\boldsymbol{X}}')\gamma_p\approx 0$$

进而推出

$$(\boldsymbol{X}-\mathbf{1}\bar{\boldsymbol{X}}')\boldsymbol{\gamma}_p\approx 0 \tag{5.12}$$

这就意味着，中心化以后的原始变量之间存在着多重共线性，即原始变量存在着不可忽视的重叠信息。因此，在进行主成分分析得出协方差矩阵或相关矩阵，发现最小特征根接近于零时，应该注意对主成分的解释，或者考虑对最初纳入分析的指标进行筛选。由此可以看出，虽然主成分分析不能有效地剔除重叠信息，但它至少可以发现原始变量是否存在重叠信息，这对减少分析中的失误是有帮助的。

5.5 主成分分析步骤及框图

5.5.1 主成分分析步骤

由前面的讨论大体上可以明了主成分分析的步骤，对此归纳如下：

（1）根据研究问题选取初始分析变量；

（2）根据初始变量特性判断由协方差阵求主成分还是由相关阵求主成分；

（3）求协方差阵或相关阵的特征根与相应标准特征向量；

（4）判断是否存在明显的多重共线性，若存在，则回到第（1）步；

（5）得到主成分的表达式并确定主成分个数，选取主成分；

（6）结合主成分对研究问题进行分析并深入研究。

5.5.2 主成分分析的逻辑框图

主成分分析的逻辑框图如图5-3所示。

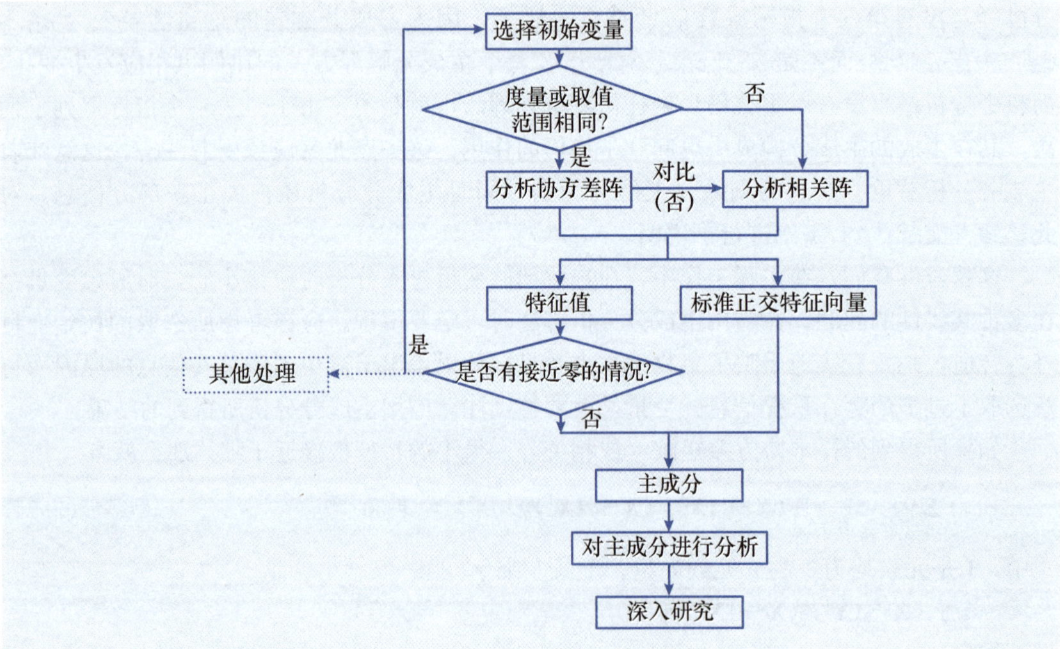

图5-3 主成分分析的逻辑框图

5.6 主成分分析的上机实现

SPSS 软件 FACTOR 模块提供了主成分分析的功能。下面将以几个实际的例子介绍主成分分析的具体应用。

例 5-1

为掌握我国各地区主要行业的城镇私营企业就业人员的平均工资水平，选取 2022 年我国 31 个省、自治区、直辖市 9 个行业就业人员的平均工资数据（数据来源于 2023 年《中国统计年鉴》），如表 5-1 所示。下面我们用主成分分析方法处理该数据，以期用较少的变量描述这些行业各地区就业人员的工资水平。

表 5-1　2022 年分地区城镇私营企业就业人员平均工资　　单位：元

X_1　农、林、牧、渔业　　X_2　制造业　　X_3　电力、热力、燃气及水生产和供应业
X_4　建筑业　　X_5　住宿和餐饮业　　X_6　金融业
X_7　房地产业　　X_8　教育业　　X_9　文化、体育和娱乐业

地区	X_1	X_2	X_3	X_4	X_5	X_6	X_7	X_8	X_9
北京	68 461	113 420	77 032	73 741	61 662	186 401	64 097	113 205	98 473
天津	67 186	69 453	71 738	58 558	49 651	125 753	57 806	60 496	63 950
河北	38 758	53 220	54 209	46 134	38 127	79 586	43 360	46 019	42 794
山西	37 043	51 623	48 127	48 591	35 381	73 989	37 354	39 945	34 611
内蒙古	50 454	62 132	60 006	54 193	42 043	91 032	39 815	35 476	39 834
辽宁	49 275	56 287	56 086	50 550	40 468	37 278	44 034	39 976	39 726
吉林	38 929	48 371	48 383	47 892	41 619	31 345	41 341	41 172	42 290
黑龙江	35 100	49 586	43 054	41 201	35 956	35 167	35 869	35 890	44 902
上海	62 713	93 923	99 584	74 697	62 342	219 157	82 520	118 561	98 606
江苏	52 085	77 996	83 474	66 365	52 441	121 601	61 962	69 576	66 341
浙江	51 368	69 805	73 920	67 276	55 340	139 245	67 472	75 639	63 719
安徽	45 936	61 150	54 236	59 091	45 391	84 014	50 078	49 644	49 291
福建	52 450	69 715	61 350	64 054	48 558	108 280	62 850	50 841	52 775
江西	40 591	56 723	57 776	53 370	41 615	57 169	57 278	50 100	45 341
山东	50 472	59 556	68 497	60 129	44 496	72 096	50 787	49 502	48 748
河南	38 518	49 899	51 005	49 939	40 099	85 281	49 643	44 478	41 600
湖北	44 933	59 701	57 711	58 141	45 747	87 628	54 511	47 572	51 383
湖南	40 399	60 144	52 208	53 928	43 693	75 050	50 624	48 064	51 038
广东	57 489	76 116	76 659	68 926	52 904	155 362	67 609	62 420	62 366
广西	51 838	54 954	55 623	49 623	41 654	68 484	47 452	36 371	41 990
海南	55 543	58 686	44 046	57 765	43 748	90 384	62 340	39 621	90 759

续表

地区	X_1	X_2	X_3	X_4	X_5	X_6	X_7	X_8	X_9
重庆	37 942	67 890	63 261	58 019	42 913	120 353	60 695	56 429	48 549
四川	40 525	63 623	63 440	55 907	43 879	66 468	50 258	48 904	51 784
贵州	37 754	49 559	64 069	53 168	40 810	109 412	53 359	47 106	44 472
云南	35 764	52 605	55 186	50 790	40 336	91 273	53 342	42 976	43 554
西藏	61 205	58 693	108 876	48 661	54 389	76 943	81 288	53 181	58 831
陕西	40 596	58 078	63 945	51 570	40 180	47 855	51 809	47 844	44 681
甘肃	41 394	52 947	51 583	49 375	36 473	58 217	42 840	35 960	40 453
青海	40 377	62 725	65 385	54 693	38 500	102 136	43 807	31 303	42 837
宁夏	51 559	66 028	84 137	60 144	41 432	64 979	44 181	37 246	44 261
新疆	46 850	57 850	78 169	63 588	43 249	88 228	48 542	41 858	51 215

SPSS 软件中主成分分析与因子分析均在 Factor Analysis 模块中完成。因此，在 SPSS 数据表中录入以上数据后，依次点击 Analyze→Dimension Reduction→Factor 进入 Factor Analysis（因子分析）对话框，然后，将左边的 9 个变量全部选入 Variable（s）框中。点击右侧的 Extraction 按钮打开相应对话框，其中 Method 是 Principal components（主成分），Analyze 部分可以选择是从 Correlation matrix（相关阵）还是从 Covariance matrix（协方差阵）出发求解主成分，默认是从相关阵出发。本例中各变量的量纲差别不大，为了保留各变量自身的变异，选择从协方差阵出发求解主成分。Display 部分可以选择输出 Unrotated factor solution（未旋转的因子解）和 Scree plot（碎石图）。Extract 部分可以选择提取大于 1 的特征根与其所对应的主成分或者设定固定的因子（此处为主成分）个数，但是如果 Analyze 选择协方差阵，则会提取大于特征根均值的指定倍数（默认为 1）的特征根。点击 Continue 继续，再点击 OK 运行，即可得到输出结果 5-1。

输出结果 5-1

Communalities

	Raw		Rescaled	
	Initial	Extraction	Initial	Extraction
X1	87807038.890	42751294.540	1.000	.487
X2	183698361.996	145066218.805	1.000	.790
X3	235742079.862	95803794.558	1.000	.406
X4	65231581.073	48665546.337	1.000	.746
X5	47816681.458	37912148.101	1.000	.793
X6	1749811436.206	1684416347.745	1.000	.963
X7	131800028.037	78547497.417	1.000	.596
X8	395295236.847	328372833.332	1.000	.831
X9	267363093.557	187358344.310	1.000	.701

Extraction Method: Principal Component Analysis.

Total Variance Explained

Component		Initial Eigenvalues[a]			Extraction Sums of Squared Loadings		
		Total	% of Variance	Cumulative %	Total	% of Variance	Cumulative %
Raw	1	2648894025.145	83.705	83.705	2648894025.145	83.705	83.705
	2	205683452.183	6.500	90.204			
	3	135280513.238	4.275	94.479			
	4	69816821.625	2.206	96.685			
	5	55499882.411	1.754	98.439			
	6	19505481.562	.616	99.056			
	7	18225902.365	.576	99.632			
	8	9650752.594	.305	99.937			
	9	2008706.804	.063	100.000			
Rescaled	1	2648894025.145	83.705	83.705	6.312	70.133	70.133
	2	205683452.183	6.500	90.204			
	3	135280513.238	4.275	94.479			
	4	69816821.625	2.206	96.685			
	5	55499882.411	1.754	98.439			
	6	19505481.562	.616	99.056			
	7	18225902.365	.576	99.632			
	8	9650752.594	.305	99.937			
	9	2008706.804	.063	100.000			

Extraction Method: Principal Component Analysis.

a. When analyzing a covariance matrix, the initial eigenvalues are the same across the raw and rescaled solution.

Component Matrix[a]

	Raw	Rescaled
	Component	Component
	1	1
X1	6538.447	.698
X2	12044.344	.889
X3	9787.941	.637
X4	6976.070	.864
X5	6157.284	.890
X6	41041.642	.981
X7	8862.703	.772
X8	18121.060	.911
X9	13687.890	.837

Extraction Method: Principal Component Analysis.

a. 1 components extracted.

其中，Communalities 表给出了该次分析所保留的前 m 个主成分从每个原始变量中提取的信息。表中 Raw 所对应的两列分别表示各原始变量的方差和保留的主成分所提取的方差，而 Rescaled 所对应的两列分别表示将各变量的方差转化为 1（除以自身方差）和前 m 个主成分对各原始变量的方差贡献率（即定义 5.3 中的 v_i，由于本例只保留一个主成分，故为第一主成分对各原始变量的方差贡献率），例如对 X_1 的方差贡献率为 $\frac{42\ 751\ 294.540}{87\ 807\ 038.890}=0.487$。从表中可以看到主成分包含变量 X_6 的信息最多，为 96.3%，而包含变量 X_3 的信息最少，为 40.6%。

Total Variance Explained 表给出了主成分解释原始变量总方差的情况。此处，SPSS 默认保留大于特征根均值的特征根，本例中仅保留了 1 个特征根，为 2 648 894 025.145，它是第一主成分的方差。表中 Raw 部分显示第一主成分的方差贡献率为 83.705%，是保留的特征根占所有特征根的和的百分比，由此可见第一主成分解释原始变量总差异的效果比较好。对应的 Rescaled 部分显示的是该主成分对各原始变量方差贡献率的和 $\sum_{i=1}^{9} v_i$，即 $0.487+0.790+0.406+0.746+0.793+0.963+0.596+0.831+0.701=6.312$，该主成分占所有主成分对原始变量方差贡献率总和（等于 9）的百分比为：$6.312\div 9\times 100\%=70.133\%$。

Component Matrix 表给出了可以计算主成分关于原始变量的线性表达式的系数向量（在因子分析中被称为因子载荷阵），表中 Raw 所对应的列向量为 $\boldsymbol{\gamma}_1\sqrt{\lambda_1}$，其中 λ_1 为协方差阵的第一特征根，$\boldsymbol{\gamma}_1$ 为相应的特征向量，Rescaled 所对应的列向量是主成分的因子负荷量，即第一主成分 Y_1 和 X_i 的相关系数 $\rho(Y_1, X_i)=\gamma_{i1}\sqrt{\lambda_1}/\sqrt{\sigma_{ii}}$，$i=1, 2, \cdots, 9$。根据表中的数据，对 Raw 所对应列的各值求平方和，很容易验证性质 4 成立；另外，也可以选择保留所有主成分，根据新输出的 Component Matrix 表中数据验证性质 5，此处不再详述，感兴趣的读者可自行验证。

为写出第一主成分关于原始变量的线性表达式，需要将 Component Matrix 表中 Raw 所对应的列向量除以 $\sqrt{\lambda_1}$，得到变换系数向量（即特征向量），例如 $\gamma_{11}=\frac{6\ 538.447}{\sqrt{2\ 648\ 894\ 025.145}}=0.127$，进而得到第一主成分的表达式为：

$$Y_1=0.127X_1+0.234X_2+0.190X_3+0.136X_4+0.120X_5+0.797X_6+0.172X_7+0.352X_8+0.266X_9$$

由前面章节内容知道，可通过因子负荷量来解释主成分成因或原始变量对主成分的重要性。从 Component Matrix 表中第一主成分对应的因子负荷量可看到，X_2，X_5，X_6，X_8 在第一主成分中占较大比重，说明第一主成分主要综合了第三产业的就业人员的工资水平。

上述结果是从协方差阵出发计算主成分得到的。如果选择从相关阵出发，由于相关阵相当于标准化后的数据协方差阵，$\sigma_{ii}=1$，Rescaled 与 Raw 两列相同，所有输出结果中没有 Rescaled 部分，在后续例题中将会看到。另外，除了按默认设置保留主成分外，我们也可以在 Extraction 中通过 Fixed number of factors 来设定合适的主成分的个数。在实际进行主成分分析时，可以先按照默认设置做一次主成分分析，然后根据输出结果确定应保留主成分的个数，再重新做分析。对于本例，可以选择保留主成分的个数为 2，然后再对输出结果进行分析。

例 5－2

在工业企业经济效益的评价中，设计的指标往往较多。为了简化系统结构，抓住经济效益评价中的主要方面，我们可由原始数据出发求主成分。在对我国各地区规模以上工业企业的经济效益评价中，包含 8 项指标，原始数据如表 5－2 所示（数据来源于 2023 年《中国统计年鉴》），其中，前 7 项指标的单位是亿元，最后一项指标的单位是万人。

表 5－2　2022 年各地区规模以上工业企业主要经济效益指标

地区	资产总计 X_1	负债合计 X_2	应收账款 X_3	存货 X_4	营业收入 X_5	营业成本 X_6	利润总额 X_7	平均用工人数 X_8
北京	66 052.5	29 327.9	6 027.6	3 905.2	27 713.6	23 090.6	1 998.7	81.7
天津	25 797.4	14 020.2	3 680.3	2 796.4	24 203.6	20 580.6	1 685.6	95.9
河北	61 482.5	38 837.7	7 225.3	5 578.3	50 877.4	44 739.5	1 210.4	260.3
山西	60 891.7	42 315.9	6 512.8	3 166.7	39 045.4	31 171.8	3 913.9	204.6
内蒙古	43 617.6	24 504.1	3 324.4	2 650.2	28 901.8	22 161.8	4 080.9	98.3
辽宁	47 292.1	29 041.1	5 249.3	5 638.8	37 188.8	31 879.7	1 639.2	189.5
吉林	19 992.3	11 485.8	2 581.6	1 824.9	13 570.4	11 411.1	827.6	72.7
黑龙江	20 179.3	12 427.6	2 242.1	1 812.7	13 015.2	10 618.9	685.1	84.4
上海	56 317.5	27 764.1	9 553.9	6 990.5	45 185.6	37 687.2	2 545.3	182.2
江苏	174 319.0	95 581.2	34 603.7	22 260.2	164 753.3	140 765.7	9 490.6	939.1
浙江	128 298.5	72 536.9	21 360.7	14 823.9	109 188.5	93 114.9	5 994.1	760.2
安徽	56 457.8	31 899.8	9 180.6	5 594.8	46 889.5	40 433.1	2 386.6	280.9
福建	50 913.0	27 891.1	6 549.0	6 170.9	56 291.8	48 187.6	3 698.7	371.5
江西	35 429.9	20 208.2	5 220.7	3 957.2	39 958.9	34 677.7	2 527.1	221.9
山东	120 624.2	74 641.9	15 221.8	13 314.6	109 044.8	95 164.1	4 785.3	565.3
河南	55 880.3	34 272.5	7 455.4	5 703.9	47 419.9	41 783.4	1 701.6	330.3
湖北	53 244.3	28 817.5	6 330.4	5 463.0	45 496.3	37 751.4	3 131.7	267.2
湖南	36 684.7	19 297.8	5 538.0	3 673.4	39 760.5	32 250.7	2 282.9	297.8
广东	196 419.2	114 686.1	31 814.7	23 339.4	183 027.4	153 237.9	10 329.3	1 347.7
广西	26 913.0	17 949.6	3 921.9	2 812.0	22 596.3	19 927.0	893.6	145.2

续表

地区	资产总计 X_1	负债合计 X_2	应收账款 X_3	存货 X_4	营业收入 X_5	营业成本 X_6	利润总额 X_7	平均用工人数 X_8
海南	4 754.8	2 816.5	434.7	334.2	3 008.4	2 439.3	135.8	12.1
重庆	27 524.3	15 703.2	4 277.0	2 500.5	27 165.5	22 945.4	1 827.7	152.4
四川	68 314.3	38 943.6	8 029.8	6 492.6	50 413.6	40 961.8	4 602.3	301.9
贵州	19 977.8	12 296.0	1 956.7	2 115.9	10 352.6	7 764.0	1 295.9	80.2
云南	27 290.8	15 381.7	2 299.2	2 904.9	19 650.2	15 843.5	1 362.0	81.3
西藏	2 382.8	1 255.9	100.7	60.8	503.6	363.1	62.7	2.8
陕西	47 399.1	25 704.0	4 986.2	3 716.0	36 580.1	28 013.7	4 665.8	164.3
甘肃	15 837.3	9 499.6	1 408.3	1 365.4	10 888.4	9 211.9	607.5	49.7
青海	7 774.6	5 184.7	740.8	430.2	4 604.4	3 465.8	831.4	16.8
宁夏	13 420.6	8 775.9	1 130.3	755.7	8 228.5	7 007.3	416.3	32.7
新疆	30 442.7	16 985.4	2 504.7	1 774.3	17 690.2	13 246.6	2 547.1	73.2

将表 5-2 中的数据录入 SPSS 数据表，由于原始数据量纲差别较大，需要对数据进行标准化，因此我们选择从相关阵（SPSS 默认设置）出发对数据做主成分分析。依次点选 Analyze→Dimension Reduction→Factor，进入 Factor Analysis 对话框。将 8 个指标变量选入 Variable (s) 框中，然后点击右侧的 Descriptives 按钮，在弹出的对话框中，在 Correlation Matrix 中选择 Coefficients。点击 Continues 回到原对话框，点击下方 OK，即可得到输出结果 5-2。

输出结果 5-2

Correlation Matrix

		X1	X2	X3	X4	X5	X6	X7	X8
Correlation	X1	1.000	.988	.964	.971	.971	.968	.917	.944
	X2	.988	1.000	.960	.972	.981	.980	.918	.957
	X3	.964	.960	1.000	.988	.980	.980	.911	.958
	X4	.971	.972	.988	1.000	.992	.992	.907	.971
	X5	.971	.981	.980	.992	1.000	.999	.926	.981
	X6	.968	.980	.980	.992	.999	1.000	.915	.979
	X7	.917	.918	.911	.907	.926	.915	1.000	.902
	X8	.944	.957	.958	.971	.981	.979	.902	1.000

Total Variance Explained

Component	Initial Eigenvalues			Extraction Sums of Squared Loadings		
	Total	% of Variance	Cumulative %	Total	% of Variance	Cumulative %
1	7.720	96.499	96.499	7.720	96.499	96.499
2	.134	1.670	98.169			
3	.068	.853	99.022			
4	.045	.559	99.580			
5	.019	.241	99.821			
6	.009	.118	99.939			
7	.005	.060	99.999			
8	8.141E-5	.001	100.000			

Extraction Method：Principal Component Analysis.

Component Matrix[a]

	Component
	1
X1	.983
X2	.987
X3	.985
X4	.992
X5	.997
X6	.994
X7	.941
X8	.979

Extraction Method：Principal Component Analysis.
a. 1 components extracted.

输出结果 5－2 中，第一张表是样本相关阵，可以看到 8 个变量之间存在较强的相关关系，适合进行主成分分析。第二张表给出了相关阵的特征根及对应主成分的方差贡献率和累积贡献率。本例保留了大于 1 的特征根，可看到仅提取了 1 个主成分，其方差贡献率为 96.499%，说明该第一主成分基本上提取了原始变量的大部分信息。这样由分析原来的 8 个变量转化为仅需分析 1 个综合变量，极大地起到了降维的作用。第三张表是因子载荷阵，需要将其每个元素除以第 1 个特征根的平方根，得到第一主成分关于标准化的原始变量的变换系数，如表 5－3 所示。

表 5－3

	主成分 1
X_1	0.353 8
X_2	0.355 2

续表

	主成分 1
X_3	0.354 5
X_4	0.357 0
X_5	0.358 8
X_6	0.357 7
X_7	0.338 7
X_8	0.352 3

由此可得，第一主成分 Y_1 关于各标准化变量的线性组合为：

$$Y_1=0.353\,8X_1^*+0.355\,2X_2^*+0.354\,5X_3^*+0.357\,0X_4^*+0.358\,8X_5^*$$
$$+0.357\,7X_6^*+0.338\,7X_7^*+0.352\,3X_8^*$$

式中，X_1^*，X_2^*，X_3^*，X_4^*，X_5^*，X_6^*，X_7^*，X_8^* 表示对原始变量进行标准化后的变量，因此，式中各变量的系数的大小可以表示其重要性。

主成分分析的关键在于能否对主成分赋予新的意义，并给出合理的解释，这个解释应根据主成分的计算结果结合定性分析来进行。主成分分析是原来变量（标准化的）的线性组合，在这个组合中各变量的系数有大有小，有正有负，有的大小相当，因而不能简单地认为这个主成分是某个原始变量的属性的作用。线性组合中某变量的系数的绝对值大，表明该主成分主要综合了该变量的信息；如果有几个变量的系数大小相当，则应认为这一主成分是这几个变量的总和，这几个变量综合在一起具有怎样的经济意义，要结合经济专业知识，给出恰如其分的解释，才能达到深刻分析经济成因的目的。

本例中有 8 个指标，这 8 个指标有很强的依赖性，通过主成分计算后，选择了 1 个主成分。该主成分的线性组合表达式中所有变量的系数大小相当，因此第一主成分可看成全部变量的综合变量。可以理解为第一主成分反映了工业企业的整体规模和工业生产的收益，主要体现了工业企业的投入和产出。我国目前的工业企业中，经济效益首先反映在投入与产出之比上，其中固定资产所产生的经济效益更大一些。

通常为了分析各样品在主成分上所反映的经济意义方面的情况，还需将原始数据代入主成分表达式计算出各样品的主成分得分，根据各样品的主成分得分就可以对样品进行大致分类或者排序。关于用样品主成分得分进行排序的问题，目前常用的方法是以每个主成分 Y_k 的方差贡献率 α_k 作为权数，对主成分 Y_1，Y_2，…，Y_m 进行线性组合，构造一个综合评价函数 $F=\alpha_1Y_1+\alpha_2Y_2+\cdots+\alpha_mY_m$，依据计算出的 F 值大小进行排序或分类划级。这一方法目前在一些专业文献中都有介绍，但在实践中有时应用效果并不理想，一直以来存在较大争议，主要原因是生成主成分的特征向量的各分量符号不一致，很难进行排序评价。因此，有下面的改进：只用第一主成分作评价指标。理由是第一主成分与原变量综合相关度最高，并且第一主成分对应于数据变异最大的方向，也就是使数据信息损失最小、精度最高的一维综合变量。但值得指出的是，使用这种方法是有前提条件的，即当主成分系数全为正的时候，也就是要求所有评价指标变量都正相关的时候，第一主成分才可以用来进行排序。如果系数中有正有负或近似为零，则说明第一主成分是无序指数，不能用作排序评价指标。而如果第一主成分系数全为正，则第二、第三……主成分由于与第一主成分正交，系数肯定有正有负，因而一般来说均为无序指数，不能用作排序评价指标。

本例中第一主成分的系数均为正，因此可以用第一主成分得分进行排序和分类。31 个省、自治区、直辖市的主成分得分以及按大小排序的结果如表 5-4 所示。

表 5-4

地区	得分	地区	得分	地区	得分
广东	9.260 175	湖北	0.098 64	云南	−1.534 33
江苏	7.988 581	陕西	−0.239 83	贵州	−1.866 76
浙江	4.616 767	辽宁	−0.413 07	吉林	−1.880 81
山东	3.832 334	湖南	−0.492 63	黑龙江	−1.900 39
四川	0.815 856	北京	−0.587 51	甘肃	−2.124 02
福建	0.523 219	内蒙古	−0.711 18	宁夏	−2.295 28
安徽	0.249 103	江西	−0.750 19	青海	−2.452 24
河南	0.190 036	重庆	−1.181 57	海南	−2.654 65
河北	0.181 505	广西	−1.359 73	西藏	−2.789 53
上海	0.157 008	天津	−1.362 47		
山西	0.119 103	新疆	−1.436 11		

注意表 5-4 的各地区得分中，有许多地区的得分是负数，但并不表明这些地区的经济效益就为负，这里的正负仅表示该地区与平均水平的位置关系，经济效益的平均水平算作零点。这是我们在整个过程中将数据标准化的结果。由表 5-4 可知，广东、江苏、浙江和山东的得分较高，可以将其划分为一类，这些地区的工业企业整体规模大，工业生产的效益高，其中广东省规模以上工业企业的整体经济效益最好；四川、福建、安徽、河南、河北、上海、山西和湖北的得分均大于 0，可以将其划分为第二类，这些地区的工业企业整体规模较大，工业生产的效益较高；其他地区可以划分为第三类，这些地区的工业企业整体规模较小，工业生产的效益较低，其中西藏的规模以上工业企业的经济效益最差。

例 5-3

试利用主成分综合评价全国各地区限额以上餐饮企业的经济效益，原始数据来源于 2023 年《中国统计年鉴》，如表 5-5 所示。

表 5－5　2022 年各地区限额以上餐饮企业的主要经济指标

地区	法人企业 X_1（个）	流动资产合计 X_2（亿元）	资产总计 X_3（亿元）	负债总计 X_4（亿元）	所有者权益合计 X_5（亿元）	营业收入 X_6（亿元）	利润总额 X_7（亿元）
北京	2 177	348.6	585.7	517.1	73.7	760.5	−37.0
天津	657	60.6	118.0	95.2	23.1	132.4	−2.2
河北	742	91.3	162.4	156.9	5.4	80.8	−5.1
山西	881	71.5	162.8	138.2	24.5	90.9	−6.1
内蒙古	234	32.1	75.9	71.7	4.0	35.0	−3.6
辽宁	395	44.5	108.0	101.6	6.4	98.0	−1.8
吉林	189	17.1	30.6	28.6	1.9	27.5	−0.7
黑龙江	188	11.3	21.6	17.8	3.7	15.6	−0.8
上海	2 435	526.0	812.3	635.5	177.2	892.8	−50.6
江苏	4 630	407.1	832.1	642.3	190.8	792.7	8.8
浙江	2 906	253.9	580.2	506.0	73.8	549.5	5.6
安徽	1 782	117.9	265.7	164.1	101.5	273.0	6.6
福建	2 213	95.9	186.8	123.7	62.0	362.2	11.5
江西	1 653	57.6	129.3	83.5	45.0	144.9	5.9
山东	2 923	193.7	445.3	379.1	67.0	322.8	−4.9
河南	1 621	60.0	123.3	73.8	47.2	122.7	4.6
湖北	2 744	121.5	291.0	182.9	108.5	361.3	15.6
湖南	1 982	81.6	197.5	126.1	69.8	240.5	10.6
广东	6 740	591.9	1 050.3	857.1	195.8	1 202.8	−40.3
广西	961	56.2	109.6	80.8	28.4	106.4	0.6
海南	142	14.7	25.1	21.7	3.0	22.7	−1.0
重庆	1 339	85.2	190.3	109.0	76.0	199.6	8.8
四川	2 720	255.7	504.7	348.9	151.2	416.9	14.1
贵州	825	62.5	88.1	67.8	19.5	55.4	−1.6
云南	1 129	55.5	91.4	49.1	41.9	92.0	2.3
西藏	20	2.5	8.4	2.8	4.1	2.3	0.5
陕西	1 659	86.2	186.9	123.5	63.2	244.8	1.9
甘肃	482	31.2	72.1	53.5	18.7	41.4	−2.3
青海	59	5.5	15.2	11.5	3.7	3.5	−0.7
宁夏	67	4.5	11.5	10.3	1.1	5.9	−0.2
新疆	304	41.3	102.4	66.0	36.5	36.3	−0.3

将表 5-5 中的数据录入 SPSS 数据表，从相关阵（SPSS 默认设置）出发对数据做主成分分析。依次点选 Analyze→Dimension Reduction→Factor，进入 Factor Analysis 对话框。将 7 个指标变量选入 Variables 框中，然后点击右侧的 Descriptives 按钮，在弹出的对话框的 Correlation Matrix 中选择 Coefficients，点击 Continues 回到原对话框。点击右侧的 Extract 按钮，在弹出的 Extract 对话框的 Fixed number of factors 下的 Factors to extract 中选 2，点击 Continues 回到原对话框。点击下方 OK，即可得到输出结果 5-3。

输出结果 5-3

Correlation Matrix

		X1	X2	X3	X4	X5	X6	X7
Correlation	X1	1.000	.859	.907	.882	.892	.902	-.274
	X2	.859	1.000	.986	.982	.885	.977	-.640
	X3	.907	.986	1.000	.993	.907	.975	-.528
	X4	.882	.982	.993	1.000	.853	.967	-.577
	X5	.892	.885	.907	.853	1.000	.892	-.291
	X6	.902	.977	.975	.967	.892	1.000	-.570
	X7	-.274	-.640	-.528	-.577	-.291	-.570	1.000

Total Variance Explained

Component	Initial Eigenvalues			Extraction Sums of Squared Loadings		
	Total	% of Variance	Cumulative %	Total	% of Variance	Cumulative %
1	5.910	84.425	84.425	5.910	84.425	84.425
2	.867	12.384	96.809	.867	12.384	96.809
3	.119	1.702	98.511			
4	.075	1.069	99.580			
5	.026	.374	99.954			
6	.003	.045	100.000			
7	9.510E-6	.000	100.000			

Extraction Method: Principal Component Analysis.

Component Matrix[a]

	Component	
	1	2
X1	.913	.320
X2	.992	-.094
X3	.993	.037
X4	.984	-.037
X5	.913	.300
X6	.989	-.008
X7	-.572	.814

Extraction Method: Principal Component Analysis.

a. 2 components extracted.

由输出的样本相关阵可以看出，除 X_7 与各变量的相关性不强外，其他变量之间均存在较强的相关关系，因此原始数据适合做主成分分析。从 Total Variance Explained 表中可以看到，本例保留了前两个主成分，它们解释了全部变量总方差的 96.809%，说明用这两个主成分代表原来的 7 个指标评价企业的经济效益已经足够。然后，对 Component Matrix 表中 Component 1 和 Component 2 所对应的两列元素分别除以第 1 个和第 2 个特征根的平方根（即 $\sqrt{5.910}$ 和 $\sqrt{0.867}$），得到两个主成分的变换系数，结果如表 5-6 所示。

表 5-6

	主成分 1	主成分 2
X_1	0.375 6	0.343 7
X_2	0.408 1	−0.101 0
X_3	0.408 5	0.039 7
X_4	0.404 8	−0.039 7
X_5	0.375 6	0.322 2
X_6	0.406 8	−0.008 6
X_7	−0.235 3	0.874 2

由表 5-6 可得两个主成分的线性表达式如下：

$$Y_1 = 0.3756X_1^* + 0.4081X_2^* + 0.4085X_3^* + 0.4048X_4^* + 0.3756X_5^* + 0.4068X_6^* - 0.2353X_7^*$$

$$Y_2 = 0.3437X_1^* - 0.1010X_2^* + 0.0397X_3^* - 0.0397X_4^* + 0.3222X_5^* - 0.0086X_6^* + 0.8742X_7^*$$

式中，X_1^*，X_2^*，X_3^*，X_4^*，X_5^*，X_6^*，X_7^* 表示对原始变量标准化后的变量。

主成分的经济意义由各线性组合中系数较大的几个指标的综合意义来确定。主成分 Y_1 中，除利润总额的系数较小外，其他变量的系数大小相当，所以主成分 Y_1 综合反映餐饮企业的整体规模和收入水平。主成分 Y_2 中，变量法人企业个数、所有者权益合计和利润总额的系数较大，利润总额的系数最大，而其他变量的系数较小，所以主成分 Y_2 主要反映企业的盈利能力。这两个主成分从企业规模和企业盈利能力两个方面刻画企业经济效益，用它们来考核企业经济效益具有 96.809% 的可靠性。

当主成分有两个时，将各样品的主成分得分在平面直角坐标系上描出来，就可得到各样品的分布情况，然后可以对样品进行分类。将标准化后的原始数据代入两个主成分的线性表达式，计算各样品的两个主成分得分，结果如表 5-7 所示。

表 5－7

地区	第一主成分得分	第二主成分得分	地区	第一主成分得分	第二主成分得分	地区	第一主成分得分	第二主成分得分
北京	3.307 889	−2.023 44	安徽	0.234 06	0.854 851	四川	1.970 314	1.716 032
天津	−1.139 92	−0.354 54	福建	−0.130 86	1.033 813	贵州	−1.328 3	−0.297 87
河北	−0.993	−0.634 12	江西	−0.864 5	0.498 477	云南	−1.162 64	0.144 112
山西	−0.888 21	−0.536	山东	1.436 609	0.168 886	西藏	−2.152 41	−0.406 94
内蒙古	−1.673 62	−0.627 49	河南	−0.888 37	0.425 112	陕西	−0.298 31	0.341 979
辽宁	−1.419 71	−0.478 33	湖北	0.587 802	1.658 831	甘肃	−1.566 43	−0.403 65
吉林	−1.947 36	−0.463 96	湖南	−0.309 61	0.984 074	青海	−2.089 08	−0.474 95
黑龙江	−2.000 19	−0.455 05	广东	7.968 896	−0.619 95	宁夏	−2.119 77	−0.457 53
上海	5.518 283	−2.302 12	广西	−1.159 36	−0.078 92	新疆	−1.435 86	−0.227 91
江苏	4.791 97	1.954 984	海南	−1.981 74	−0.484 62			
浙江	2.227 592	0.785 809	重庆	−0.494 18	0.760 413			

现将各样品的主成分得分在平面直角坐标系上描出来（使用 SPSS 软件画散点图并添加辅助线），结果如图 5－4 所示。

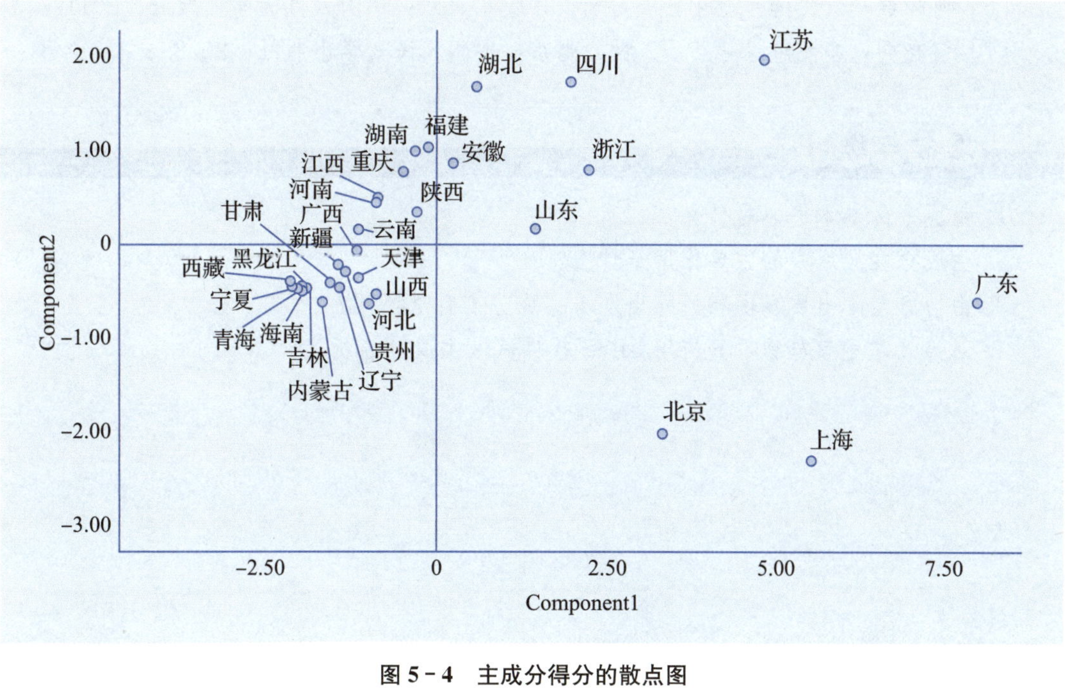

图 5－4　主成分得分的散点图

由图可知，分布在第一象限的地区是江苏、四川、浙江、湖北、安徽和山东，说明这些地区限额以上餐饮企业的经济效益较好，企业整体规模大且收入高，盈利能力强；分布在第三象限（注意：某些省份数值对应点非常接近，图形中难于显示，请读者查看运行输出）的地区是海南、内蒙古、吉林、辽宁、河北、西藏、黑龙江、甘肃、新疆、天津、山西、广西、青海、宁夏和贵州，说明这些地区限额以上餐饮企业的经济效益较差，企业整体规模小且盈利能力弱。北京、上海和广东整体规模很大，但效益欠佳。

虽然可以根据各地区的主成分得分对各地区规模以上工业企业的经济效益或规模以上餐饮企业的经济效益进行比较分析或分类研究，但因此处主成分的意义并不十分明朗，我们把更深入的分析放到下一章，以期得到更合理、更容易解释的结果。

主成分分析的一个重要应用是解决回归建模中的多重共线性问题，即所谓的主成分回归，可参见参考文献［6］。

参考文献

［1］张尧庭，方开泰．多元分析引论．北京：科学出版社，1982.

［2］方开泰．实用多元统计分析．上海：华东师范大学出版社，1989.

［3］王静龙．多元统计分析．北京：科学出版社，2008.

［4］王惠文．偏最小二乘回归方法及其应用．北京：国防工业出版社，1999.

［5］I. T. Jolliffe. Principal Component Analysis. New York：Springer-Verlag，Inc.，1986.

［6］何晓群，刘文卿．应用回归分析．3版．北京：中国人民大学出版社，2011.

［7］何晓群．多元统计分析．2版．北京：中国人民大学出版社，2008.

思考与练习

1. 主成分的基本思想是什么？
2. 主成分在应用中的主要作用是什么？
3. 由协方差阵出发和由相关阵出发求主成分有什么不同？
4. 对第3章思考与练习5应用SPSS软件试做主成分分析。

第6章 因子分析

学习目标

1. 理解因子分析方法的思想；
2. 了解因子分析的基本理论；
3. 掌握求解因子的方法步骤；
4. 分辨因子分析与主成分分析的异同；
5. 能够用 SPSS 软件进行因子分析，并正确理解系统输出结果。

因子分析（factor analysis）是主成分分析的推广。它也是利用降维的思想，从研究原始变量相关矩阵内部的依赖关系出发，把一些具有错综复杂关系的变量归结为少数几个综合因子的一种多变量统计分析方法。相比主成分分析，因子分析更倾向于描述原始变量之间的相关关系，因此，因子分析的出发点是原始变量的相关矩阵。因子分析的思想始于 1904 年查尔斯·斯皮尔曼（Charles Spearman）对学生考试成绩的研究。近年来，随着电子计算机的高速发展，人们将因子分析成功地应用于心理学、医学、气象、地质、经济学等各个领域，也使得因子分析的理论和方法更加丰富。本章主要介绍因子分析的基本理论及方法、运用因子分析方法分析实际问题的主要步骤及因子分析的上机实现等内容。

6.1 因子分析的基本理论

6.1.1 因子分析的基本思想

因子分析的基本思想是根据相关性大小对原始变量分组，使得同组内的变量之间相关性较高，而不同组的变量间的相关性则较低。每组变量代表一个基本结构，并用一个不可观测的综合变量表示，这个基本结构就称为公共因子。对于所研究的某一具体问题，原始变量可以分解成两部分之和的形式，一部分是少数几个不可观测的所谓公共因子的线性函数，另一部分是与公共因子无关的特殊因子。在经济统计中，描述一种经济现象的指标可以有很多，比如要反映物价的变动情况，对各种商品的价格做全面调查固然可以达到目的，但这样做显然耗时耗力，为实际工作者所不取。实际上，某一类商品中很多商品的价格之间存在明显的相关性或相互依赖性，只要选择几种主要商品的价格，进而对这几种主要商品的价格进行综合，得到某一种假想的“综合商品”的价格，就足以反映某一类商品物价的变动情况，这里，“综合商品”的价格就是提取出来的因子。这样，对各类商品物价或仅对主要类别商品的物价进行类似分析再加以综合，就可以反映出物价的整体变动情况。这一过程也就是从一些有错综复杂关系的经济现象中找出少数几个主要因子，每一个主要因子代表经济变量间相互依赖的一种经济作用。抓住这些主要因子就可以帮助我们对复杂的经济问题进行分析和解释。

因子分析还可用于对变量或样品的分类处理，我们在得出因子的表达式之后，可以把原始变量的数据代入表达式得出因子得分，根据因子得分在因子所构成的空间中把变量或样品点画出来，形象直观地达到分类的目的。

因子分析不仅可以用来研究变量之间的相关关系，还可以用来研究样品之间的相关关系，通常将前者称为 R 型因子分析，后者称为 Q 型因子分析。下面着重介绍 R 型因子分析。

6.1.2 因子分析的基本理论及模型

1. 查尔斯·斯皮尔曼提出因子分析时用到的例子

为了对因子分析的基本理论有一个完整的认识，我们先给出查尔斯·斯皮尔曼 1904 年用到的例子。斯皮尔曼在该例中研究了 33 名学生古典语（C）、法语（F）、英语（E）、数学（M）、判别（D）和音乐（Mu）6 门考试成绩之间的相关性，并得到如下相关矩阵：

$$
\begin{array}{c} \\ C \\ F \\ E \\ M \\ D \\ Mu \end{array}
\begin{array}{c}
\begin{array}{cccccc} C & F & E & M & D & Mu \end{array} \\
\begin{bmatrix}
1.00 & 0.83 & 0.78 & 0.70 & 0.66 & 0.63 \\
0.83 & 1.00 & 0.67 & 0.67 & 0.65 & 0.57 \\
0.78 & 0.67 & 1.00 & 0.64 & 0.54 & 0.51 \\
0.70 & 0.67 & 0.64 & 1.00 & 0.45 & 0.51 \\
0.66 & 0.65 & 0.54 & 0.45 & 1.00 & 0.40 \\
0.63 & 0.57 & 0.51 & 0.51 & 0.40 & 1.00
\end{bmatrix}
\end{array}
$$

斯皮尔曼注意到上面相关矩阵中一个有趣的规律，即如果不考虑对角元素的话，任意两列的元素大致成比例，对 C 列和 E 列有

$$\frac{0.83}{0.67}\approx\frac{0.70}{0.64}\approx\frac{0.66}{0.54}\approx\frac{0.63}{0.51}\approx 1.2$$

于是斯皮尔曼指出每一科目的考试成绩都遵从以下形式：

$$X_i=a_iF+e_i \tag{6.1}$$

式中，X_i为第 i 门科目标准化后的考试成绩，均值为 0，方差为 1；F 为公共因子，对各科考试成绩均有影响，也是均值为 0，方差为 1；e_i为仅对第 i 门科目考试成绩有影响的特殊因子，F 与 e_i相互独立。也就是说，每一门科目的考试成绩都可以看作一个公

共因子（可以认为是一般智力）与一个特殊因子的和。在满足以上假定的条件下，就有

$$\mathrm{cov}(X_i, X_j)=E[(a_iF+e_i)(a_jF+e_j)]=a_ia_j\mathrm{var}(F)=a_ia_j$$

于是，有

$$\frac{\mathrm{cov}(X_i, X_j)}{\mathrm{cov}(X_i, X_k)}=\frac{a_j}{a_k} \tag{6.2}$$

式（6.2）与 i 无关，与在相关矩阵中观察到的比例关系相一致。

此外，还可以得到如下有关 X_i 方差的关系式：

$$\begin{aligned}\mathrm{var}(X_i)&=\mathrm{var}(a_iF+e_i)=\mathrm{var}(a_iF)+\mathrm{var}(e_i)\\&=a_i^2\mathrm{var}(F)+\mathrm{var}(e_i)\\&=a_i^2+\mathrm{var}(e_i)\end{aligned}$$

因为 a_i 是一个常数，F 与 e_i 相互独立，且 F 与 X_i 的方差均被假定为1，于是有

$$1=a_i^2+\mathrm{var}(e_i) \tag{6.3}$$

因此，常数 a_i 的意义就在于其平方表示了公共因子 F 解释 X_i 方差的比例，因此称为因子载荷，而 a_i^2 称为共同度。

对斯皮尔曼的例子进行推广，假定每一门科目的考试成绩都受到 m 个公共因子及一个特殊因子的影响，于是式（6.1）就变成了如下因子分析模型的一般形式：

$$X_i=a_{i1}F_1+a_{i2}F_2+\cdots+a_{im}F_m+e_i \tag{6.4}$$

式中，X_i 为标准化后的第 i 门科目的考试成绩，均值为0，方差为1；F_1，F_2，…，F_m 是彼此独立的公共因子，都满足均值为0，方差为1；e_i 为特殊因子，与每一个公共因子均不相关且均值为0；a_{i1}，a_{i2}，…，a_{im} 为对第 i 门科目考试成绩的因子载荷。对该模型，有

$$\mathrm{var}(X_i)=a_{i1}^2+a_{i2}^2+\cdots+a_{im}^2+\mathrm{var}(e_i)=1 \tag{6.5}$$

式中，$a_{i1}^2+a_{i2}^2+\cdots+a_{im}^2$ 表示公共因子解释 X_i 方差的比例，称为 X_i 的共同度；相对地，var（e_i）可称为 X_i 的特殊度或剩余方差，表示 X_i 的方差中与公共因子无关的部分。共同度不会大于1，因此，$-1\leqslant a_{ij}\leqslant 1$。由模型（6.4）还可以很容易地得到如下 X_i 与 X_j 相关系数的关系式：

$$r_{ij}=a_{i1}a_{j1}+a_{i2}a_{j2}+\cdots+a_{im}a_{jm} \tag{6.6}$$

所以当 X_i 与 X_j 在某一公共因子上的载荷均较大时，也就表明了 X_i 与 X_j 的相关性较强。

2. 一般因子分析模型

下面给出更为一般的因子分析模型：设有 n 个样品，每个样品观测 p 个指标，这 p 个指标之间有较强的相关性（要求 p 个指标相关性较强的理由是很明确的，只有相关性较强，才能从原始变量中提取出“公共”因子）。为了便于研究，并消除观测量纲的差异及数量级不同所造成的影响，对样本观测数据进行标准化处理，使标准化后的变量均值为0，方差为1。为方便起见，原始变量及标准化后的变量向量均用 $\boldsymbol{X}$ 表示，用 F_1，F_2，…，$F_m(m<p)$ 表示标准化的公共因子。如果：

(1) $\boldsymbol{X}=(X_1, X_2, \cdots, X_p)'$是可观测的随机向量，且均值向量 $E(\boldsymbol{X})=\boldsymbol{0}$，协方差矩阵 $\text{cov}(\boldsymbol{X})=\boldsymbol{\Sigma}$，且协方差矩阵 $\boldsymbol{\Sigma}$ 与相关阵 $\boldsymbol{R}$ 相等；

(2) $\boldsymbol{F}=(F_1, F_2, \cdots, F_m)'(m<p)$ 是不可观测的变量，其均值向量 $E(\boldsymbol{F})=\boldsymbol{0}$，协方差矩阵 $\text{cov}(\boldsymbol{F})=\boldsymbol{I}$，即向量 $\boldsymbol{F}$ 的各分量是相互独立的；

(3) $\boldsymbol{\varepsilon}=(\varepsilon_1, \varepsilon_2, \cdots, \varepsilon_p)'$与 $\boldsymbol{F}$ 相互独立，且 $E(\boldsymbol{\varepsilon})=\boldsymbol{0}$，$\boldsymbol{\varepsilon}$ 的协方差矩阵 $\boldsymbol{\Sigma}_\varepsilon$ 是对角方阵

$$\text{cov}(\boldsymbol{\varepsilon})=\boldsymbol{\Sigma}_\varepsilon=\begin{bmatrix}\sigma_{11}^2 & 0 & \cdots & 0\\ 0 & \sigma_{22}^2 & \cdots & 0\\ \vdots & \vdots & & \vdots\\ 0 & 0 & \cdots & \sigma_{pp}^2\end{bmatrix}$$

即 $\boldsymbol{\varepsilon}$ 的各分量之间也是相互独立的，则模型

$$\begin{cases}X_1=a_{11}F_1+a_{12}F_2+\cdots+a_{1m}F_m+\varepsilon_1\\ X_2=a_{21}F_1+a_{22}F_2+\cdots+a_{2m}F_m+\varepsilon_2\\ \quad\vdots\\ X_p=a_{p1}F_1+a_{p2}F_2+\cdots+a_{pm}F_m+\varepsilon_p\end{cases} \tag{6.7}$$

称为因子模型。模型 (6.7) 的矩阵形式为：

$$\boldsymbol{X}=\boldsymbol{A}\boldsymbol{F}+\boldsymbol{\varepsilon} \tag{6.8}$$

式中
$$\boldsymbol{A}=\begin{bmatrix}a_{11} & a_{12} & \cdots & a_{1m}\\ a_{21} & a_{22} & \cdots & a_{2m}\\ \vdots & \vdots & & \vdots\\ a_{p1} & a_{p2} & \cdots & a_{pm}\end{bmatrix}$$

由模型 (6.7) 及其假设前提知，公共因子 $F_1, F_2, \cdots, F_m$相互独立且不可测，是在原始变量的表达式中都出现的因子。公共因子的含义必须结合实际问题的具体意义确定。$\varepsilon_1, \varepsilon_2, \cdots, \varepsilon_p$叫作特殊因子，是向量 $\boldsymbol{X}$ 的分量 X_i ($i=1, 2, \cdots, p$) 所特有的因子。各特殊因子之间以及特殊因子与所有公共因子之间也都是相互独立的。矩阵 $\boldsymbol{A}$ 中的元素 a_{ij} 称为因子载荷，a_{ij} 的绝对值越大 ($|a_{ij}|\leqslant 1$)，表明 X_i与 F_j 的相依程度越大，或称公共因子 F_j对于 X_i的载荷量越大，进行因子分析的目的之一就是要求出各个因子载荷的值。经过后面的分析会看到，因子载荷的概念与上一章主成分分析中的因子负荷量相对等，实际上，由于因子分析与主成分分析非常类似，在模型 (6.7) 中，若把 ε_i看作 $a_{i,m+1}F_{m+1}+a_{i,m+2}F_{m+2}+\cdots+a_{i,p}F_p$的综合作用，则除了此处的因子为不可观测的变量这一区别，因子载荷与主成分分析中的因子负荷量是一致的。很多人对这两个概念并不加以区分而都称作因子载荷。矩阵 $\boldsymbol{A}$ 称为因子载荷矩阵。

为了更好地理解因子分析方法，下面讨论载荷矩阵 $\boldsymbol{A}$ 的统计意义以及公共因子与原始变量之间的关系。

(1) 因子载荷 a_{ij} 的统计意义。由模型 (6.7)，有

$$\text{cov}(X_i, F_j)=\text{cov}\left(\sum_{j=1}^{m}a_{ij}F_j+\varepsilon_i, F_j\right)$$

$$= \text{cov}\left(\sum_{j=1}^{m} a_{ij} F_j, F_j\right) + \text{cov}(\varepsilon_i, F_j)$$

$$= a_{ij}$$

即 a_{ij} 是 X_i 与 F_j 的协方差，而注意到，X_i 与 F_j（$i=1, 2, \cdots, p$；$j=1, 2, \cdots, m$）都是均值为 0，方差为 1 的变量，因此，a_{ij} 同时也是 X_i 与 F_j 的相关系数。请读者对比第 5 章“主成分分析”中有关因子负荷量的论述并对两者进行比较。

(2) 变量共同度与剩余方差。在上面斯皮尔曼的例子中我们提到了共同度与剩余方差的概念，对一般因子模型（6.7）的情况，重新总结这两个概念如下：

称 $a_{i1}^2 + a_{i2}^2 + \cdots + a_{im}^2$ 为变量 X_i 的共同度，记为 h_i^2（$i=1, 2, \cdots, p$）。由因子分析模型的假设前提，易得

$$\text{var}(X_i) = 1 = h_i^2 + \text{var}(\varepsilon_i) \tag{6.9}$$

记 $\text{var}(\varepsilon_i) = \sigma_i^2$，则

$$\text{var}(X_i) = 1 = h_i^2 + \sigma_i^2 \tag{6.10}$$

上式表明共同度 h_i^2 与剩余方差 σ_i^2 有互补的关系，h_i^2 越大，表明 X_i 对公共因子的依赖程度越大，公共因子能解释 X_i 方差的比例越大，因子分析的效果也就越好。

(3) 公共因子 F_j 的方差贡献。共同度考虑的是所有公共因子 $F_1, F_2, \cdots, F_m$ 与某一个原始变量的关系，与此类似，考虑某一个公共因子 F_j 与所有原始变量 $X_1, X_2, \cdots, X_p$ 的关系。

记 $g_j^2 = a_{1j}^2 + a_{2j}^2 + \cdots + a_{pj}^2$（$j=1, 2, \cdots, m$），则 g_j^2 表示的是公共因子 F_j 对于 $\boldsymbol{X}$ 的每一分量 X_i（$i=1, 2, \cdots, p$）所提供的方差的总和，称为公共因子 F_j 对原始变量向量 $\boldsymbol{X}$ 的方差贡献，它是衡量公共因子相对重要性的指标。g_j^2 越大，表明公共因子 F_j 对 $\boldsymbol{X}$ 的贡献越大，或者说对 $\boldsymbol{X}$ 的影响和作用就越大。如果将因子载荷矩阵 $\boldsymbol{A}$ 的所有 g_j^2（$j=1, 2, \cdots, m$）都计算出来，并按其大小排序，就可以依此提炼出最有影响的公共因子。

6.2 因子载荷的求解

因子分析可以分为确定因子载荷、因子旋转及计算因子得分三个步骤。首要的步骤即为确定因子载荷或者根据样本数据确定因子载荷矩阵 $\boldsymbol{A}$。有很多方法可以完成这项工作，如主成分法、主轴因子法、最小二乘法、极大似然法、α 因子提取法等。这些方法求解因子载荷的出发点不同，所得的结果也不完全相同。下面着重介绍比较常用的主成分法、主轴因子法与极大似然法。

6.2.1 主成分法

用主成分法确定因子载荷是在进行因子分析之前先对数据进行一次主成分分析，然后把前几个主成分作为未旋转的公共因子。相对于其他确定因子载荷的方法而言，主成分法

比较简单。但是，由于用这种方法所得的特殊因子 ε_1，ε_2，…，ε_p 之间并不相互独立，因此，用主成分法确定因子载荷不完全符合因子模型的假设前提，也就是说所得的因子载荷并不完全正确。当共同度较大时，特殊因子所起的作用较小，特殊因子之间的相关性所带来的影响几乎可以忽略。事实上，很多有经验的分析人员在进行因子分析时，总是先用主成分法进行分析，然后再尝试其他方法。

用主成分法寻找公共因子的方法如下：假定从相关阵出发求解主成分，设有 p 个变量，则可以找出 p 个主成分。将所得的 p 个主成分按由大到小的顺序排列，记为 Y_1，Y_2，…，Y_p，则主成分与原始变量之间存在如下关系式：

$$\begin{cases} Y_1=\gamma_{11}X_1+\gamma_{21}X_2+\cdots+\gamma_{p1}X_p \\ Y_2=\gamma_{12}X_1+\gamma_{22}X_2+\cdots+\gamma_{p2}X_p \\ \quad\vdots \\ Y_p=\gamma_{1p}X_1+\gamma_{2p}X_2+\cdots+\gamma_{pp}X_p \end{cases} \tag{6.11}$$

式中，γ_{ij} 为随机向量 $\boldsymbol{X}$ 的相关矩阵的特征根所对应的特征向量的分量，因为特征向量之间彼此正交，从 $\boldsymbol{X}$ 到 $\boldsymbol{Y}$ 的转换关系是可逆的，很容易得出由 $\boldsymbol{Y}$ 到 $\boldsymbol{X}$ 的转换关系为：

$$\begin{cases} X_1=\gamma_{11}Y_1+\gamma_{12}Y_2+\cdots+\gamma_{1p}Y_p \\ X_2=\gamma_{21}Y_1+\gamma_{22}Y_2+\cdots+\gamma_{2p}Y_p \\ \quad\vdots \\ X_p=\gamma_{p1}Y_1+\gamma_{p2}Y_2+\cdots+\gamma_{pp}Y_p \end{cases} \tag{6.12}$$

对上面每一等式只保留前 m 个主成分而把后面的部分用 ε_i 代替，则式（6.12）转化为：

$$\begin{cases} X_1=\gamma_{11}Y_1+\gamma_{12}Y_2+\cdots+\gamma_{1m}Y_m+\varepsilon_1 \\ X_2=\gamma_{21}Y_1+\gamma_{22}Y_2+\cdots+\gamma_{2m}Y_m+\varepsilon_2 \\ \quad\vdots \\ X_p=\gamma_{p1}Y_1+\gamma_{p2}Y_2+\cdots+\gamma_{pm}Y_m+\varepsilon_p \end{cases} \tag{6.13}$$

式（6.13）在形式上已经与因子模型（6.7）相一致，并且 Y_i（$i=1$，2，…，m）之间相互独立，Y_i 与 ε_i 之间相互独立。为了把 Y_i 转化成合适的公共因子，现在要做的工作只是把主成分 Y_i 变成方差为 1 的变量。为完成此变换，必须将 Y_i 除以其标准差，由上一章中主成分分析的知识知，其标准差即为特征根的平方根 $\sqrt{\lambda_i}$。于是，令 $F_i=Y_i/\sqrt{\lambda_i}$，$a_{ij}=\sqrt{\lambda_j}\gamma_{ij}$，则式（6.13）变为：

$$\begin{cases} X_1=a_{11}F_1+a_{12}F_2+\cdots+a_{1m}F_m+\varepsilon_1 \\ X_2=a_{21}F_1+a_{22}F_2+\cdots+a_{2m}F_m+\varepsilon_2 \\ \quad\vdots \\ X_p=a_{p1}F_1+a_{p2}F_2+\cdots+a_{pm}F_m+\varepsilon_p \end{cases}$$

这与因子模型（6.7）完全一致，这样，就得到了载荷矩阵 $\boldsymbol{A}$ 和一组初始公共因子（未旋转）。

一般设 λ_1，λ_2，…，λ_p（$\lambda_1 \geqslant \lambda_2 \geqslant \cdots \geqslant \lambda_p$）为样本相关阵 $\boldsymbol{R}$ 的特征根，$\boldsymbol{\gamma}_1$，$\boldsymbol{\gamma}_2$，…，$\boldsymbol{\gamma}_p$ 为对应的标准正交化特征向量。设 $m<p$，则因子载荷矩阵 $\boldsymbol{A}$ 的一个解为：

$$\hat{\boldsymbol{A}}=(\sqrt{\lambda_1}\boldsymbol{\gamma}_1, \sqrt{\lambda_2}\boldsymbol{\gamma}_2, \cdots, \sqrt{\lambda_m}\boldsymbol{\gamma}_m) \tag{6.14}$$

共同度的估计为：

$$\hat{h}_i^2=\hat{a}_{i1}^2+\hat{a}_{i2}^2+\cdots+\hat{a}_{im}^2 \tag{6.15}$$

那么如何确定公共因子的数目 m 呢？一般而言，这取决于问题的研究者本人。对于同一问题进行因子分析时，不同的研究者可能会给出不同的公共因子数。当然，有时由数据本身的特征可以很明确地确定因子数目。当用主成分法进行因子分析时，也可以借鉴确定主成分个数的准则，如所选取的公共因子的信息量的和达到总体信息量的一个合适比例为止。但对这些准则不应生搬硬套，应具体问题具体分析，总之，要使所选取的公共因子能够合理地描述原始变量相关阵的结构，同时要有利于因子模型的解释。

6.2.2 主轴因子法

主轴因子法也比较简单，而且在实际应用中比较普遍。用主轴因子法求解因子载荷矩阵的方法，其思路与主成分法有类似的地方，两者均是从分析矩阵的结构入手，不同之处在于，主成分法是在所有的 p 个主成分都能解释标准化原始变量所有方差的基础之上进行分析的，而主轴因子法中，假定 m 个公共因子只能解释原始变量的部分方差，利用公共因子方差（或共同度）来代替相关矩阵主对角线上的元素 1，并以这个新得到的矩阵（称为调整相关矩阵）为出发点，对其分别求解特征根与特征向量，从而得到因子解。

在因子模型（6.7）中，不难得到如下关于 $\boldsymbol{X}$ 的相关矩阵 $\boldsymbol{R}$ 的关系式：

$$\boldsymbol{R}=\boldsymbol{A}\boldsymbol{A}'+\boldsymbol{\Sigma}_\varepsilon$$

式中，$\boldsymbol{A}$ 为因子载荷矩阵；$\boldsymbol{\Sigma}_\varepsilon$ 为对角阵，其对角元素为相应特殊因子的方差。则称 $\boldsymbol{R}^*=\boldsymbol{R}-\boldsymbol{\Sigma}_\varepsilon=\boldsymbol{A}\boldsymbol{A}'$ 为调整相关矩阵，显然 $\boldsymbol{R}^*$ 的主对角元素不再是 1，而是共同度 h_i^2。分别求解 $\boldsymbol{R}^*$ 的特征根与标准正交特征向量，进而求出因子载荷矩阵 $\boldsymbol{A}$。此时，$\boldsymbol{R}^*$ 有 m 个正的特征根。设 λ_1^*，λ_2^*，…，λ_m^*（$\lambda_1^* \geqslant \lambda_2^* \geqslant \cdots \geqslant \lambda_m^*$）为 $\boldsymbol{R}^*$ 的特征根，γ_1^*，γ_2^*，…，γ_m^* 为对应的标准正交化特征向量。$m<p$，则因子载荷矩阵 $\boldsymbol{A}$ 的一个主轴因子解为：

$$\hat{\boldsymbol{A}}=(\sqrt{\lambda_1^*}\boldsymbol{\gamma}_1^*, \sqrt{\lambda_2^*}\boldsymbol{\gamma}_2^*, \cdots, \sqrt{\lambda_m^*}\boldsymbol{\gamma}_m^*) \tag{6.16}$$

注意到，上面的分析是以首先得到调整相关矩阵 $\boldsymbol{R}^*$ 为基础的，而实际上，$\boldsymbol{R}^*$ 与共同度（或相对的剩余方差）都是未知的，需要先进行估计。一般先给出一个初始估计，然后估计出载荷矩阵 $\boldsymbol{A}$，再给出较好的共同度或剩余方差的估计。得到初始估计的方法有很多，可尝试对原始变量先进行一次主成分分析，给出初始估计值。

6.2.3 极大似然法

如果假定公共因子 $\boldsymbol{F}$ 和特殊因子 $\boldsymbol{\varepsilon}$ 服从正态分布，则能够得到因子载荷和特殊因子方差的极大似然估计。设 $\boldsymbol{X}_1$，$\boldsymbol{X}_2$，…，$\boldsymbol{X}_p$ 为来自正态总体 $N(\boldsymbol{\mu},\boldsymbol{\Sigma})$ 的随机样本，其中 $\boldsymbol{\Sigma}=\boldsymbol{A}\boldsymbol{A}'+\boldsymbol{\Sigma}_\varepsilon$。从似然函数的理论知

$$L(\boldsymbol{\mu},\boldsymbol{\Sigma})=\frac{1}{(2\pi)^{np/2}|\boldsymbol{\Sigma}|^{n/2}}\mathrm{e}^{-1/2\mathrm{tr}\left\{\boldsymbol{\Sigma}^{-1}\left[\sum_{j=1}^{n}(\boldsymbol{X}_j-\bar{\boldsymbol{X}})(\boldsymbol{X}_j-\bar{\boldsymbol{X}})'+n(\bar{\boldsymbol{X}}-\boldsymbol{\mu})(\bar{\boldsymbol{X}}-\boldsymbol{\mu})'\right]\right\}} \tag{6.17}$$

它通过 $\boldsymbol{\Sigma}$ 依赖于 $\boldsymbol{A}$ 和 $\boldsymbol{\Sigma}_\varepsilon$。但式（6.17）并不能唯一确定 $\boldsymbol{A}$，为此，添加如下条件：

$$\boldsymbol{A}'\boldsymbol{\Sigma}_\varepsilon^{-1}\boldsymbol{A}=\boldsymbol{\Lambda} \tag{6.18}$$

这里，$\boldsymbol{\Lambda}$ 是一个对角阵，用数值极大化的方法可以得到极大似然估计 $\hat{\boldsymbol{A}}$ 和 $\hat{\boldsymbol{\Sigma}}_\varepsilon$。极大似然估计 $\hat{\boldsymbol{A}}$，$\hat{\boldsymbol{\Sigma}}_\varepsilon$ 和 $\hat{\boldsymbol{\mu}}=\bar{\boldsymbol{X}}$，将使 $\hat{\boldsymbol{A}}'\hat{\boldsymbol{\Sigma}}_\varepsilon^{-1}\hat{\boldsymbol{A}}$ 为对角阵，且使式（6.17）达到最大。

6.2.4 因子旋转

不管用何种方法确定初始因子载荷矩阵 $\boldsymbol{A}$，它们都不是唯一的。设 F_1，F_2，…，F_m 是初始公共因子，则可以建立它们的如下线性组合得到一组新的公共因子 F_1'，F_2'，…，F_m'，使得 F_1'，F_2'，…，F_m' 相互独立，同时也能很好地解释原始变量之间的相关关系。

$$\begin{aligned}
F_1'&=d_{11}F_1+d_{12}F_2+\cdots+d_{1m}F_m\\
F_2'&=d_{21}F_1+d_{22}F_2+\cdots+d_{2m}F_m\\
&\vdots\\
F_m'&=d_{m1}F_1+d_{m2}F_2+\cdots+d_{mm}F_m
\end{aligned}$$

这样的线性组合可以找到无数组，由此便引出了因子分析的第二个步骤——因子旋转。建立因子分析模型的目的不仅仅在于找到公共因子，更重要的是知道每一个公共因子的意义，以便对实际问题进行分析。然而，按照主成分法、主轴因子法、极大似然法等得到的初始因子解各主因子的典型代表变量不是很突出，表现为各主因子表达式中各变量的系数取值差异不大，使得因子的意义含糊不清，不便于对实际问题进行分析。出于这种考虑，可以对初始公共因子进行线性组合，即进行因子旋转，以期找到意义更为明确、实际意义更明显的公共因子。经过旋转后，公共因子对 X_i 的贡献 h_i^2 并不改变，但由于载荷矩阵发生变化，公共因子本身就可能发生很大的变化，每一个公共因子对原始变量的贡献 g_i^2 不再与原来相同，经过适当的旋转，就可以得到比较令人满意的公共因子。

因子旋转分为正交旋转与斜交旋转。正交旋转由初始载荷矩阵 $\boldsymbol{A}$ 右乘一正交阵得到。经过正交旋转得到的新的公共因子仍然保持彼此独立的性质。而斜交旋转则放弃了因子之间彼此独立这个限制，因而可能达到更为简洁的形式，其实际意义也更容易解释。但不论是正交旋转还是斜交旋转，都应当使新的因子载荷系数要么尽可能地接近于零，要么尽可能地远离零。因为一个接近于零的载荷 a_{ij} 表明 X_i 与 F_j 的相关性很弱；而一个绝对值比较大的载荷 a_{ij} 则表明公共因子 F_j 在很大程度上解释了 X_i 的变化。这样，如果任一原始变量都与某些公共因子存在较强的相关关系，而与另外的公共因子几乎不相关的话，公共因子

的实际意义就会比较容易确定。

对于一个具体问题做因子旋转，有时需要进行多次才能得到令人满意的效果。每一次旋转后，矩阵各列平方的相对方差之和总会比上一次有所增加。如此继续下去，当总方差的改变不大时，就可以停止旋转，这样就得到了一组新的公共因子及相应的因子载荷矩阵，使得其各列元素平方的相对方差之和最大。

6.2.5　因子得分

因子模型建立之后，往往需要反过来考察每一个样品的性质及样品之间的相互关系。比如关于企业经济效益的因子模型建立之后，我们希望知道每一个企业经济效益的优劣，或者把诸企业划分归类，如哪些企业经济效益较好，哪些企业经济效益一般，哪些企业经济效益较差等。这就需要进行因子分析的第三个步骤，即计算因子得分。顾名思义，因子得分就是公共因子 F_1，F_2，…，F_m在每一个样品点上的得分。这需要我们给出公共因子用原始变量表示的线性表达式，这样的表达式一旦能够得到，就可以很方便地把原始变量的取值代入表达式中，求出各因子的得分值。

在上一章的分析中曾给出了主成分得分的概念，其意义和作用与因子得分相似。但是在此处，公共因子用原始变量线性表示的关系式并不易得到。在主成分分析中，主成分是原始变量的线性组合，当取 p 个主成分时，主成分与原始变量之间的变换关系是可逆的，只要知道了原始变量用主成分线性表示的表达式，就可以方便地得到用原始变量表示主成分的表达式；而在因子模型中，公共因子的个数少于原始变量的个数，且公共因子是不可观测的隐变量，载荷矩阵 $\boldsymbol{A}$ 不可逆，因而不能直接求得公共因子用原始变量表示的精确线性组合。解决该问题的一种方法是用回归的思想求出线性组合系数的估计值，即建立如下以公共因子为因变量、原始变量为自变量的回归方程：

$$F_j=\beta_{j1}X_1+\beta_{j2}X_2+\cdots+\beta_{jp}X_p,\quad j=1,2,\cdots,m \tag{6.19}$$

此处因为原始变量与公共因子变量均为标准化变量，所以回归模型中不存在常数项。在最小二乘意义下，可以得到 $\boldsymbol{F}$ 的估计值：

$$\hat{\boldsymbol{F}}=\boldsymbol{A}'\boldsymbol{R}^{-1}\boldsymbol{X} \tag{6.20}$$

式中，$\boldsymbol{A}$ 为因子载荷矩阵；$\boldsymbol{R}$ 为原始变量的相关阵；$\boldsymbol{X}$ 为原始变量向量。这样，在得到一组样本值后，就可以代入上面的关系式求出公共因子的估计得分，从而用少数公共因子去描述原始变量的数据结构，用公共因子得分去描述原始变量的取值。在估计出公共因子得分后，可以利用因子得分进一步分析，如样本点之间的比较分析、对样本点的聚类分析等。当因子数 m 较少时，还可以方便地把各样本点在图上标示出来，直观地描述样本的分布情况，从而便于把研究工作引向深入。

6.2.6　主成分分析与因子分析的区别

（1）因子分析把展示在我们面前的诸多变量看成是由对每一个变量都有作用的一些公共因子和一些仅对某一个变量有作用的特殊因子线性组合而成的。因此，我们的目的就是要从数据中探查能对变量起解释作用的公共因子和特殊因子，以及公共因子和特殊因子的组合系数。主成分分析则简单一些，它只是从空间生成的角度寻找能解释诸多变量绝大部分变异的几组彼此不相关的新变量（主成分）。

（2）因子分析中，把变量表示成各因子的线性组合，而主成分分析中，把主成分表示成各变量的线性组合。

（3）主成分分析中不需要有一些专门假设，因子分析则需要一些假设。因子分析的假设包括：各个公共因子之间不相关，特殊因子之间不相关，公共因子和特殊因子之间不相关。

（4）提取主因子的方法不仅有主成分法，还有极大似然法等，基于这些不同算法得到的结果一般也不同。而主成分只能用主成分法提取。

（5）主成分分析中，当给定的协方差矩阵或者相关矩阵的特征根唯一时，主成分一般是固定的；而因子分析中，因子不是固定的，可以旋转得到不同的因子。

（6）在因子分析中，因子个数需要分析者指定（SPSS根据一定的条件自动设定，只要是特征根大于1的因子都进入分析），随指定的因子数量不同而结果不同。在主成分分析中，主成分的数量是一定的，一般有几个变量就有几个主成分。

（7）和主成分分析相比，由于因子分析可以使用旋转技术帮助解释因子，因此在解释方面更加有优势。而如果想把现有的变量变成少数几个新的变量（新的变量几乎带有原来所有变量的信息）来进行后续的分析，则可以使用主成分分析。当然，这种情况也可以通过计算因子得分处理。所以，这种区分不是绝对的。

6.3 因子分析的步骤与逻辑框图

上面介绍了因子分析的基本思想及基本的理论方法，下面对因子分析的步骤及逻辑框图进行总结，以使读者能更加清楚因子分析各步骤之间的脉络关系，更好地运用因子分析方法解决实际问题。

6.3.1 因子分析的步骤

进行因子分析应包括如下几步：

（1）根据研究问题选取原始变量。

（2）对原始变量进行标准化并求其相关阵，分析变量之间的相关性。

（3）求解初始公共因子及因子载荷矩阵。

（4）因子旋转。

（5）计算因子得分。

（6）根据因子得分做进一步分析。

6.3.2 因子分析的逻辑框图

因子分析的逻辑框图如图6-1所示。

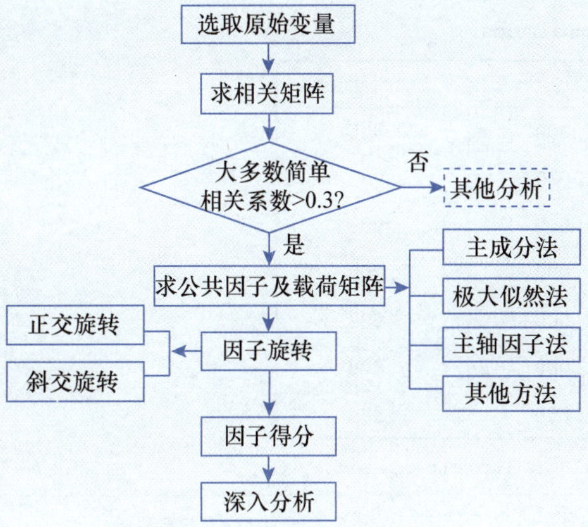

图 6-1　因子分析的逻辑框图

6.4　因子分析的上机实现

在上一章中，我们用 SPSS 的 Factor Analysis 模块实现了主成分分析，实际上，Factor Analysis 主要是 SPSS 软件进行因子分析的模块。由于主成分分析与因子分析（特别是因子分析中的主成分法）之间有密切的关系，SPSS 软件将这两种分析方法放在同一模块中。

例 6-1

为了与主成分分析进行比较，此处仍沿用例 5-3 的数据（见表 5-5），对衡量限额以上餐饮企业经济效益的 7 项指标建立因子分析模型，利用 Factor Analysis 模块进行因子分析。

打开例 5-3 的 SPSS 数据文件，依次点选 Analyze→Dimension Reduction→Factor，进入 Factor Analysis 对话框，将 7 个指标变量选入 Variables 框中，点击对话框中的 Extraction 按钮进入 Extraction 对话框。在 Method 选项框中，我们看到 SPSS 默认用主成分法提取因子，在 Analyze 选项框中默认从相关阵出发求解公共因子，在 Extract 选项框中，系统默认提取特征值大于 1 的因子，这里我们在固定因子数目选项下提取因子数目框中输入数字 2。点击 Continue 按钮继续，如果这样直接运行程序的话，将得到与上一章输出结果 5-3 相同的公共因子的方差解释比例表和因子载荷阵。此外，我们点击主对话框右侧的 Scores 按钮，在打开的对话框中选中 Display factor score coefficient matrix 选项，要求输出因子得分矩阵，即标准化主成分（因子）用原始变量线性表示的系数矩阵。点击 Continue 继续，点击 OK 运行，可得到输出结果 6-1。

输出结果 6-1

Communalities

	Initial	Extraction
X1	1.000	.936
X2	1.000	.993
X3	1.000	.988
X4	1.000	.969
X5	1.000	.923
X6	1.000	.978
X7	1.000	.989

Extraction Method: Principal Component Analysis.

Total Variance Explained

Component	Initial Eigenvalues			Extraction Sums of Squared Loadings		
	Total	% of Variance	Cumulative %	Total	% of Variance	Cumulative %
1	5.910	84.425	84.425	5.910	84.425	84.425
2	.867	12.384	96.809	.867	12.384	96.809
3	.119	1.702	98.511			
4	.075	1.069	99.580			
5	.026	.374	99.954			
6	.003	.045	100.000			
7	9.510E-6	.000	100.000			

Extraction Method: Principal Component Analysis.

Component Matrix[a]

	Component	
	1	2
X1	.913	.320
X2	.992	-.094
X3	.993	.037
X4	.984	-.037
X5	.913	.300
X6	.989	-.008
X7	-.572	.814

Extraction Method: Principal Component Analysis.
a. 2 components extracted.

Component Score Coefficient Matrix

	Component	
	1	2
X1	.155	.370
X2	.168	-.109
X3	.168	.043
X4	.166	-.042
X5	.154	.346
X6	.167	-.010
X7	-.097	.939

Extraction Method: Principal Component Analysis.
Component Scores.

对于上述前三张表在主成分分析中已有详细的介绍，其中第三张表 Component Matrix 是因子载荷阵，是用标准化的主成分（公共因子）近似表示标准化原始变量的系数矩阵。如果用 F_1，F_2表示各公共因子，以 X_1为例，可得

$$X_1^* \approx 0.913F_1 + 0.320F_2$$

使用主成分法求解公因子，当保留全部主成分时，标准化原始变量与公共因子之间有如下精确的关系式：

$$X_1^* = 0.913F_1 + 0.320F_2 + 0.178F_3 - 0.174F_4 - 0.042F_5 + 0.004F_6 + 0.001F_7$$

由此可知，主成分法求解公共因子就是把后面不重要的部分作为特殊因子反映在因子模型中。由 Total Variance Explained 表可知，特殊因子的方差（特殊度）为 1－96.809%＝3.191%。

最后一张表 Component Score Coefficient Matrix 是因子得分系数矩阵，是用标准化原始变量表示标准化主成分（公共因子）的系数矩阵。由该得分系数矩阵可得两个公共因子关于标准化原始变量的线性表达式分别为：

$$F_1 = 0.155X_1^* + 0.168X_2^* + 0.168X_3^* + 0.166X_4^* + 0.154X_5^* + 0.167X_6^* - 0.097X_7^*$$

$$F_2 = 0.370X_1^* - 0.109X_2^* + 0.043X_3^* - 0.042X_4^* + 0.346X_5^* - 0.010X_6^* + 0.939X_7^*$$

此外，由主成分法求解公共因子时，因子得分系数与因子载荷之间存在密切联系。如表中因子得分系数矩阵中的第一个元素为 0.155，它等于因子载荷阵的第一个元素 0.913 除以第一主成分的方差 5.910。之所以是除以方差而非标准差，是因为公共因子是标准化的主成分，其方差应为 1，而上一章中的主成分方差为对应的特征根，因此，因子得分系数应在因子载荷除以相应特征根的开方基础上再除以标准差，才能满足要求。同理，有 0.370＝0.320/0.867。由于用主成分法在因子分析中计算因子载荷阵和主成分分析中计算主成分的系数矩阵的方法本质上是一致的，两者的结果可以互相推导得到，因此，有些研究者也使用主成分法做因子分析得到的结果进行主成分分析。

实际上，在进行因子分析前，我们往往先要了解变量之间的相关性，以判断是否适合对数据做因子分析。对此，进入 Factor Analysis 对话框后，点击 Descriptives 按钮，打开相应的

对话框，在 Statistics 选项框中可以选择 Univariate descriptives，将会输出每个变量的均值、方差等统计量的值。在下面 Correlation Matrix 选项框，选中 Coefficients 选项以输出原始变量的相关阵，选中 Significance levels 以输出原始变量各相关系数的显著性水平，选中 KMO and Bartlett's test of sphericity 以进行 KMO 检验和 Bartlett 球形检验。点击 Continue 继续，点击 OK 运行，可得到关于自变量相关性的检验结果，见输出结果 6－2。其中，KMO 检验用于检查变量间的相关性和偏相关性，KMO 统计量的取值在 0～1 之间。KMO 统计量的取值越接近于 1，表明变量间的相关性越强，偏相关性越弱，因子分析的效果越好。实际分析中，当 KMO 统计量在 0.7 以上时，认为因子分析的效果比较好；当 KMO 统计量在 0.5 以下时，不适合做因子分析，应考虑重新选取变量或者采用其他分析方法。如果变量间相互独立，则无法从中提取公因子，也就无法应用因子分析法。Bartlett 球形检验的原假设是相关阵为单位阵。如果拒绝原假设，则说明各变量间具有相关性，因子分析有效；如果不拒绝原假设，则说明变量间相互独立，不适合做因子分析。

输出结果 6－2

Correlation Matrix

		X1	X2	X3	X4	X5	X6	X7
Correlation	X1	1.000	.859	.907	.882	.892	.902	-.274
	X2	.859	1.000	.986	.982	.885	.977	-.640
	X3	.907	.986	1.000	.993	.907	.975	-.528
	X4	.882	.982	.993	1.000	.853	.967	-.577
	X5	.892	.885	.907	.853	1.000	.892	-.291
	X6	.902	.977	.975	.967	.892	1.000	-.570
	X7	-.274	-.640	-.528	-.577	-.291	-.570	1.000
Sig. (1-tailed)	X1		.000	.000	.000	.000	.000	.068
	X2	.000		.000	.000	.000	.000	.000
	X3	.000	.000		.000	.000	.000	.001
	X4	.000	.000	.000		.000	.000	.000
	X5	.000	.000	.000	.000		.000	.056
	X6	.000	.000	.000	.000	.000		.000
	X7	.068	.000	.001	.000	.056	.000	

KMO and Bartlett's Test

Kaiser-Meyer-Olkin Measure of Sampling Adequacy.		.718
Bartlett's Test of Sphericity	Approx. Chi-Square	645.127
	df	21
	Sig.	.000

由上面第一张表的结果可知，除了变量 X_7，各原始变量之间存在较强的相关性。另外，KMO 检验和 Bartlett 球形检验的结果显示，KMO 统计量的值为 0.718，在 0.01 的显著性水平下，Bartlett 球形检验拒绝相关阵为单位阵的原假设，说明适合做因子分析而且

因子分析的效果较好。

另外，得到初始载荷矩阵与公共因子后，为了解释方便，往往需要对因子进行旋转，因此在上述设置的基础上，在主对话框中点击右侧的 Rotation 按钮，进入 Rotation 对话框，在 Method 选项框中可以看到 SPSS 给出了多种旋转方法。可以选择的方法有 Varimax（方差最大正交旋转）、Direct Oblimin（直接斜交旋转）、Quartimax（四次方最大正交旋转）、Equamax（等量最大正交旋转）及 Promax（最优斜交旋转）。系统默认为不进行旋转，此处选择 Varimax 方法，Display 选项框中 Rotated solution 选项处于活动状态，选中该选项以输出旋转结果。点击 Continue 继续，点击 OK 运行，除上述结果外，还可得到输出结果 6－3。

输出结果 6－3

Rotated Component Matrix[a]

	Component	
	1	2
X1	.964	.082
X2	.866	.493
X3	.921	.373
X4	.882	.437
X5	.956	.100
X6	.898	.413
X7	−.188	−.977

Extraction Method: Principal Component Analysis.
Rotation Method: Varimax with Kaiser Normalization.
a. Rotation converged in 3 iterations.

Component Transformation Matrix

Component	1	2
1	.912	.410
2	.410	−.912

Extraction Method: Principal Component Analysis.
Rotation Method: Varimax with Kaiser Normalization.

Component Score Coefficient Matrix

	Component	
	1	2
X1	.292	−.274
X2	.108	.168
X3	.171	.030
X4	.134	.107
X5	.283	−.253
X6	.149	.077
X7	.297	−.896

Extraction Method: Principal Component Analysis.
Rotation Method: Varimax with Kaiser Normalization.
Component Scores.

由输出结果6-3可以看到，旋转后公共因子解释原始数据的能力没有提高，但因子载荷矩阵及因子得分系数矩阵都发生了变化，因子载荷矩阵中的元素更倾向于0或±1。有时为了使公共因子的实际意义更容易解释，往往需要放弃公共因子之间互不相关的约束而进行斜交旋转，最常用的斜交旋转方法为Promax方法。对此例进行斜交旋转，可得到输出结果6-4。

输出结果6-4

Pattern Matrix[a]

	Component	
	1	2
X1	1.077	-.238
X2	.827	.265
X3	.930	.110
X4	.864	.195
X5	1.061	-.215
X6	.890	.163
X7	.113	-1.052

Extraction Method: Principal Component Analysis.
Rotation Method: Promax with Kaiser Normalization.
a. Rotation converged in 3 iterations.

Structure Matrix

	Component	
	1	2
X1	.947	.350
X2	.971	.717
X3	.990	.618
X4	.971	.668
X5	.944	.365
X6	.979	.649
X7	-.462	-.990

Extraction Method: Principal Component Analysis.
Rotation Method: Promax with Kaiser Normalization.

Component Correlation Matrix

Component	1	2
1	1.000	.546
2	.546	1.000

Extraction Method: Principal Component Analysis.
Rotation Method: Promax with Kaiser Normalization.

可以看到与正交旋转不同，斜交旋转的输出结果中没有 Rotated Component Matrix，而代之以 Pattern Matrix 和 Structure Matrix。这里，Pattern Matrix 即因子载荷矩阵，而 Structure Matrix 为公共因子与标准化原始变量的相关阵。也就是说，在斜交旋转中，因子载荷系数不再等于公共因子与标准化原始变量的相关系数。上面三个表格中给出的矩阵存在如下关系：

Structure Matrix＝Pattern Matrix×Component Correlation Matrix

由 Pattern Matrix 可知，变量 X_1，X_3，X_5 在第一公共因子上的载荷均较大，尤其 X_1 的载荷最大，因此第一公共因子主要反映餐饮企业的规模；变量 X_2，X_7 在第二公共因子上的载荷较大，则第二公共因子主要反映餐饮企业的盈利能力。总之，两个公共因子均较未旋转前更容易解释。

为了得到因子得分值，进行如下操作：在 Factor Analysis 对话框中，点击下方 Scores 按钮，进入 Factor Scores 对话框，选中 Save as variables 复选框，即把各样本点的因子得分保存为变量，可以看到系统默认用回归方法求因子得分系数（Method 选项框中 Regression 选项被自动选中），保存此设置。然后点击 Continue 继续，点击 OK 运行。返回数据窗口，在数据窗口中可以看到，原始变量后面多了两个新的变量，变量名分别为 FAC1_1，FAC2_1。这两个变量即分别为各样品的第一公共因子和第二公共因子得分。在前面分析中曾提过，这些得分是经过标准化的，这一点可以用下面的方法简单地验证。

依次点选 Analyze→Descriptive Statistics→Descriptives，进入 Descriptives 对话框，将 FAC1_1 和 FAC2_1 两个变量选入 Variable（s）框中，点击 OK 运行，可得到输出结果 6－5。

输出结果 6－5

Descriptive Statistics

	N	Minimum	Maximum	Mean	Std. Deviation
REGR factor score 1 for analysis 1	31	－.91931	3.11274	.0000000	1.00000000
REGR factor score 2 for analysis 1	31	－1.17727	3.29990	.0000000	1.00000000
Valid N (listwise)	31				

可以看到，两个变量的标准差均为 1，变量均值为 0。得到各样品的因子得分后，可以对样本进行分析，如用因子得分值代替原始数据进行归类分析或者回归分析等。同时，还可以在一张二维图上画出各数据点，描述各样本点之间的相关关系。

依次点选 Graphs→Legacy Dialogs→Scatter/Dot，进入 Scatter/Dot 对话框，选择 Simple Scatter，点击 Define 按钮，在弹出的 Simple Scatterplot 对话框中，分别选择 FAC1_1 和 FAC2_1 作为 x 轴和 y 轴，将地区选入右侧 Label Cases by 下方的框中，然后点击对话框右侧的 Options，在弹出的对话框中勾选 Display chart with case labels，点击 OK 运行，在输出的图形中添加辅助线，调整坐标轴刻度，则可得到散点图图 6－2（某些省份数值对应点非常接近，图形中难于显示，请读者查看输出结果）。图 6－2 与图 5－4 相比变化较大，图 6－2 中大多数省份集中分布在第三象限，但也有类似的地方，例如：广东、江苏、上海在横轴上取值较大。两个图差异较大是因为主成分分析与因子分析模型的角度不同，所以在实际数据的分析中，应根据不同的研究目的选择合适的方法。

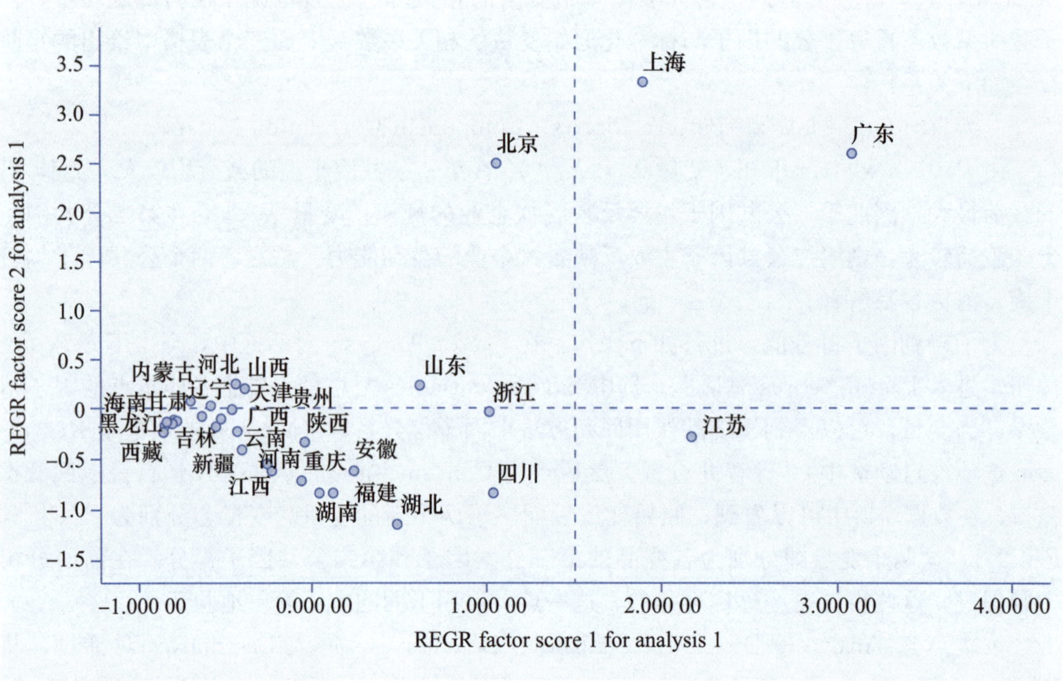

图 6－2　散点图

例 6－2

近年来，关于交通运输业上市公司的股票投资备受关注。投资者为了获得更多的收益，需要对公司的投资效益进行分析，掌握这些上市公司的经营状况、盈利状况等。表 6－1 给出了交通运输业的 30 家上市公司的 8 项财务指标数据（数据来源于巨潮资讯）。这 8 项指标分别为 X_1：基本每股收益（元）；X_2：每股净资产（元）；X_3：净资产收益率（%）；X_4：净利润率（%）；X_5：总资产报酬率（%）；X_6：存货周转率；X_7：固定资产周转率；X_8：总资产周转率。现使用因子分析方法对这些公司的整体投资效益进行评价，以便于投资者更好地进行决策。

表 6－1　2017 年交通运输业上市公司的财务指标数据（1）

上市公司	X_1	X_2	X_3	X_4	X_5	X_6	X_7	X_8
西部创业	0.060 0	2.759 1	2.190 0	13.19	1.72	5.90	0.19	0.13
铁龙物流	0.253 0	4.032 5	6.438 0	2.83	4.05	3.63	4.22	1.43
大秦铁路	0.900 0	6.686 2	13.500 0	23.99	10.63	25.57	0.77	0.44
广深铁路	0.140 0	4.049 5	3.590 0	5.54	3.04	50.13	0.77	0.55

续表

上市公司	X_1	X_2	X_3	X_4	X_5	X_6	X_7	X_8
渤海轮渡	0.750 0	6.732 4	11.670 0	24.00	8.83	25.79	0.48	0.37
深圳机场	0.322 5	5.446 4	6.050 0	19.92	5.17	438.82	0.44	0.26
中信海直	0.150 0	4.862 6	3.150 0	7.17	1.73	3.22	0.42	0.24
白云机场	0.820 0	7.251 8	12.240 0	23.60	7.93	53.26	0.87	0.34
上海机场	1.910 0	13.042 0	15.530 0	45.69	13.52	206.53	0.86	0.30
南方航空	0.600 0	4.916 1	12.840 0	4.64	2.82	69.59	0.84	0.61
东方航空	0.439 1	3.670 8	12.640 0	6.25	2.90	40.73	0.65	0.47
海航控股	0.182 0	3.117 6	5.910 0	5.55	1.92	376.10	0.91	0.35
外运发展	1.494 2	9.035 0	17.160 0	21.80	14.31	744.18	7.16	0.66
厦门空港	1.379 4	11.440 2	12.160 0	24.74	9.41	4 215.49	0.54	0.38
中国国航	0.540 0	6.270 0	8.960 0	5.97	3.15	62.37	0.79	0.53
湖南投资	0.260 0	3.298 0	8.190 0	13.43	5.85	0.98	3.21	0.44
上港集团	0.497 8	2.998 4	17.918 0	30.83	8.94	1.62	1.11	0.29
现代投资	0.570 0	5.622 1	10.560 0	8.17	3.84	10.83	4.39	0.47
富临运业	0.329 2	3.475 5	9.790 0	9.60	3.67	240.52	1.33	0.38
宜昌交运	0.757 0	10.829 0	9.070 0	5.44	3.85	10.11	3.29	0.71
中远海能	0.438 1	6.924 5	6.384 4	18.10	2.98	13.55	0.26	0.16
皖通高速	0.658 0	5.654 8	12.120 0	38.14	8.00	186.79	3.13	0.21
中原高速	0.401 6	4.402 4	9.690 0	20.06	2.38	2.39	0.32	0.12
福建高速	0.239 1	3.166 9	7.660 0	26.52	3.69	105.39	0.16	0.14
长江投资	−0.300 0	2.359 2	−11.180 0	−3.30	−3.80	11.69	7.87	1.15
山东高速	0.550 0	5.530 5	10.290 0	35.83	5.49	0.78	1.14	0.15
五洲交通	0.440 0	3.925 1	11.570 0	20.52	3.33	0.36	0.28	0.16
宁沪高速	0.712 2	4.668 8	16.060 0	37.94	9.11	1.41	5.44	0.24
锦江投资	0.449 0	6.093 5	7.480 0	10.45	5.49	20.51	2.21	0.53
交运股份	0.430 0	5.472 8	8.130 0	4.79	4.96	8.21	3.72	1.04

将表 6－1 中的数据录入 SPSS 数据窗口，依次点选 Analyze→Dimension Reduction→Factor，进入 Factor Analysis 对话框，将 8 个指标变量选入 Variable（s）框中。然后在 Descriptives 对话框中的 Correlation Matrix 选项框中选中 Coefficients 和 KMO and Bartlett's test of sphericity；在 Extraction 对话框中的 Display 部分选中 Scree plot（碎石图）；在 Rotation 对话框中的 Method 部分选中 Varimax（若做主成分分析就选择 none）；在 Scores 对话框中分别选择 Save as variables 和 Display factor score coefficient matrix，以保存因子得分和输出因子得分系数矩阵。点击 Continue 回到主对话框，点击 OK 运行，

得到的主要结果见输出结果 6－6 和图 6－3。

输出结果 6－6

KMO and Bartlett's Test

Kaiser-Meyer-Olkin Measure of Sampling Adequacy.		.660
Bartlett's Test of Sphericity	Approx. Chi-Square	179.131
	df	28
	Sig.	.000

Total Variance Explained

Component	Initial Eigenvalues			Extraction Sums of Squared Loadings			Rotation Sums of Squared Loadings		
	Total	% of Variance	Cumulative %	Total	% of Variance	Cumulative %	Total	% of Variance	Cumulative %
1	3.950	49.380	49.380	3.950	49.380	49.380	3.346	41.830	41.830
2	1.739	21.742	71.122	1.739	21.742	71.122	1.760	21.999	63.829
3	1.041	13.015	84.137	1.041	13.015	84.137	1.625	20.308	84.137
4	.538	6.720	90.856						
5	.422	5.274	96.130						
6	.189	2.366	98.496						
7	.087	1.088	99.584						
8	.033	.416	100.000						

Extraction Method: Principal Component Analysis.

Rotated Component Matrix[a]

	Component		
	1	2	3
X1	.830	.057	.509
X2	.558	.109	.687
X3	.858	−.174	.053
X4	.809	−.369	−.011
X5	.928	.048	.235
X6	.046	−.096	.900
X7	.062	.892	−.121
X8	−.297	.878	.098

Extraction Method: Principal Component Analysis.
Rotation Method: Varimax with Kaiser Normalization.
a. Rotation converged in 6 iterations.

Component Score Coefficient Matrix

	Component		
	1	2	3
X1	.205	.091	.179
X2	.055	.077	.387
X3	.309	-.010	-.170
X4	.284	-.128	-.193
X5	.315	.117	-.062
X6	-.229	-.121	.704
X7	.159	.553	-.179
X8	-.043	.486	.088

Extraction Method: Principal Component Analysis.
Rotation Method: Varimax with Kaiser Normalization.
Component Scores.

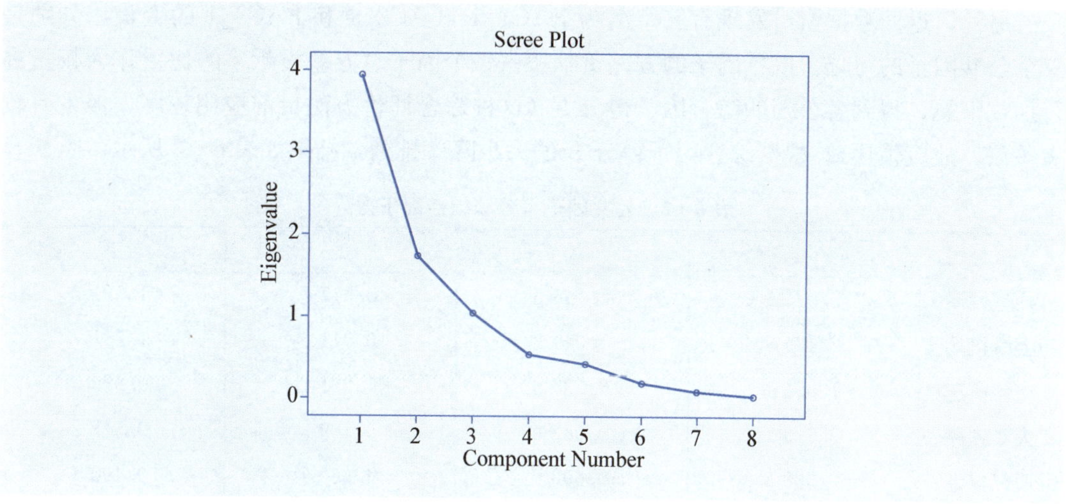

图6-3 碎石图

由KMO和Bartlett检验表可知，KMO统计量的值等于0.660，说明勉强适合进行因子分析，而Bartlett检验的结果显示，在0.01的显著性水平下，拒绝协方差阵为单位阵的原假设，适合做因子分析。

由方差解释表和碎石图可看出，前三个特征根较大，其余五个特征根较小，而且前三个公共因子的总方差贡献率为84.137%，基本提取了样本所包含的信息，因此选择三个公共因子是合适的。我们也可以根据碎石图的变化趋势选择四个公共因子，读者可以自行尝试。

Rotated Component Matrix表中给出了对基于主成分得到的因子载荷阵进行方差最大化正交旋转后的因子载荷。可以看出，第一个公共因子 F_1 主要由基本每股收益、净资产收益率、净利润率和总资产报酬率四个指标决定，尤其总资产报酬率对 F_1 的贡献最大，它们主要代表公司的盈利能力，说明盈利能力在衡量公司的投资效益方面占有重要地位，公司的盈利能力越强，则意味着投资价值越大。第二个公共因子 F_2 主要由固定资产周转率和总资产周转率决定，是代表公司经营效率的指标，主要反映企业运营能力。第三个公共因子 F_3 主要由存货周转率和每股净资产决定，尤其前者在 F_3 上的因子载荷为 0.900，是衡量企业运营能力的主要指标；后者反映公司的资本规模，是衡量公司投资价值的重要指标。

因子得分系数矩阵表给出了三个公共因子关于标准化原始变量的线性关系，可由其计算各公共因子的得分，由表可得到三个公共因子的表达式分别为：

$$F_1 = 0.205X_1^* + 0.055X_2^* + 0.309X_3^* + 0.284X_4^* + 0.315X_5^* - 0.229X_6^* + 0.159X_7^* - 0.043X_8^*$$

$$F_2 = 0.091X_1^* + 0.077X_2^* - 0.010X_3^* - 0.128X_4^* + 0.117X_5^* - 0.121X_6^* + 0.553X_7^* + 0.486X_8^*$$

$$F_3 = 0.179X_1^* + 0.387X_2^* - 0.170X_3^* - 0.193X_4^* - 0.062X_5^* + 0.704X_6^* - 0.179X_7^* + 0.088X_8^*$$

另外，返回数据窗口发现有三个名为 FAC1_1，FAC2_1 和 FAC3_1 的变量，分别是三个公共因子的得分。以各因子的方差贡献率占三个因子总方差贡献率的比重作为权重进行加权汇总，得到各公司的综合因子得分 F（这种综合评价方法目前应用较多，但也有较大争议，故应慎用）。根据综合因子得分 F 的大小降序排列，结果如表 6－2 所示。

表 6－2　公共因子得分和综合因子得分

上市公司	F_1	F_2	F_3	F
外运发展	2.021 6	2.146 5	0.517 7	1.821 2
上海机场	2.425 3	−0.049 2	0.911 5	1.551 7
宁沪高速	1.594 1	0.538 0	−1.231 7	0.883 9
大秦铁路	0.999 1	−0.082 4	−0.109 3	0.548 2
厦门空港	−0.088 3	−0.698 1	4.669 7	0.490 4
皖通高速	1.057 2	−0.155 0	−0.614 6	0.485 3
宜昌交运	−0.056 7	1.086 6	0.828 8	0.375 7
白云机场	0.684 5	−0.294 2	0.018 7	0.328 6
上港集团	1.052 1	−0.547 4	−1.126 9	0.301 7
渤海轮渡	0.667 4	−0.350 2	−0.073 2	0.289 8
交运股份	−0.310 5	1.533 9	−0.019 4	0.211 1
现代投资	0.007 9	0.775 4	−0.266 5	0.163 7
铁龙物流	−0.653 4	2.192 9	−0.142 8	0.161 0
山东高速	0.555 0	−0.817 9	−0.561 8	0.027 4
锦江投资	−0.197 4	0.318 2	−0.002 2	−0.034 0
湖南投资	−0.112 6	0.299 9	−0.695 0	−0.096 1

续表

上市公司	F_1	F_2	F_3	F
南方航空	−0.335 9	0.041 2	0.038 1	−0.180 6
中国国航	−0.484 6	−0.065 2	0.282 1	−0.257 6
东方航空	−0.390 8	−0.307 3	−0.281 8	−0.352 3
五洲交通	−0.054 5	−1.008 4	−0.534 0	−0.375 2
富临运业	−0.460 0	−0.335 6	−0.233 2	−0.392 8
深圳机场	−0.378 9	−0.785 0	0.208 2	−0.393 0
中远海能	−0.371 7	−0.904 1	0.125 5	−0.432 3
中原高速	−0.248 4	−1.075 9	−0.411 6	−0.487 5
福建高速	−0.252 3	−1.195 4	−0.606 3	−0.550 8
广深铁路	−1.037 0	−0.174 6	−0.038 9	−0.659 7
海航控股	−1.058 1	−0.560 2	0.016 1	−0.763 2
长江投资	−2.407 9	2.398 5	−0.232 8	−0.829 4
中信海直	−1.079 9	−0.775 3	−0.006 6	−0.835 1
西部创业	−1.085 3	−1.149 8	−0.427 7	−1.000 2

由表6-2可知，外运发展公司的投资价值最大，该公司的盈利能力和经营能力均较强，因此该公司的股票适合投资。其次是上海机场，虽然它的综合因子得分位于第二，但它的经营能力相对较弱。如果投资者较盈利能力更看重公司的经营能力的话，他可能不会投资上海机场。综合因子得分主要衡量的是公司的综合投资价值，对于两方面表现均最差的公司，其投资价值也相应最低，如西部创业公司。

计算综合因子得分这种综合评价方法应用非常普遍，但有些文献提出不同看法，主要是认为产生公共因子的特征向量的各级分量符号不一致，很难进行排序评价，从而认为综合评价方法不严谨。我们认为这与其他统计方法一样，其实很多理论问题并没有解决，但似乎并不影响人们使用的热情。统计学应用中许多问题的完善需要人们去实践、去探讨，这个问题当然也在其中。

例6-3

区域公用事业的发展是地区综合发展的重要组成部分，是促进社会发展的重要因素。因此，分析评价全国31个省、自治区、直辖市在城市公共交通、市政、设施等各方面的建设，把握各地区公用事业的整体发展水平具有重要意义。下面应用因子分析模型，选取反映城市公用事业建设的12个指标作为原始变量，对全国各地区公用事业的整体发展水平做分析评价。这12个指标分别为 X_1：城区面积（平方公里①）；X_2：建成区面积（平

① 1平方公里=1平方千米。

方公里）；X_3：人均公园绿地面积（平方米）；X_4：人均日生活用水量（升）；X_5：年末实有道路长度（千米）；X_6：年末实有道路面积（万平方米）；X_7：城市排水管道长度（千米）；X_8：城市道路照明灯（千盏）；X_9：公共汽电车运营车数（辆）；X_{10}：公共汽电车运营线路长度（千米）；X_{11}：道路清扫保洁面积（万平方米）；X_{12}：出租汽车（辆）。原始数据来源于 2023 年《中国统计年鉴》，如表 6－3 所示。

表 6－3　2022 年 31 个省区城市公共交通、市政、设施

地区	X_1	X_2	X_3	X_4	X_5	X_6	X_7	X_8	X_9	X_{10}	X_{11}	X_{12}
北京	116 411.0	1 469.0	16.63	163.2	8 681	15 375	20 137	317.4	23 465	30 174	17 812	70 230
天津	2 653.4	1 264.5	9.98	122.8	9 669	18 687	23 910	434.6	11 653	27 865	14 111	31 779
河北	6 364.0	2 267.0	15.35	123.3	19 753	42 488	23 531	1 124.6	32 517	86 512	40 731	70 273
山西	3 320.8	1 295.1	13.72	136.5	10 191	23 955	14 644	556.8	15 802	50 510	26 583	41 550
内蒙古	4 674.9	1 272.8	19.47	119.3	11 311	22 990	15 457	658.0	11 498	47 229	26 264	67 965
辽宁	13 067.8	2 815.0	13.39	155.8	24 900	45 381	25 589	1 387.8	22 596	42 584	48 882	91 577
吉林	5 720.8	1 580.0	14.45	121.8	11 538	20 579	14 137	622.7	12 048	37 132	19 902	67 876
黑龙江	2 567.9	1 802.6	14.04	127.3	14 388	22 897	13 120	793.8	19 867	48 757	28 126	97 955
上海	6 340.5	1 242.0	9.28	207.0	5 988	12 375	22 289	709.1	17 305	24 883	19 385	27 515
江苏	17 190.2	4 916.2	16.02	211.5	54 234	95 086	94 107	3 923.9	53 419	119 206	79 266	52 937
浙江	13 885.4	3 427.0	13.79	215.0	32 946	63 786	64 373	1 982.6	45 767	162 339	58 712	44 092
安徽	7 125.6	2 500.3	16.98	194.3	20 372	48 037	37 867	1 262.9	27 785	81 143	50 253	55 205
福建	4 325.7	1 877.5	15.28	228.9	16 812	33 167	23 723	1 049.8	20 950	46 228	25 298	20 998
江西	3 337.7	1 789.5	17.01	222.5	14 797	31 552	23 120	1 024.4	15 863	57 691	30 285	17 174
山东	24 105.9	5 713.0	18.18	126.2	53 808	109 957	74 568	2 268.6	66 610	186 163	80 285	69 990
河南	6 383.8	3 521.1	15.60	139.9	19 532	48 220	34 497	1 160.4	35 869	56 554	56 412	63 465
湖北	7 964.7	2 866.2	15.38	199.9	23 970	47 876	39 303	1 054.0	25 776	43 272	50 307	43 980
湖南	4 110.8	2 105.0	13.06	217.1	18 907	39 463	26 431	958.1	33 266	59 522	36 743	35 481
广东	17 126.6	6 575.3	17.95	241.5	58 666	99 182	140 221	3 849.6	66 145	127 333	120 512	51 668
广西	5 394.9	1 809.5	11.67	273.7	15 822	32 557	22 537	817.8	14 376	40 487	30 506	20 366
海南	1 340.0	419.3	12.23	287.0	5 236	8 422	7 611	179.9	4 887	13 267	9 659	6 278
重庆	7 781.3	1 640.8	17.63	180.8	12 531	26 922	25 504	921.5	15 131	30 161	25 218	24 679
四川	8 708.0	3 411.8	13.99	195.3	29 333	58 437	49 484	2 133.4	34 010	65 520	57 972	45 792
贵州	4 356.0	1 194.8	16.41	175.8	14 084	24 325	15 035	859.2	11 271	27 047	20 632	46 196
云南	3 276.4	1 287.8	13.94	186.6	9 417	18 751	19 461	815.0	16 376	55 335	20 973	31 356
西藏	632.6	170.7	16.23	245.7	1 126	2 113	999	35.1	884	3 242	4 991	2 380
陕西	2 700.9	1 553.5	13.15	162.5	11 032	26 027	14 757	788.4	18 681	28 762	25 782	38 580
甘肃	2 120.8	968.1	16.36	138.9	7 213	15 177	8 980	461.5	10 222	22 838	14 882	38 874
青海	738.9	250.1	13.24	174.9	1 671	4 184	3 778	152.8	3 751	12 200	3 902	14 127
宁夏	954.4	485.7	22.84	165.8	3 010	8 290	2 454	276.6	4 400	10 784	10 325	16 469
新疆	2 946.3	1 654.6	16.23	164.4	11 226	23 072	11 887	944.8	10 975	19 755	27 104	55 234

将表 6－3 中的数据录入 SPSS 中，按照例 6－2 的操作步骤进行类似设置做因子分析。其中，不同于例 6－2 的设置，为本例选择固定公共因子的个数为 3，具体操作为打开

Extraction 对话框，然后在 Extract 部分选择 Fixed number of factors，并在 Factors to extract 后面的框中填入 3。最后运行得到的主要结果见输出结果 6－7 和图 6－4。

输出结果 6－7

Correlation Matrix

		X1	X2	X3	X4	X5	X6	X7	X8	X9	X10	X11	X12
Correlation	X1	1.000	.166	.142	−.072	.134	.115	.167	.073	.246	.132	.108	.314
	X2	.166	1.000	.179	.036	.974	.977	.937	.924	.962	.850	.982	.443
	X3	.142	.179	1.000	−.180	.189	.200	.154	.169	.139	.164	.200	.119
	X4	−.072	.036	−.180	1.000	.096	.055	.208	.167	.024	−.015	.099	−.630
	X5	.134	.974	.189	.096	1.000	.987	.942	.954	.945	.871	.957	.388
	X6	.115	.977	.200	.055	.987	1.000	.910	.922	.958	.898	.954	.389
	X7	.167	.937	.154	.208	.942	.910	1.000	.946	.907	.799	.947	.244
	X8	.073	.924	.169	.167	.954	.922	.946	1.000	.880	.781	.931	.312
	X9	.246	.962	.139	.024	.945	.958	.907	.880	1.000	.912	.936	.424
	X10	.132	.850	.164	−.015	.871	.898	.799	.781	.912	1.000	.820	.370
	X11	.108	.982	.200	.099	.957	.954	.947	.931	.936	.820	1.000	.414
	X12	.314	.443	.119	−.630	.388	.389	.244	.312	.424	.370	.414	1.000

KMO and Bartlett's Test

Kaiser-Meyer-Olkin Measure of Sampling Adequacy.		.645
Bartlett's Test of Sphericity	Approx. Chi-Square	624.157
	df	66
	Sig.	.000

Total Variance Explained

Component	Initial Eigenvalues			Extraction Sums of Squared Loadings			Rotation Sums of Squared Loadings		
	Total	% of Variance	Cumulative %	Total	% of Variance	Cumulative %	Total	% of Variance	Cumulative %
1	7.688	64.068	64.068	7.688	64.068	64.068	7.508	62.567	62.567
2	1.741	14.511	78.579	1.741	14.511	78.579	1.668	13.898	76.465
3	.961	8.010	86.590	.961	8.010	86.590	1.215	10.125	86.590
4	.912	7.601	94.190						
5	.308	2.569	96.759						
6	.188	1.568	98.328						
7	.087	.722	99.050						
8	.063	.524	99.573						
9	.028	.237	99.811						
10	.014	.119	99.930						
11	.007	.057	99.986						
12	.002	.014	100.000						

Extraction Method: Principal Component Analysis.

Rotated Component Matrix[a]

	Component		
	1	2	3
X1	.072	.131	.753
X2	.977	.112	.104
X3	.106	.039	.737
X4	.151	−.924	−.074
X5	.984	.046	.093
X6	.979	.078	.084
X7	.957	−.104	.116
X8	.955	−.041	.052
X9	.957	.120	.132
X10	.885	.136	.073
X11	.973	.056	.086
X12	.338	.852	.159

Extraction Method: Principal Component Analysis.
Rotation Method: Varimax with Kaiser Normalization.
a. Rotation converged in 4 iterations.

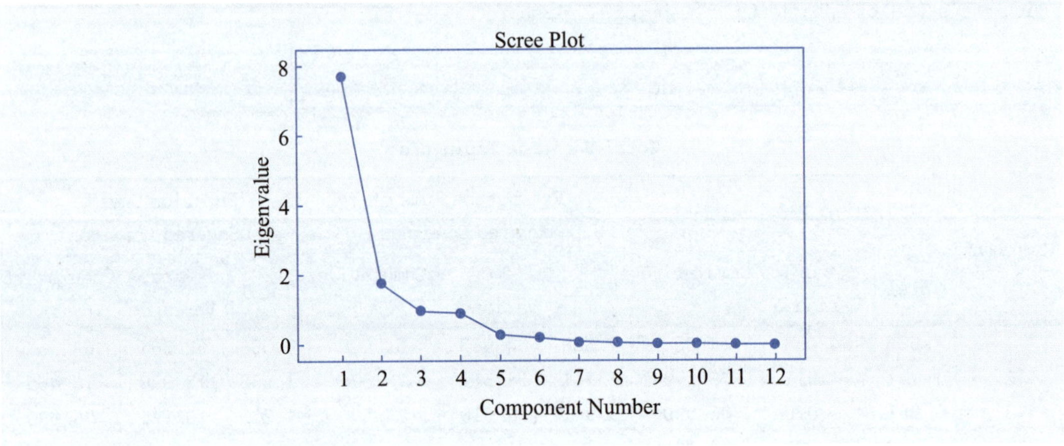

图 6-4　碎石图

由上面第一张表的结果可知，除了变量 X_1，各原始变量之间存在较强的相关性。由 KMO 和 Bartlett 检验的结果可知，该例的数据非常适合做因子分析。另外，方差解释表和碎石图显示，前三个公共因子总的方差贡献率为 86.590%，基本提取了样本所包含的信息；随着公共因子个数大于 3，碎石图中曲线的变化趋势明显趋于平稳，因此确定选择三个公共因子。

为便于解释公共因子的实际意义，旋转载荷矩阵表中给出了进行方差最大化正交旋转后的因子载荷。可以看出，第一个公共因子 F_1 主要由 X_2 建成区面积、X_5 年末实有道路长度、X_6 年末实有道路面积、X_7 城市排水管道长度、X_8 城市道路照明灯、X_9 公共汽电车运营车数、X_{10} 公共汽电车运营线路长度、X_{11} 道路清扫保洁面积决定，而且各指标对 F_1 的贡献基本相当。X_2 是反映城市基础建设的指标，X_5，X_6，X_7，X_8 是反映城市市政设施建设的指标，X_9，X_{10} 是反映公共交通建设的指标，X_{11} 是反映城市环境卫生的指标。因此，F_1 是相对综合的因子，基本反映了城市公共建设的整体水平。第二个公共因子 F_2 由 X_4 人均日生活用水量和 X_{12} 出租汽车数量决定，水是满足基本生活的战略物资，也反映了城市发展潜力，出租车越多，居民的出行越便利。第三个公共因子 F_3 主要由 X_1 城区面积和 X_3 人均公园绿地面积决定，主要反映城市基础建设的情况。

另外，返回 SPSS 数据窗口可以看到保存的三个公共因子的得分，将其列于表 6－4 中。为更加直观地分析各地区公用事业建设的水平，以 F_1 因子得分为 x 轴，F_2 因子得分为 y 轴画散点图（操作步骤参见例 6－1），得到图 6－5。

表 6－4　各地区公共因子得分

序号	地区	F_1	F_2	F_3	序号	地区	F_1	F_2	F_3
1	北京	−.930 83	.526 68	3.962 38	17	湖北	.323 64	−.270 95	.004 04
2	天津	−.550 63	.713 41	−1.525 58	18	湖南	.205 10	−.495 15	−.649 91
3	河北	.195 22	1.396 51	−.261 22	19	广东	2.953 21	−1.115 45	.745 30
4	山西	−.444 10	.660 96	−.609 48	20	广西	−.062 95	−1.530 48	−.804 73
5	内蒙古	−.599 55	1.197 33	.809 05	21	海南	−.806 92	−1.991 90	−.647 82
6	辽宁	.268 45	1.416 23	−.498 81	22	重庆	−.399 05	−.526 05	.631 65
7	吉林	−.543 71	1.364 54	−.397 21	23	四川	.864 14	−.179 53	−.413 19
8	黑龙江	−.292 40	1.993 78	−.672 38	24	贵州	−.511 78	.087 18	.172 77
9	上海	−.424 37	−.443 12	−1.425 91	25	云南	−.380 84	−.239 12	−.450 75
10	江苏	2.225 58	−.508 00	.223 12	26	西藏	−1.164 03	−1.694 53	.292 89
11	浙江	1.337 89	−.384 48	−.331 10	27	陕西	−.368 86	.256 70	−.715 84
12	安徽	.371 04	.019 37	.313 50	28	甘肃	−.813 42	.448 98	.072 11
13	福建	−.093 60	−1.086 48	−.020 34	29	青海	−1.083 85	−.415 06	−.606 54
14	江西	−.157 36	−1.147 22	.362 42	30	宁夏	−1.200 55	−.633 98	1.772 26
15	山东	2.159 23	1.158 18	.781 97	31	新疆	−.494 47	.446 82	.040 27
16	河南	.419 75	.974 81	−.152 91					

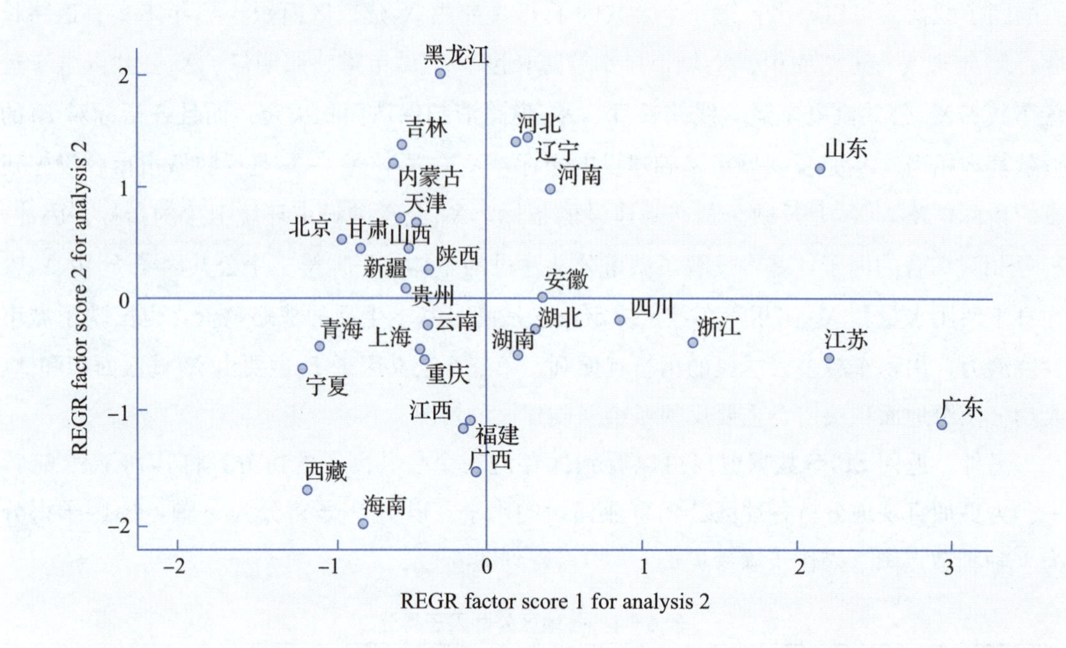

图 6－5　散点图

由散点图可知，黑龙江、吉林、内蒙古在因子 F_2 上的得分较高，海南、西藏在因子 F_2 上的得分较低，其他地区在 F_2 上的得分相差不是特别大，说明黑龙江、吉林、内蒙古人均生活供水充足、交通便利，而海南、西藏的交通出行便利性差。在较为综合的因子 F_1 上，得分最高的是广东，说明广东省公用事业的综合发展水平较高，基础设施建设比较全面，但公共交通建设有待进一步加强。F_1 的得分较高的地区还有江苏、山东、浙江、四川，其中江苏和浙江地区的经济发展水平也较高，说明这些地区的发展相对比较全面，居民的生活质量可以较好地得到保障。另外，F_1 的得分较低的地区有宁夏、青海、西藏，一方面这些地区的经济发展水平相对较低，另一方面这些地区所处的环境相对较差，可能会对公用事业建设产生重要影响。因此，全国各地区若要全面协调发展，国家应加大对西部地区的投资和帮扶力度，促进西部地区的发展。

参考文献

[1] 张尧庭，方开泰．多元统计分析引论．北京：科学出版社，1982.

[2] 王国梁，何晓群．多变量经济数据统计分析．西安：陕西科学技术出版社，1993.

[3] 方开泰．实用多元统计分析．上海：华东师范大学出版社，1989.

[4] M. 肯德尔．多元分析．北京：科学出版社，1983.

[5] Bryan F. J. Manly. Multivariate Statistical Methods：A Primer. London：Chapman and Hall，1986.

思考与练习

1. 因子分析与主成分分析有什么本质不同?
2. 因子载荷 a_{ij} 的统计定义是什么？它在实际问题分析中的作用是什么?
3. 对第 3 章思考与练习 5 进行 Q 型因子分析，并与聚类分析结果进行比较。
4. 对下表所给资料的相关阵进行主成分分析。

小麦区试资料表（西北农业大学育种组，1981）

性状	品种								
	7041-R0	7576/3 矮 7	68G1278	70190-1	9615-11	9615-13	73（36）	丰 3	矮 3
冬季分蘖	11.5	9.0	7.5	9.1	11.6	13.0	11.6	10.7	11.1
株高	95.3	97.7	110.7	89.0	88.0	87.7	79.7	119.3	87.7
每穗粒数	26.4	30.8	39.7	35.4	29.3	24.6	25.6	29.9	32.2
千粒重	39.2	46.8	39.1	35.3	37.0	44.8	43.7	38.8	35.6
抽穗期（月/日）	4/19	4/17	4/17	4/18	4/20	4/19	4/19	4/19	4/18
成熟期（月/日）	6/2	6/6	6/3	6/2	6/7	6/7	6/5	6/5	6/3

第 7 章 对应分析

学习目标

1. 理解列联表分析及对应分析的基本思想；
2. 了解对应分析的基本理论；
3. 掌握对应分析的方法；
4. 能够用 SPSS 软件进行对应分析并正确理解输出结果。

对应分析是 R 型因子分析与 Q 型因子分析的结合，它也是利用降维的思想来达到简化数据结构的目的，不过，与因子分析不同的是，它同时对数据表中的行与列进行处理，寻求以低维图形表示数据表中行与列之间的关系。对应分析的思想首先由理查森（Richardson）和库德（Kuder）在 1933 年提出，后来法国统计学家让-保罗·贝内泽（Jean-Paul Benzécri）和日本统计学家林知己夫（Hayashi Chikio）对该方法进行了详细的论述而使其得到了发展。对应分析方法广泛应用于对由属性变量构成的列联表数据的研究，利用对应分析可以在一张二维图上同时画出属性变量不同取值的情况，列联表的每一行及每一列均以二维图上的一个点来表示，从而以直观、简洁的形式描述属性变量各种状态之间的相互关系及不同属性变量之间的相互关系。本章主要讲述对应分析的基本思想、对应分析的基本理论与方法及如何用 SPSS 软件进行对应分析。

7.1 列联表及列联表分析

在讨论对应分析之前，我们先简要回顾一下列联表及列联表分析的有关内容。在实际研究工作中，人们常常用列联表的形式来描述属性变量（定类尺度或定序尺度）的各种状态或相关关系，这在某些调查研究项目中运用尤为普遍。比如，公司的管理者为了解消费者对公司产品的满意情况，需要针对不同职业的消费者进行调查，而调查数据很自然地就以列联表的形式呈现出来（见表 7-1）。

表 7-1

职业	评价					
	非常满意	比较满意	一般	不太满意	不满意	汇总
一般工人						
管理者						
公务员						
⋮						
汇总						

以上是两变量列联表的一般形式，横栏与纵列交叉位置的数字是相应的频数。这样从表中数据就可以清楚地看到不同职业的人对该公司产品的评价，以及所有被调查者对该公司产品的整体评价、被调查者的职业构成情况等信息。通过这张列联表，还可以看出职业分布与各种评价之间的相关关系，如管理者与比较满意交叉单元格的数字相对较大（“相对”指应抵消不同职业在总的被调查者中的比例的影响），则说明职业栏的管理者这一部分与评价栏的比较满意这一部分有较强的相关性。由此可以看到，借助列联表可以得到很多有价值的信息。

在研究经济问题的时候，研究者也往往用列联表的形式把数据呈现出来。比如，横栏是不同规模的企业，纵列是不同水平的获利能力，通过这样的形式可以研究企业规模与获利能力之间的关系。更为一般地，可以对企业进行更广泛的分类，如按上市与非上市分类，按企业所属的行业分类，按不同所有制关系分类等。同时，用列联表的格式来研究企业的各种指标，如企业的盈利能力、企业的偿债能力、企业的发展能力等。这些指标既可以是简单的，也可以是综合的，甚至可以是用因子分析或主成分分析提取的公共因子。把这些指标按一定的取值范围进行分类，就可以很方便地用列联表来研究。

一般，假设按两个特性对事物进行研究，特性 A 有 n 类，特性 B 有 p 类，属于 A_i 和 B_j 的个体数目为 n_{ij}（$i=1, 2, \cdots, n$；$j=1, 2, \cdots, p$），则可以得到形如表 7-2 的列联表。

表 7-2

		特性 B						合计
		B_1	B_2	$\cdots$	B_j	$\cdots$	B_p	
特性 A	A_1	n_{11}	n_{12}	$\cdots$	n_{1j}	$\cdots$	n_{1p}	$n_{1\cdot}$
	A_2	n_{21}	n_{22}	$\cdots$	n_{2j}	$\cdots$	n_{2p}	$n_{2\cdot}$
	$\vdots$	$\vdots$	$\vdots$		$\vdots$		$\vdots$	$\vdots$
	A_i	n_{i1}	n_{i2}	$\cdots$	n_{ij}	$\cdots$	n_{ip}	$n_{i\cdot}$
	$\vdots$	$\vdots$	$\vdots$		$\vdots$		$\vdots$	$\vdots$
	A_n	n_{n1}	n_{n2}	$\cdots$	n_{nj}	$\cdots$	n_{np}	$n_{n\cdot}$
合计		$n_{\cdot 1}$	$n_{\cdot 2}$	$\cdots$	$n_{\cdot j}$	$\cdots$	$n_{\cdot p}$	T

在表 7-2 中，$n_{i\cdot}=n_{i1}+n_{i2}+\cdots+n_{ip}$，$n_{\cdot j}=n_{1j}+n_{2j}+\cdots+n_{nj}$，右下角元素 T 是所有频数的和，有 $T=n_{1\cdot}+n_{2\cdot}+\cdots+n_{n\cdot}=n_{\cdot 1}+n_{\cdot 2}+\cdots+n_{\cdot p}$。为了更为方便地表示各频数之间的关系，人们往往用频率来代替频数，即将列联表中每一个元素都除以元素的总和 T，令 $p_{ij}=\frac{n_{ij}}{T}$，于是得到如表 7-3 所示的频率意义上的列联表。

表 7-3

		特性 B						合计
		B_1	B_2	$\cdots$	B_j	$\cdots$	B_p	
特性 A	A_1	p_{11}	p_{12}	$\cdots$	p_{1j}	$\cdots$	p_{1p}	$p_{1\cdot}$
	A_2	p_{21}	p_{22}	$\cdots$	p_{2j}	$\cdots$	p_{2p}	$p_{2\cdot}$
	$\vdots$	$\vdots$	$\vdots$		$\vdots$		$\vdots$	$\vdots$
	A_i	p_{i1}	p_{i2}	$\cdots$	p_{ij}	$\cdots$	p_{ip}	$p_{i\cdot}$
	$\vdots$	$\vdots$	$\vdots$		$\vdots$		$\vdots$	$\vdots$
	A_n	p_{n1}	p_{n2}	$\cdots$	p_{nj}	$\cdots$	p_{np}	$p_{n\cdot}$
合计		$p_{\cdot 1}$	$p_{\cdot 2}$	$\cdots$	$p_{\cdot j}$	$\cdots$	$p_{\cdot p}$	1

表 7-3 中，令

$$\boldsymbol{P}=\begin{bmatrix} p_{11} & p_{12} & \cdots & p_{1p} \\ p_{21} & p_{22} & \cdots & p_{2p} \\ \vdots & \vdots & & \vdots \\ p_{n1} & p_{n2} & \cdots & p_{np} \end{bmatrix}$$

$$\boldsymbol{P}_I'=(p_{1\cdot},\ p_{2\cdot},\ \cdots,\ p_{n\cdot})$$

$$\boldsymbol{P}_J'=(p_{\cdot 1},\ p_{\cdot 2},\ \cdots,\ p_{\cdot p})$$

$$\boldsymbol{1}'=(1,\ 1,\ \cdots,\ 1)$$

则由上面的定义知，下列各式成立：

$$\boldsymbol{1}'\boldsymbol{P}\boldsymbol{1}=\boldsymbol{P}_I'\boldsymbol{1}=\boldsymbol{P}_J'\boldsymbol{1}=1,\quad \boldsymbol{P}\boldsymbol{1}=\boldsymbol{P}_I,\ \boldsymbol{P}'\boldsymbol{1}=\boldsymbol{P}_J$$

对于研究对象的总体，表 7-3 中的元素有概率的含义，p_{ij} 是特性 A 第 i 状态与特性 B 第 j 状态出现的概率，而 $p_{\cdot j}$ 与 $p_{i\cdot}$ 则表示边缘概率。考察各种特性之间的相关关系，可以从研究各种状态出现的概率入手。如果特性 A 与特性 B 之间是相互独立的，则对任意的 i 与 j，有下式成立：

$$p_{ij}=p_{i\cdot}\times p_{\cdot j} \tag{7.1}$$

式 (7.1) 表示，如果特性 A 与特性 B 之间相互独立，特性 A 第 i 状态与特性 B 第 j 状态同时出现的概率应该等于总体中第 i 状态出现的概率乘以第 j 状态出现的概率。由此令 $\hat{p}_{ij}=p_{i\cdot}\times p_{\cdot j}$ 表示由样本数据得到的特性 A 第 i 状态与特性 B 第 j 状态出现的期望概率的估计值。我们可以通过研究特性 A 第 i 状态和特性 B 第 j 状态同时出现的实际概率 p_{ij} 与特性 A 第 i 状态和特性 B 第 j 状态同时出现的期望概率 $\hat{p}_{ij}$ 的差别大小，来判断特性 A 与特性 B 是否独立。此处 A 与 B 为属性变量，在实际研究中，根据实际问题它们可以有不同的意义，其实质上是列联表的横栏与纵列按某种规则的分类。我们关心的是属性变量 A 与 B 是否独立，由此提出以下假设：

H_0：属性变量 A 与 B 相互独立

H_1：属性变量 A 与 B 不独立

由上面的假设构建如下 χ^2 统计量：

$$\chi^2 = \sum_{i=1}^{n}\sum_{j=1}^{p}\frac{[n_{ij}-\hat{E}(n_{ij})]^2}{\hat{E}(n_{ij})} = n\sum_{i=1}^{n}\sum_{j=1}^{p}\frac{(p_{ij}-p_{i\cdot}p_{\cdot j})^2}{p_{i\cdot}p_{\cdot j}} \tag{7.2}$$

注意到，除了常数项 n 外，χ^2 统计量实际上反映了矩阵 $\boldsymbol{P}$ 中所有元素的观察值与理论值经过某种加权的总离差情况。可以证明，在 n 足够大的条件下，当原假设为 H_0 时，χ^2 遵从自由度为（$n-1)(p-1$）的 χ^2 分布。拒绝域为：

$$\chi^2 > \chi^2_\alpha[(n-1)(p-1)]$$

通过上面的方法，可以判断两个分类变量是否独立。而在拒绝原假设后，我们想进一步了解两个分类变量及分类变量各个状态（取值）之间的相关关系，用对应分析方法可以解决这一问题。

7.2 对应分析的基本理论

当 A 与 B 的取值较少时，把所得到的数据放到一张列联表中，就可以很直观地对 A 与 B 之间及它们的各种取值之间的相关性做出判断。当 p_{ij} 比较大时，说明属性变量 A 的第 i 状态与 B 的第 j 状态之间有较强的依赖关系。但是，当 A 或者 B 的取值比较多时，就很难正确地做出判断，此时需要利用降维的思想来简化列联表的结构。由前面的讨论知道，因子分析（或主成分分析）是用少数综合变量提取原始变量大部分信息的有效方法。但因子分析也有不足之处，当我们要研究属性变量 A 的各种状态时，需要做 Q 型因子分析，即要分析一个 $n\times n$ 阶矩阵的结构，而当我们要研究属性变量 B 的各种状态时，就是进行 R 型因子分析，需要分析一个 $p\times p$ 阶矩阵的结构。由于因子分析的局限性，R 型因子分析与 Q 型因子分析无法同时进行，而当 n 或者 p 比较大时，单独进行因子分析就会加大计算量。对应分析可以弥补上述不足，同时对两个（或多个）属性变量进行分析。

如前所述，对应分析利用降维思想分析原始数据结构，旨在以简洁、明了的方式揭示属性变量之间及属性变量各种状态之间的相关关系。对应分析的一大特点就是可以在一张二维图上同时表示出两类属性变量的各种状态，直观地描述原始数据结构。

假定下面讨论的都是形如表 7-3 的规格化的列联表数据。为了论述方便，先对有关概念进行说明。

7.2.1 有关概念

1. 行剖面与列剖面

在表 7-3 中，p_{ij} 表示变量 A 的第 i 状态与变量 B 的第 j 状态同时出现的概率，相应地，$p_{i\cdot}$ 与 $p_{\cdot j}$ 就有边缘概率的含义。所谓行剖面，是指当变量 A 的取值固定为 i（$i=1, 2, \cdots, n$）时，变量 B 的各个状态相对出现的概率情况，也就是把矩阵 $\boldsymbol{P}$ 中第 i 行的每一个元素均除以 $p_{i\cdot}$，这样，就可以方便地把第 i 行表示成 p 维欧氏空间中的一个点，其坐标为：

$$\boldsymbol{p}_i^{r\prime}=\left(\frac{p_{i1}}{p_{i\cdot}}, \frac{p_{i2}}{p_{i\cdot}}, \cdots, \frac{p_{ip}}{p_{i\cdot}}\right), \quad i=1, 2, \cdots, n \tag{7.3}$$

式中，$\boldsymbol{p}_i^r$ 中的分量 $\dfrac{p_{ij}}{p_{i\cdot}}$ 表示条件概率 $P(B=j|A=i)$，可知

$$\boldsymbol{p}_i^{r\prime}\mathbf{1}=1 \tag{7.4}$$

形象地，第 i 个行剖面 $\boldsymbol{p}_i^r$ 就是把矩阵 $\boldsymbol{P}$ 中第 i 行剖裂开来，单独研究第 i 行的各个取值在 p 维超平面 $x_1+x_2+\cdots+x_p=1$ 上的分布情况。记 n 个行剖面的集合为 $n(r)$。

由于列联表中行与列的地位是对等的，由上面定义行剖面的方法可以很容易地定义列剖面。对矩阵 $\boldsymbol{P}$ 第 j 列的每一个元素 p_{ij} 均除以该列各元素的和 $p_{\cdot j}$，则第 j 个列剖面：

$$\boldsymbol{p}_j^{c\prime}=\left(\frac{p_{1j}}{p_{\cdot j}}, \frac{p_{2j}}{p_{\cdot j}}, \cdots, \frac{p_{nj}}{p_{\cdot j}}\right), \quad j=1, 2, \cdots, p \tag{7.5}$$

表示当属性变量 B 的取值为 j 时，属性变量 A 的不同取值的条件概率，它是 n 维超平面 $x_1+x_2+\cdots+x_n=1$ 上的一个点。有 $\boldsymbol{p}_j^{c\prime}\mathbf{1}=1$，记 p 个列剖面的集合为 $p(c)$。

在定义行剖面与列剖面之后，我们看到，属性变量 A 的各个取值的情况可以用 p 维空间上的 n 个点来表示，而 B 的不同取值情况可以用 n 维空间上的 p 个点来表示。对应分析就是利用降维的思想，既把 A 的各个状态表现在一张二维图上，又把 B 的各个状态表现在一张二维图上，且通过后面的分析可以看到，这两张二维图的坐标轴有相同的含义，即可以把 A 的各个取值与 B 的各个取值同时在一张二维图上表示出来。

2. 距离与总惯量

通过上面行剖面与列剖面的定义，A 的不同取值就可以用 p 维空间中的不同点来表示，各个点的坐标分别为 $\boldsymbol{p}_i^r(i=1, 2, \cdots, n)$；$B$ 的不同取值可以用 n 维空间中的不同点来表示，各个点的坐标分别为 $\boldsymbol{p}_j^c(j=1, 2, \cdots, p)$。对此，可以引入距离的概念来分别描述 A 的各个状态之间与 B 的各个状态之间的接近程度。因为对列联表行与列的研究是对

等的，此处只对行做详细论述。

变量 A 的第 k 状态与第 l 状态的普通欧氏距离为：

$$d^2(k,l)=(\boldsymbol{p}_k^r-\boldsymbol{p}_l^r)'(\boldsymbol{p}_k^r-\boldsymbol{p}_l^r)=\sum_{j=1}^{p}\left(\frac{p_{kj}}{p_{k\cdot}}-\frac{p_{lj}}{p_{l\cdot}}\right)^2 \tag{7.6}$$

如此定义的距离有一个缺点，即受到变量 B 的各个状态边缘概率的影响，当变量 B 的第 j 状态出现的概率特别大时，式（7.6）所定义距离的 $\left(\frac{p_{kj}}{p_{k\cdot}}-\frac{p_{lj}}{p_{l\cdot}}\right)^2$ 部分的作用就被高估了，因此，用 $\frac{1}{p_{\cdot j}}$ 作权重，得到如下加权的距离公式：

$$\begin{aligned}D^2(k,l)&=\sum_{j=1}^{p}\left(\frac{p_{kj}}{p_{k\cdot}}-\frac{p_{lj}}{p_{l\cdot}}\right)^2\Big/p_{\cdot j}\\&=\sum_{j=1}^{p}\left(\frac{p_{kj}}{\sqrt{p_{\cdot j}}\,p_{k\cdot}}-\frac{p_{lj}}{\sqrt{p_{\cdot j}}\,p_{l\cdot}}\right)^2\end{aligned} \tag{7.7}$$

因此，式（7.7）定义的距离也可以看作坐标为：

$$\left(\frac{p_{i1}}{\sqrt{p_{\cdot 1}}\,p_{i\cdot}},\ \frac{p_{i2}}{\sqrt{p_{\cdot 2}}\,p_{i\cdot}},\ \cdots,\ \frac{p_{ip}}{\sqrt{p_{\cdot p}}\,p_{i\cdot}}\right),\quad i=1,2,\cdots,n \tag{7.8}$$

的任意两点之间的普通欧氏距离。

类似地，定义属性变量 B 的两个状态 s，t 之间的加权距离为：

$$D^2(s,t)=\sum_{i=1}^{n}\left(\frac{p_{is}}{\sqrt{p_{i\cdot}}\,p_{\cdot s}}-\frac{p_{it}}{\sqrt{p_{i\cdot}}\,p_{\cdot t}}\right)^2 \tag{7.9}$$

式（7.8）是行剖面消除了变量 B 的各个状态概率影响的相对坐标，下面给出式（7.8）定义的各点的平均坐标，即重心的表达式。由行剖面的定义，$\boldsymbol{p}_i^r$ 的各分量是当 A 取 i 时变量 B 各个状态出现的条件概率，也就是说，式（7.8）的坐标也同时消除了变量 A 的各个状态出现的概率影响。然而，当我们研究由式（7.8）定义的 n 个点的平均坐标时，这 n 个点的地位不是完全平等的，出现概率较大的状态应当占有较高的权重。因此，我们定义如下按 $p_{i\cdot}$ 加权的 n 个点的平均坐标，其第 j 个分量为：

$$\sum_{i=1}^{n}\frac{p_{ij}}{\sqrt{p_{\cdot j}}\,p_{i\cdot}}p_{i\cdot}=\frac{1}{\sqrt{p_{\cdot j}}}\sum_{i=1}^{n}p_{ij}=\sqrt{p_{\cdot j}},\quad j=1,2,\cdots,p \tag{7.10}$$

因此，由式（7.8）定义的 n 个点的重心为：

$$\boldsymbol{p}_J^{1/2\,\prime}=(\sqrt{p_{\cdot 1}},\ \sqrt{p_{\cdot 2}},\ \cdots,\ \sqrt{p_{\cdot p}})$$

其中，每一分量恰恰是矩阵 $\boldsymbol{P}$ 每一列边缘概率的平方根。根据上面的准备，可以给出如下行剖面集合 $n(r)$ 的总惯量的定义：由式（7.8）定义的 n 个点与其重心的加权欧氏距离之和称为行剖面集合 $n(r)$ 的总惯量，记为 $\boldsymbol{I}_I$。即有

$$\boldsymbol{I}_I=\sum_{i=1}^{n}D^2(\boldsymbol{p}_i^r,\ \boldsymbol{p}_J^{1/2}) \tag{7.11}$$

令 $\boldsymbol{D}_p^{1/2}=\text{diag}(\boldsymbol{p}_J^{1/2})$ 表示由向量 $\boldsymbol{p}_J^{1/2}$ 的各个分量为对角元素构成的对角阵，则总惯量式（7.11）可写为：

$$\boldsymbol{I}_I=\sum_{i=1}^{n}d^2[\boldsymbol{p}_i^{r\prime}(\boldsymbol{D}_p^{1/2})^{-1},\ \boldsymbol{p}_J^{1/2\prime}]\,p_{i\cdot}=\sum_{i=1}^{n}\sum_{j=1}^{p}p_{i\cdot}\left(\frac{p_{ij}}{p_{i\cdot}\sqrt{p_{\cdot j}}}-\sqrt{p_{\cdot j}}\right)^2$$

$$=\sum_{i=1}^{n}\sum_{j=1}^{p}\frac{(p_{ij}-p_{i\cdot}p_{\cdot j})^2}{p_{i\cdot}p_{\cdot j}}=\frac{1}{T}\chi^2 \tag{7.12}$$

由式（7.12）可以看到，总惯量不仅反映了行剖面集在式（7.8）意义上定义的各点与其重心加权距离的总和，而且与 χ^2 统计量仅相差一个常数，而由前面列联表的分析我们知道，χ^2 统计量反映了列联表横栏与纵列的相关关系，因此，此处总惯量也反映了两个属性变量各状态之间的相关关系。对应分析就是在总惯量信息损失最小的前提下，简化数据结构以反映两属性变量之间的相关关系。实际上，总惯量的概念类似于主成分分析或因子分析中方差总和的概念，在 SPSS 软件中进行对应分析时，系统会给出对总惯量信息的提取情况。

完全对应地，可以得到对列联表的列进行分析的相应结论，列剖面 p 个点经 $p_{\cdot j}$ 加权后的平均坐标，即重心为：

$$\boldsymbol{p}_I^{1/2\prime}=(\sqrt{p_{1\cdot}},\ \sqrt{p_{2\cdot}},\ \cdots,\ \sqrt{p_{n\cdot}}) \tag{7.13}$$

列剖面集合 $p(c)$ 的总惯量为：

$$I_J=I_I=\frac{1}{T}\chi^2 \tag{7.14}$$

7.2.2 R 型与 Q 型因子分析的对等关系

经过以上数据变换，在引入加权距离之后，或者对行剖面集的各点进行式（7.8）的变换，对列剖面的各点进行类似变换之后，可以直接计算属性变量各状态之间的距离，通过距离的大小来反映各状态之间的接近程度，同类型的状态之间距离应当较短，而不同类型的状态之间距离应当较长，据此可以对各种状态进行分类以简化数据结构。但是，这样做不能对两个属性变量同时进行分析，因此不计算距离，而代之以求协方差矩阵，进行因子分析，提取主因子，用主因子所定义的坐标轴作为参照系，对两个变量的各状态进行分析。

先对行剖面进行分析，即 Q 型因子分析。假定各个行剖面的坐标均经过了形如式（7.8）的变换，以消除变量 B 的各个状态发生的边缘概率的影响。即变换后的行剖面为：

$$\boldsymbol{p}_i^{r\prime}(\boldsymbol{D}_p^{1/2})^{-1},\quad i=1,\ 2,\ \cdots,\ n$$

则变换后的 n 个行剖面所构成的矩阵为：

$$\boldsymbol{p}_r=\begin{bmatrix}\boldsymbol{p}_1^{r\prime}(\boldsymbol{D}_p^{1/2})^{-1}\\ \boldsymbol{p}_2^{r\prime}(\boldsymbol{D}_p^{1/2})^{-1}\\ \vdots\\ \boldsymbol{p}_n^{r\prime}(\boldsymbol{D}_p^{1/2})^{-1}\end{bmatrix} \tag{7.15}$$

进行 Q 型因子分析就是从矩阵 $\boldsymbol{p}_r$ 出发，分析其协方差矩阵，提取公共因子（主成分）的分析。设 $\boldsymbol{p}_r$ 的加权协方差阵为 $\boldsymbol{\Sigma}_r$，则有

$$\boldsymbol{\Sigma}_r = \sum_{i=1}^{n} p_{i\cdot}[(\boldsymbol{D}_p^{1/2})^{-1}\boldsymbol{p}_i^r - \boldsymbol{p}_J^{1/2}][\boldsymbol{p}_i^{r\prime}(\boldsymbol{D}_p^{1/2})^{-1} - \boldsymbol{p}_J^{1/2\prime}] \tag{7.16}$$

因为对任意的 i（$i=1, 2, \cdots, n$），有

$$\begin{aligned}&[\boldsymbol{p}_i^{r\prime}(\boldsymbol{D}_p^{1/2})^{-1} - \boldsymbol{p}_J^{1/2\prime}]\boldsymbol{p}_J^{1/2}\\ &=\left[\frac{p_{i1}-p_{i\cdot}p_{\cdot 1}}{\sqrt{p_{\cdot 1}}\,p_{i\cdot}} \quad \frac{p_{i2}-p_{i\cdot}p_{\cdot 2}}{\sqrt{p_{\cdot 2}}\,p_{i\cdot}} \quad \cdots \quad \frac{p_{ip}-p_{i\cdot}p_{\cdot p}}{\sqrt{p_{\cdot p}}\,p_{i\cdot}}\right]\begin{bmatrix}\sqrt{p_{\cdot 1}}\\ \sqrt{p_{\cdot 2}}\\ \vdots\\ \sqrt{p_{\cdot p}}\end{bmatrix}=0\end{aligned} \tag{7.17}$$

所以，$\boldsymbol{\Sigma}_r\boldsymbol{p}_J^{1/2}=0$。也就是说，变换后行剖面集的重心 $\boldsymbol{p}_J^{1/2}$ 是 $\boldsymbol{\Sigma}_r$ 的一个特征向量，且其对应的特征根为零。因此，该因子轴对公共因子的解释而言是无用的，在对应分析中，总是不考虑该轴。实际上，在对列剖面进行分析时，也存在类似的情况，$\boldsymbol{p}_I^{1/2}$ 是变换后列剖面集所构成矩阵的协方差矩阵的一个特征向量，且其对应的特征根也为零。因此，因子轴 $\boldsymbol{p}_I^{1/2}$ 也是无用的。

为了更清楚地了解对应分析的具体计算过程，我们看一下 $\boldsymbol{\Sigma}_r$ 中的元素。设

$$\boldsymbol{\Sigma}_r = (a_{ij})_{p\times p}$$

则有

$$\begin{aligned}a_{ij} &= \sum_{a=1}^{n}\left(\frac{p_{ai}}{\sqrt{p_{\cdot i}}\,p_{a\cdot}} - \sqrt{p_{\cdot i}}\right)\left(\frac{p_{aj}}{\sqrt{p_{\cdot j}}\,p_{a\cdot}} - \sqrt{p_{\cdot j}}\right)p_{a\cdot}\\ &= \sum_{a=1}^{n}\left(\frac{p_{ai}}{\sqrt{p_{\cdot i}}\sqrt{p_{a\cdot}}} - \sqrt{p_{\cdot i}}\sqrt{p_{a\cdot}}\right)\left(\frac{p_{aj}}{\sqrt{p_{\cdot j}}\sqrt{p_{a\cdot}}} - \sqrt{p_{\cdot j}}\sqrt{p_{a\cdot}}\right)\\ &= \sum_{a=1}^{n}\left(\frac{p_{ai}-p_{\cdot i}p_{a\cdot}}{\sqrt{p_{\cdot i}p_{a\cdot}}}\right)\left(\frac{p_{aj}-p_{\cdot j}p_{a\cdot}}{\sqrt{p_{\cdot j}p_{a\cdot}}}\right)\\ &= \sum_{a=1}^{n} z_{ai}z_{aj}\end{aligned} \tag{7.18}$$

式中

$$z_{ij}=\frac{p_{ij}-p_{i\cdot}p_{\cdot j}}{\sqrt{p_{i\cdot}p_{\cdot j}}},\quad i=1, 2, \cdots, n;\ j=1, 2, \cdots, p$$

若令 $\boldsymbol{Z}=(z_{ij})$，则有

$$\boldsymbol{\Sigma}_r = \boldsymbol{Z}\boldsymbol{Z}' \tag{7.19}$$

依照上述方法，可以对列剖面进行分析，设变换后的列剖面集所构成矩阵的协方差矩阵为 $\boldsymbol{\Sigma}_c$，则可以得到

$$\boldsymbol{\Sigma}_c = \boldsymbol{Z}'\boldsymbol{Z} \tag{7.20}$$

式中，矩阵 $\boldsymbol{Z}$ 的定义与上面完全一致。这样，对应分析的过程就转化为基于矩阵 $\boldsymbol{Z}$ 的分析过程。由式（7.19）和式（7.20）可以看出，矩阵 $\boldsymbol{\Sigma}_r$ 与 $\boldsymbol{\Sigma}_c$ 存在简单的对等关系，如果把

原始列联表中的数据 n_{ij} 变换成 z_{ij}，则 z_{ij} 对两个属性变量有对等性。

由矩阵的知识可知，$\boldsymbol{\Sigma}_r=\boldsymbol{ZZ}'$ 与 $\boldsymbol{\Sigma}_c=\boldsymbol{Z}'\boldsymbol{Z}$ 有完全相同的非零特征根，记作 λ_1，λ_2，…，λ_r（$\lambda_1\geqslant\lambda_2\geqslant\cdots\geqslant\lambda_r$），而经过上面的分析可知，$\boldsymbol{\Sigma}_r$ 与 $\boldsymbol{\Sigma}_c$ 均有一个特征根为零，且其所对应的特征向量分别为 $\boldsymbol{p}_J^{1/2}$，$\boldsymbol{p}_I^{1/2}$，由这两个特征向量构成的因子轴为无用轴。因此，在对应分析中，公共因子轴的最大维数为 $\min(n, p)-1$。所以有 $0<r\leqslant\min(n, p)-1$。设 $\boldsymbol{u}_1$，$\boldsymbol{u}_2$，…，$\boldsymbol{u}_r$ 为相对于特征根 λ_1，λ_2，…，λ_r 的 $\boldsymbol{\Sigma}_r$ 的特征向量，则有

$$\boldsymbol{\Sigma}_r\boldsymbol{u}_j=\boldsymbol{ZZ}'\boldsymbol{u}_j=\lambda_j\boldsymbol{u}_j \tag{7.21}$$

对上式两边左乘矩阵 $\boldsymbol{Z}'$，有

$$\boldsymbol{Z}'\boldsymbol{Z}(\boldsymbol{Z}'\boldsymbol{u}_j)=\lambda_j(\boldsymbol{Z}'\boldsymbol{u}_j)$$

即
$$\boldsymbol{\Sigma}_c(\boldsymbol{Z}'\boldsymbol{u}_j)=\lambda_j(\boldsymbol{Z}'\boldsymbol{u}_j) \tag{7.22}$$

表明（$\boldsymbol{Z}'\boldsymbol{u}_j$）即为相对于特征根 λ_j 的 $\boldsymbol{\Sigma}_c$ 的特征向量，这就建立了对应分析中R型因子分析与Q型因子分析的关系，这样，就可以由R型因子分析的结果很方便地得到Q型因子分析的结果，从而大大减少了计算量，特别是克服了当某一属性变量的状态特别多时计算上的困难。又由于 $\boldsymbol{\Sigma}_r$ 与 $\boldsymbol{\Sigma}_c$ 具有相同的非零特征根，而这些特征根正是各个公共因子所解释的方差，或提取的总惯量的份额，即有 $\sum_{i=1}^{r}\lambda_i=I_I=I_J$，因此，变量 B 的 p 维空间 R^p 中的第一主因子、第二主因子……第 r 个主因子与变量 A 的 n 维空间 R^n 中相对应的各个主因子在总方差中所占的百分比完全相同。这样就可以用相同的因子轴同时表示两个属性变量的各个状态，把两个变量的各个状态同时反映在具有相同坐标轴的因子平面上，以直观地反映两个属性变量及各个状态之间的相关关系。一般情况下，我们取两个公共因子，这样，就可以在一张二维图上同时画出两个变量的各个状态。

这里需要说明的是，因子分析是利用变量或样本的相关阵，找出公共因子，前者称为R型因子分析，后者称为Q型因子分析。对应分析则是利用变量或样本的协方差阵，把变量和样本标定在公共因子上，也称为R-Q型因子分析。

7.2.3 对应分析应用于定量变量的情况

上面对对应分析方法的描述都是以属性变量数据为例展开的，这是因为在实际中，对应分析广泛地应用于对属性变量列联表数据的研究。实际上，对应分析方法也适用于定距尺度与定比尺度的数据。假设要分析的数据为 $n\times p$ 的表格形式（n 个观测，p 个变量），沿用上面的思想，同样可以对数据进行规格化处理，再进行R型因子分析与Q型因子分析，进而把观测与变量在同一张低维图形上表示出来，分析各观测与各变量之间的接近程度。

其实，对于定距尺度与定比尺度的情况，完全可以把每一个观测都分别看成一类，这也是对原始数据进行的最细的分类；同时把每一个变量都看成一类。这样，对定距尺度数据与定比尺度数据的处理问题就变成与上面分析属性变量相同的问题了，自然可以运用对应分析来研究行与列之间的相关关系。但是应当注意，对应分析要求数据阵中每一个数据都是大于或等于零的，当用对应分析研究普通的 $n\times p$ 的表格形式的数据时，若有小于零

的数据，则应当先对数据进行加工，比如将该变量的各个取值都加上一个常数。有的研究人员将对应分析方法用于经济问题截面数据的研究，得到了比较深刻的结论。

7.4 节将通过例 7-2 给出一个具体的对应分析应用于分类汇总数据的例子，对该问题以及多重对应分析有兴趣的读者请参阅参考文献［2］和［6］。

7.2.4　需要注意的问题

需要注意的是，用对应分析生成的二维图上的各状态点实际上是两个多维空间上的点的二维投影，在某些特殊的情况下，在多维空间中相隔较远的点在二维平面上的投影却很接近。此时，我们需要对二维图上的各点做更深入的了解，即哪些状态对公共因子的贡献较大，这与因子分析判断原始变量对公共因子贡献的方法类似，不同的是，因为对应分析中 $\boldsymbol{\Sigma}_r$ 与 $\boldsymbol{\Sigma}_c$ 存在简单的对等关系，我们可以任选一个变量，分析其各个状态对公共因子的贡献，不妨以变量 A 的各个状态为例进行说明。由于

$$\operatorname{var}(F_k)=\sum_{i=1}^{n}p_{i.}a_{ik}^2=\lambda_k$$

式中，a_{ik} 为因子载荷。设状态 i 对公共因子的贡献为 CTR(i)，于是有 CTR(i)$=p_{i.}a_{ik}^2/\lambda_k$，CTR($i$) 的值越大，说明状态 i 对第 k 个公共因子的贡献越大。同时，如有需要，我们可以仿照因子分析的方法分析每一个公共因子的贡献，在此不再详述。

另外还需注意的是，对应分析只能用图形的方式提示变量之间的关系，但不能给出具体的统计量来度量这种相关程度，这容易使研究者在运用对应分析时得出主观性较强的结论。

7.3　对应分析的步骤及逻辑框图

7.3.1　对应分析的步骤

由前面的分析可知，对来源于实际问题的列联表数据，运用对应分析方法进行研究的过程可以最终转化为进行 R 型因子分析与 Q 型因子分析的过程。一般来说，对应分析应包括如下几个步骤：

(1) 由原始列联表数据计算规格化的概率意义上的列联表。

(2) 计算 $\boldsymbol{Z}$ 矩阵。

(3) 由 $\boldsymbol{\Sigma}_r$ 或 $\boldsymbol{\Sigma}_c$ 出发进行 R 型因子分析或 Q 型因子分析，并由 R（或 Q）型因子分析的结果推导出 Q（或 R）型因子分析的结果。

(4) 在二维图上画出原始变量各个状态，并对原始变量的相关性进行分析。

7.3.2　对应分析的逻辑框图

对应分析的逻辑框图如图 7-1 所示。

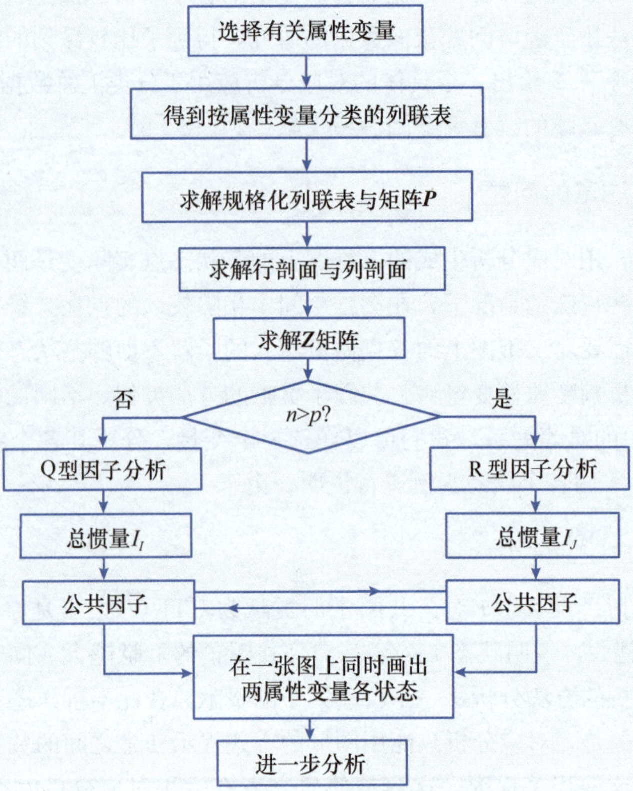

图 7-1　对应分析逻辑框图

7.4　对应分析的上机实现

SPSS 软件的 Correspondence Analysis 模块是专门进行对应分析的模块。下面举例说明用 Correspondence Analysis 模块进行对应分析的方法。

例 7-1

从中国校友会网（http://www.chinaxy.com/2022index/news/news.jsp?information_id=16093）公布的 2025 年中国“双一流”大学排行榜中，选取星级排名为 8 星级、7 星级、6 星级、5 星级和 4 星级的 73 所高校。8 星级对应的办学层次是世界一流大学，7 星级对应的是世界知名高水平、中国顶尖大学，6 星级对应的是世界高水平、中国顶尖大学，5 星级对应的是世界知名、中国一流大学，4 星级对应的是中国高水平大学。将这 73 所高校对应的星级排名和学校类型列于表 7-4 中，其中学校类型对应的各取值的含义为：1—综合类；2—理工类、师范类或农林类；3—医药类；4—文法类、财经类或民族类；5—艺术类或体育类。试使用对应分析方法揭示高校的星级排名与学校类型之间的关系。

表 7 - 4 2025 年中国“双一流”大学排名和学校类型（2025 年 1 月公布）

高校名称	星级排名	学校类型	类型取值	高校名称	星级排名	学校类型	类型取值
北京大学	8	综合	1	河海大学	6	理工	2
清华大学	8	理工	2	郑州大学	5	综合	1
中国人民大学	8	文法	4	中国海洋大学	6	综合	1
浙江大学	8	综合	1	中国矿业大学	6	综合	1
复旦大学	8	综合	1	北京协和医学院	7	医药	3
上海交通大学	8	理工	2	西北农林科技大学	5	农林	2
武汉大学	8	综合	1	北京邮电大学	6	理工	2
南京大学	8	综合	1	中国地质大学	6	理工	2
中山大学	7	综合	1	上海财经大学	6	财经	4
吉林大学	7	综合	1	中国政法大学	6	文法	4
华中科技大学	8	理工	2	云南大学	5	综合	1
四川大学	7	综合	1	中南财经政法大学	6	财经	4
天津大学	7	理工	2	中央民族大学	6	民族	4
南开大学	7	综合	1	中国石油大学（华东）	5	理工	2
西安交通大学	7	理工	2	北京林业大学	6	农林	2
中国科学技术大学	8	理工	2	新疆大学	4	综合	1
哈尔滨工业大学	7	理工	2	北京中医药大学	6	医药	3
中南大学	7	理工	2	中国药科大学	5	医药	3
北京师范大学	7	师范	2	上海中医药大学	6	医药	3
山东大学	7	综合	1	国防科技大学	8	综合	1
厦门大学	7	综合	1	中国科学院大学	8	综合	1
东南大学	7	理工	2	中国传媒大学	6	文法	4
同济大学	7	理工	2	北京外国语大学	6	文法	4
北京航空航天大学	7	理工	2	北京体育大学	6	体育	5
兰州大学	6	综合	1	外交学院	6	文法	4
中国农业大学	7	农林	2	中国音乐学院	6	艺术	5
大连理工大学	6	理工	2	中央美术学院	6	艺术	5
东北大学	6	理工	2	中央戏剧学院	6	艺术	5
上海科技大学	7	理工	2	中央音乐学院	6	艺术	5
华东师范大学	6	师范	2	海军军医大学	6	医药	3
北京理工大学	7	理工	2	空军军医大学	6	医药	3
西北工业大学	7	理工	2	上海体育大学	5	体育	5
重庆大学	6	理工	2	中国人民公安大学	6	文法	4

续表

高校名称	星级排名	学校类型	类型取值	高校名称	星级排名	学校类型	类型取值
电子科技大学	6	理工	2	上海外国语大学	5	文法	4
湖南大学	6	理工	2	上海音乐学院	5	艺术	5
东北师范大学	5	师范	2	中国美术学院	5	艺术	5
西南交通大学	5	理工	2				

将表中第一列、第二列和第四列数据录入 SPSS 数据窗口，并在 Variable View 窗口分别给三个变量取名为 university，rank 和 type，对变量 rank 和 type 的取值进行标签设定。下面以 type 为例，说明设定标签的方法。首先，在 Variable View 窗口中选中变量 type 对应的 Values 框，单击框的右侧，将弹出 Value Labels 对话框。然后，在 Value：后面的框中填入变量的具体取值（如 1），在下方 Label：后面的框中填入该取值对应的标签（如综合类），此时下方的 Add 按钮被激活，点击 Add 即可将该取值及所设的标签加入其右边框中，显示为 1=“综合类”。如此，依次将 1，2，3，4，5 所对应的标签全部添加，下方的框中将显示这 5 个取值的标签，另外我们也可以在该框中选中某个取值对其进行更改或删除。

对变量 rank 与变量 type 进行对应分析，依次点选 Analyze→Dimension Reduction→Correspondence Analysis，打开 Correspondence Analysis（对应分析）对话框。变量名 rank 和 type 将出现在对话框的左边，将 rank 选入右侧 Row 下方的框中，此时该框的显示为 rank（??）。同时，其下方的 Define Range 按钮被激活，点击该按钮，进入 Define Row Range 对话框，在该对话框中需要确定 rank 的取值范围，Minimum value（最小值）与 Maximum value（最大值）处分别填上 4 和 8，点击右侧的 Update 按钮，可以看到 rank 的取值 4～8 已出现在 Category Constraints 选项框左侧的窗口中，该选项框的作用是对 rank 的各状态加以限定，保持默认值 None 不变，即对 rank 的取值不加限定。点击 Continue 继续，回到对应分析主对话框，可以看到此时变量 rank 的显示为 rank（4 8）。按照同样的方法把 type 选入 Column 下方的框中，并设定其取值范围为 1～5，点击 OK 运行，则可以得到输出结果 7 - 1 和图 7 - 2。

输出结果 7 - 1

Correspondence Table

rank	type					
	综合类	理工类等	医药类	文法类等	艺术类等	Active Margin
4 星级	1	0	0	0	0	1
5 星级	2	4	1	1	3	11
6 星级	3	10	4	8	5	30
7 星级	6	12	1	0	0	19
8 星级	7	4	0	1	0	12
Active Margin	19	30	6	10	8	73

Summary

Dimension	Singular Value	Inertia	Chi Square	Sig.	Proportion of Inertia		Confidence Singular Value	
					Accounted for	Cumulative	Standard Deviation	Correlation 2
1	.544	.296			.723	.723	.083	.049
2	.273	.074			.182	.905	.109	
3	.193	.037			.091	.997		
4	.036	.001			.003	1.000		
Total		.409	29.848	.019[a]	1.000	1.000		

a. 16 degrees of freedom

Overview Row Points[a]

rank	Mass	Score in Dimension		Inertia	Contribution				
					Of Point to Inertia of Dimension		Of Dimension to Inertia of Point		
		1	2		1	2	1	2	Total
4 星级	.014	−1.682	2.083	.039	.071	.218	.541	.416	.958
5 星级	.151	.413	−.042	.043	.047	.001	.321	.002	.323
6 星级	.411	.715	.117	.122	.387	.020	.935	.012	.947
7 星级	.260	−.678	−.705	.101	.220	.474	.645	.350	.995
8 星级	.164	−.953	.690	.103	.275	.287	.786	.207	.993
Active Total	1.000			.409	1.000	1.000			

a. Symmetrical normalization

Overview Column Points[a]

type	Mass	Score in Dimension		Inertia	Contribution				
					Of Point to Inertia of Dimension		Of Dimension to Inertia of Point		
		1	2		1	2	1	2	Total
综合类	.260	−.915	.568	.142	.400	.308	.834	.162	.996
理工类等	.411	−.193	−.575	.046	.028	.497	.182	.810	.991
医药类	.082	.796	−.171	.031	.096	.009	.924	.022	.946
文法类等	.137	.953	.579	.094	.229	.168	.722	.134	.855
艺术类等	.110	1.107	.210	.097	.247	.018	.754	.014	.767
Active Total	1.000			.409	1.000	1.000			

a. Symmetrical normalization

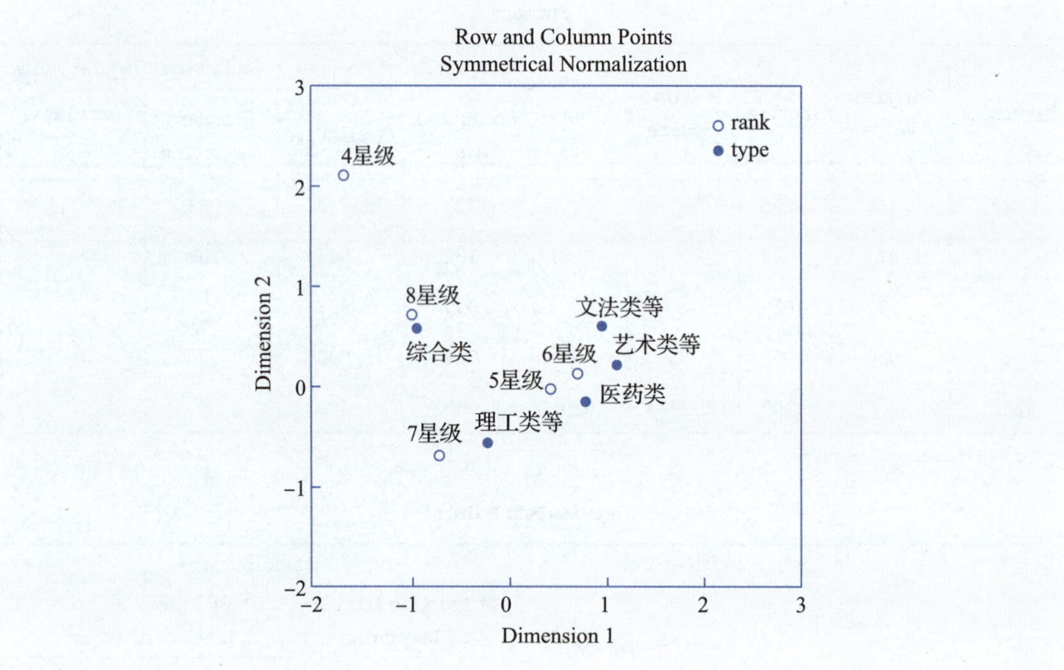

图 7-2　各状态的投影

其中，输出的第一部分 Correspondence Table 是由原始数据按 rank 与 type 分类的列联表，可以看到观测总数为 73。

第二部分 Summary 给出了总惯量、χ^2 值及每一维度（公共因子）所解释的总惯量的百分比的信息。可知总惯量为 0.409，χ^2 值为 29.848，有关系式：$29.848=0.409\times 73$（由于保留小数时四舍五入，故存在误差），由此可以清楚地看到总惯量与 χ^2 值的关系，同时说明总惯量描述了列联表行与列之间总的相关关系。Singular Value 反映的是行与列各状态在二维图中分值的相关程度，实际上是对行与列进行因子分析产生的新的综合变量的典型相关系数，其在取值上等于特征根（惯量值）的平方根。Sig. 是假设 χ^2 值为 0 成立的概率，表注表明自由度为 $(5-1)\times(5-1)=16$，Sig. 值（0.019）很小说明列联表的行与列之间有较强的相关性。Proportion of Inertia 部分是各维度（公共因子）分别解释总惯量的比例及累计百分比，类似于因子分析中公共因子解释能力的说明。

第三部分和第四部分是对列联表行与列各状态有关信息的概括。其中，Mass 部分分别指列联表中行与列的边缘概率，也就是 $\boldsymbol{P}_I$ 与 $\boldsymbol{P}_J$。Score in Dimension 是各维度的分值，也就是行与列各状态在二维图中的坐标值。Inertia 是惯量，是每一行（列）与其重心的加权距离的平方，可以看到 $I_I=I_J=0.409$，即行剖面的总惯量等于列剖面的总惯量。Contribution 部分是指行（列）的每一状态对每一维度（公共因子）特征根（惯量值）的贡献及每一维度对行（列）各个状态的特征根（惯量值）的贡献。由此可以更好地理解维度的来源及意义，如第一维度中，6 星级对应的数值最大，为 0.387，说明 6 星级这一状态对第一维度的贡献最大。在表的最后部分维度对各状态特征根的贡献部分，看到第一维度集中了 6 星级和 8 星级两状态的大部分差异，第二维度主要反映了 4 星级和 7 星级的大部分差异，而对于 5 星级这一状态，两个维度对其贡献度都不是特别大。

图 7－2 是 rank 各状态与 type 的各状态同时在一张二维图上的投影。在图上既可以看到每一变量内部各状态之间的相关关系，又可以同时考察两变量之间的相关关系。为了更清楚地显示各状态之间的距离，我们可以给该图加上 x 轴与 y 轴的参考线，方法如下：在 SPSS 的结果输出窗口中，双击该图形，进入图形编辑窗口，可以看到顶部的菜单相应发生了变化，点击 Options，选择 X Axis Reference line，进入 Properties 对话框，在 Reference Line 中 Position 后面的框中看到默认参考线为 X＝0.5，此处输入 0，再点击下方的 Apply 按钮可以画出 X＝0 的参考线。用同样的方法，画出 Y＝0 的参考线。另外，还可以改变同一变量各状态的标记，如选中图形右侧图例中 type 前面的圆圈，则图中 type 变量的几个状态对应的点均被选中，双击该圆圈可打开 Properties 对话框，在 Marker 中点击 Type 下面的框，即可自行选择其他类型的标记，此处我们选择菱形。然后，点击 Apply，再点击 Close，回到图形编辑窗口再将其关闭，则输出窗口的图形也发生变化，上面的二维图形变为图 7－3 所示的形式。

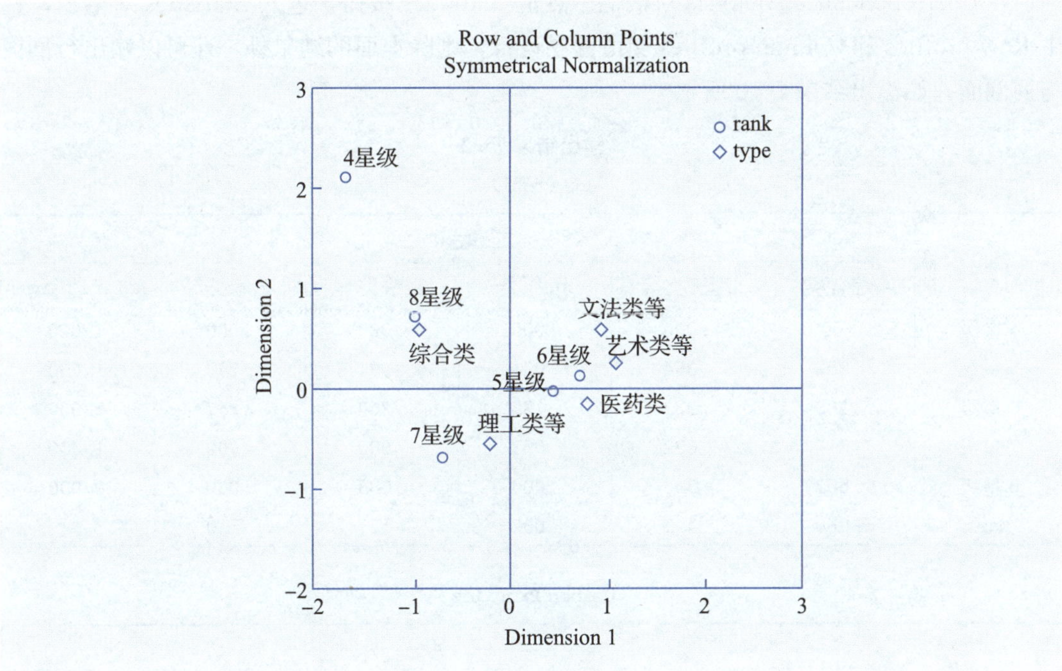

图 7－3

从图 7－3 可以看出，rank 的 5 个状态分布较为分散，很明显形成四大类；对于 type，综合类被单独分为一类，文法类等、艺术类等和医药类被分为一类，理工类等被分为一类。同时考察两变量各状态，可以看到 4 星级与各种学校类型都较远，说明 4 星级的学校类型没有显著特点（只有一个样本）；5 星级和 6 星级学校的类型主要是医药类、文法类等以及艺术类等；7 星级学校的类型主要是理工类等；8 星级学校的类型主要是综合类。

以上是由 SPSS 默认设置得到的结果。实际研究时，可以根据不同的研究目的对有关设置进行修改。下面对 SPSS 提供的有关选项进行简要说明。在 Correspondence Analysis 对话框中点击右侧的 Model 按钮进入 Model 对话框，在该对话框中，可以设定进行对应分析的有关方法：在上部 Dimensions in solution 处可以规定对应分析的最大维数，默认维数是 2。由本章的论述知，最大维数应该是 $\min(n, p)-1$，此处保留默认值即可。Distance Measure 对话框中可以规定距离量度方法，默认为卡方距离，也就是加权的欧氏距离，还可以规定用欧氏距离（Euclidean）。在 Standardization Method 对话框中可以规定标准化方法，若距离的量度使用卡方距离，则应使用默认的标准化方法，即对行与列均进行中心化处理；若选择欧氏距离，则有不同的标准化方法可以选择，此处不再详述。最下方 Normalization Method 框中可以规定不同的正态化方法，默认为 Symmetrical 方法，当我们的目的是考察两变量各状态之间的差异性或相似性时，应选择此方法。当我们的目的是考察两个属性变量之间各状态及同一变量内部各状态之间的差异性时，则应当选择 Principal 方法。当我们的目的是考察不同行（列）之间的差异性或相似性时，则应当选择 Row principal（Column principal），而选中 Custom 并自己设定一个－1～1 之间的值，则可能输出更容易解释的二维图。

在 Correspondence Analysis 对话框中点击 Statistics 按钮，进入 Statistics 对话框，选中 Row profiles 和 Column profiles 交由程序运行，则除上面的结果外，还可以输出行剖面与列剖面，如输出结果 7－2 所示。

输出结果 7－2

Row Profiles

rank	type					
	综合类	理工类等	医药类	文法类等	艺术类等	Active Margin
4 星级	1.000	.000	.000	.000	.000	1.000
5 星级	.182	.364	.091	.091	.273	1.000
6 星级	.100	.333	.133	.267	.167	1.000
7 星级	.316	.632	.053	.000	.000	1.000
8 星级	.583	.333	.000	.083	.000	1.000
Mass	.260	.411	.082	.137	.110	

Column Profiles

rank	type					
	综合类	理工类等	医药类	文法类等	艺术类等	Mass
4 星级	.053	.000	.000	.000	.000	.014
5 星级	.105	.133	.167	.100	.375	.151
6 星级	.158	.333	.667	.800	.625	.411
7 星级	.316	.400	.167	.000	.000	.260
8 星级	.368	.133	.000	.100	.000	.164
Active Margin	1.000	1.000	1.000	1.000	1.000	

在 Statistics 对话框中选择其他选项，可以输出一些有用的统计量，这些统计量有助于检验对应分析的效果，此处不再详述。在 Correspondence Analysis 对话框中，点击 Plots 按钮进入 Plots 对话框，看到在 Scatterplots 框中系统默认输出 Biplot，即在同一二维图上同时输出两个属性变量的各个状态。为了考察列联表各行（列）之间的相关性，有时需要输出仅包括一个变量各种状态参数的二维图，选择 Row points 及 Column points 可以实现。同时选中 Row points 与 Column points 并交由程序运行，则可以得到图 7－4。这样可以更清楚地考察每一变量各个状态之间的距离或接近程度。SPSS 软件还提供了其他许多有用的选项，可以针对不同的研究问题及研究目的，选择这些选项以得到更多的结果，此处不再详细说明。

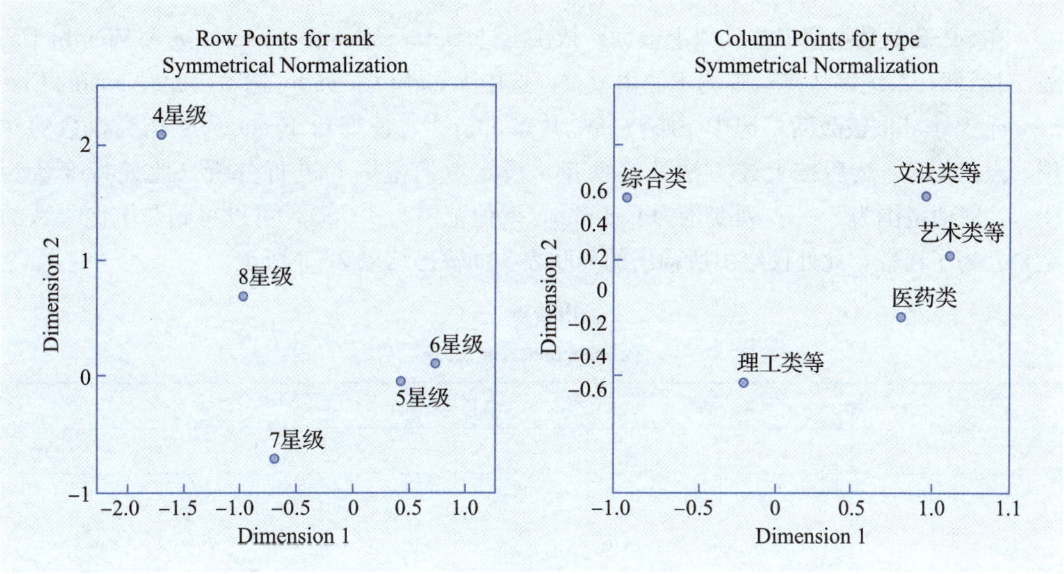

图 7－4

因为对应分析所需的数据是原始列联表数据，所以 SPSS 软件也提供了直接读入列联表数据的功能，这样对该例，就不用从 73 条原始观测开始进行分析，从而提高了分析效率。由输出结果 7－1 对列联表做如表 7－5 所示的变换。

表 7－5

Row	Column	Frequency	Row	Column	Frequency
4	1	1	6	4	8
4	2	0	6	5	5
4	3	0	7	1	6
4	4	0	7	2	12
4	5	0	7	3	1
5	1	2	7	4	0

续表

Row	Column	Frequency	Row	Column	Frequency
5	2	4	7	5	0
5	3	1	8	1	7
5	4	1	8	2	4
5	5	3	8	3	0
6	1	3	8	4	1
6	2	10	8	5	0
6	3	4			

在 SPSS 的数据窗口输入以上数据，依次点选 Data→Weight Cases，进入 Weight Cases 对话框，系统默认是对观测不使用权重，选中 Weight Cases by 选项，此时下面的 Frequency Variable 被激活，选中 Frequency 并点击箭头，使变量 Frequency 充当权数的作用，点击 OK。然后按上述方法选择变量，设定取值范围并进行分析（此处行变量为 Row，取值范围为 5～8；列变量为 Column，取值范围为 1～5），可以得到与上面一致的结果。为了比较，此处仅给出所输出的列联表，如输出结果 7－3 所示。

输出结果 7－3

Correspondence Table

Row	Column					
	1	2	3	4	5	Active Margin
4	1	0	0	0	0	1
5	2	4	1	1	3	11
6	3	10	4	8	5	30
7	6	12	1	0	0	19
8	7	4	0	1	0	12
Active Margin	19	30	6	10	8	73

前面的例子是关于利用对应分析对交叉表数据进行分析的，下面通过例题讲述如何利用对应分析对分类汇总数据进行对应分析。分类汇总的数据单元格内不再是频数，而是相应的统计指标，如均数等。

对汇总数据，由于单元格内不再是频数，不存在行、列合计频数，也就不能再像交叉表一样基于无效假设计算标准化残差，而是使用欧氏距离来代表相应单元格数值偏离无关联假设的程度。由于指标量纲以及量级的差异，对应分析中针对欧氏距离提供了 5 种标准化方法，含义如下：

（1）Row and column means are removed：为缺省设置，在数据标准化时将行合计均数以及列合计均数的影响都移除，这样行、列类别间均数的差异不再对结果产生影响，在结果中呈现的只是行、列变量类别间的交互作用。

（2）Row/Column means are removed：在数据标准化时只移除行/列变量合计均数差异的影响，这样行/列均数的差异不再对结果产生影响，在结果中呈现的只是行/列变量类别间的差异。

（3）Row/Column totals are equalized and means are removed：在数据标准化时首先将原始数据除以行/列合计，然后再移除行/列均数的影响。

距离测量方式以及相应的距离标准化方法均在 Model 子对话框中选择，在对欧氏距离进行标准化后，剩余的步骤与普通的对应分析完全相同。

对一个具体问题，如何选择以上 5 种标准化方法取决于具体的研究目的，一般是在对问题进行定性分析的基础上，选择合适的方法对定性分析的结论进行实证分析。下面通过一个具体问题说明该方法的应用。

例 7－2

按现行统计报表制度，农村居民可支配收入主要由四部分构成，即工资性收入、经营净收入、财产净收入、转移净收入。表 7－6 列出了 2022 年全国 31 个省、自治区、直辖市农村居民人均可支配收入的数据（数据来源于 2023 年《中国统计年鉴》）。试进行对应分析，揭示全国农村居民人均可支配收入的特征以及各省、自治区、直辖市与各收入类型间的关系。

表 7－6　2022 年各地区农村居民人均可支配收入　　单位：元

地区	工资性收入	经营净收入	财产净收入	转移净收入
北京	24 928.1	1 849.6	3 555.8	4 420.3
天津	16 278.3	6 679.4	1 146.1	4 914.0
河北	10 107.8	6 402.7	416.5	2 437.1
山西	7 272.4	4 267.5	231.6	4 551.2
内蒙古	3 794.6	10 718.3	500.5	4 627.6
辽宁	7 441.8	8 830.8	423.4	3 211.9
吉林	3 984.6	11 058.2	459.8	2 631.9
黑龙江	3 416.8	9 698.4	1 310.1	4 152.0
上海	24 644.2	2 211.9	1 372.1	11 501.2
江苏	13 977.0	7 353.2	974.4	6 182.0
浙江	22 687.3	9 148.5	1 176.9	4 552.3
安徽	6 861.2	7 227.7	427.9	5 058.1
福建	11 360.9	9 128.2	518.9	3 978.7
江西	8 884.2	6 322.2	377.0	4 352.6
山东	11 045.9	7 505.2	532.0	3 026.8
河南	7 025.4	6 033.1	262.0	5 376.8
湖北	6 417.6	8 130.0	282.3	4 879.6

续表

地区	工资性收入	经营净收入	财产净收入	转移净收入
湖南	7 631.3	6 961.3	283.4	4 670.3
广东	13 560.2	5 759.3	868.8	3 409.5
广西	5 921.9	6 982.3	429.7	4 098.8
海南	7 764.8	7 722.4	328.8	3 301.4
重庆	6 921.0	6 234.7	476.3	5 680.7
四川	5 843.9	7 044.7	627.7	5 156.1
贵州	5 584.7	4 218.7	116.6	3 786.7
云南	4 928.4	7 379.1	229.5	2 609.9
西藏	6 366.0	7 730.2	797.7	3 315.6
陕西	6 497.3	4 702.2	258.8	4 246.0
甘肃	3 498.1	5 435.4	160.9	3 070.8
青海	4 751.4	5 585.9	380.2	3 738.8
宁夏	6 079.3	6 656.3	369.4	3 325.3
新疆	5 398.9	7 116.9	526.3	3 507.9

SPSS 软件的实际操作和分析如下。

操作步骤：

(1) 打开 SPSS 软件，在表格下方有两个选项，分别是 Data View 和 Variable View，点击 Variable View 选项，将各选项改为如下形式（见图 7-5）。

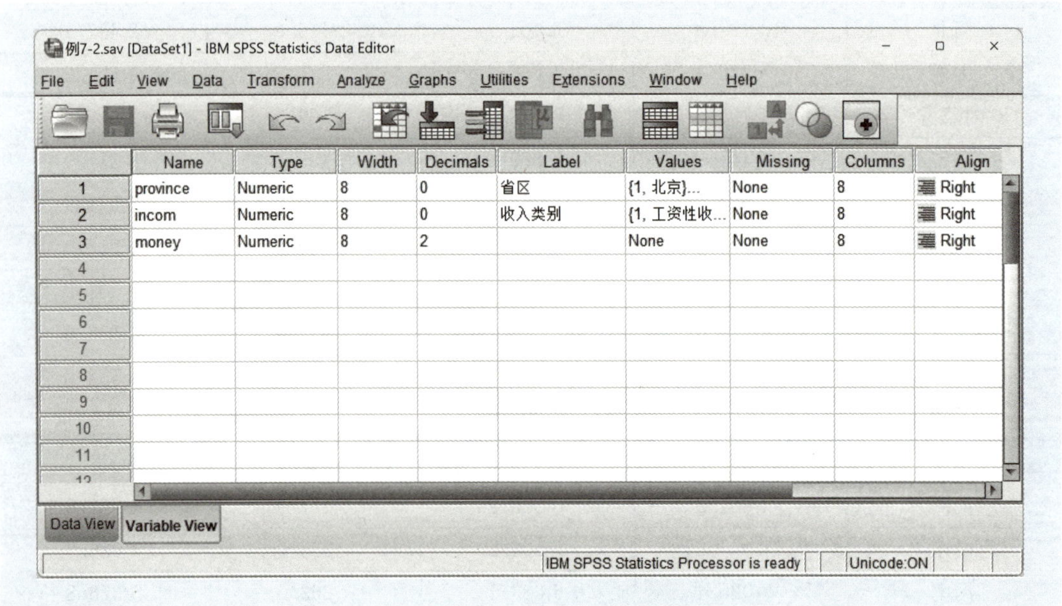

图 7-5

其中 Values 项需要做如下设置：在弹出的对话框里，对北京至新疆的 31 个省、自治区、直辖市以及工资性收入等 4 项收入类别进行数字赋值（见图 7－6）。

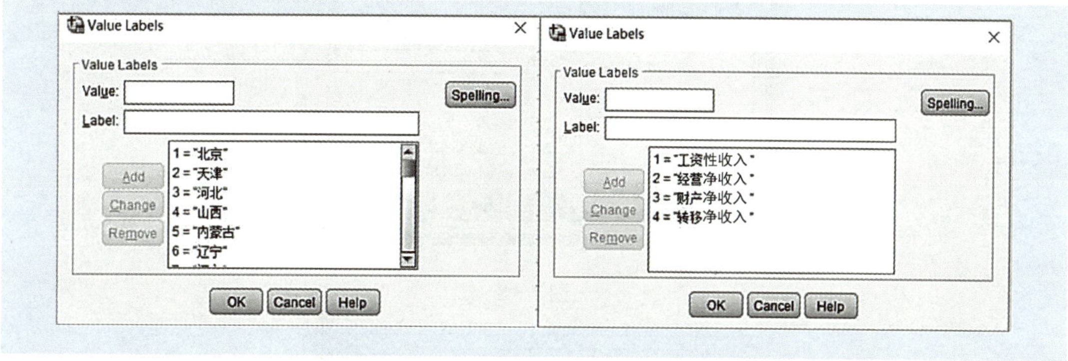

图 7－6

然后点击 Data View 进行数据的输入（见图 7－7）。

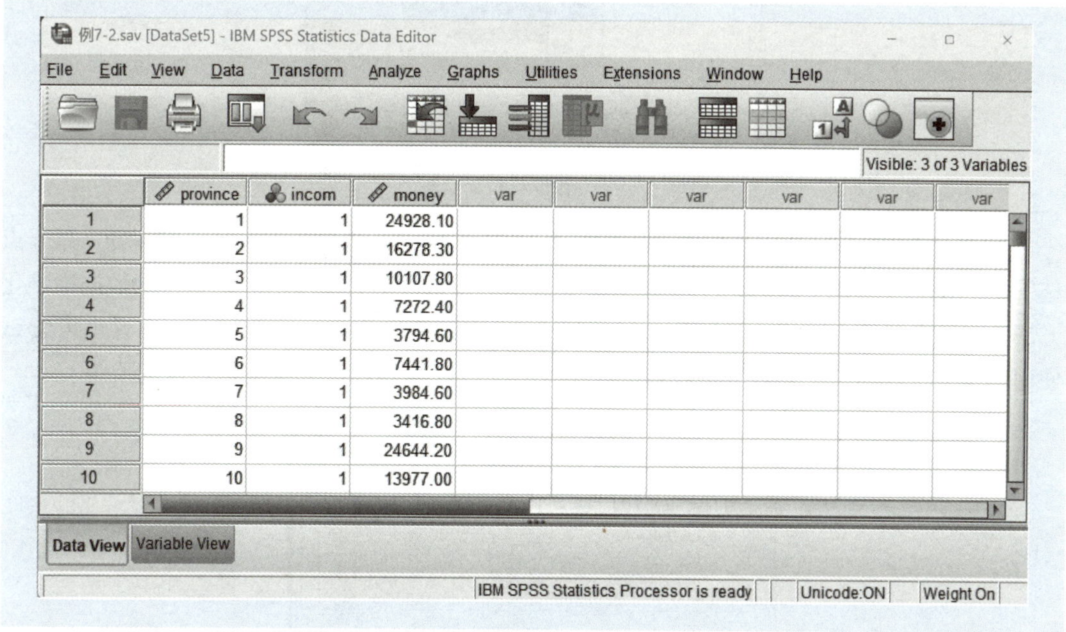

图 7－7

在 SPSS 的数据窗口完成数据输入后，依次点选 Data→Weight Cases，进入 Weight Cases 对话框，系统默认是对观测不使用权重，选中 Weight cases by 选项，此时下面的 Frequency Variable 被激活，选中 money 并点击箭头，使变量 money 充当权数的作用，点击 OK（见图 7－8）。

（2）选择 Analyze→Dimension Reduction→Correspondence Analysis，然后把“省区”选入“Row”，再点击 Define Range 来定义范围为 1（Minimum value）到 31（Maximum value），之后点击 Update，再点击 Continue。之后同样地，把“收入类别”选入 Column，并定义其范围为 1～4（见图 7－9）。

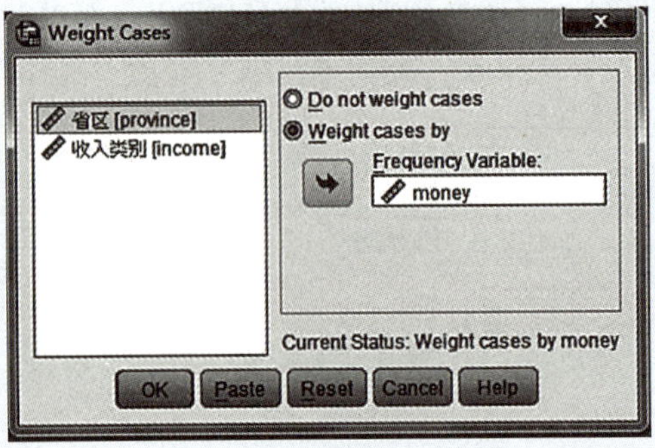

图 7-8

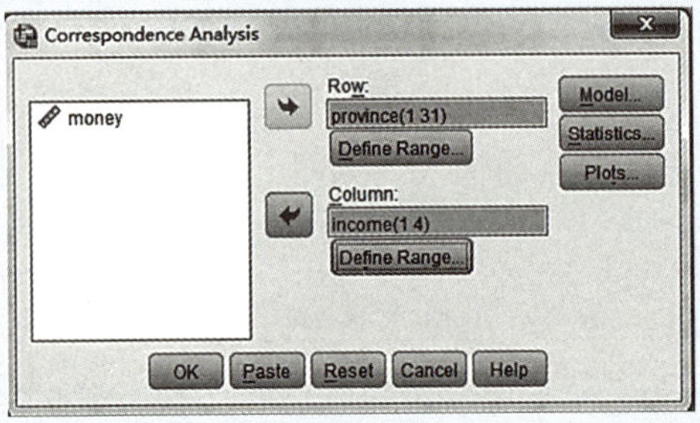

图 7-9

接着点击 Model，在出现的对话框中选择数据标准化方法，在 Distance Measure 部分点选 Euclidean，下面的 Standardization Method 选择选项被激活，有 5 种可供选择的数据标准化方法，本例选择第 5 种 “Column totals are equalized and means are removed”，读者也可尝试使用其他方法，如图 7-10 所示。其余选项为默认，点击 Continue 继续，点击 OK 运行。

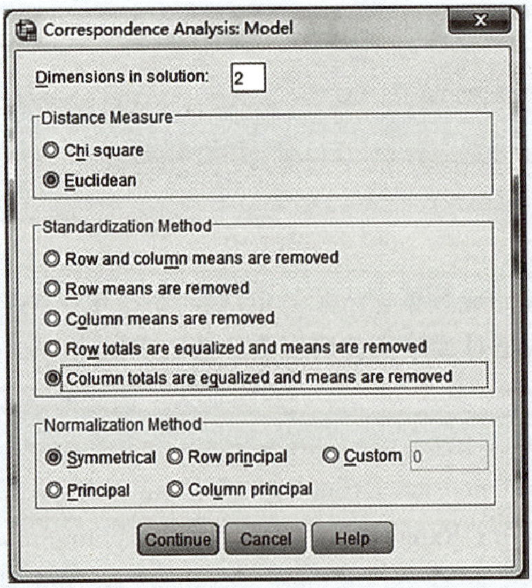

图 7-10

(3) 输出结果分析。根据 SPSS 对数据的计算，会得到一系列的表格，大多数表格的解释与上例相同，在此不再赘述。

输出表格之一就是下面各维的汇总表。输出结果 7-4 中给出了行和列记分的关系。Proportion of Inertia 是惯量比例，代表各维度分别解释总惯量的比例及累计百分比，从中可以看出第一维和第二维的惯量比例占总惯量的 94.8%，因此可以选取两维来进行分析。

输出结果 7-4

Summary

Dimension	Singular Value	Inertia	Proportion of Inertia		Confidence Singular Value	
			Accounted for	Cumulative	Standard Deviation	Correlation 2
1	.561	.314	.818	.818	.000	.178
2	.224	.050	.131	.948	.001	
3	.141	.020	.052	1.000		
Total		.384	1.000	1.000		

在 SPSS 的输出结果中还给出了绘制最后叠加的散点图所需的两套坐标。首先是关于行变量（省区）的点坐标表，例如北京（−3.229，−0.949），天津（−0.727，0.201）等，见输出结果 7-5。

输出结果 7-5

Overview Row Points[a]

省区	Mass	Score in Dimension		Inertia	Contribution				
					Of Point to Inertia of Dimension		Of Dimension to Inertia of Point		
		1	2		1	2	1	2	Total
北京	.032	−3.229	−.949	.197	.600	.130	.959	.033	.992
天津	.032	−.727	.201	.010	.030	.006	.925	.028	.954
河北	.032	.195	−.010	.003	.002	.000	.259	.000	.259
山西	.032	.396	.331	.005	.009	.016	.595	.167	.762
内蒙古	.032	.350	−.369	.006	.007	.020	.386	.172	.558
辽宁	.032	.295	−.186	.002	.005	.005	.661	.104	.765
吉林	.032	.424	−.629	.007	.010	.057	.436	.383	.819
黑龙江	.032	−.359	−1.053	.013	.007	.160	.174	.597	.771
上海	.032	−1.416	1.748	.061	.115	.440	.600	.365	.964
江苏	.032	−.510	.333	.006	.015	.016	.766	.130	.896
浙江	.032	−.953	.471	.025	.052	.032	.661	.064	.725

安徽	.032	.257	.104	.002	.004	.002	.736	.048	.785
福建	.032	.055	.112	.002	.000	.002	.032	.052	.083
江西	.032	.234	.218	.001	.003	.007	.702	.245	.947
山东	.032	.057	.007	.001	.000	.000	.042	.000	.042
河南	.032	.379	.339	.004	.008	.017	.682	.218	.900
湖北	.032	.416	.124	.004	.010	.002	.864	.031	.895
湖南	.032	.363	.225	.003	.008	.007	.864	.132	.996
广东	.032	−.360	.046	.004	.007	.000	.656	.004	.660
广西	.032	.307	−.092	.002	.005	.001	.915	.033	.948
海南	.032	.354	−.032	.003	.007	.000	.857	.003	.860
重庆	.032	.188	.202	.002	.002	.006	.347	.159	.506
四川	.032	.112	−.100	.001	.001	.001	.170	.054	.225
贵州	.032	.575	.194	.008	.019	.005	.758	.034	.792
云南	.032	.556	−.239	.006	.018	.008	.888	.065	.953
西藏	.032	−.013	−.492	.002	.000	.035	.002	.985	.987
陕西	.032	.411	.194	.004	.010	.005	.710	.063	.774
甘肃	.032	.639	−.139	.009	.023	.003	.861	.016	.878
青海	.032	.386	−.131	.004	.009	.002	.755	.035	.790
宁夏	.032	.367	−.134	.003	.008	.003	.890	.047	.937
新疆	.032	.253	−.295	.002	.004	.013	.622	.338	.960
Active Total	1.000			.384	1.000	1.000			

a. Symmetrical normalization

同样，列变量（收入类别）的点坐标表见输出结果 7-6，例如工资性收入（−0.737，0.564），经营净收入（0.164，−0.248）等。

输出结果 7-6

Overview Column Points[a]

收入类别	Mass	Score in Dimension		Inertia	Contribution				
					Of Point to Inertia of Dimension		Of Dimension to Inertia of Point		
		1	2		1	2	1	2	Total
工资性收入	.250	−.737	.564	.102	.242	.356	.748	.175	.923
经营净收入	.250	.164	−.248	.023	.012	.068	.168	.152	.320
财产净收入	.250	−1.278	−.446	.241	.728	.222	.950	.046	.996
转移净收入	.250	−.200	.563	.034	.018	.354	.163	.517	.680
Active Total	1.000			.384	1.000	1.000			

a. Symmetrical normalization

根据以上两张表中的坐标点可以画出叠加散点图，输出结果中给出了相应的散点图，但需要在该散点图上添加 $x=0$ 和 $y=0$ 两条直线，并对收入类型的标记进行更改，得到图 7-11。

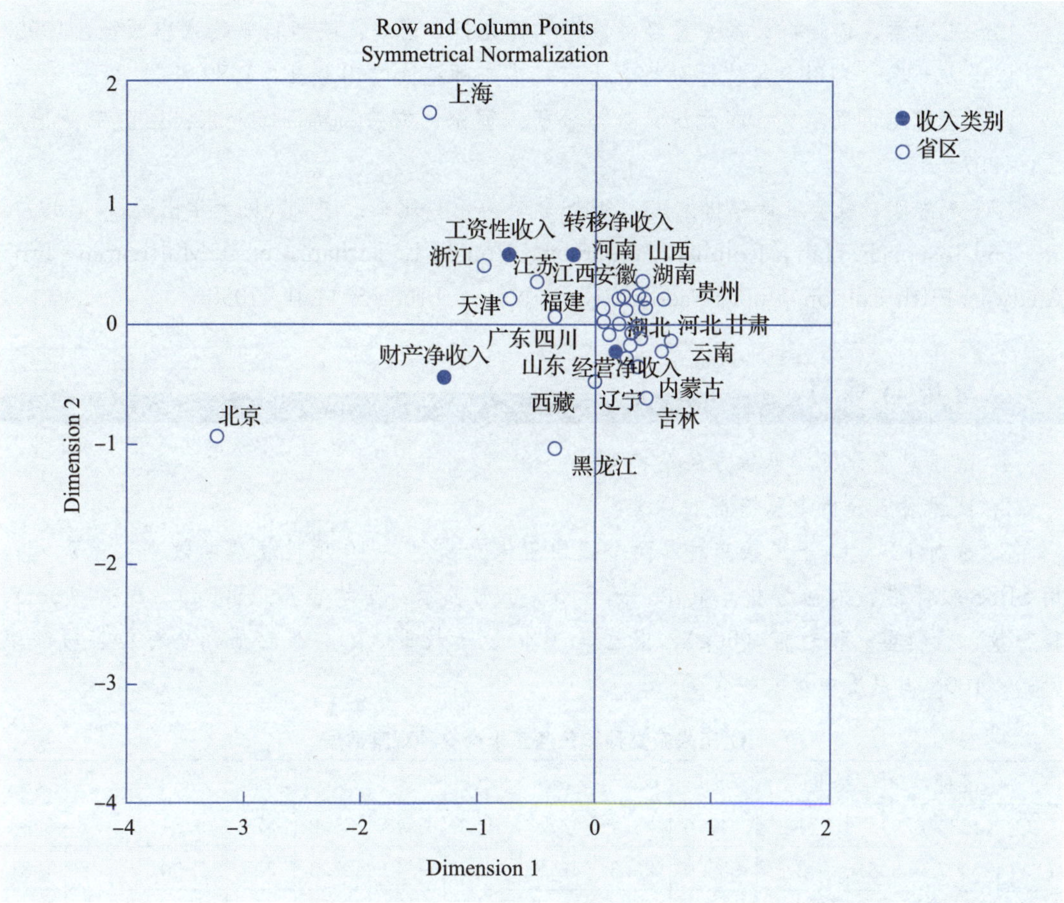

图 7-11

从散点图不难看出，我国经济发达地区，如上海、浙江、江苏、天津等，农村居民的收入来源主要以工资性收入为主；而江西、河南等地区多以转移净收入为主要收入来源；山东、内蒙古、吉林、辽宁等地区以经营净收入为主。

从我国目前的经济发展状况来看，大部分农民仍是以工资性收入和经营净收入为主要的收入来源。在经济发达地区，农民外出打工较多，因此以工资性收入为主；而在经济不发达地区，大部分农民还是以农业生产为主，因此以经营净收入为主。随着我国社会经济不断发展，这种格局也必然会发生一定的变化，转移净收入和财产净收入也会有所表现。

综上所述，对应分析方法较好地揭示了指标与指标、样品与样品、指标与样品之间的内在联系。因此，这种方法能够以较小的代价从原始数据中提取较多的信息。

参考文献

[1] 张尧庭，方开泰．多元统计分析引论．北京：科学出版社，1982.

[2] 王国梁，何晓群．多变量经济数据统计分析．西安：陕西科学技术出版社，1993.

[3] 方开泰．实用多元统计分析．上海：华东师范大学出版社，1989.

[4] 任若恩，王惠文．多元统计数据分析：理论、方法、实例．北京：国防工业出版社，1997.

[5] 郭志刚．社会统计分析方法：SPSS 软件应用．北京：中国人民大学出版社，1999.

[6] Joseph F. Hair，Rolph E. Anderson，Ronald L. Tatham，et al. Multivariate Data Analysis. Fifth Edition. Upper Saddle River，N. J.：Prentice-Hall，1998.

思考与练习

1. 试述对应分析的思想方法及特点。

2. 试述对应分析中总惯量的意义。

3. 试对 12 个 O_2 玉米杂交种和两个普通玉米杂交种共 10 项性状观察数据（见下表），用 SPSS 软件进行对应分析。其中，x_1 至 x_{10} 分别表示：平均亩产（500g）、穗长（cm）、穗行数、行粒重、穗粒重（50g）、出籽率（%）、千粒重（g）、蛋白质、全籽粒赖氨酸率（%）、100g 蛋白质中赖氨酸含量。

O_2 玉米杂交种和普通玉米杂交种观察数据

品种	编号	x_1	x_2	x_3	x_4	x_5	x_6	x_7	x_8	x_9	x_{10}
O_2（423×420）	1	947.0	23.4	14.8	45.3	0.46	85.2	373	9.54	0.37	3.88
O_2（420×75－308）	2	935.0	23.3	16.2	41.7	0.40	83.3	305	7.90	0.38	4.81
O_2（24×423）	3	918.2	20.9	14.8	43.3	0.38	82.6	320	9.51	0.43	4.52
O_2（423×439）	4	910.7	23.4	16.1	44.0	0.46	85.2	338	8.60	0.33	3.84
O_2（24×425）	5	905.0	22.9	17.0	39.8	0.45	80.4	348	9.53	0.42	4.40
O_2（425×24）	6	890.6	22.3	15.7	44.0	0.41	85.4	286	8.67	0.39	4.50
O_2（24×75－308）	7	853.4	20.9	15.9	41.6	0.35	85.4	273	9.79	0.42	4.29
O_2（417×野品）	8	837.8	20.2	14.4	37.3	0.33	82.5	326	7.62	0.36	4.73
O_2（417×412）	9	833.3	22.2	15.2	38.3	0.37	82.2	310	7.84	0.40	5.10
O_2（75－308×24）	10	760.9	20.4	15.5	40.7	0.32	84.2	268	7.75	0.35	4.52
O_2（24×FRB37）	11	760.3	20.8	15.1	44.8	0.35	79.5	273	8.91	0.45	5.05
O_2（野品×417）	12	742.5	23.4	14.7	43.1	0.35	79.5	310	9.18	0.40	4.36
京杂 6 号（CK）	13	936.3	22.4	12.7	37.6	0.44	84.6	431	10.38	0.28	2.70
京单 403（CK）	14	781.0	20.9	13.8	39.5	0.38	79.2	378	8.50	0.26	3.06

第 8 章 典型相关分析

学习目标

1. 理解典型相关分析的思想；
2. 了解典型相关分析的基本理论及分析方法；
3. 掌握利用 SPSS 或 R 语言实现典型相关分析的方法并能正确理解和解释各种输出结果。

典型相关分析（canonical correlation analysis）是研究两组变量之间相关关系的多元分析方法。它借用主成分分析降维的思想，分别对两组变量提取主成分，且使从两组变量提取的主成分之间的相关程度达到最大，而从同一组内部提取的各主成分之间互不相关，用从两组分别提取的主成分的相关性来描述两组变量整体的线性相关关系。典型相关分析的思想首先由霍特林于 1936 年提出，计算机的发展解决了典型相关分析在应用中计算方面的困难，目前它已成为普遍应用的两组变量之间相关性分析的技术。本章主要介绍典型相关分析的思想、基本理论及方法，并介绍利用 R 语言和 SPSS 进行典型相关分析的方法。

8.1 典型相关分析的基本理论及方法

8.1.1 典型相关分析的统计思想

典型相关分析研究两组变量间整体的线性相关关系，它是将每一组变量作为一个整体来进行研究，而不是分析每一组变量内部的各个变量。所研究的两组变量可以是一组变量为自变量，而另一组变量为因变量的情况，也可以处于同等的地位，但典型相关分析要求两组变量都至少是间隔尺度的。

典型相关分析借助主成分分析的思想，对每一组变量分别寻找线性组合，使生成的新的综合变量能代表原始变量大部分的信息，同时，与由另一组变量生成的新的综合变量的相关程度最大，这样一组新的综合变量称为第一对典型相关变量，同样的方法可以找到第二对、第三对……使各对典型相关变量之间互不相关，典型相关变量之间的简单相关系数称为典型相关系数。典型相关分析就是用典型相关系数衡量两组变量之间的相关性。

一般，设 $\boldsymbol{x}=(X_1, X_2, \cdots, X_p)'$，$\boldsymbol{y}=(Y_1, Y_2, \cdots, Y_q)'$ 是两个相互关联的随机向量，利用主成分分析的思想，分别在两组变量中选取若干有代表性的综合变量 U_i，V_i，使每一综合变量都是原变量的一个线性组合，即

$$U_i=a_{i1}X_1+a_{i2}X_2+\cdots+a_{ip}X_p\equiv\boldsymbol{a}'\boldsymbol{x}$$
$$V_i=b_{i1}Y_1+b_{i2}Y_2+\cdots+b_{iq}Y_q\equiv\boldsymbol{b}'\boldsymbol{y} \tag{8.1}$$

我们只考虑方差为 1 的 $\boldsymbol{x}$，$\boldsymbol{y}$ 的线性函数 $\boldsymbol{a}'\boldsymbol{x}$ 与 $\boldsymbol{b}'\boldsymbol{y}$，求使它们的相关系数达到最大的这一组。若存在常向量 $\boldsymbol{a}_1$，$\boldsymbol{b}_1$，使得

$$\rho(\boldsymbol{a}_1'\boldsymbol{x},\ \boldsymbol{b}_1'\boldsymbol{y})=\max\rho(\boldsymbol{a}'\boldsymbol{x},\ \boldsymbol{b}'\boldsymbol{y})$$
$$\mathrm{var}(\boldsymbol{a}'\boldsymbol{x})=\mathrm{var}(\boldsymbol{b}'\boldsymbol{y})=1 \tag{8.2}$$

则称 $\boldsymbol{a}_1'\boldsymbol{x}$，$\boldsymbol{b}_1'\boldsymbol{y}$ 是 $\boldsymbol{x}$，$\boldsymbol{y}$ 的第一对典型相关变量。求出第一对典型相关变量之后，可以类似地去求第二对、第三对……使得各对之间互不相关。这些典型相关变量就反映了 $\boldsymbol{x}$，$\boldsymbol{y}$ 之间的线性相关情况。也可以按照相关系数绝对值的大小来排列各对典型相关变量的先后顺序，使得第一对典型相关变量相关系数的绝对值最大，第二对次之……更重要的是，我们可以检验各对典型相关变量相关系数的绝对值是否显著大于零。如果是，这一对综合变量就真的具有代表性；如果不是，这一对变量就不具有代表性，不具有代表性的变量可以忽略。这样就可通过对少数典型相关变量的研究，代替原来两组变量之间的相关关系的研究，从而容易抓住问题的本质。在研究实际问题时，可以通过典型相关分析找出几对主要的典型相关变量，根据典型相关变量相关程度及各典型相关变量线性组合中原变量系数的大小，结合对所研究实际问题的定性分析，尽可能给出较为深刻的分析结果。

8.1.2 典型相关分析模型与求解

1. 总体典型相关和典型变量

设随机向量 $\boldsymbol{x}=(X_1,\ X_2,\ \cdots,\ X_p)'$，$\boldsymbol{y}=(Y_1,\ Y_2,\ \cdots,\ Y_q)'$，$\boldsymbol{x}$，$\boldsymbol{y}$ 的协方差矩阵为：

$$\mathrm{cov}\begin{bmatrix}\boldsymbol{x}\\ \boldsymbol{y}\end{bmatrix}=\boldsymbol{\Sigma}=\begin{bmatrix}\boldsymbol{\Sigma}_{11} & \boldsymbol{\Sigma}_{12}\\ \boldsymbol{\Sigma}_{21} & \boldsymbol{\Sigma}_{22}\end{bmatrix} \tag{8.3}$$

不失一般性，设 $p<q$，$\boldsymbol{\Sigma}_{11}$ 是 $p\times p$ 阶矩阵，它是第一组变量的协方差阵；$\boldsymbol{\Sigma}_{22}$ 是 $q\times q$ 阶矩阵，它是第二组变量的协方差阵。而 $\boldsymbol{\Sigma}_{12}=\boldsymbol{\Sigma}_{21}'$ 是两组变量之间的协方差阵。而且当 $\boldsymbol{\Sigma}$ 是正定阵时，$\boldsymbol{\Sigma}_{12}$ 与 $\boldsymbol{\Sigma}_{21}$ 也是正定的。

为了研究两组变量 $\boldsymbol{x}$，$\boldsymbol{y}$ 之间的相关关系，我们考虑它们的线性组合：

$$\begin{cases}U_1=\boldsymbol{a}'\boldsymbol{x}=a_{11}X_1+a_{12}X_2+\cdots+a_{1p}X_p\\ V_1=\boldsymbol{b}'\boldsymbol{y}=b_{11}Y_1+b_{12}Y_2+\cdots+b_{1q}Y_q\end{cases} \tag{8.4}$$

式中，$\boldsymbol{a}=(a_{11},\ a_{12},\ \cdots,\ a_{1p})'$，$\boldsymbol{b}=(b_{11},\ b_{12},\ \cdots,\ b_{1q})'$，是任意非零常数向量。我们希望在 $\boldsymbol{x}$，$\boldsymbol{y}$ 及 $\boldsymbol{\Sigma}$ 给定的条件下，选取 $\boldsymbol{a}$，$\boldsymbol{b}$ 使 U_1 与 V_1 之间的相关系数

$$\rho=\frac{\mathrm{cov}(U_1,\ V_1)}{\sqrt{\mathrm{var}(U_1)\mathrm{var}(V_1)}}=\frac{\mathrm{cov}(\boldsymbol{a}'\boldsymbol{x},\ \boldsymbol{b}'\boldsymbol{y})}{\sqrt{\mathrm{var}(\boldsymbol{a}'\boldsymbol{x})\mathrm{var}(\boldsymbol{b}'\boldsymbol{y})}} \tag{8.5}$$

达到最大。

由于随机变量 U_1，V_1 乘以任意常数并不改变它们之间的相关关系，不妨限定取标准化的随机变量 U_1 与 V_1，即规定 U_1 及 V_1 的方差为 1，也即

$$\begin{cases}\mathrm{var}(U_1)=\mathrm{var}(\boldsymbol{a}'\boldsymbol{x})=\boldsymbol{a}'\boldsymbol{\Sigma}_{11}\boldsymbol{a}=1\\ \mathrm{var}(V_1)=\mathrm{var}(\boldsymbol{b}'\boldsymbol{y})=\boldsymbol{b}'\boldsymbol{\Sigma}_{22}\boldsymbol{b}=1\end{cases}\tag{8.6}$$

所以有

$$\rho=\mathrm{cov}(\boldsymbol{a}'\boldsymbol{x},\boldsymbol{b}'\boldsymbol{y})=\boldsymbol{a}'\mathrm{cov}(\boldsymbol{x},\boldsymbol{y})\boldsymbol{b}=\boldsymbol{a}'\boldsymbol{\Sigma}_{12}\boldsymbol{b}\tag{8.7}$$

于是，我们的问题是，在式（8.6）的约束下，求 $\boldsymbol{a}\in R^p$，$\boldsymbol{b}\in R^q$，使得式（8.7）达到最大。由拉格朗日乘数法，这一问题等价于求 $\boldsymbol{a}$，$\boldsymbol{b}$，使

$$G=\boldsymbol{a}'\boldsymbol{\Sigma}_{12}\boldsymbol{b}-\frac{\lambda}{2}(\boldsymbol{a}'\boldsymbol{\Sigma}_{11}\boldsymbol{a}-1)-\frac{\mu}{2}(\boldsymbol{b}'\boldsymbol{\Sigma}_{22}\boldsymbol{b}-1)\tag{8.8}$$

达到最大。式中，λ，μ 为拉格朗日乘数因子。将 G 分别对 $\boldsymbol{a}$ 及 $\boldsymbol{b}$ 求偏导并令其为 0，得方程组：

$$\begin{cases}\dfrac{\partial G}{\partial \boldsymbol{a}}=\boldsymbol{\Sigma}_{12}\boldsymbol{b}-\lambda\boldsymbol{\Sigma}_{11}\boldsymbol{a}=0\\ \dfrac{\partial G}{\partial \boldsymbol{b}}=\boldsymbol{\Sigma}_{21}\boldsymbol{a}-\mu\boldsymbol{\Sigma}_{22}\boldsymbol{b}=0\end{cases}\tag{8.9}$$

用 $\boldsymbol{a}'$，$\boldsymbol{b}'$分别左乘式（8.9）的两式，有

$$\begin{cases}\boldsymbol{a}'\boldsymbol{\Sigma}_{12}\boldsymbol{b}=\lambda\boldsymbol{a}'\boldsymbol{\Sigma}_{11}\boldsymbol{a}=\lambda\\ \boldsymbol{b}'\boldsymbol{\Sigma}_{21}\boldsymbol{a}=\mu\boldsymbol{b}'\boldsymbol{\Sigma}_{22}\boldsymbol{b}=\mu\end{cases}$$

又

$$(\boldsymbol{a}'\boldsymbol{\Sigma}_{12}\boldsymbol{b})'=\boldsymbol{b}'\boldsymbol{\Sigma}_{21}\boldsymbol{a}$$

所以有

$$\mu=\boldsymbol{b}'\boldsymbol{\Sigma}_{21}\boldsymbol{a}=(\boldsymbol{a}'\boldsymbol{\Sigma}_{12}\boldsymbol{b})'=\lambda\tag{8.10}$$

也就是说，λ 恰好等于线性组合 U 与 V 之间的相关系数，于是式（8.9）可写为：

$$\begin{cases}\boldsymbol{\Sigma}_{12}\boldsymbol{b}-\lambda\boldsymbol{\Sigma}_{11}\boldsymbol{a}=0\\ \boldsymbol{\Sigma}_{21}\boldsymbol{a}-\lambda\boldsymbol{\Sigma}_{22}\boldsymbol{b}=0\end{cases}\tag{8.11}$$

或者可以写为：

$$\begin{bmatrix}-\lambda\boldsymbol{\Sigma}_{11} & \boldsymbol{\Sigma}_{12}\\ \boldsymbol{\Sigma}_{21} & -\lambda\boldsymbol{\Sigma}_{22}\end{bmatrix}\begin{bmatrix}\boldsymbol{a}\\ \boldsymbol{b}\end{bmatrix}=\boldsymbol{0}\tag{8.12}$$

而式（8.12）有非零解的充要条件是：

$$\begin{vmatrix}-\lambda\boldsymbol{\Sigma}_{11} & \boldsymbol{\Sigma}_{12}\\ \boldsymbol{\Sigma}_{21} & -\lambda\boldsymbol{\Sigma}_{22}\end{vmatrix}=0\tag{8.13}$$

式（8.13）左端为 λ 的 $p+q$ 次多项式，因此有 $p+q$ 个根，设为 λ_1，λ_2，…，λ_{p+q}（$\lambda_1\geqslant\lambda_2\geqslant\cdots\geqslant\lambda_{p+q}$），再以 $\boldsymbol{\Sigma}_{12}\boldsymbol{\Sigma}_{22}^{-1}$ 左乘式(8.11) 中第二式，则有

$$\boldsymbol{\Sigma}_{12}\boldsymbol{\Sigma}_{22}^{-1}\boldsymbol{\Sigma}_{21}\boldsymbol{a}-\lambda\boldsymbol{\Sigma}_{12}\boldsymbol{\Sigma}_{22}^{-1}\boldsymbol{\Sigma}_{22}\boldsymbol{b}=0$$

即

$$\boldsymbol{\Sigma}_{12}\boldsymbol{\Sigma}_{22}^{-1}\boldsymbol{\Sigma}_{21}\boldsymbol{a}=\lambda\boldsymbol{\Sigma}_{12}\boldsymbol{b}\tag{8.14}$$

又由式（8.11）中第一式，得

$$\boldsymbol{\Sigma}_{12}\boldsymbol{b}=\lambda\boldsymbol{\Sigma}_{11}\boldsymbol{a}$$

代入式（8.14），得

$$\boldsymbol{\Sigma}_{12}\boldsymbol{\Sigma}_{22}^{-1}\boldsymbol{\Sigma}_{21}\boldsymbol{a}-\lambda^2\boldsymbol{\Sigma}_{11}\boldsymbol{a}=0$$

$$(\boldsymbol{\Sigma}_{12}\boldsymbol{\Sigma}_{22}^{-1}\boldsymbol{\Sigma}_{21}-\lambda^2\boldsymbol{\Sigma}_{11})\boldsymbol{a}=0 \tag{8.15}$$

再用 $\boldsymbol{\Sigma}_{11}^{-1}$ 左乘式(8.15)，得

$$(\boldsymbol{\Sigma}_{11}^{-1}\boldsymbol{\Sigma}_{12}\boldsymbol{\Sigma}_{22}^{-1}\boldsymbol{\Sigma}_{21}-\lambda^2\boldsymbol{\Sigma}_{11}^{-1}\boldsymbol{\Sigma}_{11})\boldsymbol{a}=0$$

$$(\boldsymbol{\Sigma}_{11}^{-1}\boldsymbol{\Sigma}_{12}\boldsymbol{\Sigma}_{22}^{-1}\boldsymbol{\Sigma}_{21}-\lambda^2\boldsymbol{I}_p)\boldsymbol{a}=0 \tag{8.16}$$

因此，对 λ^2 有 p 个解，设为 λ_1^2，λ_2^2，…，λ_p^2（$\lambda_1^2\geqslant\lambda_2^2\geqslant\cdots\geqslant\lambda_p^2$），对 $\boldsymbol{a}$ 也有 p 个解。

类似地，用 $\boldsymbol{\Sigma}_{21}\boldsymbol{\Sigma}_{11}^{-1}$ 左乘式(8.11) 中第一式，则有

$$\boldsymbol{\Sigma}_{21}\boldsymbol{\Sigma}_{11}^{-1}\boldsymbol{\Sigma}_{12}\boldsymbol{b}-\lambda\boldsymbol{\Sigma}_{21}\boldsymbol{\Sigma}_{11}^{-1}\boldsymbol{\Sigma}_{11}\boldsymbol{a}=0 \tag{8.17}$$

又由式（8.11）中第二式，得

$$\boldsymbol{\Sigma}_{21}\boldsymbol{a}=\lambda\boldsymbol{\Sigma}_{22}\boldsymbol{b}$$

代入式(8.17)，得

$$(\boldsymbol{\Sigma}_{21}\boldsymbol{\Sigma}_{11}^{-1}\boldsymbol{\Sigma}_{12}-\lambda^2\boldsymbol{\Sigma}_{22})\boldsymbol{b}=0 \tag{8.18}$$

再以 $\boldsymbol{\Sigma}_{22}^{-1}$ 左乘式(8.18)，得

$$(\boldsymbol{\Sigma}_{22}^{-1}\boldsymbol{\Sigma}_{21}\boldsymbol{\Sigma}_{11}^{-1}\boldsymbol{\Sigma}_{12}-\lambda^2\boldsymbol{I}_q)\boldsymbol{b}=0 \tag{8.19}$$

因此，对 λ^2 有 q 个解，对 $\boldsymbol{b}$ 也有 q 个解。由以上得：λ^2 为 $\boldsymbol{\Sigma}_{11}^{-1}\boldsymbol{\Sigma}_{12}\boldsymbol{\Sigma}_{22}^{-1}\boldsymbol{\Sigma}_{21}$ 的特征根，$\boldsymbol{a}$ 是对应于 λ^2 的特征向量。同时 λ^2 也是 $\boldsymbol{\Sigma}_{22}^{-1}\boldsymbol{\Sigma}_{21}\boldsymbol{\Sigma}_{11}^{-1}\boldsymbol{\Sigma}_{12}$ 的特征根，$\boldsymbol{b}$ 为相应的特征向量。而式(8.16)、式(8.19) 有非零解的充分必要条件为：

$$|\boldsymbol{\Sigma}_{11}^{-1}\boldsymbol{\Sigma}_{12}\boldsymbol{\Sigma}_{22}^{-1}\boldsymbol{\Sigma}_{21}-\lambda^2\boldsymbol{I}_p|=0 \tag{8.20}$$

$$|\boldsymbol{\Sigma}_{22}^{-1}\boldsymbol{\Sigma}_{21}\boldsymbol{\Sigma}_{11}^{-1}\boldsymbol{\Sigma}_{12}-\lambda^2\boldsymbol{I}_q|=0 \tag{8.21}$$

对式(8.20)，由于 $\boldsymbol{\Sigma}_{11}>0$，$\boldsymbol{\Sigma}_{22}>0$，故 $\boldsymbol{\Sigma}_{11}^{-1}>0$，$\boldsymbol{\Sigma}_{22}^{-1}>0$，所以

$$\boldsymbol{\Sigma}_{11}^{-1}\boldsymbol{\Sigma}_{12}\boldsymbol{\Sigma}_{22}^{-1}\boldsymbol{\Sigma}_{21}=\boldsymbol{\Sigma}_{11}^{-1/2}\boldsymbol{\Sigma}_{11}^{-1/2}\boldsymbol{\Sigma}_{12}\boldsymbol{\Sigma}_{22}^{-1/2}\boldsymbol{\Sigma}_{22}^{-1/2}\boldsymbol{\Sigma}_{21}$$

而 $\boldsymbol{\Sigma}_{11}^{-1/2}\boldsymbol{\Sigma}_{11}^{-1/2}\boldsymbol{\Sigma}_{12}\boldsymbol{\Sigma}_{22}^{-1/2}\boldsymbol{\Sigma}_{22}^{-1/2}\boldsymbol{\Sigma}_{21}$ 与 $\boldsymbol{\Sigma}_{11}^{-1/2}\boldsymbol{\Sigma}_{12}\boldsymbol{\Sigma}_{22}^{-1/2}\boldsymbol{\Sigma}_{22}^{-1/2}\boldsymbol{\Sigma}_{21}\boldsymbol{\Sigma}_{11}^{-1/2}$ 有相同的特征根。如果记

$$\boldsymbol{T}=\boldsymbol{\Sigma}_{11}^{-1/2}\boldsymbol{\Sigma}_{12}\boldsymbol{\Sigma}_{22}^{-1/2}$$

则
$$\boldsymbol{\Sigma}_{11}^{-1/2}\boldsymbol{\Sigma}_{12}\boldsymbol{\Sigma}_{22}^{-1/2}\boldsymbol{\Sigma}_{22}^{-1/2}\boldsymbol{\Sigma}_{21}\boldsymbol{\Sigma}_{11}^{-1/2}=\boldsymbol{T}\boldsymbol{T}'$$

类似地，对式(8.21)，可得

$$\boldsymbol{\Sigma}_{22}^{-1/2}\boldsymbol{\Sigma}_{21}\boldsymbol{\Sigma}_{11}^{-1/2}\boldsymbol{\Sigma}_{11}^{-1/2}\boldsymbol{\Sigma}_{12}\boldsymbol{\Sigma}_{22}^{-1/2}=\boldsymbol{T}'\boldsymbol{T}$$

而 $\boldsymbol{T}\boldsymbol{T}'$ 与 $\boldsymbol{T}'\boldsymbol{T}$ 有相同的非零特征根，从而推知式(8.16)、式(8.19) 的非零特征根是相同的。设已求得 $\boldsymbol{T}\boldsymbol{T}'$ 的 p 个特征根依次为：

$$\lambda_1^2\geqslant\lambda_2^2\geqslant\cdots\geqslant\lambda_p^2>0$$

则 $\boldsymbol{T}'\boldsymbol{T}$ 的 q 个特征根中，除了上面的 p 个之外，其余的 $q-p$ 个都是零。故 p 个特征根排列是 $\lambda_1^2\geqslant\lambda_2^2\geqslant\cdots\geqslant\lambda_p^2>0$，因此，只要取最大的 λ_1，U_1 与 V_1 即具有最大的相关系数。令 $\boldsymbol{a}_1$，$\boldsymbol{b}_1$ 为式（8.12）的解，且按式（8.6）进行了正规化，这时 $U_1=\boldsymbol{a}_1'\boldsymbol{x}$ 与 $V_1=\boldsymbol{b}_1'\boldsymbol{y}$ 即分别为 $\boldsymbol{x}$ 与 $\boldsymbol{y}$ 的正规化的线性组合，且具有最大的相关系数 λ_1。

综上所述，有如下定义。

定义 8.1 在一切使方差为 1 的线性组合 $\boldsymbol{a}'\boldsymbol{x}$ 与 $\boldsymbol{b}'\boldsymbol{y}$ 中，其中两者相关系数最大的 $U_1=$

$\boldsymbol{a}_1'\boldsymbol{x}$ 与 $V_1=\boldsymbol{b}_1'\boldsymbol{y}$ 称为第一对典型相关变量，它们的相关系数 λ_1 称为第一典型相关系数。

更一般地，在定义了 $i-1$ 对典型相关变量后，在一切使方差为 1 且与前 $i-1$ 对典型相关变量都不相关的线性组合 $U_i=\boldsymbol{a}_i'\boldsymbol{x}$ 与 $V_i=\boldsymbol{b}_i'\boldsymbol{y}$ 中，其两者相关系数最大者称为第 i 对典型相关变量，其相关系数称为第 i 对典型相关系数。

由上述推导，进一步有：求 $\boldsymbol{x}$ 与 $\boldsymbol{y}$ 的第 i 个典型相关系数就是求方程（8.13）的第 i 个最大根 λ_i，而第 i 对典型变量即为 $U_i=\boldsymbol{a}_i'\boldsymbol{x}$ 与 $V_i=\boldsymbol{b}_i'\boldsymbol{y}$，其中 $\boldsymbol{a}_i$ 与 $\boldsymbol{b}_i$ 为方程（8.12）在 $\lambda=\lambda_i$ 时所求得的解。

我们不加证明地给出典型变量的以下两个性质。

（1）由 X_1，X_2，…，X_p 组成的典型变量 U_1，U_2，…，U_p 互不相关，同样，由 Y_1，Y_2，…，Y_q 组成的典型变量 V_1，V_2，…，V_p 也互不相关，且它们的方差均等于 1。即

$$\operatorname{cov}(U_i,U_j)=\begin{cases}1, & i=j\\ 0, & i\neq j\end{cases}$$

$$\operatorname{cov}(V_i,V_j)=\begin{cases}1, & i=j\\ 0, & i\neq j\end{cases}$$

（2）同一对典型变量 U_i 与 V_i 之间的相关系数为 λ_i，不同对的典型变量 U_i 与 V_j（$i\neq j$）互不相关。即

$$\operatorname{cov}(U_i,V_i)=\lambda_i\neq 0,\quad i=1,2,\cdots,p$$

$$\operatorname{cov}(U_i,V_j)=0,\quad i\neq j$$

2. 样本典型相关和典型变量

上面的讨论都是基于总体情况已知的情形进行的，而实际研究中总体协方差阵 $\boldsymbol{\Sigma}$ 常常是未知的，我们只获得了样本数据，必须根据样本数据对 $\boldsymbol{\Sigma}$ 进行估计。

设 $\begin{bmatrix}\boldsymbol{x}_i\\ \boldsymbol{y}_i\end{bmatrix}$（$i=1$，2，…，$n$）是来自正态总体 $N_{p+q}(\boldsymbol{\mu},\boldsymbol{\Sigma})$ 的容量为 n 的样本，则总体协方差阵 $\boldsymbol{\Sigma}=\begin{bmatrix}\boldsymbol{\Sigma}_{11} & \boldsymbol{\Sigma}_{12}\\ \boldsymbol{\Sigma}_{21} & \boldsymbol{\Sigma}_{22}\end{bmatrix}$，$\boldsymbol{\Sigma}_{(p+q)\times(p+q)}$（$\boldsymbol{\Sigma}>\boldsymbol{0}$）的极大似然估计为：

$$\hat{\boldsymbol{\Sigma}}=\boldsymbol{A}=\frac{1}{n}\begin{bmatrix}\boldsymbol{A}_{11} & \boldsymbol{A}_{12}\\ \boldsymbol{A}_{21} & \boldsymbol{A}_{22}\end{bmatrix} \tag{8.22}$$

式中

$$\boldsymbol{A}_{11}=\sum_{i=1}^{n}(\boldsymbol{x}_i-\bar{\boldsymbol{x}})(\boldsymbol{x}_i-\bar{\boldsymbol{x}})' \tag{8.23}$$

$$\boldsymbol{A}_{22}=\sum_{i=1}^{n}(\boldsymbol{y}_i-\bar{\boldsymbol{y}})(\boldsymbol{y}_i-\bar{\boldsymbol{y}})' \tag{8.24}$$

$$\boldsymbol{A}_{12}=\sum_{i=1}^{n}(\boldsymbol{x}_i-\bar{\boldsymbol{x}})(\boldsymbol{y}_i-\bar{\boldsymbol{y}})'=\boldsymbol{A}_{21}' \tag{8.25}$$

当 $n>p+q$ 时，在正态情况下，$P(\hat{\boldsymbol{\Sigma}}>0)=1$，且由 $\boldsymbol{\Sigma}$ 所定义的 $\boldsymbol{\Sigma}_{11}^{-1}\boldsymbol{\Sigma}_{12}\boldsymbol{\Sigma}_{22}^{-1}\boldsymbol{\Sigma}_{21}$ 和

$\boldsymbol{\Sigma}_{22}^{-1}\boldsymbol{\Sigma}_{21}\boldsymbol{\Sigma}_{11}^{-1}\boldsymbol{\Sigma}_{12}$的非零特征根以概率 1 互不相同，故由极大似然估计的性质得，$\hat{\boldsymbol{\Sigma}}$ 所产生的

$$\hat{\boldsymbol{\Sigma}}_{11}^{-1}\hat{\boldsymbol{\Sigma}}_{12}\hat{\boldsymbol{\Sigma}}_{22}^{-1}\hat{\boldsymbol{\Sigma}}_{21}=\boldsymbol{A}_{11}^{-1}\boldsymbol{A}_{12}\boldsymbol{A}_{22}^{-1}\boldsymbol{A}_{21} \tag{8.26}$$

是 $\boldsymbol{\Sigma}_{11}^{-1}\boldsymbol{\Sigma}_{12}\boldsymbol{\Sigma}_{22}^{-1}\boldsymbol{\Sigma}_{21}$ 的极大似然估计。$\boldsymbol{A}_{22}^{-1}\boldsymbol{A}_{21}\boldsymbol{A}_{11}^{-1}\boldsymbol{A}_{12}$ 是 $\boldsymbol{\Sigma}_{22}^{-1}\boldsymbol{\Sigma}_{21}\boldsymbol{\Sigma}_{11}^{-1}\boldsymbol{\Sigma}_{12}$ 的极大似然估计。$\boldsymbol{A}_{11}^{-1}\boldsymbol{A}_{12}\boldsymbol{A}_{22}^{-1}\boldsymbol{A}_{21}$和 $\boldsymbol{A}_{22}^{-1}\boldsymbol{A}_{21}\boldsymbol{A}_{11}^{-1}\boldsymbol{A}_{12}$的非零特征根 $\hat{\lambda}_1^2$，$\hat{\lambda}_2^2$，…，$\hat{\lambda}_k^2$（$k=\min(\text{rank}(\boldsymbol{A}_{11}),\text{rank}(\boldsymbol{A}_{22}))$）是$\lambda_1^2$，$\lambda_2^2$，…，$\lambda_k^2$ 的极大似然估计，相应的特征向量 $\hat{\boldsymbol{a}}_1$，$\hat{\boldsymbol{a}}_2$，…，$\hat{\boldsymbol{a}}_k$ 是 $\boldsymbol{a}_1$，$\boldsymbol{a}_2$，…，$\boldsymbol{a}_k$ 的极大似然估计，$\hat{\boldsymbol{b}}_1$，$\hat{\boldsymbol{b}}_2$，…，$\hat{\boldsymbol{b}}_k$ 是 $\boldsymbol{b}_1$，$\boldsymbol{b}_2$，…，$\boldsymbol{b}_k$ 的极大似然估计。所以平行于总体的讨论，$\hat{\lambda}_1$，$\hat{\lambda}_2$，…，$\hat{\lambda}_k$ 称为样本的典型相关系数，（$\hat{\boldsymbol{a}}_1'\boldsymbol{x}$，$\hat{\boldsymbol{b}}_1'\boldsymbol{y}$），（$\hat{\boldsymbol{a}}_2'\boldsymbol{x}$，$\hat{\boldsymbol{b}}_2'\boldsymbol{y}$），…，（$\hat{\boldsymbol{a}}_k'\boldsymbol{x}$，$\hat{\boldsymbol{b}}_k'\boldsymbol{y}$）称为典型相关变量。

如果将样本（$\boldsymbol{x}_i$，$\boldsymbol{y}_i$）（$i=1$，2，…，n）代入典型变量 $\hat{U}_i$ 及 $\hat{V}_i$ 中，求得的值称为第 i 对典型变量的得分。利用典型变量的得分可以绘出样本的典型变量的散点图，类似因子分析可以对样品进行分类研究。

3. 典型相关系数的显著性检验

典型相关系数的显著性检验可以用巴特莱特提出的大样本的 χ^2 检验来完成。

如果随机向量 $\boldsymbol{x}$ 与 $\boldsymbol{y}$ 之间互不相关，则协方差矩阵 $\boldsymbol{\Sigma}_{12}$ 仅包含零，因而典型相关系数

$$\lambda_i=\boldsymbol{a}_i'\boldsymbol{\Sigma}_{12}\boldsymbol{b}_i$$

都变为零。

这样，检验典型相关系数的显著性问题即变为进行如下检验：

$$H_0: \lambda_1=0, \qquad H_1: \lambda_1\neq 0$$

求出 $\boldsymbol{\Sigma}_{11}^{-1}\boldsymbol{\Sigma}_{12}\boldsymbol{\Sigma}_{22}^{-1}\boldsymbol{\Sigma}_{21}$ 的 p 个特征根，并按大小顺序排列：

$$\lambda_1^2\geqslant\lambda_2^2\geqslant\cdots\geqslant\lambda_p^2$$

做乘积：

$$\Lambda_1=(1-\lambda_1^2)(1-\lambda_2^2)\cdots(1-\lambda_p^2)=\prod_{i=1}^{p}(1-\lambda_i^2)$$

则对于大的 n（这里要求 $n>\dfrac{p+q+1}{2}+k$，k 为非零特征根个数），计算统计量

$$Q_1=-\left[n-1-\frac{1}{2}(p+q+1)\right]\ln\Lambda_1$$

Q_1 近似服从 $\chi^2(pq)$。因此在检验水平 α 下，若 $Q_1>\chi_\alpha^2(pq)$，则拒绝原假设 H_0，说明至少有第一对典型变量显著相关，或者说相关性系数 λ_1 在显著性水平 α 下是显著的。

在去掉第一典型相关系数后，继续检验余下的 $p-1$ 个典型相关系数的显著性。更一般地，若前 $j-1$ 个典型相关系数在水平 α 下是显著的，则当检验第 j 个典型相关系数的显著性时，计算

$$\Lambda_j=(1-\lambda_j^2)(1-\lambda_{j+1}^2)\cdots(1-\lambda_p^2)=\prod_{i=j}^{p}(1-\lambda_i^2)$$

并计算统计量

$$Q_j=-\left[n-j-\frac{1}{2}(p+q+1)\right]\ln\Lambda_j$$

则 Q_j 服从自由度为 $(p-j+1)(q-j+1)$ 的 χ^2 分布。在检验水平 α 下，若 $Q_j>\chi^2_\alpha[(p-j+1)(q-j+1)]$，则拒绝 H_0，接受 H_1，即认为第 j 个典型相关系数在显著性水平 α 下是显著的。

8.2 典型相关分析的步骤及逻辑框图

典型相关分析的步骤有以下 6 个：(1) 确定典型相关分析的目标；(2) 设计典型相关分析；(3) 检验典型相关分析的基本假设；(4) 推导典型函数，评价整体拟合情况；(5) 解释典型变量；(6) 验证模型。更详细的内容可见参考文献 [5]。它的逻辑框图如图 8-1 所示。

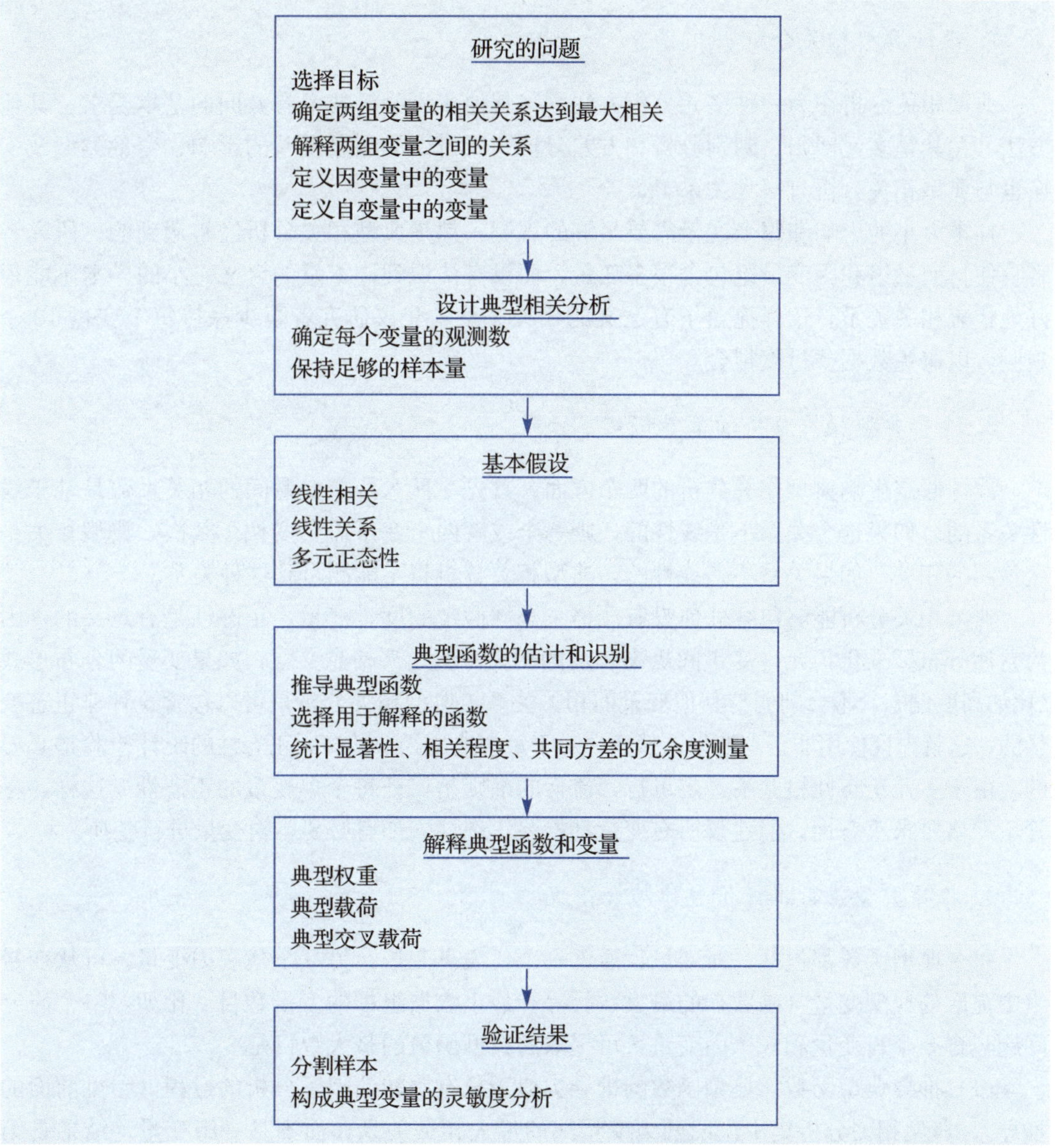

图 8-1　典型相关分析的逻辑框图

1. 确定典型相关分析的目标

典型相关分析所适用的数据是两组变量。我们假定每组变量都能赋予一定的理论意义，通常一组可以定义为自变量，另一组可以定义为因变量。典型相关分析可以达到以下目标：

（1）确定两组变量相互独立，或者相反，确定两组变量间存在关系的强弱。

（2）为每组变量推导出一组权重，使得每组变量的线性组合达到最大程度相关。最大化余下的相关关系的其他的线性函数与前面的线性函数是独立的。

（3）解释自变量组与因变量组中存在的相关关系，通常是通过每个变量对典型函数的相对贡献来衡量。

2. 设计典型相关分析

典型相关分析作为一种多元分析方法，与其他多元分析技术有共同的基本要求。其他方法（尤其是多元回归、判别分析和方差分析）所讨论的测量误差的影响、变量类型及变换也与典型相关分析有很大关系。

样本大小的影响和每个变量需要足够的观测，都是典型相关分析经常遇到的。研究者容易使自变量组和因变量组包含很多变量，而没有认识到样本量的含义。小的样本不能很好地代表相关关系，这样掩盖了有意义的相关关系。建议研究者至少保持每个变量 10 个观测，以避免数据“过度拟合”。

3. 检验典型相关分析的基本假定

线性假定影响典型相关分析的两个方面。首先，任意两个变量间的相关系数是基于线性关系的。如果这个关系不是线性的，则一个或者两个变量需要变换。其次，典型相关是变量间的相关。如果关系不是线性的，典型相关分析将不能测量到这种关系。

典型相关分析能够包容任何没有严格正态性假定的度量变量。正态性是有意义的，因为它使分布标准化，允许变量间更高程度的相关。但在严格意义上，如果变量的分布形式（比如高度偏态）不会削弱与其他变量的相关关系，典型相关分析是可以包含这种非正态变量的，这就允许使用非正态变量。然而，对于每个典型函数的多元正态性的统计检验是必要的。由于多元正态性检验不一定可行，流行的准则是保证每个单变量的正态性。这样，尽管不严格要求正态性，但建议所有变量都检验正态性。如有必要，对变量进行变换。

4. 推导典型函数，评价整体拟合情况

每个典型函数都包括一对变量，通常一个代表自变量，另一个代表因变量。可从变量组中提取的典型变量（函数）的最大数目等于最小数据组中的变量数目。比如，一个研究问题包含 5 个自变量和 3 个因变量，可提取的典型函数的最大数目是 3。

（1）推导典型函数。典型函数的推导类似于没有旋转的因子分析的过程（参见前面的推导）。典型相关分析集中说明两组变量间的最大相关关系，而不是一组变量。结果是第一对典型变量在两组变量中有最大的相关关系。第二对典型变量得到第一对典型变量没有

解释的两组变量间的最大相关关系。简言之，随着典型变量的提取，接下来的典型变量是基于剩余残差提取的，并且典型相关系数会越来越小。每对典型变量是正交的，并且与其他典型变量是独立的。

典型相关程度是通过相关系数的大小来衡量的。典型相关系数的平方表示一个典型变量通过另一个典型变量所解释的方差，也可称作两个典型变量间共同方差。典型相关系数的平方称作典型根或者特征根。

（2）典型函数的解释。一般来讲，实际提取的典型函数都是典型相关系数在某个水平（比如 0.05）上显著的函数。对显著的典型变量的解释是基于这样的假设，即认为相关的函数中，每组中的变量都对共同方差有较大贡献。

海尔（Hair，1984）等人推荐结合使用三个准则来解释典型函数。这三个准则是：1）函数的统计显著性水平；2）典型相关的大小；3）两个数据集中方差解释的冗余测量。

通常认为，一个有统计显著性的相关系数的可接受显著性水平是 0.05（也有 0.01 的水平）。统计软件所提供的最常见的检验是基于 Rao 近似的 F 统计量。除了对每个典型函数分别进行检验以外，全部典型根的多元检验也可以用来评价典型根的显著性。许多评价判别函数显著性的测量，包括 Wilks' Lambda、Hotelling 迹、Pillai 迹和 Roy's gcr，这里也可以给出。

典型函数的实际重要性是由典型相关系数的大小代表的。当决定解释哪些函数时，应当考虑典型相关系数。

前面讲到典型相关系数的平方可以提供典型变量间共同方差的一个估计。虽然这是对共同方差的一个简单明了的估计，但它还是可能引起一些误解，因为典型相关系数的平方表示由因变量组和自变量组的线性组合所共享的方差，而不是来自两组变量的方差。这样，虽然两个典型变量可能并没有从它们各自的变量组中提取显著方差，但这两个典型变量（线性组合）间仍可能得到一个相对较强的典型相关系数。为了克服在使用典型根（典型相关系数平方）作为共同方差的测量中可能出现的有偏性和不稳定性，提出了冗余指数。它等价于在整个自变量组与因变量组的每一个因变量之间计算多元相关系数的平方，然后将这些平方系数平均得到一个平均的 R^2。这个指数提供了一组自变量（取整个组）解释因变量（每次取一个）变化的能力的综合测量。这样，冗余测量就像多元回归的 R^2 统计量，作为一个指数的值也是类似的。Stewart-Love 冗余指数计算一组变量的方差能被另一组变量的方差解释的比例。请注意，典型相关不同于多元回归之处在于，它不是处理单个因变量，而是处理因变量的组合，而且这个组合只有每个因变量的全部方差的一部分。由于这个原因，我们不能假定因变量组中 100％的方差能由自变量组解释。自变量组期望能够解释的只是因变量组的典型变量的共同方差。计算冗余指数分三步：1）计算共同方差的比例。在典型相关分析中，我们关心因变量组的典型变量与每个因变量的相关关系，这可以从典型载荷（L_i）中获得，表示每个输入变量与它的典型变量间的相关系数。通过平方每个因变量的载荷（L_i^2），可以得到每个因变量通过因变量组的典型变量解释的方差比例。为了计算典型变量所解释的共同方差的比例，将典型载荷平方进行简单平均。2）计算解释的方差比例。这一步是要计算通过自变量典型变量能够解释的因变量典型变量的方差比例，也就是自变量典型变量与因变量典型变量间相关系数的平方，即典型相关系数的平方。3）计算冗余指数。一个典型变量的冗余指数就是这个变量的共同方差比例乘以典型相关系数平方，得到每个典型函数可以解释的共同方差部分。要得到较高的冗余指数，必须有较高的典型相关系数和由因变量典型变量解释的较高的共同方差比例。研究者应注意，虽然在典型函数中两个典型变量的典型相关系数是相同的，但是两个典型变量的冗余指数却有可能差异很大，因为每个都有不同的共同方差比例。已有人提出关于冗余指数的检验，但还没有得到广泛应用。

5. 解释典型变量

即使典型相关系数在统计上是显著的，典型根和冗余系数大小也是可接受的，研究者也需对结果做大量的解释。这些解释包括研究典型函数中原始变量的相对重要性。主要使用以下三种方法：(1) 典型权重（标准化系数）；(2) 典型载荷（结构系数）；(3) 典型交叉载荷。

(1) 典型权重。传统的解释典型函数的方法包括观察每个原始变量在它的典型变量中的典型权重的符号和大小。有较大的典型权重，则说明原始变量对它的典型变量贡献较大，反之则相反。原始变量的典型权重有相反的符号，说明变量之间存在一种反向关系，反之则有正向关系。但是，这种解释遭到了很多批评。因此，在解释典型相关的时候应慎用典型权重。

(2) 典型载荷。由于典型权重的缺陷，典型载荷逐步成为解释典型相关分析结果的基础。典型载荷，也称典型结构相关系数，是原始变量（自变量或者因变量）与它的典型变量间的简单线性相关系数。典型载荷反映原始变量与典型变量的共同方差，它的解释类似于因子载荷，也就是每个原始变量对典型函数的相对贡献。

(3) 典型交叉载荷。它的提出是作为典型载荷的替代。典型交叉载荷使每个原始因变量与自变量典型变量直接相关。典型交叉载荷提供了一个更直接地测量因变量组与自变量组关系的指标。

6. 验证模型

与其他多元分析方法一样，典型相关分析的结果应该验证，以保证结果不是只适合样本，而是适合总体。最直接的方法是构造两个子样本（如果样本量允许），对每个子样本分别做分析，这样可以比较典型函数的相似性、典型载荷等。如果存在显著差别，研究者应深入分析，保证最后结果是总体的代表，而不只是单个样本的反映。

另一种方法是测量结果对于剔除一个因变量或自变量的灵敏度，保证典型权重和典型载荷的稳定性。

另外，还必须看到典型相关分析的局限性。这些局限性中，对结论和解释影响最大的是：

(1) 典型相关反映变量组的线性组合所共享的方差，而不是从变量提取的方差。

(2) 计算典型函数推导的典型权重有较大的不稳定性。

(3) 推导的典型权重是最大化线性组合间的相关关系，而不是提取的方差。

（4）典型变量的解释可能会比较困难，因为它们是用来最大化线性关系的，没有类似于方差分析中变量旋转的有助于解释的工具。

（5）难以识别自变量和因变量的子集间有意义的关系，只能通过一些不充分的测量，比如典型载荷和典型交叉载荷。

8.3 典型相关分析的上机实现

典型相关分析可以通过 SPSS 和 R 语言实现。下面分别使用 R 语言和 SPSS 实现典型相关分析。R 语言不仅功能较齐全，而且可以自行编写程序，比较灵活。

例 8-1

这里使用一个较为经典的例子来说明使用 R 语言进行典型相关分析的计算代码及相应运行结果的分析。对 20 名中年男性分别测量 3 项生理指标——体重（weight）、腰围（waist）、脉搏（pulse）和 3 项运动指标——引体向上（chins）、仰卧起坐（situps）、跳跃次数（jumps），测量数据列于表 8-1 中，现使用典型相关分析研究这两组变量之间的相关关系。

表 8-1

序号	体重	腰围	脉搏	引体向上	仰卧起坐	跳跃次数
1	191	36	50	5	162	60
2	193	38	58	12	101	101
3	189	35	46	13	155	58
4	211	38	56	8	101	38
5	176	31	74	15	200	40
6	169	34	50	17	120	38
7	154	34	64	14	215	105
8	193	36	46	6	70	31
9	176	37	54	4	60	25
10	156	33	54	15	225	73
11	189	37	52	2	110	60
12	162	35	62	12	105	37
13	182	36	56	4	101	42
14	167	34	60	6	125	40
15	154	33	56	17	251	250
16	166	33	52	13	210	115
17	247	46	50	1	50	50
18	202	37	62	12	210	120

续表

序号	体重	腰围	脉搏	引体向上	仰卧起坐	跳跃次数
19	157	32	52	11	230	80
20	138	33	68	2	110	43

首先，将上表中除第一列外的数据全部录入 Excel 表中，并保存为 .csv 格式的文件“例 8－1.csv”，直接存储在 E 盘下以便于读取（读者可以自行选择存储位置，实际运行时只需要更改相应的文件读取路径即可）。然后，使用 R 语言编程读取数据并进行相应的计算，具体计算代码如表 8－2 所示，其中＃号后面的内容为相应的说明语句。

表 8－2　计算代码

```
fit<-read.csv("E:/例 8-1.csv",head=T)  #读取数据文件
PHY<-fit[,1:3]  #将生理指标数据单独保存并命名为 PHY
EXER<-fit[,4:6]  #将运动指标数据单独保存并命名为 EXER
install.packages("CCA")  #安装做典型相关分析的包 CCA
library(CCA)  #加载包 CCA
matcor(PHY,EXER)
# matcor()函数分别计算 PHY 和 EXER 的自相关矩阵以及两组变量的相关阵
cc1<-cc(PHY,EXER)  #cc()是进行典型相关分析的函数
cc1[1]  #输出典型相关系数
cc1[3:4]  #输出原始典型系数
cc1[5]  #输出典型变量得分及典型变量与原始变量的相关系数矩阵

##  计算标准化典型系数即典型权重
sdx<-sapply(PHY,function(x) sd(x))  #计算生理指标各变量的标准差
s1<-diag(sdx)  #生成以 sdx 为对角元素的对角矩阵
s1 %*% cc1$xcoef  #输出生理指标各变量的标准化典型系数
sdy<-sapply(EXER,function(x) sd(x))  #计算运动指标各变量的标准差
s2<-diag(sdy)  #生成对角阵
s2 %*% cc1$ycoef  #输出运动指标各变量的标准化典型系数

##  典型相关系数的显著性检验(根据 8.1.2 节中相应理论编写)
ev<-cc1$cor^2  #cc1$cor 是典型相关系数,其平方即为典型根
ev2<-1-ev
n<-dim(PHY)[1]  #将样本量赋值给 n
p<-length(PHY)  #将 PHY 所含变量的个数赋给 p
q<-length(EXER)  #将 EXER 所含变量的个数赋给 q
l<-length(ev)  #提取典型变量的个数
m<-n -1 - (p+q+1)/2
w<-cbind(NULL)  #定义 w 以保存中间计算值
for (i in 1:l){
  w<-cbind(w,prod(ev2[i:l]))}
d<-cbind(NULL)
Q<-cbind(NULL)
for (i in 1:l){
```

续表

```
  Q<-cbind(Q,-(m-(i-1))*log(w[i]))
  d<-cbind(d,(p-i+1)*(q-i+1))}
pvalue<-pchisq(Q,d,lower.tail=FALSE)  #计算卡方统计量对应的概率
bat<-cbind(t(Q),t(d),t(pvalue))  #将统计量、自由度和相应的 p 值合在一起
colnames(bat)<-c("Chi-Squared","df","pvalue")
rownames(bat)<-c(seq(1:l))
bat
```

运行上述代码，得到输出结果 8-1。

输出结果 8-1

```
> matcor(PHY,EXER)  #输出原始变量间的相关系数矩阵
$Xcor
              weight       waist        pulse
weight     1.0000000   0.8702435   -0.3657620
waist      0.8702435   1.0000000   -0.3528921
pulse     -0.3657620  -0.3528921    1.0000000

$Ycor
              chins      situps       jumps
chins     1.0000000   0.6957274   0.4957602
situps    0.6957274   1.0000000   0.6692061
jumps     0.4957602   0.6692061   1.0000000

$XYcor
            weight        waist         pulse        chins       situps         jumps
weight   1.0000000    0.8702435   -0.36576203   -0.3896937   -0.4930836   -0.22629556
waist    0.8702435    1.0000000   -0.35289213   -0.5522321   -0.6455980   -0.19149937
pulse   -0.3657620   -0.3528921    1.00000000    0.1506480    0.2250381    0.03493306
chins   -0.3896937   -0.5522321    0.15064802    1.0000000    0.6957274    0.49576018
situps  -0.4930836   -0.6455980    0.22503808    0.6957274    1.0000000    0.66920608
jumps   -0.2262956   -0.1914994    0.03493306    0.4957602    0.6692061    1.00000000

> cc1[1]  #输出典型相关系数
$cor
[1]0.79560815   0.20055604   0.07257029

> cc1[3:4]  #输出原始典型系数
$xcoef
                 [,1]          [,2]          [,3]
weight     0.031404688    0.07631951   -0.007735047
waist     -0.493241676   -0.36872299    0.158033647
pulse      0.008199315    0.03205199    0.145732242

$ycoef
                 [,1]          [,2]          [,3]
chins      0.06611399    0.071041211   -0.245275347
situps     0.01684623   -0.001973745    0.019767637
jumps     -0.01397157   -0.020714106   -0.008167472
```

```
> cc1[5]   #输出典型变量得分及典型变量与原始变量的相关系数矩阵
$scores
$scores$xscores
               [,1]         [,2]          [,3]
[1,]    0.043457300   0.52961092   -0.89006107
[2,]   -0.814622152   0.20121991    0.57639407
  ⋮          ⋮             ⋮             ⋮
[19,]   0.965063246  -0.52625635   -0.96773958
[20,]   0.006321548  -1.83221805    1.66897582

$scores$yscores
               [,1]          [,2]          [,3]
[1,]     0.12682042   -0.135246206    1.50077789
[2,]    -1.01083608   -0.366837618   -1.75684178
  ⋮          ⋮              ⋮             ⋮
[19,]    1.38961665   -0.257495751    1.20997570
[20,]   -0.71000887    0.106404727    1.34753383
$scores$corr.X.xscores
              [,1]        [,2]          [,3]
weight  -0.6206424   0.7723919   -0.13495886
waist   -0.9254249   0.3776614   -0.03099486
pulse    0.3328481  -0.0414842    0.94206752

$scores$corr.Y.xscores
             [,1]         [,2]          [,3]
chins   0.5789047   -0.0475222   -0.04671717
situps  0.6505914   -0.1149232    0.00395139
jumps   0.1290401   -0.1922586   -0.01697689

$scores$corr.X.yscores
              [,1]          [,2]           [,3]
weight  -0.4937881    0.154907853   -0.009794003
waist   -0.7362756    0.075742277   -0.002249306
pulse    0.2648166   -0.008319907    0.068366110

$scores$corr.Y.yscores
             [,1]         [,2]          [,3]
chins   0.7276254   -0.2369522   -0.64375064
situps  0.8177285   -0.5730231    0.05444915
jumps   0.1621905   -0.9586280   -0.23393722

> s1%*%cc1$xcoef   #输出生理指标各变量的标准化典型系数
            [,1]         [,2]         [,3]
[1,]   0.77539761    1.8843672   -0.1909822
[2,]  -1.57934657   -1.1806411    0.5060195
[3,]   0.05912012    0.2311068    1.0507838

> s2%*%cc1$ycoef   #输出运动指标各变量的标准化典型系数
            [,1]         [,2]         [,3]
[1,]    0.3494969    0.3755436   -1.2965937
[2,]    1.0540110   -0.1234905    1.2367934
[3,]   -0.7164267   -1.0621670   -0.4188073
```

```
> bat
          Chi-Squared  df     pvalue
        1  16.2549575   9  0.06174456
        2   0.6718487   4  0.95475464
        3   0.0712849   1  0.78947507
```

输出结果 8-1 中的第一部分为原始变量间的相关阵，其中体重与腰围有较强的正相关关系；在生理指标与运动指标的相关关系中，我们可以看到体重和腰围与三个运动指标的相关系数均为负数，说明体重和腰围较大对运动能力有负面影响。

第二部分为典型相关系数，各典型相关系数的平方是典型根，是矩阵$\boldsymbol{A}_{11}^{-1}\boldsymbol{A}_{12}\boldsymbol{A}_{22}^{-1}\boldsymbol{A}_{21}$和$\boldsymbol{A}_{22}^{-1}\boldsymbol{A}_{21}\boldsymbol{A}_{11}^{-1}\boldsymbol{A}_{12}$的特征根。

第三部分为原始典型系数，是典型变量关于各原始变量的系数。其中，$xcoef 对应的系数矩阵是生理测量的典型变量关于体重、腰围和脉搏指标变量的系数，如它的第一典型变量的表达式为：

$$U_1=0.0314\times \text{weight}-0.4932\times \text{waist}+0.0082\times \text{pulse}$$

$ycoef 对应的系数矩阵是运动因素的典型变量关于引体向上、仰卧起坐和跳跃次数指标变量的系数，如它的第一典型变量的表达式为：

$$V_1=0.0661\times \text{chins}+0.0168\times \text{situps}-0.0140\times \text{jumps}$$

第四部分为典型变量得分及典型变量与原始变量的相关系数矩阵（即典型载荷和典型交叉载荷）。$scores $xscores 下面的结果为生理测量的三个典型变量的得分，$scores $yscores 下面的结果为运动因素的三个典型变量的得分。由于篇幅的限制，这部分输出结果并未全部列出，未列出的样本对应的典型变量的得分使用省略号表示。$scores $corr. X. xscores 下面的矩阵为生理测量的典型变量与生理测量原始变量的相关系数阵（典型载荷），$scores $corr. Y. xscores 下面的矩阵为生理测量的典型变量与运动因素的原始变量的相关系数阵；后面矩阵所代表的含义类似，此处不再赘述。

第五部分和第六部分为根据原始的典型系数计算的标准化典型系数（典型权重）。其中，第五部分是生理测量的典型变量关于标准化的体重、腰围和脉搏指标变量的系数，第六部分是运动因素的典型变量关于标准化的引体向上、仰卧起坐和跳跃次数指标变量的系数。

第七部分为对典型相关系数显著性的检验结果，结果显示只有第一个典型相关系数在 0.1 的水平上是显著的，说明我们可以只提取第一个典型变量。

根据前面对典型权重、典型载荷和典型交叉载荷的介绍，我们可以结合第四、五、六部分的内容，对变量间的关系进行分析。在典型载荷中，生理测量的第一个典型变量与腰围的相关系数的绝对值最大，但呈现负相关，说明这个典型变量主要反映人的体形肥胖程度，且典型变量的得分越高，人的体形越瘦；运动因素的第一个典型变量与仰卧起坐次数和引体向上次数有较强的相关关系，说明这个典型变量主要反映人的运动能力和身体素质。在典型交叉载荷中，腰围与运动因素的第一典型变量有较强的负相关性，这也说明了腰围大（体形较胖）的人的运动能力差；仰卧起坐和引体向上与生理测量的第一典型变量呈正相关关系，但生理测量的第一典型变量与腰围呈负相关关系，说明人的体形肥胖程度与这两种运动能力呈负相关关系，运动对人的体形影响较大。

8.4 社会经济案例研究

例 8-2

近年来，我国经济发展的速度越来越快，同时也出现了空气污染问题。为研究城市的经济发展水平与空气质量的关系，选取我国31个城市的经济发展水平数据（见表8-3）与空气质量数据（见表8-4），进行典型相关分析。数据来源于2023年《中国统计年鉴》。

表8-3　2022年我国31个城市的经济发展水平指标

X_1 地区生产总值（亿元）　X_2 第二产业增加值（亿元）　X_3 第三产业增加值（亿元）
X_4 住户存款余额（亿元）　X_5 社会消费品零售总额（亿元）　X_6 医院数（个）

城市	X_1	X_2	X_3	X_4	X_5	X_6
北京	41 611	6 605	34 894	56 916	13 794	662
天津	16 311	6 039	9 999	19 211	3 572	435
石家庄	7 101	2 334	4 208	11 671	2 548	311
太原	5 571	2 466	3 057	7 762	1 761	160
呼和浩特	3 329	1 156	2 013	3 372	1 060	109
沈阳	7 696	2 885	4 475	12 474	3 865	307
长春	6 745	2 695	3 498	9 465	1 908	256
哈尔滨	5 490	1 285	3 533	9 646	2 196	354
上海	44 653	11 458	33 097	52 638	16 442	443
南京	16 908	6 070	10 523	13 078	7 832	296
杭州	18 753	5 620	12 787	19 599	7 294	387
合肥	12 013	4 395	7 239	7 958	5 022	222
福州	12 308	4 657	6 968	9 029	4 680	146
南昌	7 204	3 485	3 470	5 750	3 012	138
济南	12 027	4 180	7 427	10 226	4 878	280
郑州	12 935	5 175	7 575	11 393	5 223	290
武汉	18 866	6 717	11 674	13 924	6 936	362
长沙	13 966	5 590	7 925	9 703	5 236	248
广州	28 839	7 909	20 611	26 480	10 298	298
南宁	5 218	1 183	3 434	5 522	2 359	162
海口	2 135	406	1 629	2 545	1 003	80

续表

城市	X_1	X_2	X_3	X_4	X_5	X_6
重庆	29 129	11 694	15 423	25 459	13 926	857
成都	20 818	6 404	13 825	22 403	9 096	744
贵阳	4 921	1 740	2 978	4 646	2 402	204
昆明	7 541	2 413	4 801	7 391	3 385	321
拉萨	748	291	430	632	353	34
西安	11 487	4 072	7 091	14 505	4 642	387
兰州	3 344	1 151	2 128	4 569	1 598	118
西宁	1 644	618	963	2 204	532	74
银川	2 536	1 262	1 182	2 694	792	84
乌鲁木齐	3 893	1 133	2 729	4 648	1 033	126

表 8-4　2022 年我国 31 个城市空气质量数据

Y_1　细颗粒物（$PM_{2.5}$）年平均浓度（$\mu g/m^3$）
Y_2　可吸入颗粒物（PM_{10}）年平均浓度（$\mu g/m^3$）
Y_3　二氧化硫年平均浓度（$\mu g/m^3$）
Y_4　一氧化碳日均值第 95 百分位浓度（$\mu g/m^3$）
Y_5　二氧化氮年平均浓度（$\mu g/m^3$）
Y_6　臭氧（O_3）日最大 8 小时第 90 百分位浓度（$\mu g/m^3$）
Y_7　空气质量达到或好于二级的天数（天）

城市	Y_1	Y_2	Y_3	Y_4	Y_5	Y_6	Y_7
北京	30	54	3	1.0	23	171	286
天津	37	65	9	1.2	32	176	267
石家庄	46	81	8	1.3	33	189	234
太原	44	83	12	1.4	40	175	241
呼和浩特	24	50	10	1.1	29	146	329
沈阳	32	56	14	1.4	30	145	320
长春	28	48	9	1.0	26	124	336
哈尔滨	37	57	14	1.2	27	116	310
上海	25	39	6	0.9	27	164	318
南京	28	51	5	0.9	27	170	291
杭州	30	52	6	0.9	32	170	304
合肥	32	63	8	1.0	31	152	314
福州	18	32	4	0.7	16	142	356
南昌	30	56	8	1.1	24	156	313
济南	37	71	11	1.2	31	182	239

续表

城市	Y_1	Y_2	Y_3	Y_4	Y_5	Y_6	Y_7
郑州	45	77	8	1.3	27	178	222
武汉	35	55	9	1.2	34	162	294
长沙	38	50	6	1.0	24	160	302
广州	22	39	6	1.0	29	179	306
南宁	26	42	8	1.0	23	136	353
海口	13	26	4	0.8	9	125	355
重庆	31	48	10	1.0	29	144	332
成都	39	58	4	0.9	30	181	282
贵阳	21	35	7	0.8	16	113	365
昆明	20	33	8	0.7	20	126	365
拉萨	8	18	8	0.7	12	131	364
西安	51	85	7	1.4	38	176	190
兰州	33	68	15	1.7	38	149	301
西宁	30	56	17	1.7	28	140	338
银川	31	66	14	1.5	31	149	306
乌鲁木齐	41	71	7	1.8	31	135	285

将表 8－3 和表 8－4 中的数据合并。依次点选 Analyze→Correlate→Canonical Correlation，打开 Canonical Correlation（典型相关分析）对话框。变量名将出现在对话框的左边，将 X1，X2，X3，X4，X5，X6 选入右侧 SET 1 下方的框中，将 Y1，Y2，Y3，Y4，Y5，Y6，Y7 选入右侧 SET 2 下方的框中。点击右上侧的 Options…，进入 Options 框，在右边 Display 下，点选全部四个选项。点选 Pairwise Correlations 输出 Set 1 与 Set 1、Set 1 与 Set 2、Set 2 与 Set2 的相关系数，点选 Loading 输出 Set 1 典型变量的载荷、Set 2 典型变量的载荷以及交叉载荷，点选 Variance Proportions 输出典型变量解释原变量方差的比例，点选 Coefficients 输出典型变量对的相关系数。点击 Contine 回到主界面，点击 OK 得到输出结果 8－2。

输出结果 8－2

Correlation Matrix

	X1	X2	X3	X4	X5	X6	Y1	Y2	Y3	Y4	Y5	Y6	Y7
X1	1	.906	.984	.956	.975	.742	.038	−.089	−.472	−.301	.103	.470	−.153
X2	.906	1	.816	.771	.933	.760	.126	−.028	−.393	−.293	.193	.497	−.191
X3	.984	.816	1	.979	.936	.681	.001	−.104	−.480	−.282	.065	.444	−.138
X4	.956	.771	.979	1	.901	.721	.070	−.033	−.413	−.218	.107	.429	−.182

	X1	X2	X3	X4	X5	X6	Y1	Y2	Y3	Y4	Y5	Y6	Y7
X5	.975	.933	.936	.901	1	.785	.027	-.113	-.453	-.334	.092	.431	-.115
X6	.742	.760	.681	.721	.785	1	.292	.106	-.296	-.218	.220	.370	-.245
Y1	.038	.126	.001	.070	.027	.292	1	.937	.211	.634	.786	.568	-.870
Y2	-.089	-.028	-.104	-.033	-.113	.106	.937	1	.345	.745	.835	.572	-.874
Y3	-.472	-.393	-.480	-.413	-.453	-.296	.211	.345	1	.664	.425	-.217	-.016
Y4	-.301	-.293	-.282	-.218	-.334	-.218	.634	.745	.664	1	.677	.163	-.488
Y5	.103	.193	.065	.107	.092	.220	.786	.835	.425	.677	1	.573	-.698
Y6	.470	.497	.444	.429	.431	.370	.568	.572	-.217	.163	.573	1	-.786
Y7	-.153	-.191	-.138	-.182	-.115	-.245	-.870	-.874	-.016	-.488	-.698	-.786	1

Canonical Correlations Settings

Set 1 Variables	X1 X2 X3 X4 X5 X6
Set 2 Variables	Y1 Y2 Y3 Y4 Y5 Y6 Y7
Centered Dataset	None
Scoring Syntax	None
Correlations Used for Scoring	6

Canonical Correlations

	Correlation	Eigenvalue	Wilks Statistic	F	Num D.F	Denom D.F.	Sig.
1	.8314	2.2383	.0998	1.3273	42.0000	87.8796	.1334
2	.7127	1.0323	.3233	.8480	30.0000	78.0000	.6873
3	.5329	.3966	.6571	.4540	20.0000	67.2824	.9746
4	.2768	.0830	.9177	.1536	12.0000	55.8523	.9994
5	.0629	.0040	.9938	.0227	6.0000	44.0000	.9999
6	.047	.002	.998	.	.	.	.

H0 for Wilks test is that the correlations in the current and following rows are zero.

Set 1 Standardized Canonical Correlation Coefficients

Variable	1	2	3	4	5	6
X1	9.6860	-.9159	-40.3172	2.3372	-34.4330	-18.2152
X2	-3.6042	1.0546	12.4446	.8082	8.7804	3.0488
X3	-9.2961	-1.8404	27.7616	-6.4472	26.2842	7.8725
X4	1.6600	1.5952	2.2804	3.0572	-3.2179	3.2798
X5	.6972	-.6171	-.8681	1.6064	2.6558	5.1977
X6	-.5840	.9782	.4345	-1.6867	1.0472	-.2983

Set 2 Standardized Canonical Correlation Coefficients

Variable	1	2	3	4	5	6
Y1	−.9163	1.8155	−.9679	−.1602	−2.0770	−.4089
Y2	1.6777	−.2200	.1491	−1.0207	2.9917	−2.4685
Y3	.3148	.6661	.0137	1.1368	.1348	.1814
Y4	.0449	−1.0646	.6010	−.2097	−1.5795	−.2259
Y5	−.7113	.0010	−.1082	.4787	.2008	1.0043
Y6	−.7007	−.2967	.0000	.6764	−.2737	−1.6282
Y7	−.0518	.2728	−1.3496	−.0753	−.1233	−3.1860

Set 1 Unstandardized Canonical Correlation Coefficients

Variable	1	2	3	4	5	6
X1	.0009	−.0001	−.0036	.0002	−.0031	−.0016
X2	−.0012	.0004	.0042	.0003	.0029	.0010
X3	−.0011	−.0002	.0033	−.0008	.0031	.0009
X4	.0001	.0001	.0002	.0002	−.0002	.0003
X5	.0002	−.0001	−.0002	.0004	.0006	.0012
X6	−.0030	.0051	.0022	−.0087	.0054	−.0015

Set 2 Unstandardized Canonical Correlation Coefficients

Variable	1	2	3	4	5	6
Y1	−.0950	.1883	−.1004	−.0166	−.2154	−.0424
Y2	.1009	−.0132	.0090	−.0614	.1800	−.1485
Y3	.0902	.1908	.0039	.3256	.0386	.0520
Y4	.1515	−3.5927	2.0283	−.7075	−5.3305	−.7623
Y5	−.0996	.0001	−.0152	.0671	.0281	.1407
Y6	−.0326	−.0138	.0000	.0315	−.0127	−.0758
Y7	−.0012	.0062	−.0305	−.0017	−.0028	−.0721

Set 1 Canonical Loadings

Variable	1	2	3	4	5	6
X1	−.8907	−.1216	−.0781	−.0364	−.3317	.2727
X2	−.9326	.1210	−.1326	.2364	−.1614	.1267
X3	−.8299	−.2304	−.0252	−.1401	−.3734	.3138
X4	−.7543	−.1196	.0469	−.1653	−.4828	.3926
X5	−.8826	−.0434	−.1976	.0352	−.2081	.3681
X6	−.7167	.5121	−.1786	−.2607	−.1831	.3012

Set 2 Canonical Loadings

Variable	1	2	3	4	5	6
Y1	−.1625	.6696	.6455	−.1825	−.1391	−.1883
Y2	.0119	.5095	.7845	−.0821	.0346	−.2648
Y3	.5805	.3270	.2356	.6694	−.1744	−.0765
Y4	.3524	.1849	.6924	.1543	−.4264	−.2359
Y5	−.2316	.4464	.6097	.2810	−.0163	.1661
Y6	−.6898	.0776	.6287	.0547	.1820	−.2697
Y7	.2992	−.3741	−.8554	.1748	−.0868	.0133

Set 1 Cross Loadings

Variable	1	2	3	4	5	6
X1	−.7405	−.0867	−.0416	−.0101	−.0209	.0128
X2	−.7754	.0862	−.0706	.0654	−.0102	.0060
X3	−.6900	−.1642	−.0134	−.0388	−.0235	.0148
X4	−.6271	−.0853	.0250	−.0458	−.0304	.0185
X5	−.7338	−.0309	−.1053	.0098	−.0131	.0173
X6	−.5958	.3650	−.0952	−.0721	−.0115	.0142

Set 2 Cross Loadings

Variable	1	2	3	4	5	6
Y1	−.1351	.4772	.3440	−.0505	−.0088	−.0089
Y2	.0099	.3631	.4180	−.0227	.0022	−.0125
Y3	.4827	.2331	.1255	.1853	−.0110	−.0036
Y4	.2930	.1318	.3689	.0427	−.0268	−.0111
Y5	−.1925	.3181	.3249	.0778	−.0010	−.0078
Y6	−.5735	.0553	.3350	.0151	.0115	−.0127
Y7	.2488	−.2666	−.4558	.0484	−.0055	.0006

Proportion of Variance Explained

Canonical Variable	Set 1 by Self	Set 1 by Set 2	Set 2 by Self	Set 2 by Set 1
1	.7022	.4854	.1581	.1093
2	.0602	.0306	.1706	.0867
3	.0162	.0046	.4379	.1244
4	.0289	.0022	.0892	.0068
5	.0976	.0004	.0391	.0002
6	.0949	.0002	.0382	.0001

输出结果 8-2 中，第 1 张表输出的是各变量的相关系数矩阵（删除了输出表格中相关系数的显著性检验）；第 2 张表列出了进行典型相关分析的 Set 1 和 Set 2 中包含的变量；第 3 张表列出了 6 个典型变量对的相关系数，显示第 6 对典型变量相关系数已经非常小，事实上，只有前两个特征根大于 1，本例选取两对典型相关变量比较有意义；第 4、5 张表分别为 Set 1、Set 2 的变量与其自身典型变量的标准化典型相关系数；第 6、7 张表分别为 Set 1、Set 2 的变量与其自身典型变量的非标准化典型相关系数；第 8、9 张表分别为 Set 1、Set 2 与其自身典型变量的典型载荷阵；第 10 张表为 Set 1 的典型交叉载荷阵（Set 1 的变量在 Set 2 的典型变量上的载荷）；第 11 张表为 Set 2 的典型交叉载荷阵（Set 2 的变量在 Set1 的典型变量上的载荷）。

第 12 张表为方差解释比例，以第二行为例，第 2 列表示变量 Set 1 的变量被自身的第 1 个典型变量解释的方差比例为 70.22%，第 3 列表示变量 Set 1 的变量被 Set 2 第 1 个典型变量解释的方差比例为 48.54%，第 4 列表示变量 Set 2 的变量被自身的第 1 个典型变量解释的方差比例为 15.81%，第 5 列表示变量 Set 2 的变量被 Set 1 第 1 个典型变量解释的方差比例为 10.93%。

从原始变量的相关阵可知，反映城市经济发展水平指标的各变量间相关性均达到了极显著水平。空气质量指标变量中 Y_3 除了与 Y_4 的相关性达到了极显著水平外，与其余空气质量指标变量的相关性均不显著，空气质量其余各变量间除了 Y_6 与 Y_4 不显著外，其余相关性均达到极显著水平。因此，大体来看，对于经济发展水平的各指标变量和空气质量各指标变量是适合做典型变量分析的。

由典型相关系数可知，第一对典型变量 U_1 与 V_1 的相关系数为 0.831 4，第二对典型变量的相关系数为 0.712 7，典型变量的相关系数大小是依次递减的，第一对典型变量解释了原始变量最大的差异。另外，从典型相关系数显著性的检验结果可以看出，只有第一对典型变量在 0.133 4 的显著性水平下是显著的，表明用城市经济发展水平指标变量来解释空气质量指标变量具有一定的参考价值。

根据输出的标准化典型系数，可以得到经济发展水平的第一典型变量和空气质量的第一典型变量的表达式分别为：

$$U_1=9.686\,0X_1^*-3.604\,2X_2^*-9.296\,1X_3^*+1.660\,0X_4^*+0.697\,2X_5^*-0.584\,0X_6^*$$

$$V_1=-0.916\,3Y_1^*+1.677\,7Y_2^*+0.314\,8Y_3^*+0.044\,9Y_4^*-0.711\,3Y_5^*-0.700\,7Y_6^*-0.051\,8Y_7^*$$

式中，X_1^*，X_2^*，…，X_6^* 是标准化的经济发展水平原始指标变量；Y_1^*，Y_2^*，…，Y_7^* 是标准化的空气质量原始指标变量。

根据输出的非标准化典型系数，可以得到经济发展水平的第一典型变量和空气质量的第一典型变量的表达式分别为：

$$U_1=0.000\,9X_1-0.001\,2X_2-0.001\,1X_3+0.000\,1X_4+0.000\,2X_5-0.003\,0X_6$$

$$V_1=-0.095\,0Y_1+0.100\,9Y_2+0.090\,2Y_3+0.151\,5Y_4-0.099\,6Y_5-0.032\,6Y_6-0.001\,2Y_7$$

式中，X_1，X_2，…，X_6是经济发展水平原始指标变量；Y_1，Y_2，…，Y_7是空气质量原始指标变量。

特别说明：标准化系数的性质与回归分析系数类似，但由于受到变量间相关的影响，并不能作为解释各个变量对典型变量相对重要性的依据，但很多教材在这方面都存在误解。以标准化系数的大小来解释变量的相对重要性肯定是不妥的，除非各变量间互不相关，而这又与典型相关分析相悖。

依据典型载荷阵和典型交叉载荷阵对变量间的相关关系进行分析。经济发展水平的第一典型变量与 X_1，X_2，X_3，X_4，X_5，X_6 均存在较强的负相关关系，其主要反映城市总体经济发展水平，但由于其与原始变量的相关系数为负，因此第一典型变量的得分越低，表明城市总体经济发展水平越高。空气质量的第一典型变量与 Y_2，Y_3，Y_4，Y_7 呈正相关关系，与 Y_1，Y_5，Y_6 呈负相关关系，由于该典型变量与不同污染物变量的相关关系的符号不同，因此它并不能综合反映空气质量的总体水平。因此，可以通过经济发展水平的典型变量与空气质量的各指标变量的相关关系，分析城市经济发展水平与空气质量的关系。根据典型交叉载荷阵可知，经济发展水平第一典型变量主要与 Y_2，Y_3，Y_4，Y_7 呈正相关关系，与 Y_1，Y_5，Y_6 呈负相关关系，而且与 Y_6 的相关系数的绝对值最大，其次是 Y_3，Y_4，Y_7。由此可知，经济发展水平较高的城市的大气污染物中 O_3，NO_2，$PM_{2.5}$的含量较高，而污染物 PM_{10}，SO_2，CO 的含量以及空气质量达到或好于二级的天数较低。城市大气中 NO_2 和 O_3主要来源于以汽油、柴油为燃料的汽车尾气，$PM_{2.5}$主要是人为活动的产物，如燃料未完全燃烧形成的炭粒、二次污染物气溶胶等，经济发展水平高的城市的汽车多，且工业的整体规模较经济发展水平低的城市大，因此经济发展水平高的城市 NO_2，O_3和 $PM_{2.5}$污染物的含量较高是符合实际情况的。SO_2和 CO 的主要来源是燃煤等，PM_{10}主要是由风沙、灰土及机械粉碎的水泥、石灰等自然因素形成的，自然环境较差地区的城市的经济发展水平一般较低，同时经济发展水平较低的城市的用煤量通常也相对较大，因此，经济发展水平较低城市的 PM_{10}，SO_2，CO 污染物的含量较高。综述可知，城市经济发展水平与空气质量是存在一定程度的相关关系的。

例 8－1 和例 8－2 中未计算冗余指数和进行典型冗余分析，该部分很容易实现，感兴趣的读者可以尝试使用 R 语言实现。另外，使用 SAS 软件也可以进行典型相关分析，且 SAS 软件输出的结果较全面，本书不再详细讨论，有兴趣的读者请参考相关书籍。

参考文献

［1］王国梁，何晓群．多变量经济数据统计分析．西安：陕西科学技术出版社，1993.

［2］张尧庭，方开泰．多元统计分析引论．北京：科学出版社，1982.

［3］方开泰．实用多元统计分析．上海：华东师范大学出版社，1989.

［4］王学仁，王松桂．实用多元统计分析．上海：上海科学技术出版社，1990.

[5] Joseph F. Hair，Rolph E. Anderson，Ronald L. Tatham，et al. Multivariate Data Analysis. Fifth Edition. Upper Saddle River，N. J.：Prentice-Hall，1998.

思考与练习

1. 试述典型相关分析的统计思想及该方法在实际问题研究中的作用。
2. 典型相关分析中的冗余度有什么作用？
3. 典型变量的解释有什么具体方法？实际意义是什么？
4. 试运用 SPSS 或 SAS 软件，对一个实际问题的研究应用典型相关分析。

第 9 章 定性数据的建模分析

学习目标

1. 掌握对数线性模型的基本原理；
2. 掌握对数线性模型的建模方法；
3. 掌握如何解释 Logistic 回归的分析结果；
4. 理解判别分析与 Logistic 回归相比的优缺点；
5. 掌握如何通过 SPSS 软件实现 Logistic 回归。

前面讨论过有关定性数据的列联表分析，对数线性模型（loglinear analysis）是进一步用于离散型数据或整理成列联表格式的数据的统计分析工具。它可以把方差分析和线性模型的一些方法应用到对交叉列联表的分析中，从而对定性变量间的关系做进一步的描述和分析。列联表分析无法系统地评价变量间的联系，也无法估计变量间交互作用的大小，而对数线性模型是处理这些问题的最佳方法。当被解释变量是非度量变量时，判别分析是合适的。然而当被解释变量只有两组时，Logistic 回归由于多种原因更受欢迎。首先，判别分析依赖于严格的多元正态性和相等协方差阵的假设，这在很多情况下是达不到的。Logistic 回归没有类似的假设，而且这些假设不满足时，结果也非常稳定。其次，即使满足假定，许多研究者也偏好 Logistic 回归，因为它类似于回归分析。两者都有直接的统计检验，都能包含非线性效果和大范围的诊断。最后，Logistic 回归对于自变量没有要求，度量变量或者非度量变量都可以进行回归。这样，很多情况下，Logistic 回归等同于两组变量的判别分析，而且可能更加实用。本章仅介绍定性数据建模的对数线性模型和 Logistic 回归方法。

9.1 对数线性模型的基本理论和方法

本节将利用 2×2 维的交叉列联表来说明对数线性模型的基本理论和方法，同时利用 SPSS 软件对真实的经济定性数据做分析。

下面基于 2×2 维的交叉列联表的频数表和概率表（见表 9－1 和表 9－2），介绍对数线性模型的基本理论和方法。

表 9-1　频数表

A	B		
	B	$\bar{B}$	$\sum_j$
A	n_{11}	n_{12}	$n_{1\cdot}$
$\bar{A}$	n_{21}	n_{22}	$n_{2\cdot}$
$\sum_i$	$n_{\cdot 1}$	$n_{\cdot 2}$	n

表 9-2　概率表

A	B		
	B	$\bar{B}$	$\sum_j$
A	p_{11}	p_{12}	$p_{1\cdot}$
$\bar{A}$	p_{21}	p_{22}	$p_{2\cdot}$
$\sum_i$	$p_{\cdot 1}$	$p_{\cdot 2}$	1

在对数线性模型分析中，要先将概率取对数，再分解处理，用公式表示如下：

$$\begin{aligned}\eta_{ij} &= \ln p_{ij} \\ &= \ln\left(p_{i\cdot}\, p_{\cdot j}\frac{p_{ij}}{p_{i\cdot}\, p_{\cdot j}}\right) \\ &= \ln p_{i\cdot} + \ln p_{\cdot j} + \ln\frac{p_{ij}}{p_{i\cdot}\, p_{\cdot j}}, \quad i, j=1, 2 \qquad (9.1)\end{aligned}$$

若把上式中的 $\ln p_{i\cdot}$，$\ln p_{\cdot j}$，$\ln\frac{p_{ij}}{p_{i\cdot}\, p_{\cdot j}}$分别记为$A_i$，$B_j$ 和 $(AB)_{ij}$，则上式可写成

$$\eta_{ij} = A_i + B_j + (AB)_{ij}$$

该式的结构与有交互效应且水平均为 2 的双因素方差分析模型的结构相似，因此模仿方差分析，可以有如下关系式：

$$\eta_{i\cdot} = \sum_{j=1}^{2}\eta_{ij}, \quad \eta_{\cdot j} = \sum_{i=1}^{2}\eta_{ij}, \quad \eta_{\cdot\cdot} = \sum_{i=1}^{2}\sum_{j=1}^{2}\eta_{ij}$$

对上面三式各取其平均数，得

$$\bar{\eta}_{i\cdot} = \frac{1}{2}\eta_{i\cdot}, \quad \bar{\eta}_{\cdot j} = \frac{1}{2}\eta_{\cdot j}, \quad \bar{\eta}_{\cdot\cdot} = \frac{1}{4}\eta_{\cdot\cdot}$$

若记

$$\begin{cases}\alpha_i = \bar{\eta}_{i\cdot} - \bar{\eta}_{\cdot\cdot} \\ \beta_j = \bar{\eta}_{\cdot j} - \bar{\eta}_{\cdot\cdot} \\ \gamma_{ij} = \eta_{ij} - \bar{\eta}_{i\cdot} - \bar{\eta}_{\cdot j} + \bar{\eta}_{\cdot\cdot}\end{cases}$$

则
$$
\begin{aligned}
\gamma_{ij} &= \eta_{ij} - \bar{\eta}_{i\cdot} - \bar{\eta}_{\cdot j} + \bar{\eta}_{\cdot\cdot} \\
&= \eta_{ij} - (\bar{\eta}_{i\cdot} - \bar{\eta}_{\cdot\cdot}) - (\bar{\eta}_{\cdot j} - \bar{\eta}_{\cdot\cdot}) - \bar{\eta}_{\cdot\cdot} \\
&= \eta_{ij} - \alpha_i - \beta_j - \bar{\eta}_{\cdot\cdot}
\end{aligned}
$$

移项，可得与有交互效应的双因素方差分析数学模型极为相似的关系式：

$$
\begin{cases}
\eta_{ij} = \bar{\eta}_{\cdot\cdot} + \alpha_i + \beta_j + \gamma_{ij} \\
\sum_{i=1}^{2} \alpha_i = \sum_{j=1}^{2} \beta_j = \sum_{i=1}^{2} \gamma_{ij} = \sum_{j=1}^{2} \gamma_{ij} = \sum_{i=1}^{2} \sum_{j=1}^{2} \gamma_{ij} = 0, \quad i=1, 2; j=1, 2
\end{cases}
\tag{9.2}
$$

为与方差分析保持一致，可称 α_i，β_j 分别是 A，B 因素的主效应，γ_{ij} 是 A，B 因素的交互效应。到此，定性数据的数据变换和变换后的模型关系已清楚地完成，接下来就是对模型的参数估计及检验。这里主要是估计 γ_{ij} 的值，根据 γ_{ij} 值的正负和相对大小，可以判断 A 因素的第 i 个水平与 B 因素的第 j 个水平间的交互效应。若 $\gamma_{ij}>0$，表明二者存在正效应；若 $\gamma_{ij}<0$，则存在负效应；当 γ_{ij} 均为 0 时，A，B 因素相互独立。若 γ_{ij} 均为 0，模型称为非饱和模型（因素间相互独立），否则为饱和模型（因素间有交互效应）。

在实际分析中，概率表中各项值以交叉列联表计算得到的频率表的对应项为无偏估计值。公式为：

$$
\hat{p}_{ij} = \frac{n_{ij}}{n}, \quad \hat{p}_{i\cdot} = \frac{n_{i\cdot}}{n}, \quad \hat{p}_{\cdot j} = \frac{n_{\cdot j}}{n}
$$

将其代入 $\eta_{ij} = \ln p_{ij}$ 等式，有

$$
\hat{\eta}_{ij} = \ln \hat{p}_{ij} = \ln n_{ij} - \ln n
$$

$$
\hat{\eta}_{i\cdot} = \frac{1}{2} \sum_{j=1}^{2} \eta_{ij} = \frac{1}{2} \sum_{j=1}^{2} \left(\ln \frac{n_{ij}}{n} \right) = \frac{1}{2} \sum_{j=1}^{2} (\ln n_{ij}) - \ln n
$$

$$
\hat{\eta}_{\cdot j} = \frac{1}{2} \sum_{i=1}^{2} \eta_{ij} = \frac{1}{2} \sum_{i=1}^{2} \left(\ln \frac{n_{ij}}{n} \right) = \frac{1}{2} \sum_{i=1}^{2} (\ln n_{ij}) - \ln n
$$

$$
\hat{\eta}_{\cdot\cdot} = \frac{1}{4} \sum_{i=1}^{2} \sum_{j=1}^{2} \eta_{ij} = \frac{1}{4} \sum_{i=1}^{2} \sum_{j=1}^{2} (\ln \frac{n_{ij}}{n}) = \frac{1}{4} \sum_{i=1}^{2} \sum_{j=1}^{2} (\ln n_{ij}) - \ln n
$$

将以上四式代入公式

$$
\begin{aligned}
\hat{\gamma}_{ij} &= \hat{\eta}_{ij} - \hat{\eta}_{i\cdot} - \hat{\eta}_{\cdot j} + \hat{\eta}_{\cdot\cdot} \\
&= \ln n_{ij} - \frac{1}{2} \sum_{j=1}^{2} (\ln n_{ij}) - \frac{1}{2} \sum_{i=1}^{2} (\ln n_{ij}) + \frac{1}{4} \sum_{i=1}^{2} \sum_{j=1}^{2} (\ln n_{ij})
\end{aligned}
\tag{9.3}
$$

即可得 γ_{ij} 的估计值 $\hat{\gamma}_{ij}$。实际分析中，二维数据表中并非每个因素都是双水平的，调整公式中的 i，j 的取值上限即可。

9.2　对数线性模型的上机实现

可以使用 SPSS 软件来实现对数线性模型分析。这里以一个 3×2 维的交叉列联表为例，我们用 SPSS 软件中的 Loglinear 模块实现分析。

例 9-1

某企业想了解顾客对其产品是否满意，同时还想了解不同收入的人群对其产品的满意度是否相同。在随机发放的1 000份问卷中收回有效问卷792份，根据收入高低和满意回答的交叉分组数据如表9-3所示。

表 9-3

	满意	不满意	合计
高	53	38	91
中	434	108	542
低	111	48	159
合计	598	194	792

首先要准备数据，上面的交叉列联表的数据要输入SPSS的表格里，具体如表9-4所示。

表 9-4

频数	收入情况	满意情况
53	1	1
434	2	1
111	3	1
38	1	2
108	2	2
48	3	2

按表9-4中的数据形式输入数据后，还不能马上进行对数线性模型分析，必须先激活频数，即让频数有效。具体步骤是：使用SPSS软件，从主菜单中依次选择Data→Weight Cases，打开Weight Cases对话框，选中Weight cases by单选框，从变量列表中选出“频数”变量进入Frequency Variable框，然后点击OK按钮，回到数据表格，这时分析前的准备工作就完成了。这一步很重要，如果频数没有激活，对数线性模型的模块仍会执行命令，但得出的结果是错误的，所以使用时一定要小心。

数据准备工作完成后，就可以进行下一步的分析了。从主菜单中依次选择Analyze→Loglinear→Model Selection，打开Model Selection Loglinear Analysis对话框，从左侧变量栏里选中“收入情况”进入Factor (s)框，这时该框下面的Define Range按钮就会从灰色变为黑色，点击弹出 Loglinear Analysis：Define Range 对话框，可以定义变量的范围，即该变量的水平范围。本例中“收入情况”共有三种类型，代号分别是 1，2，3，所以在 Minimum 处输入 1，在 Maximum 处输入 3，点击 Continue 按钮，返回 Model Selection Loglinear Analysis 对话框。按同样方法，把“满意情况”变量选入，并定义其范围为 1，2；然后选中“频数”变量进入 Cell Weights 框。最后，点击 Options 按钮，进入 Loglinear Analysis：Options 对话框，选择 Display for Saturated Model 栏下的 Parameter estimates 项，点击 Continue 按钮返回 Model Selection Loglinear Analysis 对话框，其他选项保持默认值，最后点击 OK 按钮，即可完成分析步骤。

得到的主要输出结果如输出结果 9 - 1 所示。

输出结果 9 - 1

Warnings

For Design 1,.500 has been added to all observed cells for this saturated model, This value may be changed by using the CRITERIA = DELTA subcommand.

Data Information

		N
Cases	Valid	6
	Out of Range[a]	0
	Missing	0
	Weighted Valid	792
Categories	收入情况	3
	满意情况	2

a. Cases rejected because of out of range factor values.

Convergence Information

Generating Class	收入情况 * 满意情况
Number of Iterations	1
Max. Difference between Observed and Fitted Marginals	.000
Convergence Criterion	188.356

与列联表分析类似，输出结果 9 - 1 首先提示在饱和模型中采用的 Delta 校正值为 0.5，该数值可在对话框中更改，接着列出了模型的一般信息，显示系统对 792 例资料进行分析，这 792 例资料可分为 6 类（3×2）。模型中共有两个分类变量，其中“收入情况”变量为 3 水平，“满意情况”变量为 2 水平；分析的效应除了两个分类变量，还有两者的交互作用（收入情况 * 满意情况）。系统经一次迭代后，即达到相邻两次估计之差不大于规定的 0.001，如输出结果 9 - 2 所示。

输出结果 9－2

Cell Counts and Residuals

收入情况	满意情况	Observed		Expected		Residuals	Std. Residuals
		Count[a]	%	Count	%		
高	满意	53.500	6.8%	53.500	6.8%	.000	.000
	不满意	38.500	4.9%	38.500	4.9%	.000	.000
中	满意	434.500	54.9%	434.500	54.9%	.000	.000
	不满意	108.500	13.7%	108.500	13.7%	.000	.000
低	满意	111.500	14.1%	111.500	14.1%	.000	.000
	不满意	48.500	6.1%	48.500	6.1%	.000	.000

a. For saturated models, .500 has been added to all observed cells.

由于本例对模型采用系统默认的饱和模型，因而实际例数（Observed）与期望例数（Expected）相同，进而残差（Residuals）和标准化残差（Std. Residuals）均为 0。

输出结果 9－3 是模型的拟合优度检验，由于是饱和模型，因此 χ^2 值和自由度均为 0，而 Sig. 无信息显示。

输出结果 9－3

Goodness-of-Fit Tests

	Chi-Square	df	Sig.
Likelihood Ratio	.000	0	.
Pearson	.000	0	.

输出结果 9－4 是模型是否有高阶效应的检验结果，原假设是高阶效应为零，即没有高阶效应。表中检验分为两部分。第一部分 K-way and Higher Order Effects，是分别利用 Likelihood Ratio 方法和 Pearson 方法检验模型中 K 维交互作用以及 K 维以上交互作用是否显著。两种检验方法的结果均表明，应拒绝原假设，即一维交互作用以及一维交互以上（即主效应）均极其显著。第二部分 K-way Effects，是检验模型中 K 维交互作用自身是否显著，同样有 Likelihood Ratio 方法和 Pearson 方法。结论与第一部分类似，但这里读者应注意到，由于第二部分是检验 K 维交互作用自身是否显著，因此在检验一维主效应时不再包含二维交互，其 χ^2 值减小，减小的值恰好为二维交互的值。

输出结果 9－4

K-Way and Higher-Order Effects

	K	df	Likelihood Ratio		Pearson		Number of Iterations
			Chi-Square	Sig.	Chi-Square	Sig.	
K-way and Higher Order Effects[a]	1	5	662.843	.000	866.318	.000	0
	2	2	22.087	.000	23.567	.000	2
K-way Effects[b]	1	3	640.756	.000	842.751	.000	0
	2	2	22.087	.000	23.567	.000	0

a. Tests that k-way and higher order effects are zero.

b. Tests that k-way effects are zero.

输出结果 9－5 是对模型参数的估计，以及对参数的检验结果。

输出结果 9－5

Parameter Estimates

Effect	Parameter	Estimate	Std. Error	Z	Sig.	95% Confidence Interval	
						Lower Bound	Upper Bound
收入情况 * 满意情况	1	－.260	.078	－3.332	.001	－.413	－.107
	2	.269	.058	4.651	.000	.156	.382
收入情况	1	－.683	.078	－8.737	.000	－.836	－.530
	2	.883	.058	15.267	.000	.769	.996
满意情况	1	.425	.049	8.703	.000	.329	.520

由式（9.2），对数线性模型是固定模型效应的分析，应满足各效应和为零的约束条件，故根据上表结果可推得各参数为：

$$\alpha_{高收入} = -0.683$$

$$\alpha_{中收入} = 0.883$$

$$\alpha_{低收入} = 0 - (-0.683) - 0.883 = -0.200$$

$\beta_{满意} = 0.425$（是满意情况的 1 水平）

$$\beta_{不满意} = -0.425$$

$$\gamma_{高收入满意} = -0.260$$

$$\gamma_{中收入满意} = 0.269$$

$$\gamma_{低收入满意} = 0 - (-0.260) - 0.269 = -0.009$$

$$\gamma_{高收入不满意} = 0.260$$

$$\gamma_{中收入不满意} = -0.269$$

$$\gamma_{低收入不满意} = 0.009$$

参数值为正，表示正效应；反之为负效应；零为无效应。分析提供的信息是：

（1）$\beta_{满意}$ 为正值，说明接受调查的多数顾客对其产品还是满意的。

（2）$\alpha_{高收入} < \alpha_{低收入} < \alpha_{中收入}$，说明各收入阶层的顾客对其产品的满意度是不同的，其中，高收入的顾客满意度最低，而中等收入的顾客满意度最高。

（3）通过对企业顾客的收入情况和满意情况交互效应的研究，$\gamma_{高收入满意}$ 为负值，表示高收入对其对产品的满意度有负效应；$\gamma_{中收入满意}$ 为正值，表示中等收入对其对产品的满意度有正效应；同理，低收入对其对产品的满意程度也有负效应。该企业产品主要的消费阶层是中等收入者，同时中等收入者对其产品的满意度也最高。

9.3 Logistic 回归的基本理论和方法

通常我们需要研究某一社会现象发生的概率 p 的大小，比如一个公司成功或失败的概率，以及讨论 p 的大小与哪些因素有关。但是，直接处理可能性数值 p 存在困难，一是 $0\leqslant p\leqslant 1$，因此 p 与自变量的关系难以用线性模型来描述；二是当 p 接近 0 或 1 时，p 值的微小变化用普通的方法难以发现和处理好。这时，不处理参数 p，而处理 p 的一个严格单调函数 $Q=Q(p)$ 就会方便得多。要求 $Q(p)$ 对在 $p=0$ 或者 $p=1$ 附近的微小变化很敏感，即 $\frac{\mathrm{d}Q}{\mathrm{d}p}$ 应与 $\frac{1}{p(1-p)}$ 成比例，于是令

$$Q=\ln\frac{p}{1-p}$$

将 p 换成 Q，这一变换称为 Logit 变换。从 Logit 变换可看出，当 p 从 0 到 1 时，Q 的值从 $-\infty$ 到 $+\infty$，因此 Q 的值在区间（$-\infty$，$+\infty$）上变化。这一变换完全克服了上面提出的两点困难，在数据处理上带来很多方便。如果自变量的关系式是线性的、二次的或多项式的，通过普通的最小二乘就可以处理，然后从 p 与 Q 的反函数关系式中求出 p 与自变量的关系。例如 $Q=b'x$，则有 $p=\frac{\mathrm{e}^{b'x}}{1+\mathrm{e}^{b'x}}$，这就是 Logit 变换所带来的方便。

根据上述思想，当因变量是一个二元变量，只取 0 与 1 两个值时，因变量取 1 的概率 $p(Y=1)$ 就是要研究的对象。如果有很多因素影响 Y 的取值，这些因素就是自变量，记为 x_1，x_2，…，x_k，这些 x_i 中既有定性变量，也有定量变量。最重要的一个条件是：

$$\ln\frac{p}{1-p}=b_0+b_1x_1+\cdots+b_kx_k$$

即 $\ln\frac{E(Y)}{1-E(Y)}$ 是 x_1，x_2，…，x_k 的线性函数。满足上述条件的称为 Logistic 线性回归。由于上式所确定的模型相当于广义线性模型，因此可以系统地应用线性模型的方法，在处理时比较方便。

在判别分析中，是通过判别 Z 得分来预测所属类的，这就需要计算临界得分和将观测归类。Logistic 回归实现这一目的颇似回归分析，不同于回归分析的地方在于它直接预测出了事件发生的概率。尽管这个概率值是个度量尺度，Logistic 回归与多元回归还是有很大的差异。概率值可以是 0～1 之间的任何值，但是预测值必须落入 0～1 区间。这样，Logistic 回归假定解释变量与被解释变量之间的关系类似于 S 形曲线。而且，不能从普通回归的角度来分析 Logistic 回归，因为这样做会违反几个假定。首先，离散变量的误差形式遵从伯努利分布，而不是正态分布，从而使得基于正态性假设的统计检验无效。其次，二值变量的方差不是常数，会造成异方差性。Logistic 回归是专门处理这些问题的。它的解释变量与被解释变量之间的独特关系使得在估计、评价拟合度和解释系数方面有不同的方法。

估计 Logistic 回归模型与估计多元回归模型的方法是不同的。多元回归采用最小二乘

估计，使解释变量的真实值与预测值差异的平方和最小化。而 Logistic 变换的非线性特征使得在估计模型的时候采用极大似然估计的迭代方法，找到系数的“最可能”的估计。这样在计算整个模型拟合度的时候，就采用似然值而不是离差平方和。

Logistic 回归的另一个好处就是我们只需要知道一件事情（有没有购买、公司成功还是失败）是否发生了，然后再用二元值作为解释变量。从这个二元值中，程序预测出事件发生或者不发生的概率。一般而言，如果预测概率大于 0.5，则预测发生，反之则不发生。由于具体问题中对风险的承受能力或收益的预期不同，这个值不是固定的。需要注意的是，Logistic 回归系数的解释与多元回归的解释不同。程序计算出 Logistic 系数，比较事件发生与不发生的概率比。假定事件发生的概率为 p，优势比率可以表示为：

$$\frac{p}{1-p}=e^{b_0+b_1x_1+\cdots+b_nx_n}$$

估计的系数（b_0，b_1，b_2，…，b_n）反映优势比率的变化。如果 b_i 是正的，它的反对数值（指数）一定大于 1，则优势比率会增大；反之，如果 b_i 是负的，则优势比率会减小。

前面已提到 Logistic 回归在估计系数时，采用的是极大似然估计法。就像多元回归中的残差平方和，Logistic 回归对模型拟合好坏通过似然比值来测量。（实际上是用 -2 乘以似然比值的自然对数即 $-2\ln$(似然值)，简记为 -2LL。）一个好的模型应该有较小的 -2LL。如果一个模型完全拟合，则似然比值为 1，这时 -2LL 达到最小，为 0。Logistic 回归对于系数的检验采用的是与多元回归中 t 检验不同的统计量，称为 Wald 统计量。有关 Logistic 回归的参数估计和假设检验详见参考文献 [1]。

9.3.1 分组数据的 Logistic 回归模型

针对 0－1 型因变量产生的问题，我们应该对回归模型做两个方面的改进。

第一，回归函数应该改用限制在 [0，1] 区间内的连续曲线，而不能再沿用直线回归方程。限制在 [0，1] 区间内的连续曲线有很多，例如所有连续型随机变量的分布函数都符合要求，我们常用的是 Logistic 函数与正态分布函数。Logistic 函数的形式为：

$$f(x)=\frac{e^x}{1+e^x}=\frac{1}{1+e^{-x}} \tag{9.4}$$

Logistic 函数的中文名称是逻辑斯蒂函数，或简称逻辑函数。

这里给出与 $\ln\frac{p}{1-p}=-x$ 及 $\ln\frac{p}{1-p}=x$ 相对应的两个 Logistic 函数的图形（见图 9－1、图 9－2）。

第二，因变量 y_i 本身只取 0，1 两个离散值，不适合直接作为回归模型中的因变量。由于回归函数 $E(y_i)=\pi_i=\beta_0+\beta_1x_i$ 表示在自变量为 x_i 的条件下 y_i 的平均值，而 y_i 是 0－1 型随机变量，因而 $E(y_i)=\pi_i$ 就是在自变量为 x_i 的条件下 y_i 等于 1 的比例。这提示我们可以用 y_i 等于 1 的比例代替 y_i 本身作为因变量。

下面举例说明 Logistic 回归模型的应用。

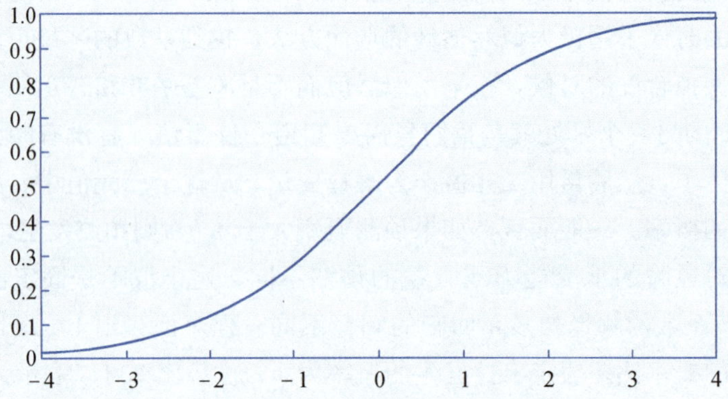

图 9-1 $f(x)=\dfrac{1}{1+e^{-x}}$ 的图形

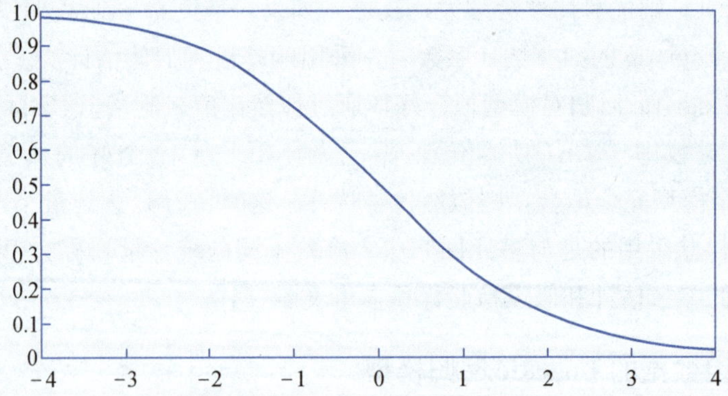

图 9-2 $f(x)=\dfrac{1}{1+e^{x}}$ 的图形

例 9-2

在一次住房展销会上，与房地产商签订初步购房意向书的共有 $n=313$ 名顾客。在随后的 3 个月内，只有部分顾客确实购买了房屋。购买了房屋的顾客记为 1，没有购买房屋的顾客记为 0。以顾客的年家庭收入（单位：10 万元）为自变量 x，对表 9-5 中的数据建立 Logistic 回归模型。

表 9-5

序号	年家庭收入（10 万元）x	签订意向书人数 n_i	实际购房人数 m_i	实际购房比例 $p_i=m_i/n_i$	逻辑变换 $p'_i=\ln\dfrac{p_i}{1-p_i}$	权重 $w_i=n_ip_i(1-p_i)$
1	1.5	25	8	0.320 000	−0.753 77	5.440
2	2.5	32	13	0.406 250	−0.379 49	7.719

续表

序号	年家庭收入（10 万元）x	签订意向书人数 n_i	实际购房人数 m_i	实际购房比例 $p_i=m_i/n_i$	逻辑变换 $p'_i=\ln\frac{p_i}{1-p_i}$	权重 $w_i=n_ip_i(1-p_i)$
3	3.5	58	26	0.448 276	−0.207 64	14.345
4	4.5	52	22	0.423 077	−0.310 15	12.692
5	5.5	43	20	0.465 116	−0.139 76	10.698
6	6.5	39	22	0.564 103	0.257 829	9.590
7	7.5	28	16	0.571 429	0.287 682	6.857
8	8.5	21	12	0.571 429	0.287 682	5.143
9	9.5	15	10	0.666 667	0.693 147	3.333

Logistic 回归方程为：

$$p_i=\frac{\exp(\beta_0+\beta_1 x_i)}{1+\exp(\beta_0+\beta_1 x_i)},\quad i=1,2,\cdots,c \tag{9.5}$$

式中，c 为分组数据的组数。本例中，$c=9$。对以上回归方程做线性变换，令

$$p'_i=\ln\frac{p_i}{1-p_i} \tag{9.6}$$

式（9.6）的变换称为逻辑变换，变换后的线性回归模型为：

$$p'_i=\beta_0+\beta_1 x_i+\varepsilon_i \tag{9.7}$$

式（9.7）是一个普通的一元线性回归模型。式（9.7）没有给出误差项的形式，我们认为其误差项的形式就是做线性变换所需要的形式。对表 9-5 中的数据，算出经验回归方程为：

$$\hat{p}'=-0.886+0.156x \tag{9.8}$$

判定系数 $r^2=0.924\ 3$，显著性检验 P 值≈0，高度显著。将式（9.8）还原为式（9.5）的 Logistic 回归方程为：

$$\hat{p}=\frac{\exp(-0.886+0.156x)}{1+\exp(-0.886+0.156x)} \tag{9.9}$$

利用式（9.9）可以对购房比例做预测，例如对 $x_0=8$，则有

$$\hat{p}=\frac{\exp(-0.886+0.156\times 8)}{1+\exp(-0.886+0.156\times 8)}$$

$$=\frac{1.436}{1+1.436}=0.590$$

这表明，在住房展销会上与房地产商签订初步购房意向书的年收入 80 万元的家庭中，预计实际购房比例为 59%。或者说，一个签订初步购房意向书的年收入 80 万元的家庭，其购房概率为 59%。

我们用 Logistic 回归模型成功地拟合了因变量为定性变量的回归模型，但是仍然存在一个不足之处，即异方差性并没有解决。式（9.7）的回归模型不是等方差的，应该对式（9.7）用加权最小二乘估计。当 n_i 较大时，p_i' 的近似方差为：

$$D(p_i')\approx\frac{1}{n_i\pi_i(1-\pi_i)} \tag{9.10}$$

式中，$\pi_i=E(y_i)$，因而选取权数：

$$w_i=n_ip_i(1-p_i) \tag{9.11}$$

对例 9-2 重新用加权最小二乘估计。在 SPSS 软件中依次选择 Analyze→Regression→Linear，打开 Linear Regression 对话框，将逻辑变换、年家庭收入、权重分别对应选入 Dependent，Independent（s），WLS Weight 下方的框中，然后点击 OK 运行，计算结果如输出结果 9-6 所示。

输出结果 9-6

Model Summary

Model	R	R Square	Adjusted R Square	Std. Error of the Estimate
1	.939[a]	.881	.864	.38622

a. Predictors:(Constant)，年家庭收入

ANOVA[a,b]

Model		Sum of Squares	df	Mean Square	F	Sig.
1	Regression	7.754	1	7.754	51.982	0.000[c]
	Residual	1.044	7	.149		
	Total	8.798	8			

a. Dependent Variable：逻辑变换
b. Weighted Least Squares Regression-Weighted by 权重
c. Predictors：(Constant)，年家庭收入

Coefficients[a,b]

Model		Unstandardized Coefficients		Standardized Coefficients	t	Sig.
		B	Std. Error	Beta		
1	(Constant)	-.849	.114		-7.474	.000
	年家庭收入	.149	.021	.939	7.210	.000

a. Dependent Variable：逻辑变换
b. Weighted Least Squares Regression-Weighted by 权重

用加权最小二乘法得到的 Logistic 回归方程为：

$$\hat{p}_i=\frac{\exp(-0.849+0.149x)}{1+\exp(-0.849+0.149x)} \tag{9.12}$$

利用式（9.12）可以对 $x_0=8$ 时的购房比例做预测，有

$$\hat{p}_i=\frac{\exp(-0.849+0.149\times 8)}{1+\exp(-0.849+0.149\times 8)}$$

$$=\frac{1.409}{1+1.409}=0.585$$

所以，年收入 80 万元的家庭预计实际购房比例为 58.5%，这个结果与未加权的结果很接近。

上例是只有一个自变量的情况，分组数据的 Logistic 回归模型可以很方便地推广到多个自变量的情况，在此就不举例说明了。

分组数据的 Logistic 回归只适用于大样本的分组数据，对小样本的未分组数据不适用，并且以组数 c 为回归拟合的样本量，使拟合的精度降低。实际上，我们可以用极大似然估计直接拟合未分组数据的 Logistic 回归模型，以下就介绍这种方法。

9.3.2 未分组数据的 Logistic 回归模型

设 Y 是 0－1 型变量，x_1，x_2，…，x_p 是与 Y 相关的确定性变量，n 组观测数据为 $(x_{i1},\ x_{i2},\ \cdots,\ x_{ip};\ Y_i)$ $(i=1,\ 2,\ \cdots,\ n)$，其中 Y_1，Y_2，…，Y_n 是取值为 0 或 1 的随机变量，Y_i 与 x_{i1}，x_{i2}，…，x_{ip} 的关系为：

$$E(Y_i)=\pi_i=f(\beta_0+\beta_1x_{i1}+\beta_2x_{i2}+\cdots+\beta_px_{ip})$$

式中，函数 $f(x)$ 是值域在 [0，1] 区间内的单调增函数，对于 Logistic 回归，有

$$f(x)=\frac{e^x}{1+e^x}$$

于是 Y_i 遵从均值为 $\pi_i=f(\beta_0+\beta_1x_{i1}+\beta_2x_{i2}+\cdots+\beta_px_{ip})$ 的 0－1 型分布，概率函数为：

$$P(Y_i=1)=\pi_i$$

$$P(Y_i=0)=1-\pi_i$$

把 Y_i 的概率函数合写为：

$$P(Y_i)=\pi_i^{Y_i}(1-\pi_i)^{1-Y_i},\quad Y_i=0,\ 1;\ i=1,\ 2,\ \cdots,\ n \tag{9.13}$$

于是 Y_1，Y_2，…，Y_n 的似然函数为：

$$L=\prod_{i=1}^{n}P(Y_i)=\prod_{i=1}^{n}\pi_i^{Y_i}(1-\pi_i)^{1-Y_i} \tag{9.14}$$

对似然函数取自然对数，得

$$\ln L=\sum_{i=1}^{n}[Y_i\ln\pi_i+(1-Y_i)\ln(1-\pi_i)]$$

$$=\sum_{i=1}^{n}\left[Y_i\ln\frac{\pi_i}{1-\pi_i}+\ln(1-\pi_i)\right]$$

对于 Logistic 回归，将

$$\pi_i=\frac{\exp(\beta_0+\beta_1x_{i1}+\cdots+\beta_px_{ip})}{1+\exp(\beta_0+\beta_1x_{i1}+\cdots+\beta_px_{ip})}$$

代入，得

$$\ln L=\sum_{i=1}^{n}\{Y_i(\beta_0+\beta_1x_{i1}+\cdots+\beta_px_{ip})-\ln[1+\exp(\beta_0+\beta_1x_{i1}+\cdots+\beta_px_{ip})]\} \tag{9.15}$$

极大似然估计就是选取 β_0，β_1，β_2，…，β_p 的估计值 $\hat{\beta}_0$，$\hat{\beta}_1$，$\hat{\beta}_2$，…，$\hat{\beta}_p$，使式（9.15）达到极大。求解过程需要用数值计算，SPSS 软件拥有求解功能。

例 9-3

在一次关于公共交通的社会调查中，一个调查项目为“是乘坐公交车还是骑自行车上下班”。因变量 $y=1$ 表示主要乘坐公交车上下班，$y=0$ 表示主要骑自行车上下班。自变量 x_1 是年龄，作为连续型变量；x_2 是周收入（元）；x_3 是性别，$x_3=1$ 表示男性，$x_3=0$ 表示女性。调查对象为工薪族群体，数据见表 9-6，试建立 y 与自变量间的 Logistic 回归。

表 9-6

序号	性别	年龄（岁）	周收入（元）	y	序号	性别	年龄（岁）	周收入（元）	y
1	0	18	850	0	15	1	20	1 000	0
2	0	21	1 200	0	16	1	25	1 200	0
3	0	23	850	1	17	1	27	1 300	0
4	0	23	950	1	18	1	28	1 500	0
5	0	28	1 200	1	19	1	30	950	1
6	0	31	850	0	20	1	32	1 000	0
7	0	36	1 500	1	21	1	33	1 800	0
8	0	42	1 000	1	22	1	33	1 000	0
9	0	46	950	1	23	1	38	1 200	0
10	0	48	1 200	0	24	1	41	1 500	0
11	0	55	1 800	1	25	1	45	1 800	1
12	0	56	2 100	1	26	1	48	1 000	0
13	0	58	1 800	1	27	1	52	1 500	1
14	1	18	850	0	28	1	56	1 800	1

依次点选 SPSS 软件的 Analyze→Regression→Binary Logistic 命令，进入 Logistic Regression 对话框，将 y 选入 Dependent 框，将性别、年龄、周收入选入 Covariate（s）框，点击 OK 运行，以下是部分运行结果，见输出结果 9-7。

输出结果 9-7

Variables in the Equation

		B	S. E.	Wald	df	Sig.	Exp(B)
Step 1[a]	性别	-2.502	1.158	4.669	1	.031	.082
	年龄	.082	.052	2.486	1	.115	1.086
	周收入	.002	.002	.661	1	.416	1.002
	Constant	-3.655	2.091	3.055	1	.081	.026

a. Variable(s) entered on step 1：性别，年龄，周收入.

输出结果 9-7 中，性别、年龄、周收入是 3 个自变量，Wald 是回归系数检验的统计量值：

$$\text{Wald}=\left(\frac{B}{S.E.}\right)^2=\left(\frac{\beta_j}{\sqrt{D(\beta_j)}}\right)^2 \tag{9.16}$$

Sig. 是 Wald 检验的显著性概率，可以看到，周收入不显著，决定将其剔除。用 y 对性别与年龄两个自变量做回归，结果见输出结果 9-8。

输出结果 9-8

Variables in the Equation

		B	S. E.	Wald	df	Sig.	Exp(B)
Step 1[a]	性别	-2.224	1.048	4.506	1	.034	.108
	年龄	.102	.046	4.986	1	.026	1.108
	Constant	-2.629	1.554	2.862	1	.091	.072

a. Variable(s) entered on step 1：性别，年龄.

可以看到，性别（SEX）、年龄（AGE）两个自变量都是显著的，因而最终的回归方程为：

$$\hat{p}_i=\frac{\exp(-2.629-2.224\text{SEX}+0.102\text{AGE})}{1+\exp(-2.629-2.224\text{SEX}+0.102\text{AGE})}$$

以上回归方程表明，女性乘公交车的比例高于男性；年龄越大，乘公交车的比例也越高。

SPSS 软件没有给出 Logistic 回归的标准化回归系数，对于 Logistic 回归，回归系数也没有普通线性回归那样的解释，因而标准化回归系数并不重要。如果要考虑每个自变量在回归方程中的重要性，不妨直接比较 Wald 值（或 Sig. 值），Wald 值大者（或 Sig. 值小者）显著性高，也就更重要。当然，这里假定自变量间没有强的复共线性，否则回归系数的大小及其显著性概率都没有意义。

该例中的性别变量严格来说是一个分类变量，读者可以尝试利用 Categorical 按钮将年龄定义为 Categorical 变量，观察输出结果有什么不同，并做出解释。

9.4　Logistic 回归的方法及步骤

鉴于 Logistic 回归与判别分析的相似性，我们可以对比两种方法的相似性和不同点。

Logistic 回归的自变量可以是定量变量或定性变量（需要编码），这样可以检验自变量对于 Logistic 回归模型的贡献、自变量的显著性以及 Logistic 模型的判别精度。Logistic 回归一般有以下几个步骤：(1) 选择自变量和因变量。这里因变量为分组变量（限于篇幅，我们仅介绍因变量分两组的情况），自变量可以是定量变量和定性变量。Logistic 回归对于资料数据有较强的稳健性（robustness），无需各组自变量的协方差阵相等的假定。(2) 将一部分样品用于估计 Logistic 函数（分析样品），另一部分样品用于检验模型的判别精度（保留样品）。(3) 模型假定自变量之间不存在高度相关，因变量发生概率的模型为 Logistic 模型，这样我们可以进行 Logistic 回归估计。(4) 估计模型参数，评估拟合情况。我们选择回归估计的方法对回归参数进行估计并检验回归参数的显著性，对模型的拟合程度进行检验。(5) 解释所得到的模型结果。通过参数的显著性和符号、大小来解释自变量对因变量的意义。(6) 通过保留样本来验证模型的判别精度。

Logistic 回归的逻辑框图如图 9－3 所示。

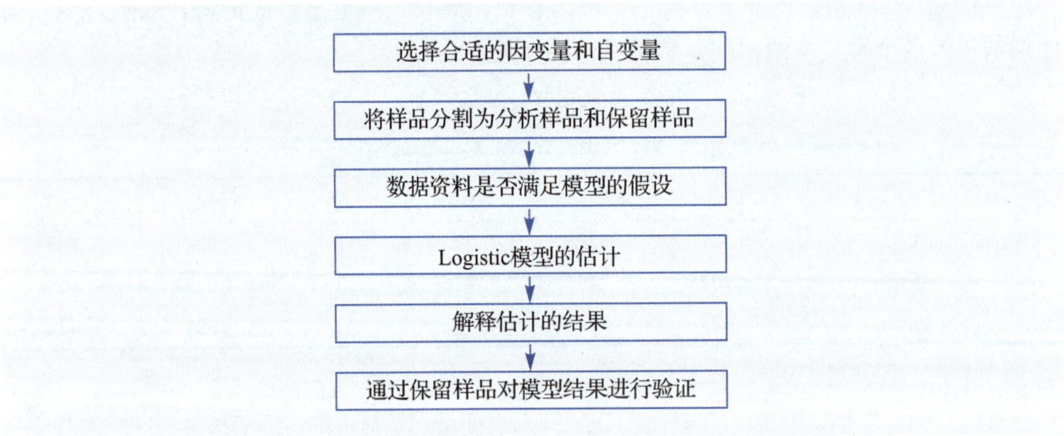

图 9－3　Logistic 回归逻辑框图

分组数据的 Logistic 回归首先要对频率做 Logit 变换，变换公式为 $p_i'=\ln\frac{p_i}{1-p_i}$，这个变换要求 $p_i=m_i/n_i\neq 0$ 或 1，即要求 $m_i\neq 0$，$m_i\neq n_i$。当存在 $m_i=0$ 或 $m_i=n_i$时，可以用如下的修正公式计算样本频率：

$$p_i=\frac{m_i+0.5}{n_i+1} \tag{9.17}$$

分组数据的 Logistic 回归存在异方差性，需要采用加权最小二乘估计。除了式 (9.11) 给出的权函数 $w_i=n_ip_i(1-p_i)$ 之外，也可以通过二阶段最小二乘法确定权函数。

第一阶段是用普通最小二乘拟合回归模型。

第二阶段是从第一阶段的结果估计出组比例 $\hat{p}_i$，用权数 $w_i=n_i\hat{p}_i(1-\hat{p}_i)$ 做加权最小二乘。具体参见参考文献 [2]。

Logistic 回归的应用非常广泛。我们将 Logistic 回归建模方法用于标准化试题的评价也得到了很有意义的结果，详见参考文献 [4]。

在因变量有多组（大于两组）的情况下，也可以使用 Logistic 回归模型。Logistic 回归分析大部分用于构建二元（dichotomous）因变量与一组解释变量之间的关系，不过有时候因变量多于两水平，Logistic 回归仍可使用，称为多元（polytomous）Logistic 回归，它应用于很多研究领域，如构建疾病的轻、中、重的严重程度与患者的年龄、性别及其他感兴趣的解释变量的关系。多元 Logistic 回归模型是二元 Logistic 回归模型的推广，这种推广使问题变得很复杂，由于模型的构建基础、偏差的使用及统计推断不同，可以利用逼近法配合几个二元 Logistic 回归模型做多元 Logistic 回归。这里不做详细介绍，详见参考文献 [5] [7]。

参考文献

[1] 张尧庭．定性资料的统计分析．桂林：广西师范大学出版社，1991.

[2] 王国梁，何晓群．多变量经济数据统计分析．西安：陕西科学技术出版社，1993.

[3] 内特．应用线性回归模型．北京：中国统计出版社，1990.

[4] 何晓群，等．多元统计分析在考试评价中的应用．国家教育部课题报告，2000.

[5] 何晓群．应用回归分析：R 语言版．北京：电子工业出版社，2017.

[6] 张文彤．SPSS 统计分析高级教程．北京：高等教育出版社，2004.

[7] 阿格莱斯蒂．分类数据分析．重庆：重庆大学出版社，2012.

思考与练习

1. 简述对数线性模型应用的原理。

2. 采用网络媒介调查民众对某项提案的看法，调查结果如下表所示，试建立对数线性模型。

民众对某项提案的看法

态度	性别		合计
	男	女	
赞成	1 154	638	1 792
反对	1 475	642	2 117
弃权	243	112	355
合计	2 872	1 392	4 264

3. Logistic 回归模型在处理问卷调查数据中有何应用？

4. 试用 SPSS 软件建立一个实际问题的 Logistic 回归模型。

第 10 章 多变量的图表示法

学习目标

1. 理解各种多变量图表示法的作图思想；
2. 了解各种多变量图表示法的作图方法；
3. 能够利用软件对多元资料作图；
4. 能够利用所作的多变量图形对数据进行探索性分析。

图形是对资料进行探索性研究的重要工具，人们在运用其他统计方法对所得资料进行分析之前，往往习惯于把各资料在一张图上画出来，以直观地反映资料的分布情况及各变量之间的相关关系。当变量较少时，可以采用直方图、条形图、饼图、散点图或是经验分布的密度图等方法。对于变量个数少于 3 个的情况，这样做是简单而有效的。而当变量个数为 3 个时，虽然仍可以作三维的散点图，但这样做已经不是很方便。当变量个数多于 3 个时，就不能用通常的方法作图了。20 世纪 70 年代以来，统计学家研究发明了很多多维变量的图表示方法，借助图形来描述多元资料的统计特性，使图形直观、简洁的优点延伸到多变量的研究中。本章主要介绍散点图矩阵、脸谱图、雷达图等多变量的图表示法的基本思想及作图方法。

因为对资料的图表示法只是以一种直观的方式再现资料，不同的研究者习惯的资料展示方式可能会有很大不同，因此，不同于其他统计方法，大部分图表示法都没有非常严格的画图方法，研究者可以根据自己的习惯设定某些规则，以更方便地揭示资料之间的联系。因此，本章对各种图表示方法原则上只给出作图的思想及思路，而不对严格的数学公式做过多说明。

10.1 散点图矩阵

散点图矩阵是借助两变量散点图的作图方法，它可以看作一个大的图形方阵，其每一个非主对角元素的位置上是对应行的变量与对应列的变量的散点图，而主对角元素位置上是各变量名，这样可以清晰地看到所研究的多个变量两两之间的相关关系。由此也可以看出，散点图矩阵方法还不是真正意义上的多变量作图方法，它研究的仍是两两变量之间的相关关系，而不能直接反映多个变量之间的关系，借助它来对资料分类也是比较困难的。然而，因其直观、简单、容易理解，散点图矩阵仍然受到广大实际工作者的喜爱，很多统计软件也加入了作散点图矩阵的功能。下面举例说明如何用 SPSS 软件作散点图矩阵对资料进行分析。

例 10-1

以 3.7.1 节中 15 个亚洲国家和地区的经济水平及人口状况数据为例，具体说明使用 SPSS 软件作散点图矩阵的步骤，并对输出的散点图矩阵进行简要分析。

打开文件名为"3.7.1Asia.sav"的 SPSS 原始数据，依次点选 Graphs→Legacy Dialogs→Scatter/Dot，进入 Scatter/Dot 对话框，选中 Matrix Scatter 对应的图标，点击 Define 按钮，进入 Scatterplot Matrix 对话框，将左边框中的 6 个变量依次选入 Matrix Variables：下方的框中，点击 OK 运行，即可得到散点图矩阵，见图 10-1。

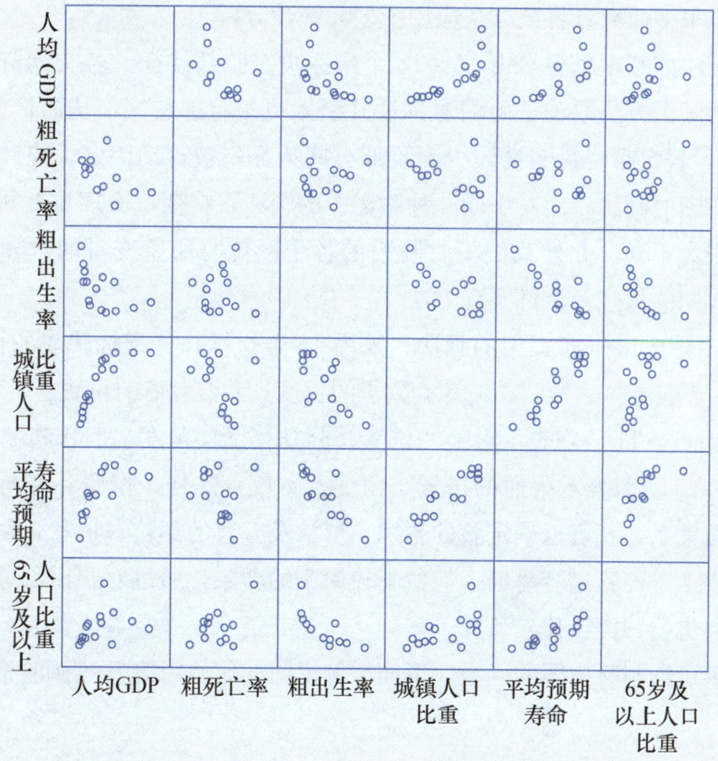

图 10-1　散点图矩阵

由散点图矩阵可以看到，粗死亡率与其余 5 个变量的相关关系均不明显，平均预期寿命与粗出生率和城镇人口比重均有明显的线性相关关系，而人均 GDP 与城镇人口比重以及平均预期寿命存在某种曲线关系。还可以看出其他变量之间的相关关系，此处不再赘述。

另外，SPSS 软件还有一些选项可以帮助我们由散点图矩阵得到更多信息。比如，我们可以将 15 个国家和地区的主要宗教信仰保存为新的变量 religion 添加到原数据中，然后在 Scatterplot Matrix 对话框中将 religion 变量选入 Set Markers by 框中（选作标记变量），则输出的散点图矩阵中，不同宗教信仰的国家以不同的颜色画出，借此可以做更详细的分析，此处不再详述。

10.2 脸谱图

脸谱图是用脸谱来展示多变量的样品，由美国统计学家 H. 切尔诺夫（H. Chernoff）于 1970 年首先提出。该方法是将观测的 p 个变量（指标）分别用脸的某一部位的形状或大小来表示，一个样品（观测）可以画成一张脸谱。他首先将该方法用于聚类分析，引起了各国统计学家的极大兴趣，并对他的画法做出了改进。一些统计软件也收入了脸谱图分析法，国内也有很多研究者将该方法应用于多元统计分析。

脸谱图分析法的基本思想是由 15～18 个指标决定脸部特征，若实际资料变量更多将被忽略（有新的画图方法取消了脸的对称性并引入更多脸部特征，从而最多可以用 36 个变量来画脸谱），若实际资料变量较少则脸部有些特征将被自动固定。统计学家曾给出了几种不同的脸谱图的画法，而对于同一种脸谱图的画法，将变量次序重新排列，得到的脸谱形状也会有很大不同。此处我们不对脸谱的各个部位与原始变量的数学关系做过多探讨，只说明其作图的思想及软件实现方法。

按照切尔诺夫于 1973 年提出的画法，采用 15 个指标，各指标代表的面部特征为：1 表示脸的范围；2 表示脸的形状；3 表示鼻子的长度；4 表示嘴的位置；5 表示笑容曲线；6 表示嘴的宽度；7～11 分别表示眼睛的位置、分开程度、角度、形状和宽度；12 表示瞳孔的位置；13～15 分别表示眼眉的位置、角度及宽度。这样，按照各变量的取值，根据一定的数学函数关系，就可以确定脸的轮廓、形状及五官的部位、形状，每一个样本点都用一张脸谱来表示。而脸谱容易给人们留下较深刻的印象，通过对脸谱的分析，就可以直观地对原始资料进行归类或比较研究。

R 语言提供了绘制脸谱图的函数，下面举例说明如何使用 R 语言画脸谱图。

例 10－2

以交通运输业 30 家上市公司的 10 项财务指标数据（在例 6－2 原 8 项指标的基础上增加了固定资产比率（X_9）和净资产比率（X_{10}）两个衡量公司资本构成的指标变量，数据见表 10－1，由于例 6－2 主要分析公司的经济效益，因此仅对前 8 个变量进行了因子分析）为例，说明绘制脸谱图的方法。

表 10-1　2017 年交通运输业上市公司的财务指标数据（2）

上市公司	X_1	X_2	X_3	X_4	X_5	X_6	X_7	X_8	X_9	X_{10}
西部创业	0.060 0	2.759 1	2.190 0	13.19	1.72	5.90	0.19	0.13	68.90	79.77
铁龙物流	0.253 0	4.032 5	6.438 0	2.83	4.05	3.63	4.22	1.43	34.52	59.64
大秦铁路	0.900 0	6.686 2	13.500 0	23.99	10.63	25.57	0.77	0.44	57.95	77.85
广深铁路	0.140 0	4.049 5	3.590 0	5.54	3.04	50.13	0.77	0.55	69.47	84.38
渤海轮渡	0.750 0	6.732 4	11.670 0	24.00	8.83	25.79	0.48	0.37	73.88	73.77
深圳机场	0.322 5	5.446 4	6.050 0	19.92	5.17	438.82	0.44	0.26	56.39	85.15
中信海直	0.150 0	4.862 6	3.150 0	7.17	1.73	3.22	0.42	0.24	52.39	52.43
白云机场	0.820 0	7.251 8	12.240 0	23.60	7.93	53.26	0.87	0.34	38.21	66.64
上海机场	1.910 0	13.042 0	15.530 0	45.69	13.52	206.53	0.86	0.30	32.88	91.23
南方航空	0.600 0	4.916 1	12.840 0	4.64	2.82	69.59	0.84	0.61	72.49	22.72
东方航空	0.439 1	3.670 8	12.640 0	6.25	2.90	40.73	0.65	0.47	71.72	23.35
海航控股	0.182 0	3.117 6	5.910 0	5.55	1.92	376.10	0.91	0.35	37.45	29.20
外运发展	1.494 2	9.035 0	17.160 0	21.80	14.31	744.18	7.16	0.66	9.70	81.24
厦门空港	1.379 4	11.440 2	12.160 0	24.74	9.41	4 215.49	0.54	0.38	69.28	76.96
中国国航	0.540 0	6.270 0	8.960 0	5.97	3.15	62.37	0.79	0.53	67.15	36.54
湖南投资	0.260 0	3.298 0	8.190 0	13.43	5.85	0.98	3.21	0.44	14.83	79.10
上港集团	0.497 8	2.998 4	17.918 0	30.83	8.94	1.62	1.11	0.29	23.36	49.20
现代投资	0.570 0	5.622 1	10.560 0	8.17	3.84	10.83	4.39	0.47	10.02	37.11
富临运业	0.329 2	3.475 5	9.790 0	9.60	3.67	240.52	1.33	0.38	26.77	40.14
宜昌交运	0.757 0	10.829 0	9.070 0	5.44	3.85	10.11	3.29	0.71	17.84	57.92
中远海能	0.438 1	6.924 5	6.384 4	18.10	2.98	13.55	0.26	0.16	67.73	46.24
皖通高速	0.658 0	5.654 8	12.120 0	38.14	8.00	186.79	3.13	0.21	6.66	66.16
中原高速	0.401 6	4.402 4	9.690 0	20.06	2.38	2.39	0.32	0.12	35.33	26.40
福建高速	0.239 1	3.166 9	7.660 0	26.52	3.69	105.39	0.16	0.14	85.22	49.28
长江投资	−0.300 0	2.359 2	−11.180 0	−3.30	−3.80	11.69	7.87	1.15	17.62	36.24
山东高速	0.550 0	5.530 5	10.290 0	35.83	5.49	0.78	1.14	0.15	11.27	52.34
五洲交通	0.440 0	3.925 1	11.570 0	20.52	3.33	0.36	0.28	0.16	59.43	30.61
宁沪高速	0.712 2	4.668 8	16.060 0	37.94	9.11	1.41	5.44	0.24	4.09	55.30
锦江投资	0.449 0	6.093 5	7.480 0	10.45	5.49	20.51	2.21	0.53	22.57	73.98
交运股份	0.430 0	5.472 8	8.130 0	4.79	4.96	8.21	3.72	1.04	28.00	63.52

R 语言中，画脸谱图的函数 faces() 包含在 aplpack 包中，因此在 R 语言中需要先安装并加载该包。

faces() 函数的使用格式为：

faces (xy, which. row, fill=FALSE, face. type=1, nrow. plot, ncol. plot, scale=TRUE, byrow=FALSE, …)

其中，xy 代表数据矩阵，行表示样品，列表示变量；which. row 用于定义输入矩阵的行；face. type 取值范围为 0～2，0 表示无颜色，1 表示彩色，2 表示彩色的圣诞老人，默认的设定为 1；nrow. plot 和 ncol. plot 分别为设定输出图形每行脸谱图的个数和每列脸谱图的个数的参数；scale=TRUE 表示默认对数据进行标准化；byrow=FALSE 表示输出脸谱图时按照列排序。另外，与前面所述一致，使用 faces() 函数画完整的脸谱图共需 15 个变量，当实际数据变量较少时，脸部有些特征将被自动固定，只有前 p（p 为变量个数）个特征被更换，此时对应的参数 fill=TRUE；当 fill=FALSE 时，部分变量将会被重复使用。表 10-2 给出了绘制脸谱图的具体代码。

表 10-2　计算代码

```
install.packages("aplpack")  #安装 aplpack 包
library(aplpack)  #加载 aplpack 包
library(foreign)  #加载 foreign 包以便于下面调用 read.spss()函数
fdata<-read.spss("E:/例10-2.sav")  #读取例 10-2 的 SPSS 数据文件数据,数据中包含 10 个指标变量
fdata<-as.data.frame(fdata)  #转换数据格式
rownames (fdata)<-fdata[,1]  #数据的第一列为上市公司的名称,将其作为数据的行名
fdata<-fdata[,-1]  #将数据的第一列删除,仅保留 10 个指标变量 X1,X2,…,X10 的数据
faces (fdata,face.type=0)  #画无色的脸谱图
```

运行以上代码，得到如图 10-2 所示的脸谱图。

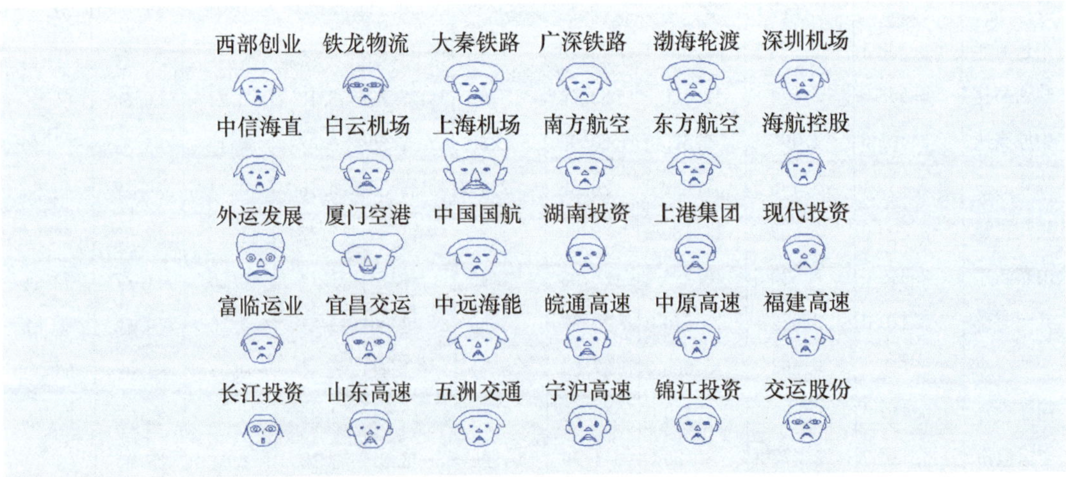

图 10-2　脸谱图

运行代码后除了输出相应的脸谱图外，还输出了各变量对应的脸谱图的部位，分别为 X_1：脸庞高度；X_2：脸庞宽度；X_3：脸庞轮廓；X_4：嘴唇高度；X_5：嘴唇宽度；X_6：笑

容曲线；X_7：眼睛高度；X_8：眼睛宽度；X_9：头发高度；X_{10}：头发宽度；X_1：头发造型；X_2：鼻子高度；X_3：鼻子宽度；X_4：耳朵宽度；X_5：耳朵高度。（注：由于本例只有 10 个变量，而脸谱图由 15 个特征构成，所以这里 X_1 到 X_5 都表示两个脸部特征，如脸庞高度和头发造型都由变量 X_1 决定。）

脸谱图给人的感觉形象直观，容易留下较深刻的印象，可以根据脸谱图对各公司的经营状况等进行比较。比如从脸的高度和脸的宽度（公司收益）来看，上海机场和厦门空港处于较高水平，而长江投资和西部创业明显处于较低水平，类似可以对其他指标进行分析。从总体来看，上海机场、厦门空港和外运发展三家上市公司的总体经营状况最好，公司规模也相对较大。利用脸谱图，还可以从直观上对各个公司进行归类。由输出结果可看出，上海机场、厦门空港和外运发展大致可归为一类；大秦铁路、渤海轮渡、白云机场和宜昌交运大致可归为一类；西部创业、广深铁路、深圳机场、中信海直、东方航空、中国国航、中远海能、福建高速、五洲交通和交运股份可归为一类；其他公司可归为一类。

在利用脸谱图工具对观测进行比较分析时，值得注意的一点是脸谱的形状受各变量次序的影响很大。在本例中如果把 10 个指标的次序换一下，得到的脸谱图就会有很大不同。而且，根据脸谱图对各公司的归类有很强的主观性，因为不同的人所关注的脸的部位有很大不同，如有些人对脸的胖瘦比较在意，而有的人对五官的印象特别深，因此对同样的脸谱图，不同的人可能得到不同的结论。在实际分析中，该方法必须与聚类分析、相关分析等定量分析相结合，才能得到比较合理可信的结论。

例 10－3

表 10－3 是反映五大钢铁公司经营状况的十大指标。为了比较国内钢铁公司与韩国浦项钢铁公司的差距，下面绘制浦项、宝钢、鞍钢、武钢、首钢五家钢铁公司的脸谱图（见图 10－3）。

表 10－3

项目	宝钢	鞍钢	武钢	首钢	浦项
负债保障率	2.89	2.95	2.34	1.85	3.12
长期负债倍数	5.16	9.15	6.07	2.63	6.96
流动比率	1.31	1.83	1.16	2.22	2.1
资产利润率	21.71	17.34	24.77	11.89	25.34
收入利润率	23.17	11.33	19.55	7.6	22.28
成本费用利润率	30.23	12.76	24.81	8.05	28.52
净利润现金比率	1.79	0.9	1.7	1.09	1.3
三年资产平均增长率	1.48	7.28	63.3	11.76	13.18
三年销售平均增长率	20.07	29.19	52.88	18.77	24.16
三年平均资本增长率	11.04	10.5	48.95	7.63	17.51

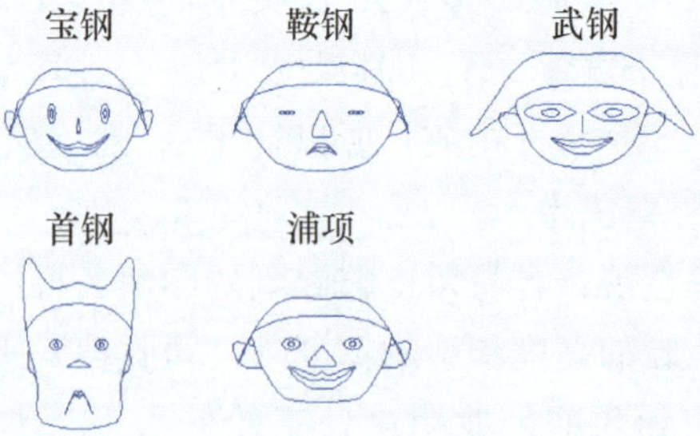

图 10-3　脸谱图

10.3 雷达图与星图

10.3.1　雷达图

雷达图是目前应用较为广泛的对多元资料进行作图的方法，利用雷达图可以很方便地研究各样本点之间的关系并对样品进行归类。设要分析的资料共有 p 个变量，雷达图的标准画法如下：先画一个圆，将圆 p 等分并由圆心连接各分点，将所得的 p 条线段作为坐标轴，根据各变量的取值对各坐标轴作适当刻度，这样，对每个观测的每个变量的取值，在相应坐标轴上都有一个刻度。对任一样本点，可以分别在 p 个轴上确定其坐标，在各坐标轴上点出其坐标并依次连接 p 个点，可以得到一个 p 边形，这样，每一个样本点用一个 p 边形表示出来，通过观察各个 p 边形的形状，就可以对各个样本点的相似性进行分析。当样本数目较小时，可以在一个圆中画出所有的样本点；当样本数目较大时，也可以每一个样本点画一个 p 边形进行分析。

Excel 软件提供了画雷达图的功能，它适用于观测数较少的情形，这时可以方便地把各观测画到一张图里，便于对各指标进行对比，但是，当观测数比较多时，画到一张雷达图中就不太容易看出各观测之间的接近程度，用 Excel 当然也可以对每一个观测画一张雷达图，但此时转差率已经很低了。

例 10-4

沿用例 3-5 各地区城镇居民的人均消费支出数据，使用 Excel（2021 版）画雷达图，此处仅对北京和天津两地区画图，方法如下。

新建 Excel 工作表，在 Excel 窗口中，按如表 10-4 所示的格式输入数据。

表 10-4

地区	食品烟酒支出	衣着支出	居住支出	生活用品及服务支出	交通通信支出	教育文化娱乐支出	医疗保健支出	其他用品及服务支出
北京	9 644.5	1 977.4	18 604.8	2 322.5	4 260.5	3 271.5	4 304.0	1 231.7
天津	9 873.9	1 759.8	8 175.4	1 926.8	4 164.4	2 839.9	3 811.6	1 271.7

选中该部分数据，在上方菜单中，依次点击插入→图表→插入曲面图或雷达图（雷达图的标志）→带数据标记的雷达图，即可在 Excel 表中生成默认设置的雷达图。然后，点击雷达图上对应的部分，可以对有关设置进行重新设定。本例对雷达图上数据点标记的大小和颜色以及线段粗细和颜色等进行调整，得到的雷达图如图 10-4 所示。

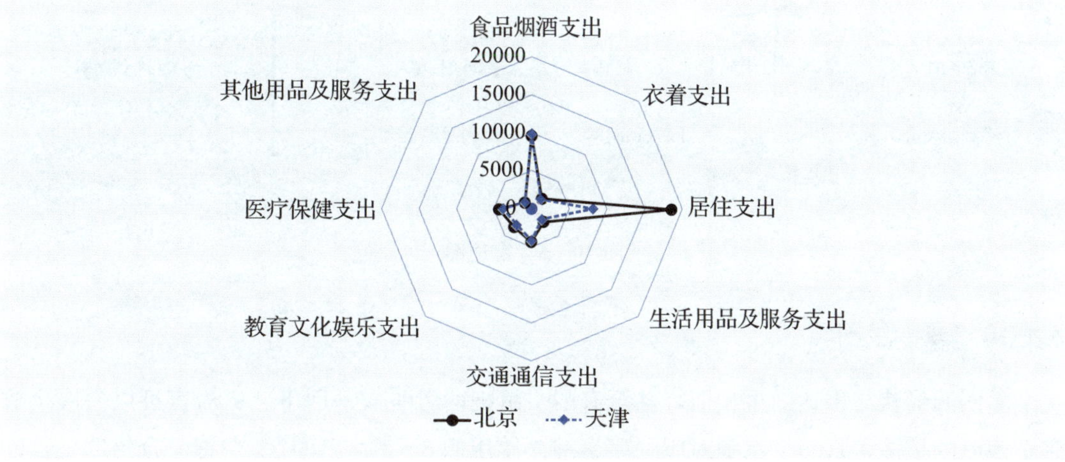

图 10-4　雷达图

Excel 提供了很强的图形再编辑功能，对生成的雷达图可以进行各种编辑修改以使其界面显示更为友好，此处不再详细说明。根据此雷达图，可以对北京和天津的消费支出结构进行分析，发现北京地区的居住支出远远超过天津，其他方面两地区的支出比较近似。

类似地，根据反映五大钢铁公司经营状况的十个指标，我们可以画出韩国浦项钢铁公司与国内宝钢、鞍钢、武钢、首钢四家钢铁公司之间的雷达图，见图 10-5。

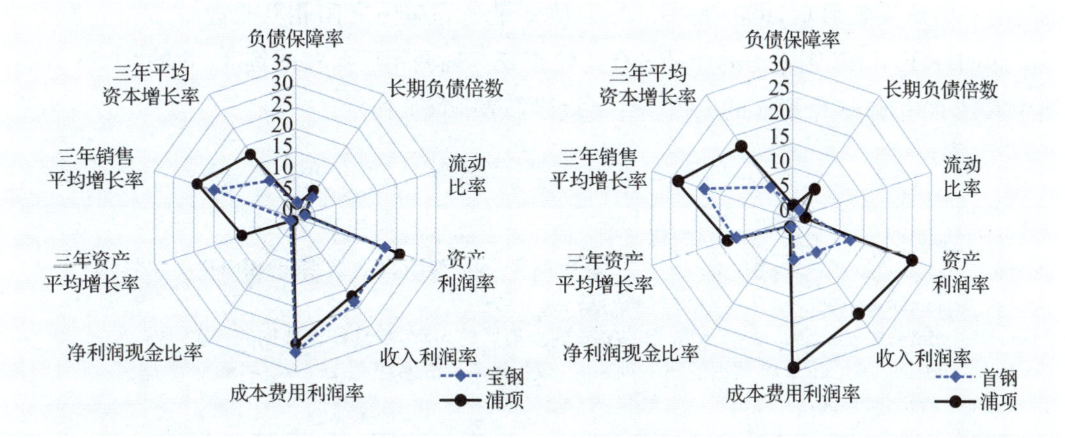

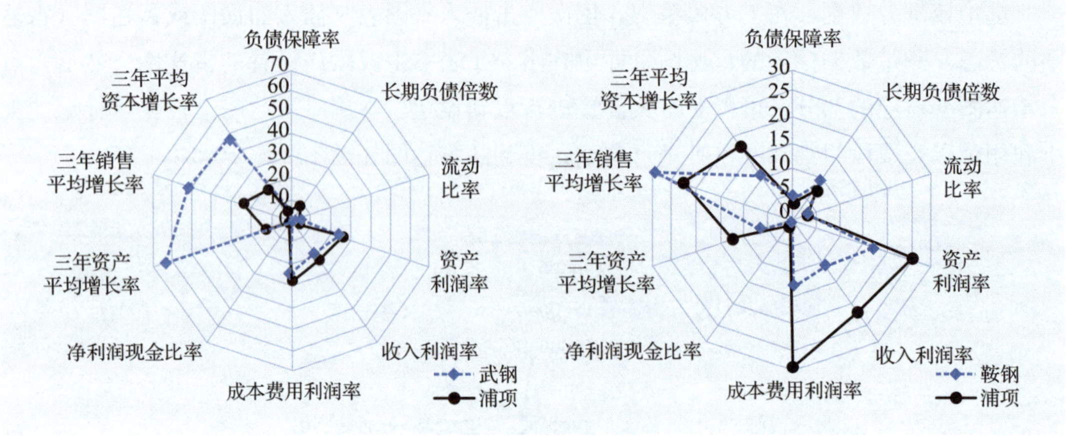

图 10 - 5　雷达图

10.3.2　星图

星图的形状与雷达图很相似，甚至有的文献把两者看成一回事。R 语言可以一次生成多个观测的星图，每一个观测对应一张星图。使用例 3 - 5 给出的 31 个省、自治区、直辖市的城镇居民的人均消费支出数据，调用 stars() 函数就可以方便地生成各地区的星图。

stars() 函数的使用格式如下：

stars (x，full＝TRUE，scale＝TRUE，radius＝TRUE，labels＝dimnames(x)[[1]]，flip.labels＝NULL，…)

其中，x 代表一个多维数据矩阵或数据框，每一行数据将生成一个星图；full 为逻辑值，决定图形是圆形还是半圆，默认为 TRUE，输出星图是圆形的；scale 表示是否对数据进行标准化，默认为 TRUE，对数据进行标准化；radius 为是否画出半圆半径，默认为 TRUE，就是画出半径，即星图内部的线段；labels 为每个星图个体的名称，默认为数据的行名；默认设置 flip.labels＝NULL 会使变量名和星图之间相互重叠比较乱，而设定 flip.labels＝FALSE 则输出的变量名会比较整齐。现调用已保存的例 3 - 5 的 SPSS 数据，使用 R 语言生成 31 个地区的星图，计算代码如表 10 - 5 所示。

表 10 - 5　计算代码

```
library(foreign)  #加载 foreign 包以便于下面调用 read.spss()函数
sdata<-read.spss("E:/例 3-5.sav")  #读取例 3-5 的原始 SPSS 数据，数据中包含 8 个指标变量
sdata<-as.data.frame(sdata)  #转换数据格式
rownames(sdata)<-sdata[,1]  #数据的第一列为地区的名称，将其作为数据的行名
sdata<-sdata[,-1]  #将数据的第一列删除，仅保留 8 个指标变量 x1,x2,…,x8 的数据
stars(sdata,flip.labels=FALSE)  #画星图
```

运行以上代码，得到如图 10 - 6 所示的星图。

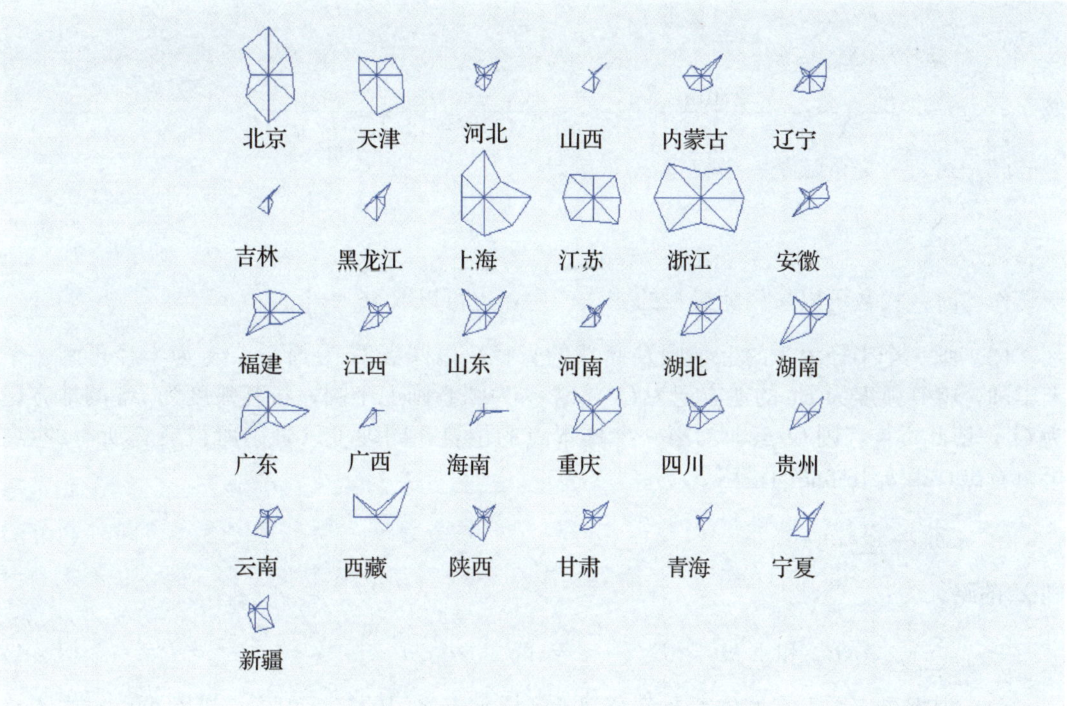

图 10－6　星图

R 语言所作星图各半径与原变量的对应关系为：从右边起，水平的半径对应第一个变量，逆时针旋转，星图的各半径分别对应第二、第三等各个变量。根据星图各条半径的长短，可以很容易地判断出各地区对应变量的相对水平，从而分析各地区的消费水平和消费结构。同时，也可以利用星图来对各地区进行归类分析。与脸谱图相比，星图受各变量排列次序的影响更小，受主观影响也较小。由图 10－6 可知，北京、上海、浙江的消费水平较高，天津、江苏，广东、重庆的消费水平次之。另外，根据星图的形状可知，河北、内蒙古、辽宁、黑龙江、江西、四川、陕西、甘肃、宁夏、新疆的消费结构较相似，山西、吉林、河南、广西、海南、青海也较相似。对其他地区的消费水平或结构，读者可进行类似分析。

10.4 星座图

所谓星座图，就是将所有样本点都点在一个半圆里面，就像天文学中表示星座的图像，根据样本点的位置可以直观地对各样本点之间的相关性进行分析。利用星座图可以方便地对样本点进行分类，在星座图上比较靠近的样本点比较相似，可以分为一类，相距较远的样本点的差异较大。

星座图的基本画图方法为：

(1) 先将资料（X_{1i}，X_{2i}，…，X_{pi}）（$i=1$，2，…，n）进行变换，使其取值范围落到（0，π）之间，也就是构造函数 $f_j(X)$，使得

$$\begin{cases} B_{ji}=f_j(X_{ji}) \\ 0\leqslant f_j(X_{ji})\leqslant\pi \end{cases} \quad i=1,2,\cdots,n;\ j=1,2,\cdots,p \tag{10.1}$$

取 $f_j(X_{ji})=\dfrac{X_{ji}-\min\{X_{ji},i=1,2,\cdots,n\}}{\max\{X_{ji},i=1,2,\cdots,n\}-\min\{X_{ji},i=1,2,\cdots,n\}}\pi$。

（2）对每一变量赋予一个权重 w_j，满足

$$\sum_{j=1}^{p}w_j=1 \tag{10.2}$$

作图时，权数可以采用随机数的方法产生，也可以取 $w_j=\dfrac{1}{p}$。

（3）画一个半径为 1 的上半圆及底部的直径，以圆点 O 为圆心，w_1 为半径再画一个上半圆，将其弧度为 B_{11} 的地方记为 O_1，以 O_1 为圆心画上半圆，将其弧度为 B_{12} 的地方记为 O_2，依此类推，则 O_p 点即为第一个样本点的位置，同理可以画出所得资料所有的点。可以看出，第 k 组样品的星座 Z_k 为：

$$Z_k=\sum_{j=1}^{p}w_j e^{iB_{jk}} \tag{10.3}$$

则 Z_k 的路径为：

$$\sum_{j=1}^{p}w_j\cos B_{jk}\ 和\sum_{j=1}^{p}w_j\sin B_{jk},\quad k=1,2,\cdots,n \tag{10.4}$$

（4）根据星座图上点的位置及路径判断各样本点之间的接近程度，进而可以对样本点进行归类分析。

在实际工作中，人们往往去掉各样本点的路径部分而仅保留其在星座图上的位置，并根据各点位置的接近程度分析样本点之间的接近程度。目前常用的统计软件均没有直接生成星座图的模块，但是，画星座图实际上非常简单。按照上面的方法，对数据进行规格化，对每一个变量赋予适当的权重，然后以式（10.4）各点的路径作为在星座图中的坐标画出各点的散点图，则画出的散点图实际上就是星座图。这里不再详细说明。此处沿用例 10－2 所用的数据，对交通运输业 30 家上市公司按此方法画出星座图（见图 10－7）。

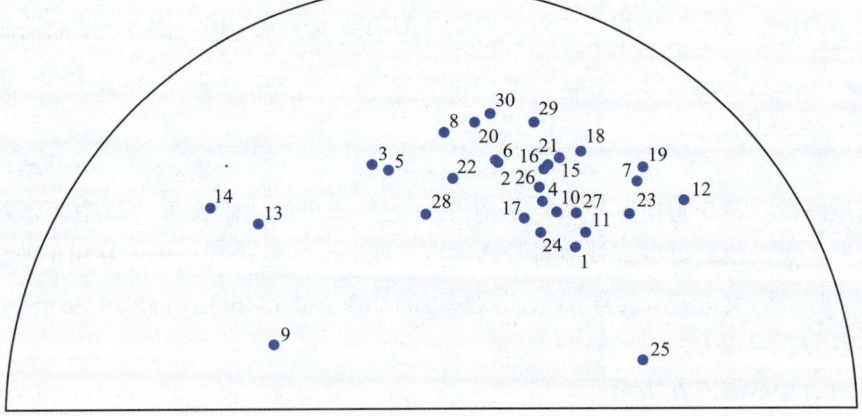

图 10－7　星座图

由图 10－7 中各公司在星座图中的接近程度，可以直观地对各公司进行分类。如果考虑把 30 家公司分成 4 类，则上海机场、外运发展、厦门空港可归为一类，长江投资可单独成类，铁龙物流、大秦铁路、渤海轮渡、深圳机场、白云机场、宜昌交运、皖通高速、宁沪高速、锦江投资、交运股份可归为一类，其他公司可归为一类。此种归类与上面根据其他多变量图表示法得到的归类是有区别的，因此实际工作中应用这些方法时，建议多种方法综合使用，以得到比较可信的结论。

除本章介绍的几种方法外，多变量的图表示法还有塑像图、轮廓图、树形图等。这几种方法也是对每一个观测生成一张图，图形的不同部分表示观测不同指标的取值。有兴趣的读者可以参阅参考文献 [1]。总体来说，多变量的图表示法使资料的呈现方式更直观、更形象，借助这些工具可以使研究者对资料有较深的印象，同时利用这些作图方法，可以帮助研究者对资料进行探索性分析，有助于进行更为专业的定量分析，形成合理结论。但是，多变量的图表示法只是给人一种大概的印象，利用它来形成结论还不够，实践中必须结合其他统计分析方法并结合所分析的具体问题，综合定量分析与定性分析，才能得到较为合理可信的结论。

参考文献

[1] 方开泰．实用多元统计分析．上海：华东师范大学出版社，1989.
[2] 吴国富，安万福，刘景海．实用数据分析方法．北京：中国统计出版社，1992.
[3] 王学仁，王松桂．实用多元统计分析．上海：上海科学技术出版社，1990.

思考与练习

1. 试述多变量图示法的思想方法和实际意义。

2. 桔梗科 6 个种的 8 个性状的抽样数据如下表所示，试分别画散点图矩阵、脸谱图、雷达图、星座图等。

桔梗科 6 个种的 8 个性状的抽样数据

名称	样品号	属性							
		茎是否缠绕	株高（m）	叶序	叶缘	花序	子房室数	果裂方式	种子是否具翼
		1	2	3	4	5	6	7	8
党参	1	1	5.5	1	0	0	4	2	0
桔梗	2	0	0.6	0	1	0	5	1	0
轮叶沙参	3	0	0.5	2	1	2	3	0	0
荞苨	4	0	0.7	0	2	1	3	0	0
羊乳	5	1	2.5	1	0	0	4	2	1
石沙参	6	0	0.65	0	1	2	3	0	0

第 11 章 多维标度法

学习目标

1. 理解多维标度法的模型;
2. 了解求解的古典法和非度量法;
3. 能够解释维数在空间图中的表现;
4. 掌握实现多维标度法的软件模块。

多维标度法（multidimensional scaling，MDS）是通过一系列技巧，使研究者识别出受测者对样品进行评价的关键维数。比如，多维标度法常用于市场研究，以识别出顾客对产品、服务或者公司的评价的关键维数。其他应用包括比较自然属性（比如食品口味或者不同的气味），对政治候选人或事件的了解，甚至评估不同群体的文化差异。多维标度法通过受测者所提供的对样品的相似性或者偏好的判断，推导出构成此结论的内在维数。一旦有数据，多维标度法可以确定：(1) 评价样品时受测者使用什么维数；(2) 在特定情况下可能使用多少维数；(3) 每个维数的相对重要性；(4) 如何获得样品关联的感性认识。

本章主要根据参考文献 [1] 来介绍多维标度法的思想原理及其应用。

11.1 多维标度法的基本理论和方法

多维标度法是在一个确定维数的空间中估计一组样品的坐标，它的数据是配对样品间的距离。有很多模型可以用来计算距离和使距离与实际数据相关联。多维标度模型有两因子和三因子的度量和非度量的多维标度模型。多维标度过程的数据包括样品间的一个或者多个对称或者不对称方阵。这样的数据也称为相似性数据。在心理分析中，每个矩阵对应一个主体，对每个主体拟合不同参数的模型称为个体差异模型。

为了说明多维标度法，先看一个经典的例子，参见参考文献 [1]。

例 11-1

表 11-1 列出了英国 12 个城市间公路的距离，由于公路弯弯曲曲，这些距离并不是城市间真正的距离。我们希望在地图上重新标出这 12 个城市，使它们之间的距离很接近

表 11－1 中的距离。

表 11－1　英国 12 个城市间的公路距离

	1	2	3	4	5	6	7	8	9	10	11	12
1												
2	244											
3	218	350										
4	284	77	369									
5	197	167	347	242								
6	312	444	94	463	441							
7	215	221	150	236	279	245						
8	469	583	251	598	598	169	380					
9	166	242	116	257	269	210	55	349				
10	212	53	298	72	170	392	168	531	190			
11	253	325	57	340	359	143	117	264	91	273		
12	270	168	284	164	277	378	143	514	173	111	256	

1＝Aberystwyth，2＝Brighton，3＝Carlisle，4＝Dover，5＝Exeter，6＝Glasgow，7＝Hull，8＝Inverness，9＝Leeds，10＝London，11＝Newcastle，12＝Norwich。

如果用 $\boldsymbol{D}=(d_{ij})$ 表示表 11－1 的矩阵，它名义上是距离阵，但并不一定是 n 个点的距离，即不是通常所理解的距离阵。于是首先需要将距离阵的概念加以拓展。

定义 11.1　一个 $n\times n$ 矩阵 $\boldsymbol{D}=(d_{ij})$，若满足 $\boldsymbol{D}'=\boldsymbol{D}$，$d_{ii}=0$，$d_{ij}\geqslant 0$（$i$，$j=1$，2，…，$n$；$i\neq j$），则称 $\boldsymbol{D}$ 为距离阵。

这样定义的距离并不一定满足通常距离的三角不等式。

对于距离阵 $\boldsymbol{D}=(d_{ij})$，多维标度法的目的是要寻找 k 和 R^k 中的 n 个点 $\boldsymbol{x}_1$，$\boldsymbol{x}_2$，…，$\boldsymbol{x}_n$，用 $\hat{d}_{ij}$ 表示 $\boldsymbol{x}_i$ 与 $\boldsymbol{x}_j$ 的欧氏距离，$\hat{\boldsymbol{D}}=(\hat{d}_{ij})$，使得 $\hat{\boldsymbol{D}}$ 与 $\boldsymbol{D}$ 在某种意义下相近。在实际中，常取 $k=1$，2 或 3。

令

$$\boldsymbol{X}=(\boldsymbol{x}_1,\ \boldsymbol{x}_2,\ \cdots,\ \boldsymbol{x}_n) \tag{11.1}$$

为了叙述简单，我们称 $\boldsymbol{X}$ 为 $\boldsymbol{D}$ 的拟合构造点。当 $\hat{\boldsymbol{D}}=\boldsymbol{D}$ 时，$\boldsymbol{X}$ 称为 $\boldsymbol{D}$ 的构造点。

需要指出的是，多维标度法的解并不唯一。若 $\boldsymbol{X}$ 是解，令

$$\boldsymbol{y}_i=\boldsymbol{\Gamma}\boldsymbol{x}_i+\boldsymbol{a}$$

式中，$\boldsymbol{\Gamma}$ 为正交阵，$\boldsymbol{a}$ 为常数向量，则 $\boldsymbol{Y}=(\boldsymbol{y}_1,\ \boldsymbol{y}_2,\ \cdots,\ \boldsymbol{y}_n)$ 也是解，因为平移和正交变换不改变欧氏距离。

下面利用主成分分析的思想给出求古典解的方法，并讨论古典解的优良性。本章还将给出非度量法的一些描述。

11.2 多维标度法的古典解

11.2.1 欧氏型距离阵

定义 11.2 一个距离阵 $\boldsymbol{D}=(d_{ij})$ 称作欧氏型的，若存在某个正整数 p 及 p 维空间的 n 个点 $\boldsymbol{X}_1$，$\boldsymbol{X}_2$，…，$\boldsymbol{X}_n$，使得

$$d_{ij}^2=(\boldsymbol{X}_i-\boldsymbol{X}_j)'(\boldsymbol{X}_i-\boldsymbol{X}_j),\quad i,\ j=1,\ 2,\ \cdots,\ n \tag{11.2}$$

如何判断一个距离是不是欧氏型的？如何求得欧氏型距离阵对应的 n 个点？这是下面首先要解决的问题。

令

$$\boldsymbol{A}=(a_{ij}),\quad a_{ij}=-\frac{1}{2}d_{ij}^2 \tag{11.3}$$

$$\boldsymbol{B}=\boldsymbol{HAH},\ \boldsymbol{H}=\boldsymbol{I}_n-\frac{1}{n}\boldsymbol{1}_n\boldsymbol{1}_n' \tag{11.4}$$

借助这些定义，下面的定理给出了判断 $\boldsymbol{D}$ 是否为欧氏型的充分必要条件。

定理 11.1 设 $\boldsymbol{D}$ 是 $n\times n$ 距离阵，$\boldsymbol{B}$ 由式（11.4）所定义，则 $\boldsymbol{D}$ 是欧氏型的，当且仅当 $\boldsymbol{B}\geqslant\boldsymbol{0}$。

证明：设 $\boldsymbol{D}$ 是欧氏型的，则存在 $\boldsymbol{X}_1$，$\boldsymbol{X}_2$，…，$\boldsymbol{X}_n\in R^p$，使得

$$d_{ij}^2=-2a_{ij}=(\boldsymbol{X}_i-\boldsymbol{X}_j)'(\boldsymbol{X}_i-\boldsymbol{X}_j) \tag{11.5}$$

由式（11.4）可得

$$\boldsymbol{B}=\boldsymbol{HAH}=\boldsymbol{A}-\frac{1}{n}\boldsymbol{AJ}-\frac{1}{n}\boldsymbol{JA}+\frac{1}{n^2}\boldsymbol{JAJ} \tag{11.6}$$

式中，$\boldsymbol{J}=\boldsymbol{1}_n\boldsymbol{1}_n'$。注意

$$\frac{1}{n}\boldsymbol{AJ}=\begin{pmatrix}\bar{a}_{1\cdot}\\ \vdots\\ \bar{a}_{n\cdot}\end{pmatrix}\boldsymbol{1}_n',\quad \frac{1}{n}\boldsymbol{JA}=\boldsymbol{1}_n(\bar{a}_{\cdot 1},\ \cdots,\ \bar{a}_{\cdot n}),\quad \frac{1}{n^2}\boldsymbol{JAJ}=\bar{a}_{\cdot\cdot}\boldsymbol{1}_n\boldsymbol{1}_n'$$

式中

$$\bar{a}_{i\cdot}=\frac{1}{n}\sum_{j=1}^{n}a_{ij},\quad \bar{a}_{\cdot j}=\frac{1}{n}\sum_{i=1}^{n}a_{ij},\quad \bar{a}_{\cdot\cdot}=\frac{1}{n^2}\sum_{i=1}^{n}\sum_{j=1}^{n}a_{ij} \tag{11.7}$$

将它们代入式（11.6）中，得到

$$b_{ij}=a_{ij}-\bar{a}_{i\cdot}-\bar{a}_{\cdot j}+\bar{a}_{\cdot\cdot} \tag{11.8}$$

再由式（11.5）可求得 a_{ij}，$\bar{a}_{i\cdot}$，$\bar{a}_{\cdot j}$，$\bar{a}_{\cdot\cdot}$，将它们代入上式，得

$$b_{ij}=(\boldsymbol{X}_i-\bar{\boldsymbol{X}})'(\boldsymbol{X}_j-\bar{\boldsymbol{X}}) \tag{11.9}$$

式中

$$\bar{\boldsymbol{X}}=\frac{1}{n}\sum_{i=1}^{n}\boldsymbol{X}_i$$

式（11.9）用矩阵表达为：

$$\boldsymbol{B}=(\boldsymbol{HX})(\boldsymbol{HX})'\geqslant\boldsymbol{0} \tag{11.10}$$

因为 $\boldsymbol{HX}$ 正是将 $\boldsymbol{X}$ 的数据中心化，即

$$\boldsymbol{HX}=(\boldsymbol{X}_1-\bar{\boldsymbol{X}},\ \boldsymbol{X}_2-\bar{\boldsymbol{X}},\ \cdots,\ \boldsymbol{X}_n-\bar{\boldsymbol{X}})' \tag{11.11}$$

反之，若设 $\boldsymbol{B}\geqslant\boldsymbol{0}$，记 $p=\text{rank}(\boldsymbol{B})$，$\lambda_1$，$\lambda_2$，…，$\lambda_p$（$\lambda_1\geqslant\lambda_2\geqslant\cdots\geqslant\lambda_p$）为 $\boldsymbol{B}$ 的正特征根，$\boldsymbol{X}_{(1)}$，$\boldsymbol{X}_{(2)}$，…，$\boldsymbol{X}_{(p)}$ 为相应的特征向量，且

$$\boldsymbol{X}'_{(i)}\boldsymbol{X}_{(j)}=\delta_{ij}\lambda_i \tag{11.12}$$

这里

$$\delta_{ij}=\begin{cases}1, & i=j\\ 0, & i\neq j\end{cases}$$

令 $\boldsymbol{X}=(\boldsymbol{X}_{(1)},\ \boldsymbol{X}_{(2)},\ \cdots,\ \boldsymbol{X}_{(p)})$，它是一个 $n\times p$ 阵，它的行用 $\boldsymbol{X}_1$，$\boldsymbol{X}_2$，…，$\boldsymbol{X}_n$ 表示，我们欲指出，$\boldsymbol{X}$ 正好是 $\boldsymbol{D}$ 的构造点，从而证明定理的充分性。

令 $\boldsymbol{\Lambda}=\text{diag}(\lambda_1,\ \lambda_2,\ \cdots,\ \lambda_p)$，$\boldsymbol{\Gamma}=\boldsymbol{X}\boldsymbol{\Lambda}^{-\frac{1}{2}}$，故 $\boldsymbol{\Gamma}$ 的列为 $\boldsymbol{B}$ 的标准正交化的特征向量，于是

$$\boldsymbol{B}=\boldsymbol{\Gamma}\boldsymbol{\Lambda}\boldsymbol{\Gamma}'=\boldsymbol{X}\boldsymbol{X}' \tag{11.13}$$

即 $\quad b_{ij}=\boldsymbol{X}'_i\boldsymbol{X}_j$

由此

$$\begin{aligned}(\boldsymbol{X}_i-\boldsymbol{X}_j)'(\boldsymbol{X}_i-\boldsymbol{X}_j)&=\boldsymbol{X}'_i\boldsymbol{X}_i-2\boldsymbol{X}'_i\boldsymbol{X}'_j+\boldsymbol{X}'_j\boldsymbol{X}_j=b_{ii}-2b_{ij}+b_{jj}\\&=a_{ii}-2a_{ij}+a_{jj} && (\text{由式 (11.8)})\\&=-2a_{ij} && (\text{由 } a_{ii}=a_{jj}=0)\\&=d_{ij}^2\end{aligned}$$

这表明 $\boldsymbol{X}$ 正好是 $\boldsymbol{D}$ 的构造点，$\boldsymbol{D}$ 是欧氏型的。

在上面的证明过程中，下面列举的一些事实是颇为重要的。

（1）若 $\boldsymbol{D}$ 是欧氏型的，则相应的 $\boldsymbol{B}$ 有式（11.9），这表明 b_{ij} 是 $\boldsymbol{X}_i$ 和 $\boldsymbol{X}_j$ 中心化后的内积，下面简称 $\boldsymbol{B}$ 是 $\boldsymbol{X}$ 中心化的内积阵。

（2）定理的充分性证明给出了从 $\boldsymbol{D}$ 构造 $\boldsymbol{X}$ 的办法，即

$$\boldsymbol{D}\rightarrow\boldsymbol{A}\rightarrow\boldsymbol{B}\rightarrow\boldsymbol{X} \tag{11.14}$$

此外，我们还进一步指出：

（3）充分性中所定义的 $\boldsymbol{X}_1$，$\boldsymbol{X}_2$，…，$\boldsymbol{X}_n$ 的均值为 $\boldsymbol{0}$。

由 $\boldsymbol{H}$ 的定义 $\boldsymbol{H}\boldsymbol{1}_n=\boldsymbol{0}$，从而

$$\boldsymbol{0}=\boldsymbol{1}'\boldsymbol{HAH}\boldsymbol{1}=\boldsymbol{1}'\boldsymbol{B}\boldsymbol{1}=\boldsymbol{1}'\boldsymbol{X}\boldsymbol{X}'\boldsymbol{1}$$

必有 $\boldsymbol{X}'\boldsymbol{1}_n=\boldsymbol{0}$，即 $\bar{\boldsymbol{X}}=\boldsymbol{0}$。

（4）0 是 $\boldsymbol{B}$ 的特征根，相应的特征向量是 $\boldsymbol{1}_n$。这是因为

$$\boldsymbol{B}\boldsymbol{1}_n=\boldsymbol{HAH}\boldsymbol{1}_n=\boldsymbol{0}=0\boldsymbol{1}_n$$

11.2.2 古典解的计算

当 $\boldsymbol{D}$ 是欧氏型时，定理 11.1 已给出构造点 $\boldsymbol{X}$ 的办法；当 $\boldsymbol{D}$ 不是欧氏型时，不存在 $\boldsymbol{D}$

的构造点，只能寻求 $\boldsymbol{D}$ 的拟合构造点，记作 $\hat{\boldsymbol{X}}$，以区别于真正的构造点 $\boldsymbol{X}$。在实际中，即使 $\boldsymbol{D}$ 是欧氏型的，它的构造点也是 $n\times p$ 阵。当 p 较大时失去了实用的价值，这时宁可不用 $\boldsymbol{X}$，而去寻求低维的拟合构造点 $\hat{\boldsymbol{X}}$。

在定理 11.1 中，由 $\boldsymbol{D}$ 获得 $\boldsymbol{X}$ 的途径式（11.14）给我们一个启示，可仿造这个途径来给出（非欧氏型）距离阵的拟合构造点，基于这种思想得到的拟合构造点称为多维标度法的古典解。

求古典解的步骤如下：

（1）由距离阵 $\boldsymbol{D}=(d_{ij})$ 构造 $\boldsymbol{A}=(a_{ij})=(-\frac{1}{2}d_{ij}^2)$。

（2）令 $\boldsymbol{B}=(b_{ij})$，使

$$b_{ij}=a_{ij}-\bar{a}_{i\cdot}-\bar{a}_{\cdot j}+\bar{a}_{\cdot\cdot}$$

（3）求 $\boldsymbol{B}$ 的特征根 λ_1，λ_2，…，λ_n（$\lambda_1\geqslant\lambda_2\geqslant\cdots\geqslant\lambda_n$），若无负特征根，表明 $\boldsymbol{B}\geqslant\boldsymbol{0}$，从而 $\boldsymbol{D}$ 是欧氏型的；若有负特征根，$\boldsymbol{D}$ 一定不是欧氏型的。令

$$a_{1,k}=\frac{\sum_{i=1}^{k}\lambda_i}{\sum_{i=1}^{n}|\lambda_i|} \tag{11.15}$$

$$a_{2,k}=\frac{\sum_{i=1}^{k}\lambda_i^2}{\sum_{i=1}^{n}\lambda_i^2} \tag{11.16}$$

这两个量相当于主成分分析中的累积贡献率，当然我们希望 k 不要取太大，而使 $a_{1,k}$ 和 $a_{2,k}$ 比较大。当 k 取定后，用 $\hat{\boldsymbol{X}}_{(1)}$，$\hat{\boldsymbol{X}}_{(2)}$，…，$\hat{\boldsymbol{X}}_{(k)}$ 表示 $\boldsymbol{B}$ 对应于 λ_1，λ_2，…，λ_k 的正交化的特征向量，使得

$$\hat{\boldsymbol{X}}_{(i)}'\hat{\boldsymbol{X}}_{(i)}=\lambda_i,\quad i=1,2,\cdots,k$$

通常还要求 $\lambda_k>0$。若 $\lambda_k<0$，要缩小 k 的值。

（4）令 $\hat{\boldsymbol{X}}=(\hat{\boldsymbol{X}}_{(1)},\hat{\boldsymbol{X}}_{(2)},\cdots,\hat{\boldsymbol{X}}_{(k)})$，则 $\hat{\boldsymbol{X}}$ 的行向量 $\boldsymbol{X}_1$，$\boldsymbol{X}_2$，…，$\boldsymbol{X}_n$ 即为欲求的古典解。

为了说明上述求解的步骤，下面看两个例子。

例 11－2

设有距离阵如下：

$$\boldsymbol{D}=\begin{bmatrix}0 & 1 & \sqrt{3} & 2 & \sqrt{3} & 1 & 1\\ & 0 & 1 & \sqrt{3} & 2 & \sqrt{3} & 1\\ & & 0 & 1 & \sqrt{3} & 2 & 1\\ & & & 0 & 1 & \sqrt{3} & 1\\ & & & & 0 & 1 & 1\\ & & & & & 0 & 1\\ & & & & & & 0\end{bmatrix}$$

由 $a_{ij}=-\frac{1}{2}d_{ij}^2$，求得 $\boldsymbol{A}$，$\bar{a}_{i\cdot}$，$\bar{a}_{\cdot j}$，$\bar{a}_{\cdot\cdot}$ 如下：

$$
\begin{array}{ccccccc|c}
0 & -\frac{1}{2} & -\frac{3}{2} & -2 & -\frac{3}{2} & -\frac{1}{2} & -\frac{1}{2} & -\frac{13}{14} \\
 & 0 & -\frac{1}{2} & -\frac{3}{2} & -2 & -\frac{3}{2} & -\frac{1}{2} & -\frac{13}{14} \\
 & & 0 & -\frac{1}{2} & -\frac{3}{2} & -2 & -\frac{1}{2} & -\frac{13}{14} \\
 & & & 0 & -\frac{1}{2} & -\frac{3}{2} & -\frac{1}{2} & -\frac{13}{14} \\
 & & & & 0 & -\frac{1}{2} & -\frac{1}{2} & -\frac{13}{14} \\
 & & & & & 0 & -\frac{1}{2} & -\frac{13}{14} \\
 & & & & & & 0 & -\frac{3}{7} \\
\hline
-\frac{13}{14} & -\frac{13}{14} & -\frac{13}{14} & -\frac{13}{14} & -\frac{13}{14} & -\frac{13}{14} & -\frac{3}{7} & -\frac{6}{7}
\end{array}
$$

再由式（11.8）得到

$$
\boldsymbol{B}=\frac{1}{2}\begin{bmatrix}
2 & 1 & -1 & -2 & -1 & 1 & 0 \\
 & 2 & 1 & -1 & -2 & -1 & 0 \\
 & & 2 & 1 & -1 & -2 & 0 \\
 & & & 2 & 1 & -1 & 0 \\
 & & & & 2 & 1 & 0 \\
 & & & & & 2 & 0 \\
 & & & & & & 0
\end{bmatrix}
$$

由于 $\boldsymbol{B}$ 的列有如下的线性关系：

$$\boldsymbol{b}_{(3)}=\boldsymbol{b}_{(2)}-\boldsymbol{b}_{(1)},\quad \boldsymbol{b}_{(4)}=-\boldsymbol{b}_{(1)},\quad \boldsymbol{b}_{(5)}=-\boldsymbol{b}_{(2)},\quad \boldsymbol{b}_{(6)}=\boldsymbol{b}_{(1)}-\boldsymbol{b}_{(2)},\quad \boldsymbol{b}_{(7)}=\boldsymbol{0}$$

故 $\boldsymbol{B}$ 的秩最多为 2，再由 $\boldsymbol{B}$ 的第一个二阶主子式非退化，故 $\text{rank}(\boldsymbol{B})=2$，并求得

$$\lambda_1=\lambda_2=3,\qquad \lambda_3=\cdots=\lambda_7=0$$

特征向量 $\boldsymbol{X}_{(1)}$ 和 $\boldsymbol{X}_{(2)}$ 可取对应于 $\lambda=3$ 的子空间中任一对正交化的向量，比如取

$$\boldsymbol{X}_{(1)}=(a,\ a,\ 0,\ -a,\ -a,\ 0,\ 0)',\qquad a=\frac{\sqrt{3}}{2}$$

$$\boldsymbol{X}_{(2)}=(b,\ -b,\ -2b,\ -b,\ b,\ 2b,\ 0)',\qquad b=\frac{1}{2}$$

于是 7 个点的坐标分别为：

$$\left(\frac{\sqrt{3}}{2},\ \frac{1}{2}\right),\ \left(\frac{\sqrt{3}}{2},\ -\frac{1}{2}\right),\ (0,\ -1),\ \left(-\frac{\sqrt{3}}{2},\ -\frac{1}{2}\right),\ \left(-\frac{\sqrt{3}}{2},\ \frac{1}{2}\right),\ (0,\ 1),\ (0,\ 0)$$

因为 $\boldsymbol{B}\geqslant\boldsymbol{0}$，所以原距离阵 $\boldsymbol{D}$ 是欧氏型的，故这个古典解是 $\boldsymbol{D}$ 的古典解。

例 11-3

考虑例 11-1 中英国 12 个城市的距离阵，相应地，$\boldsymbol{B}$ 的特征根如下：

$$\lambda_1=394\,473,\quad \lambda_2=63\,634,\quad \lambda_3=13\,544,\quad \lambda_4=10\,245,\quad \lambda_5=2\,465,\quad \lambda_6=1\,450$$

$$\lambda_7=501,\quad \lambda_8=0,\quad \lambda_9=-17,\quad \lambda_{10}=-214,\quad \lambda_{11}=-1\,141,\quad \lambda_{12}=-7\,063$$

最后 4 个特征根是负的，表明 $\boldsymbol{D}$ 不是欧氏型的。当 $k=2$ 时，有

$$a_{1,2}=92.6\%,\quad a_{2,2}=99.8\%$$

故取 $k=2$ 就可以了。前两个主成分相应的特征向量（满足式（11.12））为：

$$\boldsymbol{X}_{(1)}=(45,\ 203,\ -138,\ 212,\ 189,\ -234,\ -8,\ -382,\ -32,\ 153,\ -120,\ 112)'$$

$$\boldsymbol{X}_{(2)}=(140,\ -18,\ 31,\ -76,\ 140,\ 31,\ -50,\ -26,\ -5,\ -27,\ -34,\ -106)'$$

于是可将 $\boldsymbol{X}_{(1)}$，$\boldsymbol{X}_{(2)}$ 相应的 12 个坐标点画在平面图上，就可看到由古典解确定的 12 个城市的位置。本例图此处从略，有兴趣者可参见参考文献 [1]。

11.2.3 相似系数矩阵

在有些问题中，已知的是 n 个样品之间的相似系数矩阵 $\boldsymbol{C}$，而不是距离阵 $\boldsymbol{D}$。前面在聚类分析中曾讨论过相似系数的概念。本节称 $\boldsymbol{C}=(c_{ij})$ 为相似系数矩阵，若 $\boldsymbol{C}$ 满足 $\boldsymbol{C}'=\boldsymbol{C}$，且

$$c_{ij}\leqslant c_{ii},\quad \forall i,\ j \tag{11.17}$$

这样定义的相似系数并不一定满足 $c_{ii}=1$，由于相似系数和距离之间有一定的联系，我们可从相似阵 $\boldsymbol{C}$ 来产生一个距离阵 $\boldsymbol{D}=(d_{ij})$，其中

$$d_{ij}=(c_{ii}+c_{jj}-2c_{ij})^{\frac{1}{2}} \tag{11.18}$$

由式（11.17）有 $c_{ii}+c_{jj}-2c_{ij}\geqslant 0$，故 d_{ij} 的定义有意义，显见 $d_{ii}=0$ 及 $d_{ij}=d_{ji}$，故 $\boldsymbol{D}$ 为距离阵。

当相似系数矩阵 $\boldsymbol{C}$ 为非负定阵时，有如下定理。

定理 11.2 若 $\boldsymbol{C}\geqslant \boldsymbol{0}$，则由式（11.18）定义的距离阵为欧氏型的。

证明：设 $\boldsymbol{A}$ 和 $\boldsymbol{B}$ 分别为式（11.3）和式（11.4）所定义，那么 $a_{ij}=-\dfrac{1}{2}d_{ij}^2$，以及

$$\begin{aligned}
-2b_{ij} &= d_{ij}^2-\frac{1}{n}\sum_{j=1}^{n}d_{ij}^2-\frac{1}{n}\sum_{i=1}^{n}d_{ij}^2-\frac{1}{n^2}\sum_{i=1}^{n}\sum_{j=1}^{n}d_{ij}^2\\
&= c_{ii}+c_{jj}-2c_{ij}-\frac{1}{n}\sum_{j=1}^{n}(c_{ii}+c_{jj}-2c_{ij})-\frac{1}{n}\sum_{i=1}^{n}(c_{ii}+c_{jj}-2c_{ij})\\
&\quad +\frac{1}{n^2}\sum_{i=1}^{n}\sum_{j=1}^{n}(c_{ii}+c_{jj}-2c_{ij})\\
&=-2c_{ij}+2\bar{c}_{i\cdot}+2\bar{c}_{\cdot j}-2\bar{c}_{\cdot\cdot}
\end{aligned}$$

式中，$\bar{c}_{i\cdot}$，$\bar{c}_{\cdot j}$，$\bar{c}_{\cdot\cdot}$ 与 $\bar{d}_{i\cdot}$，$\bar{d}_{\cdot j}$，$\bar{d}_{\cdot\cdot}$ 有类似的定义。因此

$$b_{ij}=c_{ij}-\bar{c}_{i\cdot}-\bar{c}_{\cdot j}+\bar{c}_{\cdot\cdot} \tag{11.19}$$

回顾式（11.8）的证明，有 $\boldsymbol{B}=\boldsymbol{HAH}\geqslant\boldsymbol{0}$，由定理 11.1 得 $\boldsymbol{D}$ 是欧氏型的。

在定理的证明中，只有最后才用到 $C\geqslant 0$ 的假设。若 C 为相似系数矩阵，A 和 B 的定义如前，此时总有

$$B=HAH \tag{11.20}$$

这是一个很重要的事实，在求古典解时是需要的。

例 11-4

表 11-2 是一个相似阵 C，求它的古典解。

表 11-2　相似系数矩阵 C

	1	2	3	4	5	6	7	8	9	10
1	84									
2	62	89								
3	16	59	86							
4	6	23	33	89						
5	12	8	27	56	90					
6	12	14	33	34	30	86				
7	20	25	17	24	18	65	85			
8	37	25	16	13	10	22	65	88		
9	57	28	9	7	5	8	31	58	91	
10	52	18	9	7	5	18	15	39	79	94

由式（11.19）可方便地求得 B 以及 B 的特征根。

B 的特征根为：

$$\lambda_1=187.4,\quad \lambda_2=121.0,\quad \lambda_3=95.4,\quad \lambda_4=55.4,\quad \lambda_5=46.6$$

$$\lambda_6=31.5,\quad \lambda_7=9.6,\quad \lambda_8=4.5,\quad \lambda_9=0,\quad \lambda_{10}=-4.1$$

由于 $\lambda_{10}=-4.1<0$，说明 B 不是非负定阵，从而 D 不是欧氏型的。若取 $k=2$，前两个特征向量（满足式（11.12））为：

$$X_{(1)}=(-4.2,\ -0.3,\ 3.7,\ 5.6,\ 5.4,\ 3.8,\ 0.9,\ -3.0,\ -6.2,\ -5.7)'$$

$$X_{(2)}=(-3.2,\ -5.8,\ -4.3,\ -0.6,\ 0,\ 4.0,\ 5.5,\ 3.6,\ 0.6,\ 0.2)'$$

11.3 古典解的优良性

前面是从 n 阶距离阵 D 出发，求它的构造点或拟合构造点，本节试图从一些侧面来考察拟合构造点的古典解的优良性，为此首先需要给出主坐标的定义。

设 X 为 $n\times p$ 数据阵，令 $A=X'HX$，$H=I_n-\frac{1}{n}1_n1_n'$，A 的特征根记作 λ_1，λ_2，…，λ_p（$\lambda_1\geqslant\lambda_2\geqslant\cdots\geqslant\lambda_p$）。为简单起见，我们设 $\lambda_1>\lambda_2>\cdots>\lambda_p>0$，显见 λ_1，λ_2，…，λ_p 也是 $B=$

$\boldsymbol{HXX'H}$ 的非零特征根。注意 $\boldsymbol{HX}$ 的行是将 $\boldsymbol{X}$ 的行中心化，故 $\boldsymbol{B}=(b_{ij})$ 的元素可表示为：

$$b_{ij}=(\boldsymbol{X}_i-\bar{\boldsymbol{X}})'(\boldsymbol{X}_j-\bar{\boldsymbol{X}}) \tag{11.21}$$

记 $\boldsymbol{V}_{(i)}$ 为 $\boldsymbol{B}$ 对应于 λ_i 的特征向量，且 $\boldsymbol{V}'_{(i)}\boldsymbol{V}_{(i)}=\lambda_i$（$i=1，2，\cdots，p$），令

$$\boldsymbol{V}_k=(\boldsymbol{V}_{(1)}, \boldsymbol{V}_{(2)}, \cdots, \boldsymbol{V}_{(k)})=(\boldsymbol{V}_1, \boldsymbol{V}_2, \cdots, \boldsymbol{V}_n)' \tag{11.22}$$

则称 $\boldsymbol{V}_1，\boldsymbol{V}_2，\cdots，\boldsymbol{V}_n$ 为 $\boldsymbol{X}$ 的 k 维主坐标。

显然，主坐标的概念是从构造点的古典解引申出来的。若将 $\boldsymbol{X}$ 的行看成 R^p 中的 n 个点，它们之间的欧氏距离阵记作 $\boldsymbol{D}$。由定理 11.1 的必要性证明，$\boldsymbol{D}$ 在 R^k 中拟合构造点的古典解正是 $\boldsymbol{X}$ 的 k 维主坐标。下一个定理进一步给出了 $\boldsymbol{X}$ 的 k 维主坐标和主成分之间的关系。

定理 11.3　$\boldsymbol{X}$ 的 k 维主坐标正好是将 $\boldsymbol{X}$ 中心化后 n 个样品的前 k 个主成分的值。

证明：由主成分分析章节中有关论述知，$\boldsymbol{X}$ 的主成分是求 $\boldsymbol{A}=\boldsymbol{X}'\boldsymbol{HX}$ 的特征根 $\lambda_1，\lambda_2，\cdots，\lambda_p$（$\lambda_1\geqslant\lambda_2\geqslant\cdots\geqslant\lambda_p$）和相应的特征向量 $\boldsymbol{T}_{(1)}，\boldsymbol{T}_{(2)}，\cdots，\boldsymbol{T}_{(p)}$，记

$$\boldsymbol{\Lambda}=\mathrm{diag}(\lambda_1, \lambda_2, \cdots, \lambda_p), \quad \boldsymbol{T}=(\boldsymbol{T}_{(1)}, \boldsymbol{T}_{(2)}, \cdots, \boldsymbol{T}_{(p)})$$

则

$$\boldsymbol{T}'\boldsymbol{T}=\boldsymbol{I}$$

$$\boldsymbol{X}'\boldsymbol{HX}=\boldsymbol{T\Lambda T}' \tag{11.23}$$

若 $\boldsymbol{W}$ 为任一 $n\times p$ 阵，由矩阵的分解可知，$\boldsymbol{W}$ 可分解为：

$$\boldsymbol{W}=\boldsymbol{U\Lambda Q}$$

式中，$\boldsymbol{U}$ 为 $n\times p$ 阵，$\boldsymbol{U}'\boldsymbol{U}=\boldsymbol{I}_p$；$\boldsymbol{\Lambda}$ 为对角阵；$\boldsymbol{Q}$ 为 p 阶正交阵。而且 $\boldsymbol{\Lambda}^2$ 的对角元素为 $\boldsymbol{W}'\boldsymbol{W}$（或 $\boldsymbol{WW}'$）的特征根，$\boldsymbol{U}$ 的列向量为 $\boldsymbol{WW}'$ 的特征向量，$\boldsymbol{Q}$ 的行向量为 $\boldsymbol{W}'\boldsymbol{W}$ 的特征向量。

现将 $\boldsymbol{W}$ 取成 $\boldsymbol{HX}$，并将 $\boldsymbol{\Lambda}$ 吸收到 $\boldsymbol{U}$ 中，且调整 $\{\boldsymbol{T}_{(i)}\}$ 的符号，使得

$$\boldsymbol{HX}=\boldsymbol{VT}' \tag{11.24}$$

式中，$\boldsymbol{V}=\boldsymbol{V}_p=(\boldsymbol{V}_{(1)}，\boldsymbol{V}_{(2)}，\cdots，\boldsymbol{V}_{(p)})$（参见式（11.22））。

由于 $\boldsymbol{HX}$ 和 $\boldsymbol{X}$ 的样本离差阵均为 $\boldsymbol{X}'\boldsymbol{HX}$，它们的主成分一样，由前面主成分分析中的叙述，$\boldsymbol{HX}$ 的前 k 个主成分的值为：

$$\boldsymbol{HXT}_k=\boldsymbol{VT}'\boldsymbol{T}_k=\boldsymbol{V}(\boldsymbol{I}_k\boldsymbol{0})'=\boldsymbol{V}_k$$

式中，$\boldsymbol{T}_k=(\boldsymbol{T}_{(1)}，\boldsymbol{T}_{(2)}，\cdots，\boldsymbol{T}_{(k)})$。注意 $\boldsymbol{HX}$ 是 $\boldsymbol{X}$ 的中心化，上式是 $\boldsymbol{HX}$ 的前 k 个主成分值，它正好是 $\boldsymbol{X}$ 的 k 维主坐标。

由这个定理的结论，我们可以从另一个角度来描述 $\boldsymbol{X}$ 的 k 维主坐标。若 $\boldsymbol{D}$ 是欧氏型的，$n\times p$ 阵 $\boldsymbol{X}$ 是它的构造点，$\hat{\boldsymbol{X}}$ 是 $n\times k$ 阵（$k<p$），是 $\boldsymbol{D}$ 的低维拟合构造点，$\hat{\boldsymbol{X}}$ 相应的距离阵为 $\hat{\boldsymbol{D}}$。定理 11.3 和以上的讨论指出，这个低维拟合构造点是 $\boldsymbol{HXT}_k$，由于 $\boldsymbol{H}$ 仅起中心化的作用，故拟合构造点等价于 $\boldsymbol{XT}_k$，即 $\boldsymbol{X}$ 右乘一个列单位正交矩阵。

现在考虑一切形如 $\hat{\boldsymbol{X}}=\boldsymbol{X\Gamma}_1$ 的拟合构造点，其中，$\boldsymbol{\Gamma}_1$：$p\times k$，$\boldsymbol{\Gamma}=(\boldsymbol{\Gamma}_1，\boldsymbol{\Gamma}_2)=(\boldsymbol{\gamma}_{(1)}，\boldsymbol{\gamma}_{(2)}，\cdots，\boldsymbol{\gamma}_{(p)})$ 为 p 阶正交阵，易见

$$d_{ij}^2=\sum_{t=1}^{p}(x_{it}-x_{jt})^2=\sum_{t=1}^{p}(\boldsymbol{x}'_i\boldsymbol{\gamma}_{(t)}-\boldsymbol{x}'_j\boldsymbol{\gamma}_{(t)})^2$$

$$\hat{d}_{ij}^{\,2}=\sum_{t=1}^{k}(\boldsymbol{x}'_i\boldsymbol{\gamma}_{(t)}-\boldsymbol{x}'_j\boldsymbol{\gamma}_{(t)})^2$$

后者为拟合构造点之间的距离。上两式表明 $\hat{d}_{ij}\leqslant d_{ij}$，因此可以用

$$\phi=\sum_{i=1}^{n}\sum_{j=1}^{n}(d_{ij}^2-\hat{d}_{ij}^2) \tag{11.25}$$

来度量 $\hat{\boldsymbol{X}}$ 拟合 $\boldsymbol{X}$（或 $\boldsymbol{D}$）的程度。下面的定理指出，在一切形如 $\hat{\boldsymbol{X}}=\boldsymbol{X}\boldsymbol{\Gamma}_1$ 的 k 维构造点中，$\boldsymbol{\Gamma}_1=\boldsymbol{T}_k$ 为最优，即相应的 ϕ 最小，而 $\hat{\boldsymbol{X}}=\boldsymbol{X}\boldsymbol{T}_k$ 正是 $\boldsymbol{X}$ 的 k 维主坐标，故给出了 k 维主坐标的优良性的一种描述。

定理 11.4　设 $\boldsymbol{D}$ 是欧氏型的距离阵，$\boldsymbol{X}(n\times p)$ 是它的构造点。给定 k（$1\leqslant k\leqslant p$），则在一切形如 $\hat{\boldsymbol{X}}=\boldsymbol{X}\boldsymbol{\Gamma}_1$（使 $\boldsymbol{\Gamma}=(\boldsymbol{\Gamma}_1,\boldsymbol{\Gamma}_2)$ 为 p 阶正交阵）的 k 维构造点中，$\boldsymbol{\Gamma}_1=\boldsymbol{T}_k$ 使 ϕ 达到最小。证明略。有兴趣者请参见参考文献 [1]。

11.4　非度量方法

古典解是基于主成分分析的思想，这时

$$d_{ij}=\hat{d}_{ij}+e_{ij}$$

式中，$\hat{d}_{ij}$ 是拟合于 d_{ij} 的值，e_{ij} 是误差，由式（11.3），$e_{ij}\geqslant 0$。但有时，d_{ij} 和 $\hat{d}_{ij}$ 之间的拟合关系可以表示为：

$$d_{ij}=f(\hat{d}_{ij}+e_{ij}) \tag{11.26}$$

式中，f 为一个未知的单调增加的函数。这时，我们用来构造 $\hat{d}_{ij}$ 的唯一信息是利用 $\{d_{ij}\}$ 的秩，将 $\{d_{ij},\ i<j\}$ 由小到大排列为：

$$d_{i_1j_1}\leqslant d_{i_2j_2}\leqslant\cdots\leqslant d_{i_mj_m},\quad m=\frac{1}{2}n(n-1)$$

(i,j) 所对应的 d_{ij} 在上面的排列中的名次（由小到大）称为 (i,j) 或 d_{ij} 的秩。我们欲寻找一个拟合构造点，使后者相互之间的距离也有如上的次序：

$$\hat{d}_{i_1j_1}\leqslant\hat{d}_{i_2j_2}\leqslant\cdots\leqslant\hat{d}_{i_mj_m}$$

并记为：

$$\hat{d}_{ij}\xrightarrow{\text{单调}}d_{ij}$$

这种模型大多出现在相似系数矩阵的场合，因为相似系数强调的是物品之间的相似，而不是它们的距离。

求这个模型的解有一些方法，其中以 Shepard-Kruskal 算法最为流行，它的步骤如下：

（1）已知一个相似系数矩阵 $\boldsymbol{D}=(d_{ij})$（这里仍用 $\boldsymbol{D}$ 来记相似系数矩阵），并将其非对角元素由小到大排列：

$$d_{i_1j_1}\leqslant d_{i_2j_2}\leqslant\cdots\leqslant d_{i_mj_m},\quad m=\frac{1}{2}n(n-1);\quad i_l<j_l;\quad l=1,2,\cdots,m$$

（2）设 $\hat{\boldsymbol{X}}(n\times k)$ 是 k 维拟合构造点，相应的距离阵 $\hat{\boldsymbol{D}}=(\hat{d}_{ij})$，令

$$S^2(\hat{\boldsymbol{X}})=\frac{\min\sum\limits_{i<j}(d_{ij}^*-\hat{d}_{ij})^2}{\sum\limits_{i<j}d_{ij}^2} \tag{11.27}$$

极小是对一切 $\{d_{ij}^*\}$（$d_{ij}^* \xrightarrow{\text{单调}} d_{ij}$）进行的，使上式达到极小的 $\{d_{ij}^*\}$ 称为 $\hat{d}_{ij}$ 对 $\{d_{ij}\}$ 的最小二乘单调回归。

如果 $\hat{d}_{ij} \xrightarrow{\text{单调}} d_{ij}$，在式（11.27）中取 $d_{ij}^* = \hat{d}_{ij}\ (i<j)$，这时，$S^2(\hat{\boldsymbol{X}})=0$，$\hat{\boldsymbol{X}}$ 是 $\boldsymbol{D}$ 的构造点。

若将 $\boldsymbol{X}$ 的列作一正交平移变换 $\boldsymbol{y}_t = \boldsymbol{\Gamma}\boldsymbol{x}_t + \boldsymbol{b}$，$\boldsymbol{\Gamma}$ 为正交阵，$\boldsymbol{b}$ 为常向量，则式（11.27）的分子不变。

（3）若 k 固定，且能存在一个 $\hat{\boldsymbol{X}}_0$，使得

$$S(\hat{\boldsymbol{X}}_0) = \min_{\hat{\boldsymbol{X}}:n\times k} S(\hat{\boldsymbol{X}}) \equiv S_k$$

则称 $\hat{\boldsymbol{X}}_0$ 为 k 维最佳拟合构造点。

（4）由于 S_k（也称为压力指数）是 k 的单调下降序列，取 k，使 S_k 适当地小。例如 $S_k \leqslant 5\%$ 最好，$5\% < S_k \leqslant 10\%$ 次之，$S_k > 10\%$ 较差。

求解可以用梯度法进行迭代（见参考文献［1］）。

11.5 多维标度法的上机实现

11.5.1 多维标度法的步骤及逻辑框图

多维标度法的实现主要有以下几个步骤：（1）确定研究的目的；（2）选择需要进行比较分析的样品和原始变量（或者距离矩阵、相似矩阵）；（3）选择适当的求解方法，分析样品间的距离矩阵或相似矩阵；（4）选择适当的维数，得到距离阵的古典解，将各个样品直观地呈现出来并对结果进行解释；（5）检验模型的拟合情况。

实现多维标度法的逻辑框图如图 11-1 所示。

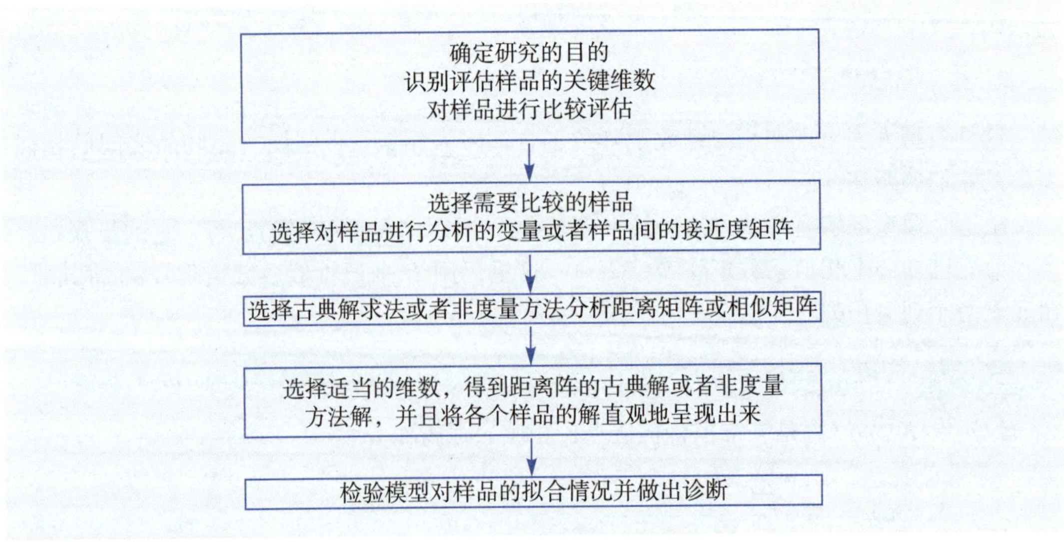

图 11-1　多维标度法的逻辑框图

11.5.2 多维标度法的计算机实现

多维标度法可以通过 SPSS 软件中的 Multidimensional Scaling 模块来实现。

例 11-5

仍沿用 3.7.1 节的数据分析亚洲国家和地区的经济水平及人口状况。我们使用多维标度法对这些国家和地区进行分析，并将结果直观地呈现在图上。

打开 3.7.1 节的 SPSS 数据文件，依次点击 Analyze→Scale→Multidimensional Scaling (ALSCAL)，进入多维标度法的对话框。将 6 个变量选入变量框内，Individual Matrices for 是指用来分割样本的属性变量（通常是分类变量）。在 Distances 选项中，如果输入的是样品间的距离阵，就选择 Data are distances；如果输入的是原始变量，样品间的距离阵要通过原始变量来计算，就选择 Create distances from data，这里我们选择后者，点击 Measure 选择间隔尺度（Interval）为样本间的欧氏距离，并且将变量标准化（Transform Values 的 Standardize 选项中选择 Z scores）。距离矩阵（Create Distance Matrix）选择样品间（Between cases）。点击 Model，在打开的对话框中测量水平（Level of Measurement）选择间隔尺度（Interval），标度模型（Scaling Model）选择欧氏距离、二维模型。在 Options 对话框的 Display 选项中，可以选择需要的输出结果，这里我们全选。每个观测代表的样品如表 11-3 所示。得到输出结果 11-1、输出结果 11-2 和图 11-2、图 11-3。

表 11-3

1	2	3	4	5	6	7	8
阿富汗	中国	中国香港	印度	印度尼西亚	以色列	日本	老挝
9	10	11	12	13	14	15	
中国澳门	马来西亚	菲律宾	沙特阿拉伯	新加坡	韩国	泰国	

输出结果 11-1

Raw (unscaled) Data for Subject 1

	1	2	3	4	5	6	7	8	9	10	11	12	13	14	15
1	.000														
2	3.840	.000													
3	6.091	2.715	.000												
4	2.196	1.772	4.322	.000											
5	2.478	1.496	3.808	.821	.000										
6	4.782	2.437	2.073	3.423	2.849	.000									
7	6.754	3.881	2.999	5.246	4.955	4.195	.000								
8	1.561	2.525	4.778	1.056	1.183	3.463	5.894	.000							
9	6.308	3.814	2.261	4.882	4.351	2.733	4.844	5.071	.000						
10	3.990	1.741	2.746	2.403	1.824	1.619	4.909	2.494	3.052	.000					
11	1.994	2.004	4.294	.746	.674	3.089	5.446	.537	4.704	2.091	.000				
12	4.619	3.099	3.362	3.468	2.935	2.142	5.911	3.261	2.690	1.428	3.026	.000			
13	6.242	3.297	1.406	4.615	4.082	2.206	4.238	4.897	.997	2.674	4.477	2.659	.000		
14	5.479	1.967	1.181	3.570	3.124	1.741	3.595	4.041	2.651	1.932	3.557	2.780	1.784	.000	
15	3.907	.636	2.927	1.875	1.741	2.925	3.636	2.769	4.102	2.333	2.269	3.648	3.619	2.351	.000

上面的结果是样品之间的距离阵，这里采用的是欧氏距离，距离阵为欧氏距离阵。

输出结果 11 - 2

```
Iteration history for the 2 dimensional solution (in squared distances)
                    Young's S-stress formula 1 is used.

   Iteration         S-stress          Improvement
       1              .05974
       2              .04704              .01270
       3              .04621              .00083

                         Iterations stopped because
                 S-stress improvement is less than .001000

Stress and squared correlation (RSQ) in distances
       RSQ values are the proportion of variance of the scaled data (disparities)
               in the partition (row, matrix, or entire data) which
                is accounted for by their corresponding distances.
                  Stress values are Kruskal's stress formula 1.

                                 For matrix
              Stress  =  .04983      RSQ  =  .98880
```

Stimulus Number	Stimulus Name	1	2
1	VAR1	2.3524	.0736
2	VAR2	.1701	.4571
3	VAR3	-1.4136	.2157
4	VAR4	1.2004	.2675
5	VAR5	.8800	.1041
6	VAR6	-.5761	-.4201
7	VAR7	-1.4952	2.0184
8	VAR8	1.4715	-.1494
9	VAR9	-1.5265	-1.0047
10	VAR10	.0742	-.5023
11	VAR11	1.1718	-.0431
12	VAR12	-.0740	-1.3302
13	VAR13	-1.4954	-.5577
14	VAR14	-.9462	.0727
15	VAR15	.2064	.7985

输出结果 11 - 2 反映了迭代过程的一些结果，并且得到了各个样品的古典解（二维坐标）。同时，输出结果中说明了 RSQ 是决定系数，表示数据总变异中能够被二维空间散点解释的比例；Stress 是依据克鲁斯卡尔（Kruskal）应力公式计算的结果。由拟合结果可知，Stress=0.049 83，Stress<=5%，说明近似结果好；RSQ 的值为 0.988 80，说明二维空间的散点能够较好地表示 15 个国家和地区之间的距离关系，可见模型的拟合效果比较好。

图 11－2 在二维平面上直观地反映了 15 个亚洲国家和地区在 6 个变量的指标体系中所处的位置。

图 11－3 是欧氏距离线性拟合的散点图，由此图可评价模型拟合的优劣。从该散点图可以看出，欧氏距离（实际距离）与差距（Disparities，拟合距离）对应的点大致分布在直线 $y=x$ 的附近，这说明模型拟合的效果是比较理想的。

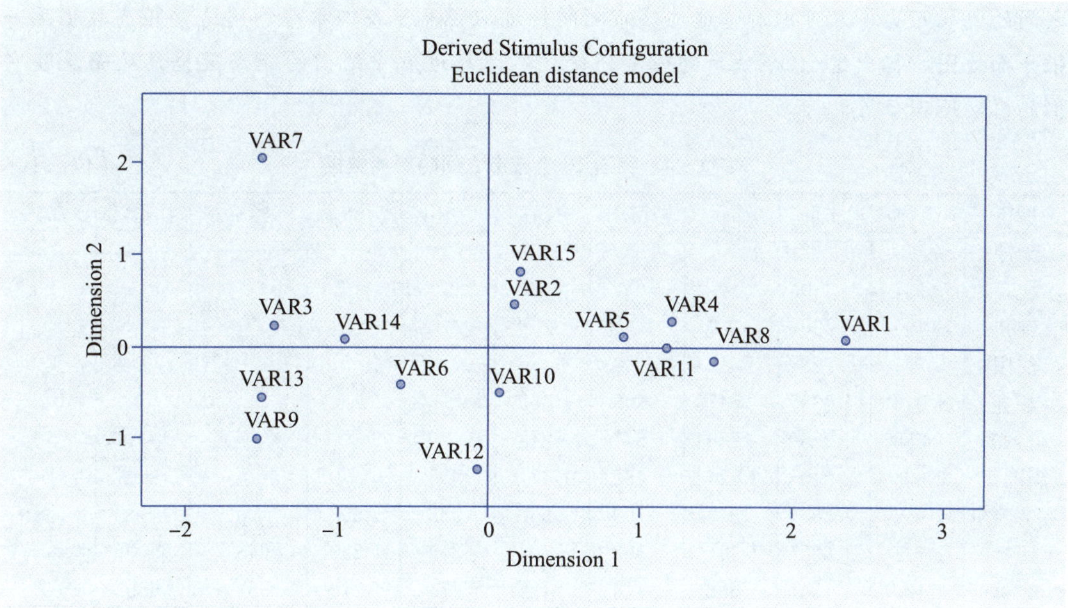

图 11－2　二维平面图

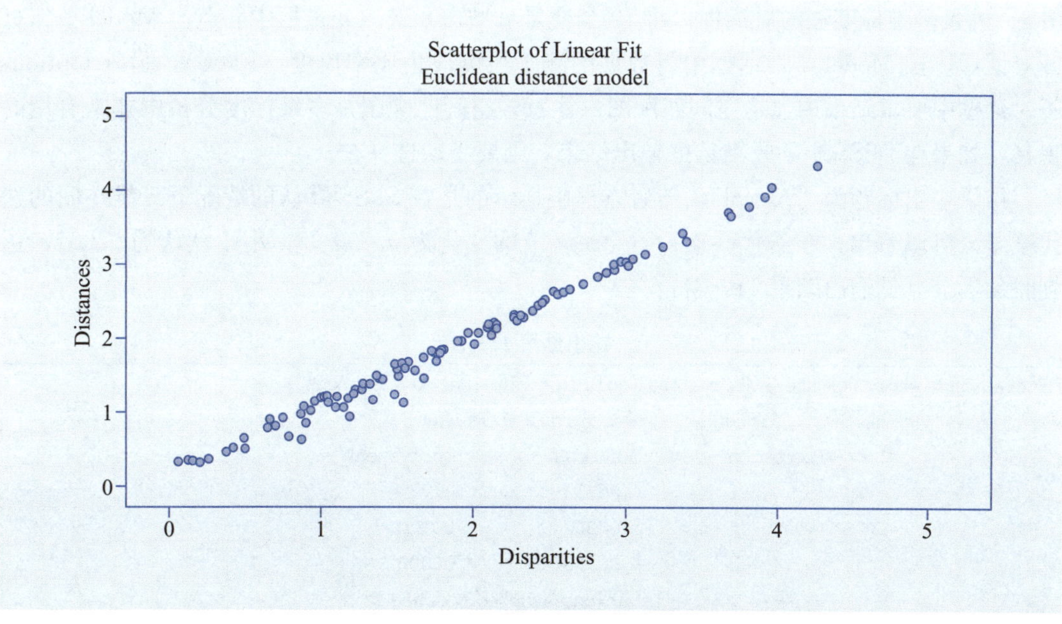

图 11－3　欧氏距离线性拟合的散点图

11.6 社会经济案例研究

例 11-6

表 11-4 列出了我国 10 个城市间的距离，因为公路不是平直的，所以它们不是城市之间的最短距离，只可以看作这些城市之间的近似距离。我们希望利用这些距离数据画一张平面地图，标出这 10 个城市的位置，使之尽量接近表中给出的距离数据，从而反映它们的真实地理位置。

表 11-4　我国 10 个城市之间的距离数据　　单位：千米

城市	天津	北京	锦州	沈阳	长春	哈尔滨	满洲里	齐齐哈尔	牡丹江	吉林
天津	0									
北京	137	0								
锦州	499	486	0							
沈阳	741	728	242	0						
长春	1 046	1 033	547	305	0					
哈尔滨	1 288	1 275	789	547	242	0				
满洲里	2 326	2 210	1 724	1 482	1 177	935	0			
齐齐哈尔	1 451	1 335	849	760	530	288	693	0		
牡丹江	1 746	1 630	1 144	902	597	355	1 290	643	0	
吉林	1 187	1 174	688	446	128	275	1 210	563	630	0

打开上表数据，在 SPSS 中进行以下操作：Analyze→Scale→Multidimensional Scaling，进入多维标度法的对话框。将 10 个变量（城市）选入变量框中。点击 Model 按钮打开对话框，在 Model 子对话框中将数据的测量尺度改为比率尺度（Ratio），另外 Options 子对话框中要求结果中显示空间匹配图。注意，空间匹配图是多维标度分析中非常有用的工具，如果在 SPSS 中不是默认的输出结果，则要手动选择它。

结果输出标题为“Alscal”，随后方框中显示的是在 SPSS 默认的情况下二维空间的迭代记录。可以看出，在迭代 3 次后 S-stress 值的变化为 0.000 08，小于默认的 0.001，达到收敛标准（见输出结果 11-3）。

输出结果 11-3

```
Iteration history for the 2 dimensional solution (in squared distances)
                 Young's S-stress formula 1 is used.
        Iteration        S-stress        Improvement
            1             .06732
            2             .06362           .00370
            3             .06353           .00008
                    Iterations stopped because
          S-stress improvement is less than   .001000
```

输出结果 11－4 中是统计量 Stress 和 RSQ 的具体解释和计算结果。RSQ 即决定系数，表示总变异中能够被相对空间距离解释的比例。Stress 是压力指数。这里 Stress 值为 0.062 59，RSQ 的值为 0.985 05，已经非常接近 1。所以，关于我国 10 个城市距离的多维标度模型的拟合效果相当好。

输出结果 11－4

```
Stress and squared correlation (RSQ) in distances
        RSQ values are the proportion of variance of the scaled data (disparities)
                  in the partition (row, matrix, or entire data) which
                  is accounted for by their corresponding distances.
                    Stress values are Kruskal's stress formula 1.
        For matrix
  Stress   =   .06259        RSQ =   .98505
```

接下来输出结果 11－5 显示的是我国 10 个城市在二维空间的一种坐标值。根据多维标度法解的概念和有关性质，它的解不是唯一的。

输出结果 11－5

Configuration derived in 2 dimensions

Stimulus Coordinates

Stimulus Number	Stimulus Name	Dimension 1	Dimension 2
1	天津	2.0950	−.1919
2	北京	1.9219	−.2857
3	锦州	.9311	−.1160
4	沈阳	.4684	.0115
5	长春	−.1413	.0898
6	哈尔滨	−.6162	.1078
7	满洲里	−2.4755	−.8023
8	齐齐哈尔	−.8634	−.3447
9	牡丹江	−1.0264	1.1726
10	吉林	−.2936	.3587

图 11－4 是多维尺度分析中输出的我国 10 个城市二维空间匹配图。它是系统将各个城市（变量）按照由实际距离计算出来的相应距离在空间中排列起来的。因为它的解不是唯一的，所以看上去与地图上的排列不完全相同。事实上大家可以发现，和实际地图相比，其差异就在于地图的坐标系进行了旋转，而各城市的相对位置均保持不变，基本上都是吻合的。这正是多维标度法在正交（旋转、平移）变换下有不变性的具体表现。

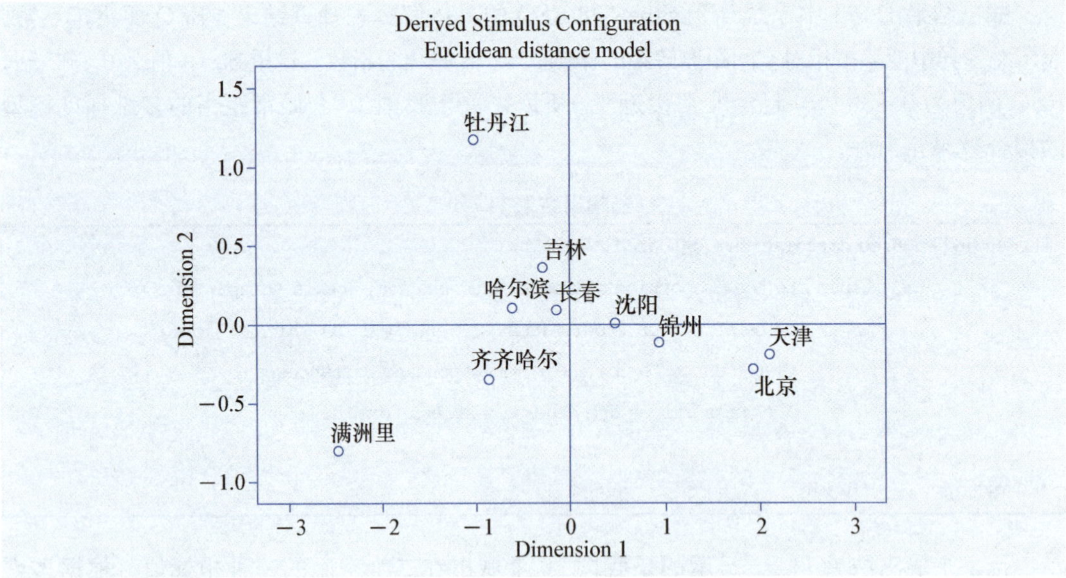

图 11-4　10个城市二维空间匹配图

图 11-5 是欧氏距离模型线性拟合散点图，提供的是原始数据的不一致程度和用线性模型计算出来的欧氏距离间的散点图。如果模型的拟合程度较高，则所有散点应当在直线 $y=x$ 上。从图中可见各点基本处在直线 $y=x$ 上，没有明显的离群点，因此模型的拟合效果是比较好的。最后，如果在操作时选择 Options 子对话框中的 Model and options summary 复选框，则会输出非常详细的模型拟合参数汇总表，这有助于深入理解多维标度法在拟合时所需要考虑的各种问题。

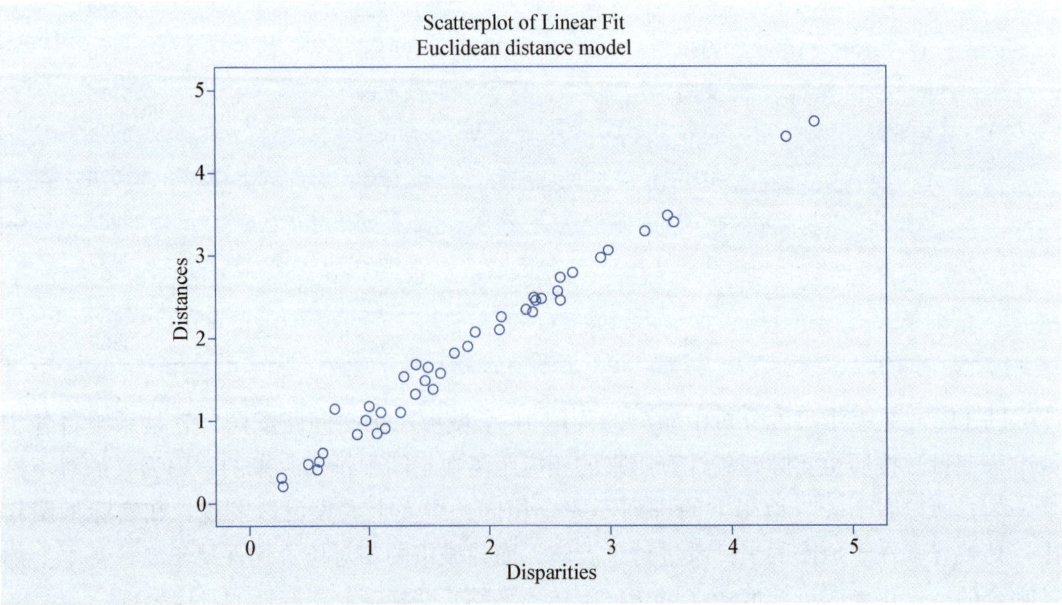

图 11-5　欧氏距离模型线性拟合散点图

在上面的例子中，城市间的直线距离是可以精确测量的，且为最准确的比率测量。但并非所有的距离都可以像这样准确地测量，比如品牌间的差异或者两个概念间的差异。在市场研究中大量的问题只能用问卷的方式以有序测量尺度收集，此时传统的古典多维标度模型不一定适用，而非度量的多维标度模型更为合适。下面给出一个非度量模型的例子。

例 11-7

选取国内 10 所大学，并对这 10 所大学综合水平的差异按照有序尺度进行评分以得到差异矩阵，1 分表示差异较小，9 分表示差异较大，从 1 分到 9 分差异逐渐增加。实际中，对 10 所大学的差异可以采用调查问卷的形式对多名学生进行调查，然后对评分进行综合得到差异矩阵。本例仅为了对理论进行说明，因此未进行问卷调查，而是基于客观的数据构造大学间综合水平的差异矩阵。此处，构造差异矩阵的方法为：根据中国校友会网公布的 2025 年的高校综合得分（http://www.chinaxy.com/2022index/news/news.jsp?information_id=15885），选取其中的 10 所大学，以其得分差的绝对值表示大学间的相对距离，然后根据距离大小赋予相应的差异程度，得到如表 11-5 所示的差异矩阵，其中对华东师范大学、中国人民大学和北京师范大学的学校名称做了简写。

表 11-5

学校名称	北京大学	清华大学	复旦大学	人民大学	南京大学	吉林大学	天津大学	北京师范	厦门大学	华东师范
北京大学	0	1	4	5	6	6	8	8	9	9
清华大学	1	0	4	5	6	7	8	8	9	9
复旦大学	4	4	0	2	3	3	4	4	4	4
人民大学	5	5	2	0	2	2	3	3	3	3
南京大学	6	6	3	2	0	1	2	2	3	3
吉林大学	6	7	3	2	1	0	2	3	3	3
天津大学	8	8	4	3	2	2	0	1	2	2
北京师范	8	8	4	3	2	3	1	0	1	1
厦门大学	9	9	4	3	3	3	2	1	0	1
华东师范	9	9	4	3	3	3	2	1	1	0

依次点选 SPSS 软件的 Analyze→Scale→Multidimensional Scaling（ALSCAL），打开 Multidimensional Scaling（多维尺度分析）主对话框，然后将左边的 10 个变量（本例中 10 所高校的名称）全部选入 Variable（s）框中。变量框下的 Individual Matrices for（个体相异性矩阵），只有选择距离（Distances）中的 Create distance from data（将原数据转换为距离阵）时，才能选择此项。由于本例是距离资料，不必选择此项。Distances 框下 Data are distances（数据是相异性矩阵），相异性矩阵中每个元素是矩阵中行与列的距离。Create distance from data（从数据中创建距离），将原始数据转换为对称距离矩阵。单击 Shape，打开 Multidimensional Scaling：Shape of Data（多维尺度分析：资料的形状）对话框，在此可以确定矩阵资料的形状，选择 Square symmetric（正方形对称矩阵）、Square asymmetric（正方形非对称矩阵）或 Rectangular（长方形对称矩阵），本例选择默认项 Square symmetric（正方形对称矩阵）。单击 Continue 按钮，返回主对话框。

单击 Model…按钮，打开 Multidimensional Scaling：Model（多维尺度分析：模型）对话框，在 Level of Measurement（测量水平）下，指定资料的测量水平，如 Ordinal（顺序尺度）、Interval（等距尺度）、Ratio（比率尺度），本例选择 Ratio（比率尺度）。Conditionality（数据的限制性）下各选项的含义如下：Matrix（矩阵的限制性）在每个变量的单位或意义均相同时选择，本例选择该项；Row（行的限制性）只在非对称及长方形矩阵时才选择，进行每个矩阵各列间的比较；Unconditional（不受限制）指观察值不受任何限制，可以进行资料间矩阵中所有值的比较。Dimension（维数）指定尺度分析结果的维数，本例选择默认值 2。Scaling Model 设定尺度分析执行的模型，如 Euclidean Distance（欧氏距离）、Individual differences Euclidean Distance（个性差异欧氏距离），本例选择 Euclidean Distance（欧氏距离）。单击 Continue 按钮，返回主界面，单击 Options…按钮，进入 Multidimensional Scaling：Options（多维尺度分析：选项）对话框。Display 下，Group plots（分组图）显示团体坐标图及加权模式的加权矩阵，数据与模型间线性拟合散点图及数据转换的非线性拟合散点图；Individual subject plots（个体对象图）显示次序性，矩阵限制资料转换的散点图；Data matrix（资料矩阵）显示原始数据资料；Model and options summary（模型选项的综合输出结果）显示模型选项以及模型概况。本例 Display 下的四项全选。Criteria（准则）下 S-stress convergence（S 应力收敛值，默认值为 0.001）、Minimum s-stress value（最小 S 应力值，默认值为 0.005）、Maximum iterations（模型最大迭代次数，默认值为 30）均保持默认值不变。该选项框下 Treat distance less than 0 as missing 含义为：若输入的值小于 0，则作为缺失值对待。单击 Continue 返回主界面，单击 OK，得到结果。下面仅给出定位图和模型的拟合效果图，见图 11-6 和图 11-7。

由定位图可知，吉林大学与天津大学之间距离最近，其次是华东师范大学与厦门大学、人民大学与复旦大学以及北京大学与清华大学之间的距离也相对较近，南京大学与其余各大学之间的距离都较远。另外，根据模型的拟合结果 Stress=0.088 52，RSQ=0.920 37，以及模型的拟合效果图，可以发现模型的解释合理。

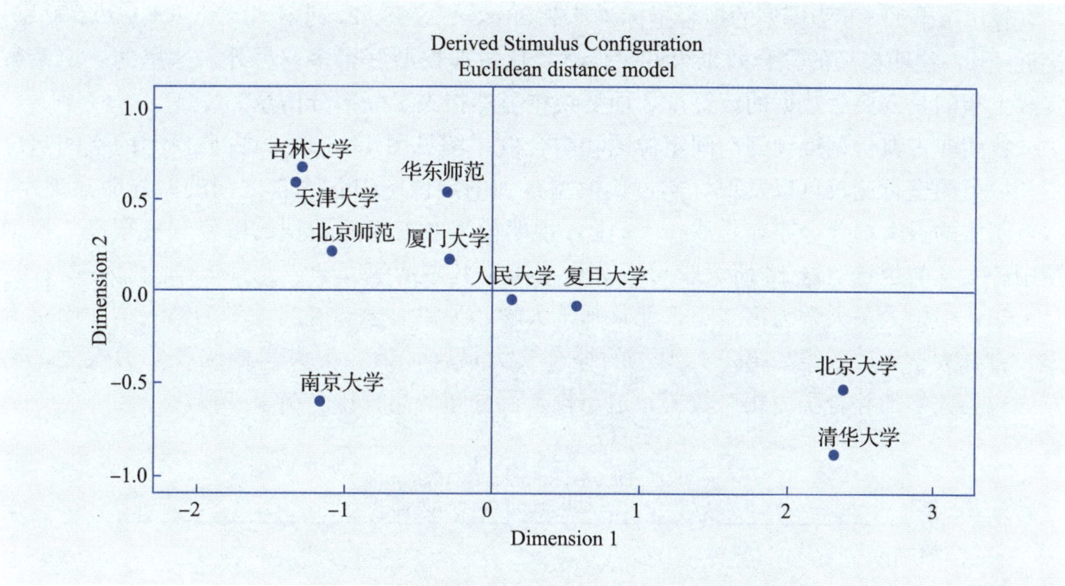

图 11-6　使用古典模型对 10 所大学的空间定位图

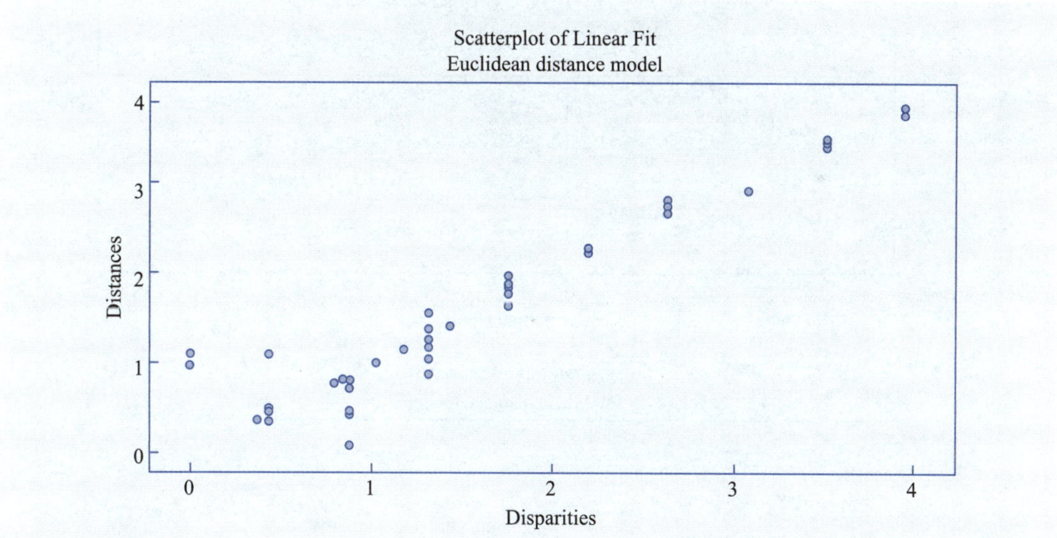

图 11-7　使用古典模型的拟合效果图

下面考虑使用非古典模型对有序尺度数据进行分析。打开多维标度法的对话框，点击对话框右侧的 Model 按钮，在弹出的 Model 子对话框中将测量尺度改为 Ordinal，且选中下方的 Untie tied observations 复选框以区分相同的分值，点击 Continue 继续，点击 OK 运行，得到的主要输出结果见输出结果 11-6、图 11-8 和图 11-9。

输出结果 11-6

```
For matrix
stress = .04942    RSQ = .99089
```

输出结果 11-6 为模型的拟合指标，其中 Stress=0.049 42，小于 10%，RSQ=0.990 89，接近于 1，说明模型的拟合效果很好，显然要比古典模型好得多。另外，这里的决定系数实际上指的是变换后数据的解释度，而变换中显然损失了一部分信息。

使用非古典模型得到的空间定位图和拟合效果图见图 11-8。与古典模型的空间定位图和散点图进行比较可以发现，非古典模型得到的定位图中各大学之间的差异明显缩小，散点图中的点大部分分布在直线 $y=x$ 上，说明模型对变换后数据的解释程度很高。根据图中各大学的位置，这 10 所大学可以分为 4 类，其中清华大学、北京大学为第一类；复旦大学、中国人民大学为第二类；北京师范大学、天津大学和厦门大学为第三类；南京大学、吉林大学为第四类。第一类大学的综合实力最强，第二类大学的综合实力次之，第三、四类大学的综合实力相对较弱，这与校友网公布的高校排名结果一致。

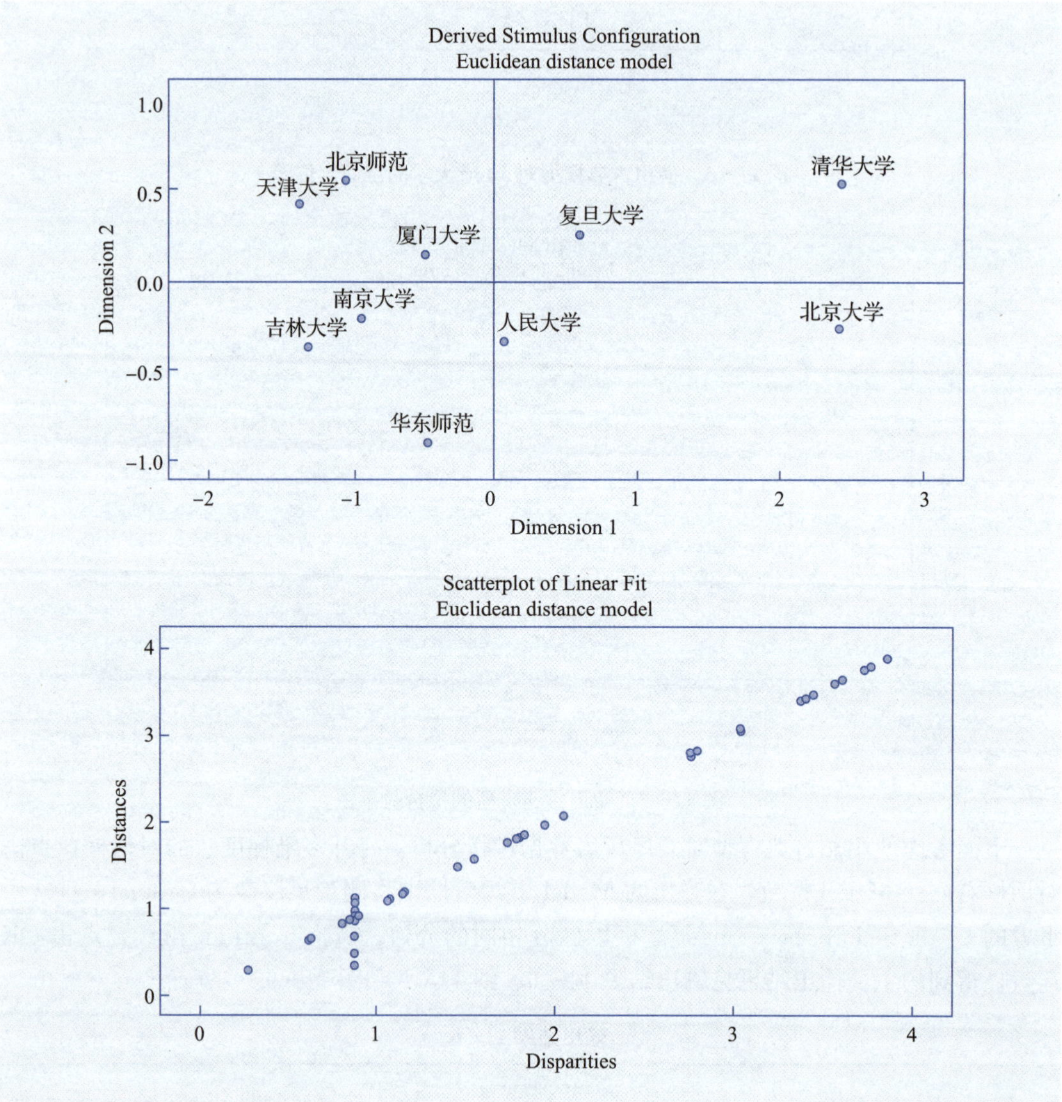

图 11-8

图 11-9 主要展示模型对原始数据的解释程度，其中，左图给出的是原始数据与模型所得的距离之间的对应关系，右图给出的是原始数据与经过变换后的数据之间的关系。显然，和古典模型相比，非古典模型对原始数据的解释程度更高。

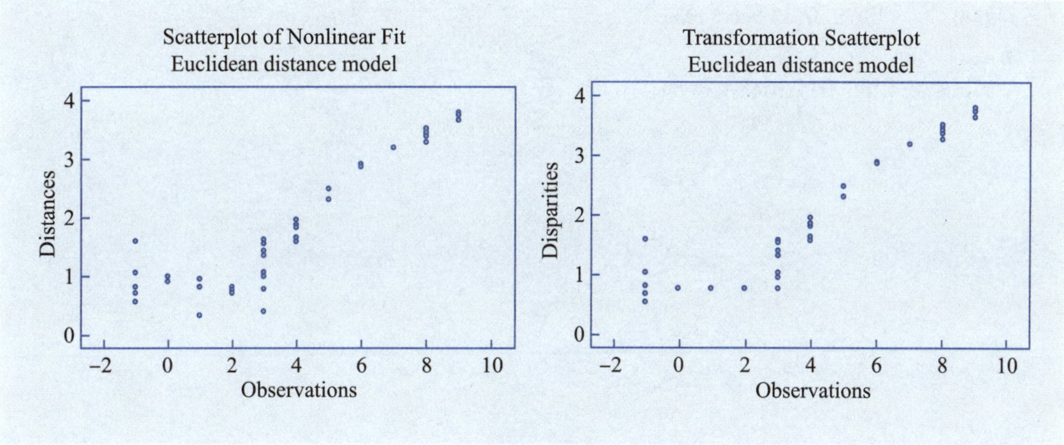

图 11-9

参考文献

［1］方开泰．实用多元统计分析．上海：华东师范大学出版社，1989.

［2］张尧庭，方开泰．多元统计分析引论．北京：科学出版社，1982.

［3］王国梁，何晓群．多变量经济数据统计分析．西安：陕西科学技术出版社，1993.

［4］Joseph F. Hair，Rolph E. Anderson，Ronald L. Tatham，et al. Multivariate Data Analysis. Fifth Edition. Upper Saddle River，N. J.：Prentice-Hall，1998.

［5］G. A. F. Seber. Multivariate Observations. New York：John Wiley & Sons，Inc.，1984.

思考与练习

1. 简述多维标度法的基本思想。
2. 简述实现多维标度法的步骤。
3. 给定距离阵

$$\boldsymbol{D}=\begin{bmatrix} 0 & & & & & & \\ 1 & 0 & & & & & \\ 2 & 1 & 0 & & & & \\ 2 & 2 & 1 & 0 & & & \\ 2 & 2 & 2 & 1 & 0 & & \\ 1 & 2 & 2 & 2 & 1 & 0 & \\ 1 & 1 & 1 & 1 & 1 & 1 & 0 \end{bmatrix}$$

求它的拟合构造点，并说明它是不是欧氏型的。

4. 试解释样本间相似性的含义。

图书在版编目（CIP）数据

多元统计分析 / 何晓群，郭满才编著．-- 6 版．北京：中国人民大学出版社，2025.7. --（21 世纪统计学系列教材）. -- ISBN 978-7-300-34035-7

Ⅰ．O212.4

中国国家版本馆 CIP 数据核字第 2025AZ0697 号

“十二五”普通高等教育本科国家级规划教材

21 世纪统计学系列教材

多元统计分析（第 6 版）

何晓群　郭满才　编著

DuoYuan Tongji Fenxi

出版发行	中国人民大学出版社		
社　　址	北京中关村大街 31 号	**邮政编码**	100080
电　　话	010－62511242（总编室）		010－62511770（质管部）
	010－82501766（邮购部）		010－62514148（门市部）
	010－62511173（发行公司）		010－62515275（盗版举报）
网　　址	http://www.crup.com.cn		
经　　销	新华书店		
印　　刷	天津鑫丰华印务有限公司	**版　　次**	2004 年 4 月第 1 版
开　　本	787 mm×1092 mm　1/16		2025 年 7 月第 6 版
印　　张	17.25 插页 1	**印　　次**	2025 年 7 月第 1 次印刷
字　　数	383 000	**定　　价**	49.00 元

中国人民大学出版社　理工出版分社

教师教学服务说明

中国人民大学出版社理工出版分社以出版经典、高品质的统计学、数学、心理学、物理学、化学、计算机、电子信息、人工智能、环境科学与工程、生物工程、智能制造等领域的各层次教材为宗旨。

为了更好地为一线教师服务，理工出版分社着力建设了一批数字化、立体化的网络教学资源。教师可以通过以下方式获得免费下载教学资源的权限：

- 在中国人民大学出版社网站 www.crup.com.cn 进行注册，注册后进入“会员中心”，在左侧点击“我的教师认证”，填写相关信息，提交后等待审核。我们将在一个工作日内为您开通相关资源的下载权限。

- 如您急需教学资源或需要其他帮助，请加入教师 QQ 群或在工作时间与我们联络。

中国人民大学出版社　理工出版分社

教师 QQ 群： 229223561(统计2组) 982483700(数据科学) 361267775(统计1组)
教师群仅限教师加入，入群请备注（学校＋姓名）

联系电话： 010-62511967，62511076

电子邮箱： lgcbfs@crup.com.cn

通讯地址： 北京市海淀区中关村大街 31 号中国人民大学出版社 802 室（100080）